感官的觉醒（上册）

李彤 著

新 华 出 版 社

图书在版编目（CIP）数据

感官的觉醒．上册 / 李彤著 . -- 北京：新华出版社，2023.1
ISBN 978-7-5166-6709-5

Ⅰ．①感… Ⅱ．①李… Ⅲ．①儿童－感觉统合失调－训练
Ⅳ．① B844.12

中国国家版本馆 CIP 数据核字 (2023) 第 017293 号

感官的觉醒（上册）

作　　　者：李　彤

责任编辑：丁　勇　　　　　　　　　　封面设计：刘晌晌

出版发行：新华出版社
地　　　址：北京石景山区京原路 8 号　　邮　　编：100040
网　　　址：http://www.xinhuapub.com
经　　　销：新华书店、新华出版社天猫旗舰店、京东旗舰店及各大网店
购书热线：010-63077122　　中国新闻书店购书热线：010-63072012

照　　　排：青岛太空宝贝教育科技有限公司
印　　　刷：青岛时代色彩文化发展股份有限公司

成品尺寸：180mm×250mm
印　　张：22.25　　　　　　　字　　数：190 千字
版　　次：2023 年 1 月第一版　　印　　次：2023 年 1 月第一次印刷

书　　号：ISBN 978-7-5166-6709-5
定　　价：260.00 元（上下册）

谨以此书献给缔造我的人：
我的父亲李朝宗、我的母亲王玉清。
愿他们在天堂过得开心！

二十四载光阴，踏出了第一步

目录
感官的觉醒（上册）

感官的觉醒

The Awaken of the Sensory Organs

小孩随着成长，会渐渐地被日常生活的琐事纠缠，并且适应其中。但我希望——他们并不会失去向往梦想与冒险的心。

　　　　——藤子·F. 不二雄（日本著名漫画家，《哆啦 A 梦》的作者）

自序
拯救童真

最近有位家长朋友问我：为什么现在的小孩子（幼儿园阶段）都显得那么成熟、老练，他们的童真哪去了？她希望由我这个专业人士给出令人信服的回答，思忖良久，我的回答是：不知道。

中国的孩子真的失掉童真了吗？

童真一词，本意指儿童天真的本性，有时不同年龄段的成年人也有一部分人保留着最纯洁的童真，一些老人身上的童真更是衍生了"老小孩"的称谓，注意，在这里，"小孩"就是"童真"的代名词。

举几个例子：

说大人话

孩子们原本应当因浓浓的稚气而万变，但我目睹的，却是越来越多的孩子特别熟练地运用成年人的口吻和思维来发声，以致一些爸妈经常一时间不知如何答对，比方说孩子们最常说的：你还——你也——你怎么怎么。抓大人的把柄一抓一个准，这里就表现出了超出年龄的观察力和理解力。至于"我要跟谁结婚"或者"我媳妇""我老公"之类的，就更加不胜枚举了。

不服管

中国人自古以来信奉"父为子纲"，可几千年以来的"爹娘老子说了算"的局面似乎马上要被一些顽劣的、不听话的孩子彻底扭转，很多家庭已经开始围着孩子转了。当孩子的理智开始支配我们的行为时，这个世界算是有点乱套了。

成年人般的自私、冷酷

有不少孩子在对待大人、同龄人和小动物时，常常表现出令人不寒而栗的冷酷，他们下手凶狠，处之决绝，从眼神中看，哪里还像是一个乳臭未干的孩子？当下社会上青少年闯大祸的事例层出不穷，大部分当事人都是脱胎于儿时目光凶残或者冷漠的那一批，如果不是天真不再的儿童基数越来越庞大，哪里会有那么多因绝望或麻木而铤而走险的青少年？

孩子们早早褪去了原本天然的童真，变得早熟和冷漠，这是人类早期天性的泯灭，绝非社会进步、人类进化之功，童真不再，原因何在？

生活环境的改变，带来人格发展路径的大变化

孩子们现在基本上生活在一个衣食无忧的环境中。本书中如未作特别的说明，我所指的"孩子"仅限于生活水平可以支撑他的家长有能力去在孩子的教育方面作选择性的甚至浪费式的消费。大部分家庭在物质生活方面都是就奢弃俭的，也就给孩子带来了物质生活的极大满足，不要说小小的心愿，就连耗资巨大的大件儿，买起来也是不假思索，孩子的世界里，除了那些严令禁止食用或者玩耍的东西，他几乎丧失了生活中正常的渴望，于是他很快漠然地成熟了。

我从 10 岁开始踢足球，学校的体育课是我唯一能独自控制一只足球的机会，快升初二了，母亲用她一个月的加班费，人民币九元八角整，给我买了此生的第一个高消费物件儿：无球胆的一次性充气足球，除了寿命短、使用要极度小心之外，它跟标准足球一模一样。我带着无法言表的狂喜和感激，像今天的人们养小狗一样对待它：每天至少擦洗一次，没事儿总抱着。我内心产生的这种情绪，才是值得让今天的孩子们成千上万次去体会的，只有懂得每件消费品的来之不易，人的天性才有机会健康生长。

精神需求的不当满足，是早熟的催化剂

儿童的精神需求大部分可以通过自由自在的玩耍来实现，如果能辅以父母的耐心陪伴和有质量的操作材料，那就可以更完善地推动脑的发育和人格的发展。当家长总想着主宰孩子的自由活动时间的时候，也就开启了犯错之门。很多家长不能承受孩子突如其来的喜怒哀乐，总以为孩子在表达什么，实际上在孩子不会走的时候，偶尔主动"抱"一下，效果就很好；当孩子学会走路了，在确保安全的前提下，给他创造更大的自由活动、自主游戏的空间，也就足够了。而我们有些家长，却受限于成人的思维，总会做出一些极不恰当的安排。

看电视可以消耗掉较长的看护时间，还可以掺入大量认知的内容，孩子当然也乐于接受，殊不知，长时间地看电视，是当代中国儿童正常发展的头号天敌！首先，是对积极口语练习的剥夺。孩子与监护者（具备一定口语能力）的以生活环境为背景的对话，因富于逻辑变化和生活认知，而被称为"积极口语练习"。据英国科学家发现，学龄前儿童每多看一小时电视节目即被剥夺 250—300 个词汇的学习，按照中文与英文的语种比较，中国孩子同比失去的词汇练习总数至少是 600 以上！而那远远不止一小时的电视节目，却悄然灌输了大量破坏孩子基础认知，导致其精神世界被异化甚至被催熟的不良内容。所有的电视节目都是成人视角，专属的儿童节目也是由成人来编创的，自有电视以来，一共才产生了多少部适合儿童的优质内容？秀兰·邓波儿、铁臂阿童木、一休、花仙子、尼尔斯与鹅、森林大帝，屈指可数。孩子在越来越低俗或弱智的电视节目中，见惯了成熟的大千世界以及大人的语言表达模式。当代 0—7 岁儿童的诸多语言表达障

碍的案例中，"动画片口语"占将近一半。剩下的另一半，拜电视机所赐，已俨然是懂人事儿的小大人了。

饮食、起居的不当配置，导致孩子的生理成熟大大提前

不是仅仅一句"吃得太好"就能解释清楚的。虽然从全球角度来看，三十年以来，青少年的生理成熟呈现逐年提前的趋势，而心理成熟随着社会的日益进步和科技的迅速发展，也有渐趋提前的状况，但那种跨越年龄段式的成熟是不正常的，其中每个家庭在孩子的饮食、起居等方面，给出不当的安排，是当代少年儿童童真被泯灭、成熟被催化的主因之一。

以女孩子的月经初潮年龄为例，医学界普遍认定11—14岁是正常的，而实际上，从人种和体格的角度来细看，12岁是一个非常重要的临界点。中国人的观点在全球化的冲击下，好像只有女孩子的家长还存有一点"保守"，12岁之前，孩子大部分都在读小学，承受生理剧变带来的心理冲击的能力还远不如满12周岁升入初中以后，所以，日常饮食中大量的激素、过多的养分和蛋白质（大鱼大肉之谓也），就会导致初潮年龄不当提前，一小部分差点事儿的女孩子，则会有媒体传播和人际交往中的大量"少儿不宜"内容来"帮忙"完成提前。

起居方面，则有作息时间不当、睡眠时间不足或过晚以及运动量严重不足的干扰，使相当一部分的女孩子过早脂肪沉积、被动成熟。

两代人的正常界限被打破，彻底异化童真

在每一个典型的中式小家庭中，父母的卧室应当是开放的还是适度开放的？父母作为成年男女之间的个别动作、语言应该是向孩子设限还是不加禁忌呢？男孩、女孩跟父母分床独睡的年龄应该是几岁？

看到上述问题，就会让相当一部分读者反思到，我的一些看法绝非杞人忧天或者无事生非。中式的家长，是时候来认真面对一下"界限"这个话题了。我认为，人际关系中一半以上的障碍都源自"界限不明"，今天我们只谈父母和儿女。孩子开始变得爱说

大人话、爱问大人事，多半是因为父母对个人言行的完全不设防，再加上不设防的媒体（尤其是视媒）、不设防的社会环境和身边那些不设防的特别成熟的同龄人，我们的孩子就这样被成人世界所异化。

救救孩子们吧……

当我们走过怀胎十月的心路历程，迎来令人欣喜若狂的呱呱坠地，

爸妈恨不得庄严宣誓：我要培养一个世界上最棒的孩子！

如果我们起早贪黑、辛勤哺育，还不忘深度攻略、引经据典，却换不来他的能文能武、从善如流、活泼乖巧、人见人爱呢？

我们会不会沮丧甚至绝望？

那么在这一瞬间，请反思，孩子的长大不仅仅是"长大"那么简单！

千人千面，林林总总，有的可以扬弃，有的却必须保留！

实际上我们这些大人也需要

不必遇到不开心的事情就真的不开心，可以一转眼就直奔忘川；

不必对我们施恩于他人的每一次都耿耿于怀，可以稍微憨厚一点；

不必对他人的谰言和传言都疑云密布，可以稍微放松一点、想开一点；

不必对每一次追求的结果都牙关紧咬，可以稍微放空一点、佛系一点。

也许这算是成人世界的童真吧？

所以我们千万不要让孩子"长大"到我们自己最讨厌的那个样子！

童真之前是单纯，单纯之前是懂得少；懂得少自然没那么计较，不计较自然少纠结；纠结少自然快乐多，快乐多的人心里自然装不下那么多凡尘俗"事"。

原来"童真"无关乎年龄，只关乎心情！

最佳心情就是心无挂碍甚至了无牵挂，就是放下眼前事、不想身后事、忘掉昨日事！这一切，当然也只有少不更事、无知无畏的黄口小儿最容易做到。

路径搞清楚了，大人们请团结起来，带着大彻大悟的自我反省，再运用一点专业知识，俯下身子，面对孩子；不端架子，扔掉面子；全心全意，读完本书，激活感官，拯救童真。

Sensory integration training Fly into space

动起来吧
这个世界原本就不该太深沉
乐起来吧
在课堂上表达你的创意和兴奋

我们和你在一起
给你一个爱的眼神
你和我们在一起
赴心灵之约
写下爱的寄语
记录爱的延伸

我们的人生犹如民众大集合的奥林匹克运动会。

——毕达哥拉斯（古希腊数学家、哲学家）

本书导读
我们的"感官"需要马上、立刻、尽快觉醒！

写这本书的目的在于"唤醒"每一位读者（孩子家长）对自身感官现阶段的敏锐感知，因为成年人的清醒和自省一定会远低于长期的自以为是造成的错觉，我们不知道，我们已经拖延、麻木、冷漠、自满了太久，我们的感官需要马上、立刻、尽快觉醒。

关于"感觉统合"的话题应该像是一个"药引子"。

观念最有价值，专业内容尽可忽略。

如果你想花最少的时间了解本书的主体内容，请参阅如下内容

《前言：什么是"感觉统合"？》写给对"感觉统合"专业概念毫无兴趣或一无所知的读者，用比较接地气的说法，尽量把"感觉统合"的概念说清楚。

本书的作者自序《拯救童真》，通过分析当前中国孩子越来越"童真"不再的现象，暗示读者：时代的各种潮流甚至逆流是不易阻拦的，但总要先让自己的观念警醒起来。

本书全书共分三个板块，分别是"基本观念篇""专业成长篇"和"育儿实践篇"。

第一部分"基本观念篇"试图从三个角度来阐明我们在育儿的过程中应当加以重视的一些重要观念。

第一章《爱一个人好难——中国孩子的感官发展之路》，提出科学育儿必须科学对待的四个关键词：吃、睡、玩、说，分别对应的具体观念是：

吃：健康的饮食方式；

睡：睡眠的重要性和科学性；

玩：恢复孩子自由玩耍的权利；

说：口语表达的重要性。

本章旨在阐明：专业的干预手段如"感觉统合"虽客观而重要，但远远不及我们改变主观认知，并且能抓好"过日子"的常规内容，即可铺就孩子感官发育与发展的阳关大道，也才算是把嘴上的"爱"字落到实处。

第二章《发育中的不良表现：怎么就失调了？》，重点讲解了一部分家长朋友比较关心的"感觉统合失调"的概念与现象，目的不是为了当下危机，而是为了还原"失调"概念的本真，帮助敏感多疑的读者朋友去伪存真、脱敏降"燥"。

第三章《引领孩子"动起来"：让感官觉醒》，以点明主旨的表达为主：让孩子保持"游戏"和"运动"的热情和权利，就是"感官觉醒"有结果和"身体智慧"大发展的最优解。

第二部分"专业成长篇"包括本书第四至第九章，分别从专业角度阐述了感觉统合和七大感官的基本概念，对于专业型读者和感觉统合训练相关从业者来说，可以充当一本粗浅的入门教材。

第三部分"育儿实践篇"包括本书的第十至第十六章，核心内容是分龄列举了0—6岁儿童家长可以借鉴的家庭感统训练游戏，采用了全手绘图解的方式，力求生动形象、实用性强。每个年龄段均附有发展特点分析（这部分内容均选自作者近年来的现场讲座，故而语言表达比较偏重于口语化）、本年龄段游戏场景和玩法以及相关的育儿知识，具有较强的可读性，应该能让对"感觉统合"有所了解的读者得到有价值的收获。

下面是从各章节的内容中随机选择的一个核心话题，列举如下。

第十章《零的焦点》：剖宫产。

第十一章《抓周之惑》：学话宜早。

第十二章《两小无"猜"》：口语发展危险期。

第十三章《三岁看大》："第一反抗期"。

第十四章《四体不勤》：怎样克服流口水和啃指甲？

第十五章《五子登科》：玩具太多害人不浅。

第十六章《六六大顺》：六岁的"门槛"太残酷。

本书的全书"附录"是两篇"彩蛋"式的定制文章：

欲称"顶流打怪王"，请参阅写给"感统教练"的《成为孩子 成就自己——写给每一位感统教练》；

欲学"巅峰育儿术"，请参阅写给家长朋友的《诗意的生活 浪漫的成长——写给每一位家长》。

本书还有一大亮点，就是在不同的章节附录了 19 篇专业测评量表、训练方案和科普文章，旨在为有志于做专业研究的读者提供一点参考资料。

本书的后记《怎样在养儿育女的过程中寻找幸福？》是作者自说自话，表达了完成本书的个人感悟：养儿育女是一件幸福的事情。

拍摄于太空宝贝感统训练课堂，
小朋友正在"太空漫步"

自由自在、无穷无尽的经验是一种无限的感受能力，它就像一张精美的丝网悬挂在意识的空间，捕捉着空中的每一颗微粒。

——亨利·詹姆斯（英籍美裔小说家、文学批评家、剧作家和散文家）

前言
什么是"感觉统合"？

亲爱的家长朋友，请把您初次接触到"感觉统合"这一名词的看法告诉我，那会是什么呢？

我刚入行的时候，大部分人会说：不知道是什么。

后来，有的家长会说：那不是"有毛病"的孩子才练的吗？

如今2023年，您又会如何评说呢？

2008年北京夏奥会的时候，我在北京参与了一间"感统训练中心"的规划和创建，那时北京的家长朋友真的很可爱，招牌还没亮出来，就已经拖儿挈女、邀朋引伴而至。盛况历历在目，满心的感动绵延至今。我不愿意动用所谓"话术"，家长朋友竟然也不用做思想工作，痛痛快快地交钱、报名、上课，除了购买力的因素之外，根本原因是：他们的焦点全在孩子身上，他们认为我们的感统教室和感统教具对孩子一定有所裨益。

如今，我终于要以"感觉统合"为核心话题来写一本书了，当年接待过的家长朋友赐予我的那种单纯、质朴的信任是我最大的动力。

著书立说，纯粹罗列自己的专业认知最省事，可我还是决定要把这本书用大白话、大实话，写给每一位当下的家长朋友，虽然深入思考并浅白表述形而上的东西，有可能是很费劲甚至很痛苦的，但我还是愿意做一位辛勤的播火者，我相信，大家真正的进步一定是要依靠科学观念的指引的。

友情提示：具备专业基础的读者，先不要放弃，本书从第四章《感觉统合是什么？》开始，一共六章的专业内容，构成本书的第二部分"专业成长篇"。

什么是感觉统合？

我举个例子，比方说有一个苹果。

先测试一下各位读者的感官指向性。

听到"苹果"一词您的脑海中出现了什么？

是天后赫拉的金苹果？还是砸中了牛顿的那个坠落的苹果？抑或是被图灵咬了一口的那个毒苹果？

您想到的是形状、颜色、品种？喜欢不喜欢？还是单纯的只想到了"吃"？

想到（或者看到）苹果，您所有的感官都会被调动，都会指向它，此刻苹果就代表着"感觉统合"。

刚刚我们已经讨论了人的感官指向的差异，在具体呈现上更是千差万别，有的人能比你看到更深远的地方，他的视野更开阔；有的人能比你听到更细微的声音，他的听觉更发达。因此，单一的感觉（感官）不能被称为感觉统合，只有当人与人之间产生广义的对比，有了高下之分；或者一种以上的感觉，它们相遇了，联动了，能够彼此协作，就是"感觉统合"。

我们想要掌控手里的这个苹果，所以此刻这个能够调集你所有感官的苹果，就是"感觉统合"。

在战场上能保命，在赛场上能获胜，支持你能够胜任你必须面对的复杂任务和局面的那个命令、那种技能就是"感觉统合"。

人与人之间的不同，就是"感觉统合"。

回到孩子身上，比方说您递给孩子一个苹果：

孩子看到苹果的外观，闻到苹果的香味，需要调动视觉和嗅觉；咬上一口，要用到嗅觉、味觉、触觉和视觉，"咬"的动作从本质上来讲是本体运动觉在起作用；如果我们在递给孩子苹果的过程中输出一些互动，比方说基于食物本身和爱吃与否的口语描述，会借助他的听觉，启发他的认知（视觉＋听觉＋前庭平衡觉＝基础认知）；孩子接过苹果的瞬间，视觉先行，然后手指精细动作完成抓握动作，这里用到的是前庭平衡觉＋触觉，而孩子的大脑同步具体地采集、整合上述各种信息，要通过大脑中的前庭神经核来驱动。

接过一个苹果，维持一个稳定的姿态，然后把它吃掉，要用到孩子的七大感官，这个过程就是"感觉统合"。

孩子的七大感官，所起到的最大的作用是支持孩子接收外界的全部信息（也包括来自身体内部的全部信息），具体到概念层面，就是：我们的感官是无时无刻不在运作的，我们接收的内外信息进入脑内，然后经过处理再反馈出来，这就是"感觉统合"。在这个过程中，如果信息的接收和处理出现了不平顺、不协调的现象，我们就称之为"感觉统合失调"。0—7岁的孩子在发育发展的过程中，一些不良情绪和表现，通俗地说就是那些不积极、不开心、不听话的表现，大部分原因都来自"感觉统合失调"。

感觉统合，是人自我补足的一种先天的本能，不一定确保协调和平顺，不协调、不平顺反而是常态，而且不仅是小孩子如此。小孩子的一些表现，可以称之为"调皮捣蛋"；成年人，性情温顺的可以"自得其乐"，而一些兼具"勇气"和"脾气"的成年人，他们就会立足于"找点儿刺激"。

感官的失调表现，肯定是会随着孩子的年龄增长也随之演进的，长大后，形于内的失调以触觉为主，而形于外的失调则以前庭为主。感官的发育过程中，无论年龄多大，有些失调是终生不变的，比如触觉方面；有一些失调，随着肌肉、骨骼的发育和力量的增长，会有所缓解。

令我常常扼腕叹息的是，身体的残障触目可及，而精神的残缺（感统失调的升级版）基本上外人是看不出来的。我特别想说说那些"暴走族"（三、四、五线城市深夜标配），很奇怪，我居住的城市是没有人管他们的闲事的，这就纵容了若干辆大排量或改装的摩托车，在深夜的街道上肆意冲刺、狂奔。不过他们又的确是催人奋进的，就在本书写作的过程中，他们经常在我意志薄弱的时候，用发动机的轰鸣（靠摧残排气管来实现）来叫醒我，于是我又可以抖擞精神，再写上一千字。

与我同呼吸的"暴走族"们（不敢妄议发达国家的那些"暴走族"，因为只在影视剧中见过），是典型的前庭平衡觉、触觉和听觉三重失调，小时候肯定没参加过正规的感觉统合训练。在日常生活中你看不出来，前提是你不要因任何事情招惹他们，同一场合相遇务必敬而远之，切忌任何形式的注目，因为他们一定都是超级暴脾气，而且是轻易不原谅别人，日常风采如下：张嘴爆粗口，斜眼横着走；天天喝大酒，打架下死手。发动一台摩托车之后，他会秒变"暴"徒。

我认为他们是朗朗乾坤下潜在的危险分子或者纯粹浪费粮食的人，他们用自己日常化的无聊和暴戾，生动地诠释了"感统失调"的终极反面。在这里，我斗胆奉劝每一位0—7岁男孩子的家长，如果十八年之后，你不想得到这样一位烟火气十足的"猛人"或者烟花气扑面的"伪娘"，你就早点为孩子做"感觉统合"的实际规划。

《微笑的女孩》

拍摄于太空宝贝感统课后，
小朋友的笑容治愈了一切

第一部分
基本观念篇

The Awaken of the Sensory Organs

你开始了解你的宝贝了吗？
孩子的视觉、听觉、触觉、平衡……
全部
循环往复、深度挖掘、
由心出发、勇攀巅峰！

The Awaken of the Sensory Organs

　　爱首先不是同一个特定的人的关系，它是一种态度，一种性格倾向。这种态度和性格倾向决定了一个人同整个世界的关系，而不是同一个"爱的对象"的关系。

　　——艾瑞克·弗洛姆（美籍德国犹太人，人本主义哲学家和精神分析心理学家）

第一章
爱一个人好难：中国孩子的感官发展之路

　　今天的中国孩子真的有看上去那么幸福吗？我只能说，生于这个年代，他们的确是幸运的，至于"幸福"，那就靠碰运气了。如果碰上一对有点佛系的爹妈，闹不好真的能够得到一个相对幸福（完整）的童年。

　　为什么这样说呢？

　　这一切都源自我在专业服务工作中，看到了太多"付出"特别多、"冤屈"也特别多的中式父母，因为他们总认为"收获"特别少、"好孩子"也特别少。

　　很多人终其一生都活在误区当中，特别是为人父母者。"爱"孩子，几乎是无条件的本能，可"爱"的动作一出来，就条条大路不一定通罗马了。实际上育儿的真经就摆在那里，绝对无须东渡或者西行，那就是：从重视孩子的感官发育开始，放下标签和"自我"，丢掉攻略和"别人"，给出真诚尊重，允许偶尔"神经"，可以稍微粗心，必须保证安全。总之，按照老祖宗几千年来的活法，支持孩子像个"孩子"那样呼吸、生活、长大，就可以了。

　　老祖宗几千年来的活法是怎样的？现代人们可能太追求"现代"，有点忘本了。那不过就是让孩子们：该吃吃，该睡睡，该玩玩，一切都不要过度供给或者过于苛责，还有就是千万别阻止孩子一天到晚"说"个不停。

这就足够了。

这就是中国孩子应有的感官发展之路。

实际上我们不需要那么多专业概念的加持，只需让孩子回归他们本应有的样子。如果实在不知道那到底是什么样子，可以去向性格外向的"60后""70后"叔叔阿姨们请教……

亲爱的家长朋友，请把心放宽，给孩子们留一条活"路"。

养儿育女，就是经营亲密关系。孩子出现的前提，是成年人之间亲密关系的存在，当事人的育儿表现，基本无关于"爱"孩子的程度，而是取决于当事人的育儿基本观念正确与否。

我认为，当我们提到"爱"的时候，就要做好全情付出的准备，但如果每个人都对"付出"的状态附加一个"回报"的要求，这个"爱"就变质了。在亲密关系中，最糟糕的态度就是抱怨，付出得再多也会被积少成多的"抱怨"所吞噬。

我们最好不要去说"爱一个人好难"。做了"爱"的选择，就只剩下甘心付出一条路，之所以"难"，是因为你还没有下决心，只要觉得"难"，那就不是"爱"。

你知道我是在说育儿之道。

两个人都能够在亲密关系中不畏艰难、真心付出，两个人制造的孩子就一定不会难"管"，夫妻之道、朋友之道、育儿之道，最关键的还是一个"道"字。

中国孩子是这个日新月异的世界里一个非常独特的存在。绝大多数的中式父母，都会在孩子的成长过程中倾尽全力，甚至超越现实条件，也要在孩子身上播撒无穷无尽的爱，对孩子优异表现的高要求也就更迫切，于是中国孩子的成长之路就会格外地"难"（孩子长大后，家长和孩子就都明白了）。

我无意于抓住现实问题，开展批判，我的出发点是用基本常识和科学道理来探究一些少为人关注的事实，试着去领悟并传播那个科学育儿的"道"。

在中式家庭育儿环境中，大约四分之三是由妈妈担当育儿主力。我主张，妈妈在对

上图　"楼兰雾"实施的触觉训练

下图　课堂上难得一见的片刻冷静

孩子爱心泛滥的同时，也应把同等强度的"爱"同步分发给孩子的爸爸；妈妈对自己的付出，尽量不要苛求结果；每一位家长在输出基于"爱"的诸多指令的同时，能够不忘记孩子本身也是一个活生生的独立存在的"人"。

中西育儿理念差异，排名很靠前的一条是：大部分的西方家长都会很在意孩子某时某刻的感受，时机不对，宁可噤声、等待，甚至选择"过"，也不会劈头盖脸、喋喋不休；中国的家长正相反，他们从来不介意随时输出自己的"政治正确"：想说就说，想训就训，想管就管，想说"No"就说"No"。殊不知，你当年从产房抱回家的那个与新生的爱因斯坦不相上下的天才宝宝，就是因为你总是运用父母的权威来肆意干扰、扭曲孩子的感官正常发育（按规律性和自主性与信息来源交互的感官发育才算正常），时间久了，天才的火花就会逐渐黯淡，甚至熄灭。按照人类演化的基本规律，迭代的趋势应该是"上扬"，但现在哪位家长敢断言自己的孩子一定强过自己？既然有把握，那就傲娇一点，静待花开；如果没把握，那就谦虚一点，追根溯源。

正因为中国孩子的感官发展之路好难，自然造成发展的成果连"保底"都没把握，其实难就难在家长太愿意主观付出，太喜欢

小小的身躯，大大的雄心：大福小朋友在勉力完成游戏的过程中找到了更强大的自我

事事干预，太相信自己全能，太迷信各种经验（糟糕的、刻板的、低效的、盲目的育儿之道：他山之石）。

中式家长容易忧心忡忡，一心以为总有"坏事"发生，于是生活中对孩子的照护和管教就追求细致入微甚至无所不用其极。而孩子感官的正常、畅快发育和发展是需要相当比例的粗放管教和宽容空间，逼得太急，追得太紧，一定会让孩子的感官活力趔趔趄趄甚至步履艰难，这个自找的"难"，就是后期诸多失调表现的根源。

做了，就一定是对的吗？

一部分爱子心切的父母，打着"爱"与"责任"的旗号，对常识的无视和践踏已令我忍无可忍。

孩子的生命状态是体现在全部感官对大脑的驱动中的，最大的特征是：几乎一刻不停地动、情绪化、不讲理，等等。这个状态需要能量支撑，当家长用各种方式给孩子输入能量的时候，很多做法如果不科学，会造成过度或者不足，而孩子又是非理性的，他们不可能自己做心理建设、靠精神意志来查漏补缺，于是就会出现大量的虚耗、苦撑，因为孩子除非生病了、累坏了、饿坏了，他们总是处于能量释放甚至爆发的一种类似于燃烧的生命状态，这种状态持续出现，孩子的消耗会很大；这种状态不稳定或者逐渐消减，孩子的发展会受阻。

从感官的根源说起，我们需要打破自以为是和熟视无睹，需要认真审视我们几乎每天都面对的几个关键字。

吃，是能量的源泉；睡，是健脑的需要；玩，是活力的体现；说，是脑力的外化。

所以我没跑题，这些才是正题和主题。把这几个字深挖、抓牢、走正、堆高，才是真的爱孩子。

做了，就一定要做对。

第一节
吃：得失之间

翻开本书的读者，大都想要对"感觉统合"或"感统失调"的概念一探究竟，那我在这里先宣布一个总结性观念：多发于孩子人生开端的"感统失调"，从根本上看，"吃"得不对是主因之一。

我们从一个似乎不相干的话题谈起：慢性病

它是人身体日积月累造成的疾病。在医学如此发达的今天，相关机构和专业人士对各种慢性病的有效治疗也没有太好的办法，尤其是全球占主流的西医，除了用以养活一些药厂之外，病人漫长而无望的生理感受似乎并不是西方医学各门各派所关心的。

我们是中国人，老祖宗给我们留传了"中医"，中医讲究"治未病"，得了慢性病相当于预防失败，似乎也有越来越多的人转向信奉中医理念（请牢记中医最有价值的主张之一："是药三分毒"），来治疗那些"不要命却很痛"的慢性病，而且靠的多半都不是长期大把吃药，反而都是在生活内容上做文章，而且都把"慢性病"的祸根之一指向了不当的"吃"。

慢性病大多是吃出来的，病从口入，已渐成普世观念。

孩子们的感统失调与之何其相似！它也是起于微末，冰冻三尺而成，它就是孩子发育期以感官表达和身体能量为"病"灶的一种"慢性病"，也可以不药而愈。

孩子发育期良好的表现必然来自感官运作的协调和平顺，孩子的感官发育需要正常地摄入"感觉餐"，"感觉餐"跟吃饭一样，一顿不吃"饿"得慌，而支撑"感觉餐"的源头是什么？是让孩子"吃"好、"吃"对。

本书试图梳理所有影响孩子"感觉餐"摄入的因素，家长不可能都是专业人士，养儿育女，尤其是喂养孩子一日三餐，各家有各家的套路和打法，但正是由于"吃"得不对，才干扰到了孩子的身体正常运作（孩子对能量要求很高，只要醒着，他们几乎一刻也闲不住），最终导致"感统失调"慢性积累、急性发作。那我们就来谈谈"吃"吧！

好（hǎo）吃与好（hào）吃

孩子对食物的认知，就是很单纯的好（hǎo）吃或不好（hǎo）吃，所以家长为孩子做好合情合理、因人而异的科学膳食引导和安排尤为重要。

君不见只要孩子表现出不舒服的身体状态，一般家中的祖辈都会先说：是不是没吃好？（当然，还有与之并列的另外两大要素："没睡好"和"受凉了"。）

我们要从孩子们比较容易日积月累、积重难返的"偏食、挑食"开始讨论。这个说法也是有先后顺序的，一定是先"偏"，然后才会"挑"，这代表着坏习惯已经养成。这坏习惯是怎么来的呢？妈妈们可能要承担主要责任。

孩子早期的膳食规划一般是由妈妈主导的，所以个人的口味，即所谓"好（hào）

吃什么"会不知不觉主宰人的选择：妈妈总是愿意把自己的口味偏好推荐甚至强加给孩子，这个偏好有的时候是代代相传的，来到人群中的孩子们为什么千人千面、个性迥异？根本原因是源于各家的饮食偏好千差万别。

我们国家地大物博，例如水稻种植区、小麦种植区和滨海区域的人民群众，在食物的大类上有所偏好这是很正常、很合理的，当然这也导致生活在不同地区的人群因食物选择倾向的代代相传，而形成了集体人格的地区差异。

所以能否大一统？我看也未必，只要我们做家长的能够克服个人的偏好，随便找一本育儿的攻略认真研读一下，都可以把孩子未来的"偏食、挑食"扼杀在萌芽状态。

初期只是对食物的选择有所不同，一旦孩子长大，形成了比较显著的"偏食、挑食"，糟糕的影响就来了：

1. 成为换水土就不服的主力人群，个体适应能力、认知范围受限；

2. "偏食、挑食"是典型的嗅觉、味觉＋触觉失调，对情绪控制力和思维灵敏度的发展形成制约；

3. 饮食多样性受限，为后期罹患多种慢性病埋下隐患。

世界上人均寿命最长的国家是日本，其国民（或者说绝大多数的主妇和妈妈们）百年如一日地主张每天都要摄入"30 种"以上的食物，是非常有道理的。另外，我大胆推断，这一科学观念是从我们国家隋唐时期学来的……

还要说一说好（hào）吃。

子曰："知之者不如好之者，好之者不如乐之者。"

"好（hào）吃"在中文当中从来都不是什么好话。

我们要么做一个"知之者"：精研食物常识，秉持科学观念；要么做一个"乐之者"：不远庖厨，亲炙羹汤，乐此不疲，俨然饕餮。"好之者"的角色，不上不下、不痛不痒，在任何领域，都算不得最优选。

Sensory Integration

黑夜给了我黑色的眼睛，
我们却用它寻找光明。
明天给了我明亮的远方，
我们和孩子勇敢前行。

什么不能吃？

这个"什么"是形而上的。

天南地北，众口难调，我没有办法一次性给出不适合孩子成长发育的具体食物清单，我主张从食物的性质上来区分。以下特意搬出先人的建议：

《儿科要略》中说：

养子若要无病，在乎摄养调和。吃热，吃软，吃少，则不病；吃冷，吃硬，吃多，则生病；若要小儿安，常带三分饥与寒。小儿饮食有任意偏好者，无不致病。小儿无知，见物即爱，岂能节之？节之者，父母也。父母不知，纵其所欲，如甜腻粑饼、瓜果生冷之类，无不与之，任其无度，以致生疾。虽曰爱之，其实害之。

这就揭示出，家长自以为的"好"，可能并不适合孩子，甚至适得其反。为人父母者，借助饮食一途，想要最大的"得"，结果往往因为不讲科学、不懂常识，反而造成了最糟的"失"。得失之间的界限起初并非不可跨越的鸿沟，时间久了，冰冻三尺，吃亏受苦的终归是孩子。

不该吃的，不能吃；不该乱吃的，不能乱。《黄帝内经·素问》的《痹论》篇中有云：饮食自倍，肠胃乃伤。本节引文中的"常带三分饥与寒"，群众中流传的版本是"三分饥寒保平安"，的确是至理名言。这都是在苦口婆心地规劝我们尽量不要给孩子吃得太饱、穿得太暖，可现实生活中，又有多少人能做得到？

还有"当时当令"与"本乡本土"这样的传承上千年的饮食要略。

随着社会生产和物资供给的极大发展，体现在食物的供应上，任何季节、任何地区，几乎全天候出产且能够"秒"送，地球都快变成一个"村"了，"村"民们的饮食就开始随便突破季节和地域的限制，以此彰显生活水平的提高，并借以满足个性的张扬，结果往往是孩子们率先遭殃。

非热带地区近年来开始流行吃大量的热带水果，自然招致孩子们过度的肠虚胃热，三焦不通，孩子的身体开始对冷热分明的四季转换变得极度敏感，科学研究表明，儿童群体的鼻炎、哮喘以及各种过敏层出不穷，大部分都是饮食不周带来的祸乱。

"反"季节出产的水果和蔬菜真的能吃吗？清代大学问家纪晓岚在《阅微草堂

笔记》中指出：事出"反"常必有妖。"反"常的事情还是不要让孩子随便沾染。而且上文引用《黄帝内经》中"饮食自倍"一句中的"倍"字，有时也用如"背"的通假字。倍者，逆也；逆者，不顺也。孩子的饮食，最需要的效果，就是一个"顺"字。

关于米、面、海鲜等食品的地域差异就无须过多讨论了，举个例子，我想请问：山东的孩子适合吃什么水果呢？烟台苹果莱阳梨，这就是标准答案。一方水土养一方人，老祖宗此言大不谬也！

近年来，中式家庭传统的饮食结构发生了显著变化，尤其是城市化生活方式开始倾向于："选择"一律向外，"适宜"从不向内。具体例证就是：洋快餐多了，中餐也"快"了起来；外卖多了，吃的都是未知的、调料堆积的食品；预制食品多了，一味简化加工过程，先冷冻，再化冻，饮食文化（是维系亲情、养儿育女的重要手段）荡然无存；冷冻、冷藏多了，肠胃有毛病的人群因此多到令人见怪不怪（肠胃不调几乎是百病之源）。

另外，当下几乎家家户户都主张水果不分四季、足量摄入，水果真的那么重要且必要吗？《黄帝内经·素问》中提出"五谷为养，五果为助，五畜为益，五菜为充，气味合而服之，以补精益气"的饮食调养原则。对发育期的孩子而言，日常生活三餐之间凭借一己之"好"大量摄入季节不"合"、产地不"合"、功能不"合"的各种水果，以至于影响了孩子的正常餐饮，能有个好吗？

吃与口语发展

直到今天，"钙奶饼干"还是我童年时期最重要的记忆之一。在感冒发烧完全没有食欲的时候，家里大人会"奖赏"几片全国人民都认识的青岛钙奶饼干。

在温水中浸泡一下，然后小口小口地品尝，简直就是无上的美味。

我们儿时对美食的惦念都源自食物匮乏，青岛钙奶饼干在我心里永远是美味加回忆的情怀之选。

现在呢？饼干这种食品还在，但已经不能吸引孩子们了。有一次我在一个很大

上图

大福小朋友在"太空天马"的
魔幻"三才阵"中迷失了自我

的超市里实地调查了一下，饼干的种类一共有 60 多种，它们五花八门、口味各异，共同特点就是口感都非常松软，有的都能入口即化。这使我意识到了儿童食品存在的严重问题。口味繁多，靠的是加工工艺复杂和大量使用添加剂（化学原料）；质地松散，容易咀嚼，似乎是给食品注入了极大的"方便性"，却破坏了孩子们吃零食所具备的助益肠胃、口齿的辅助作用。

这就是孩子们的口语发展一代不如一代的主因之一：从大约 6 个月到 6 周岁进食的内容和习惯不尽合理。特别是常吃"软"饭，严重影响了孩子们"更早说话"和"说得更好"。

"更早说话"，说明生活环境和大脑生理都是正确的、正常的，孩子因此而获得了接下来高速发展的敲门砖；"说得更好"，除了个人天赋之外，说明孩子的大脑能够接收到丰富的感觉信息，感官的活化度、爆发力、吸收性较强。

孩子吃什么，此事关联甚广，非同小可。比如食物的软和硬，一般 6 个月开始给孩子添加各种辅食，家长此时就要导入"咀嚼"训练的意识，吃得硬一点，最多孩子有点小困难、小情绪，反而可以借机导入适应性和意志力训练；吃得太软，看似得到比较顺遂的喂食和互动进程，实际上相当于"好腿拄拐棍，自找不利索"。

咀嚼动作，如果提高要求、认真对待、坚持练习，可以有效地促进口腔相关的口唇肌、舌肌、咬肌、喉部肌等肌肉组织的良好发展，这指向孩子的本体运动觉；可以通过对食物的品尝、适应、咬合，提高他的嗅觉、味觉和触觉感知能力；还可以通过较为丰富的食物选择和变化，提高孩子的观察和认知，理解和吸收，这又会极大地促进孩子的视觉、听觉和前庭平衡觉的发展。

一个动作，或者干脆就是简单、粗暴的一包磨牙棒，却可以帮助到多路感官的感觉刺激输入和正向累积发展，何其重要！

君不见那么多的口齿异能之士（著名主持人和吃开口饭的名嘴们），观其面部，几乎个个咬肌发达，肉眼可见。

孩子进食，不能太松软、太单调、太"化学"（孩子的食物尽量选择原生食材和简单加工，让他们吃快餐和外卖就是伤人害命），同时也是非常好的认知训练。

很多家长以为孩子早期的认知训练，总要等到某个特定的时间段，借助某些教具、课程和教材，甚至要另请高明，才能实施。实际上，日常生活，家长里短，一日三（五）餐，瓜果梨桃，都蕴含着大量的教育内容。用心的家长，只要尊重常识、付出耐心，都可以把"生活"这位老师、这本教材的作用发挥到极致。优秀的孩子绝不是被动定制的，而是主动吸收的，我们陪伴孩子长大，等到14岁（发育末期）或19岁（高中毕业）的"门槛"一过，大部分家长都能恍然大悟：究其认知学习之至理，孩子们最讨厌自以为是的说教和限制，煞有介事地灌输和批评。

吃与大脑发育

我们讨论的"感觉统合"，就是脑的科学，形象地说，是七大感官负责接收信息，此时可以不经过大脑；感官接收来的信息由谁来统筹、组织、协调、运作、反馈呢？当然是大脑。

生活中我们有时会调侃别人：你怎么说话不经过大脑？今天你没带脑子吗？这说的就是大脑在感觉统合的过程中所起到的决定性作用。如果我们几乎不做太多的身体位移和肢体动作，仅仅单纯的坐着，只要脑子在转，一天下来你也会觉得累和饿，这说明大脑的运作是非常消耗能量的。这是什么原理呢？

大脑的重量虽然只占体重的约 2%，但耗氧量却高达全身耗氧量的 25%，血流量占心脏输出血量的 15%，每 24 小时我们的脑内要有约 2000 升的血液流进流出。

这些能量从哪里来？当然主要是靠吃

凡事都有两面性，食物一方面可以增强脑力，另一方面也可能会削弱脑力。科学研究表明，孩子日常摄入的食物中如果含有较多的反式脂肪、乳制品、麸质和深加工的植物油，就有很大可能会破坏神经元、降低线粒体效率、减缓细胞能量产生、加剧炎症，或者让人出现脾气暴躁、心烦意乱、健忘、脑雾等糟糕状况。有时这些负面影响甚至会同时出现，而大脑的主人却浑然不觉。

是的，吃得不对，一定会影响大脑发育，孩子年龄越小，危害越大。

吃什么？这要充分考虑到脑的物质组成。

先看一下人体的物质组成：水占 60%，蛋白质占 20%，脂肪占 15%，碳水化合物占 2%，还有大约占 3% 的维生素和矿物质。

大脑的组成呢？水（血液）占 80%，脂肪占 10%—11%，蛋白质占 7%—8%，维生素、矿物质和碳水化合物占 2%—3%。原来人的脑子里真的都是水啊！

是的，多喝水，是维持大脑正常运作的先决条件。水，积极地参与着大脑当中发生的每一个化学反应，只有当水能和其他微量元素达成平衡的时候，脑细胞才能有效工作。

孩子们在一天当中喝下的每一口水，都有助于起保持脑内水分作用的矿物质和微量元素，在大脑当中来回往复。水还携带着充足的氧气，而氧气对于脑细胞维持正常的工作状态来说是非常重要的，因为脑细胞主要靠呼吸和燃烧糖分来产生能量。另外，水还可以填充脑细胞之间的空间，促进蛋白质的形成、营养物质的吸收和废物的排出。

很多人都知道如下常识：没有食物的情况下，有的人可以存活几周，但如果没有了水，大部分人都活不过一周。人体是无法预先储存一定量的水分的，所以我们每天都需要摄入一定量的水分，以此来补充从呼吸、唾液、汗液、尿液和粪便中排泄掉的水分。当我们排出的水分多于摄入的水分，造成体内没有足够的液体来维持正常机能时，就会发生脱水现象。脱水会极大地干扰能量代谢，导致电解质流失，大脑对这种危险的状态非常敏感。据统计，只要缺少大约3%的水量，脑内的液体平衡就会被打破，人体就会出现脑雾、精力衰减、易疲劳、头痛或情绪起伏等不良反应。最糟糕的是，3%的脱水经常出现，而整个身体却没有大脑那么敏感，饮水不足的信号常常被身体的主人所忽略。

水这种物质，无论是之于人体还是大脑，都非常非常重要，须臾不可或缺。

现实生活中，有将近一半的成年人每天喝水少于4杯，这其中又有超过一半的

课堂训练中的小憩

人每天只喝 1 杯到 3 杯水，最可怕的是还有大约 5% 的人几乎不喝水。

脱水会直接导致老年失智的主因——脑萎缩。核磁共振报告显示，脱水状态下的大脑，多个功能区都会变薄，体积会变小。

好在脱水是很容易修复的，只要在此后多喝水，脱水的影响就可以在两三天之内基本消除。那我们每天需要大致喝多少水呢？一般的专业建议是每天不少于 8 杯，每杯 200—300 毫升。

让孩子多喝水不仅是生理必需，而且还会让孩子变聪明（照顾好了大脑，人就会变聪明）。有研究表明，每天喝足量的水，比如多于 8 杯水（尽量不要超过 12 杯，个别人会比较容易"水中毒"），能让孩子的认知水平提高四分之一。英国科学家还进行过一项实验，揭示了水的摄入量对认知能力和情绪状态的潜在影响。实验的结果是，足量喝水的一组受试者，与喝水较少的相比，在认知测验中反应速度明显更快。

做个小测验，请你从下面列举的各类水或主要由水组成的饮品当中选出你认为可以推荐给孩子们的一种或几种：

1. 矿泉水；

2. 净化自来水；

3. RO 反渗透膜净水器产的纯净水；

4. 果汁；

5. 碳酸饮料。

你的选择是"1"吗？恭喜你，非常正确！这就是我们俗称的"硬水"，富含钙和镁等矿物质的淡水就是"硬水"，也就是生活中随处可见的天然矿泉水。科学研究表明，它是最适合人类饮用的液体，人脑的健康，乃至身体素质的好坏和寿命的长短，都跟你是否能够保证摄入的水分多为"硬水"息息相关。

如果主要饮用天然矿泉水不能得到保证，那你可以选择 2 或 3，给孩子喝净化过的自来水，净水机通过不同功能的过滤滤芯，过滤掉水中的有害杂质，口感上没有自来水中用于消毒的氯气异味，适宜孩子日常饮用。使用 RO 膜过滤后产生的纯净水，还能过滤掉水中可能有害的重金属，对孩子的健康尤佳。

据统计，美国销量最高的三种饮品是：碳酸饮料、瓶装净化水和啤酒。为了让孩子免于钙质的流失、糖分的堆积和塑化剂的威胁，碳酸饮料以及一切塑料瓶装的饮品、食品都不能碰；而纯净水，因为它几乎去掉了所有的杂质，特别是对人体有益的矿物质，所以它没有任何营养，它就是我们俗称的"软水"，孩子尽量少喝；至于我没有提到的此外一切后天加工、堆砌添加剂的饮料，孩子会觉得口味诱人，他们不懂，但你懂的，大人孩子最好碰都不要碰，碰了则无异于伤人害命。

喝勾兑的工业化（指集约化批量加工生产的获得方式）非 100% 果汁，不如喝工业化纯果汁；喝纯果汁不如喝现榨的果汁，喝现榨的果汁不如吃水果；吃水果（含糖量高的）的总量要精心控制，一天之中无论如何不能超过吃蔬菜（含糖量低的）的量。大部分的果汁都不适合发育初期的孩子，既然取自水果本身，为什么不直接吃水果呢？好吧，既然每家都至少有一台榨汁机，那我向大家推荐各种蔬菜汁，如果担心孩子不爱喝，但也千万不要因此而在蔬菜汁里面加糖，你可以试一试芦荟汁，对孩子的身体会有很大的好处。

为了让孩子大脑的发育和发展可以处于健康、平稳的上升状态，请按照孩子们基本上能接受的节律来补充水分吧：每天保持在 1600—2400 毫升，分成 8—12 次喝下，如果有条件，就多喝中式的"凉白开"或"温开水"（本人坚决反对喝冰水），而且切记，不要用等量的鲜牛奶来代替饮水量。

那么，除了保证水的足量摄入以外，为了善待大脑，我们应该主要吃些什么呢？

大脑的营养需求与身体的其他器官有很大的不同。脑是一个非常特别的器官，为了能持续的增加更多的能量，它在饮食方面非常"挑食"。大脑所需的营养物质从基本成分上来看，就是构成脑组织的那五大类：蛋白质、脂肪、碳水化合物、维生素和矿物质。大脑需要的营养素主要是有葡萄糖、氨基酸，还有不饱和脂肪酸、优质蛋白质。如前所述，脑组织脂肪（脂类）的含量比任何器官都多，包括卵磷脂、胆固醇、糖脂、神经磷脂等，其中对卵磷脂的需求量最大，所以，豆制品、牛奶，以及儿童配方奶粉，含有孩子所需的各种营养物质，其内含丰富的氨基酸能够满足大脑生长发育的需要，而且黄豆中还含有丰富的卵磷脂，当然还有常见的鸡蛋、牛奶、牛肉等卵磷脂含量比较高的食物。另外，还要给孩子多吃干果与果仁类物质，坚果的果仁比如核桃、栗子、杏仁，还有花生和黑芝麻，它们都含有丰富的不饱和脂肪酸，能够促进大脑的发育，提高思维能力，其中以核桃和黑芝麻为最佳（核桃同时还是长高利器）。

哪些食品尽量不要吃？

本节重点分析了"喝"什么对大脑发育的重要性，这也是从常识出发，必须纠正很多家长的认知误区。关于"吃"的禁忌，应当留给真正的专业人士来详尽解读，我只想强调：有一些常见的食品是尽量不能让孩子碰的。

比如：

1. 巧克力。没有哪个孩子不爱吃巧克力的，很多孩子平时不爱吃饭，但对巧克力却来者不拒、乐此不疲。巧克力虽然可称为公认的美味，却含有大量的可可脂和糖分，吃多了很容易给脾胃带来损伤，而且不易吸收，常促使积食产生，还会导致肥胖，不利于孩子正常的生长发育。

2. 面包。面包中含有大量的各种添加剂和膨松剂，吃多了会产生饱腹感，又无法尽快消化，这就给积食带来了可乘之机。而各种添加剂几乎对孩子是毫无益处的。

3. 烤肠。烤肠可以说是味美价廉，在各种公共场合多有售卖，深受小朋友喜爱，嘴馋的妈妈有时候都会跟孩子同吃。实际上烤肠中的肉类含量极少，大多都是各种添加剂与淀粉勾兑而成，含盐量也十分高。在烤制过程中还会产生公认的致癌物——亚硝酸盐，它不仅会给脾胃造成巨大损伤，还会影响孩子钙的吸收，不利于身高的发育。

4. 薯片。薯片中大多会添加有"呈味核苷酸、香精"等食品添加剂，这些食品添加剂都被禁止用于婴幼儿食品，长时间过量摄入有可能会导致孩子的健康造成伤害，而且，薯片属于油炸型食品，吃多了会不消化，还会导致发胖，影响身体发育。

5. 调味饼干。大部分饼干里含有很多焦亚硫酸钠、人造奶油、反式脂肪酸、香精等食品添加剂，大量的焦亚硫酸钠会损伤细胞，具有生物毒性。总之就是非常不利于孩子生长发育！好在现在的孩子们没有我小时候那么"崇拜"饼干了。

重视培养良好的饮食习惯

孩子的身体有一个"3.3.3"定律：突然不舒服或生病了，多半是由于 3 天之内的饮食有问题；你此刻的良好的身体状态，则来自 3 个月以来科学膳食的累积；而具备稳定的免疫力基础和表现，则要至少花 3 年的时间，坚持讲究饮食有节、作息有度才能做到。

这个定律提醒我们，要特别重视培养孩子良好的饮食习惯。

实际上给孩子怎么吃，绝大多数家长都能做得很好，怕的是"不规律"和"无原则"，所以，我要呼吁：**定时，定量，定内容；保品，保质，保新鲜**。

我更想强调的是，家长应当深入挖掘"吃"当中蕴含的大量认知元素，我不提倡在吃饭的时候"训"孩子，但我不反对把"吃饭"当成一个实施优质亲子教育的机会。

一日三餐，包括点心和水果，都能按照比较固定的时间来安排，这样长大的孩子容易养成自律、负责、细心的好习惯。

做什么、吃什么，预先商讨或报备，既是对孩子的尊重，有助于培养家庭中的和谐、民主的氛围，也有助于拉高期待值，对不挑食的孩子，可以增加神秘感和趣味性；对偏食、挑食的孩子，可以由家长主导，久而久之则产生循序渐进的治愈效果。

开饭了，要强调对环境、餐具、食物和用餐礼仪（有多少个中国孩子肯等着祖辈或父辈先动筷子？）的尊重，对食物的提供者或烹饪者的感恩。

无论孩子几岁，家长如果能够养成对每种食物原材料以及加工方法和过程的耐心解读，持之以恒，一定能培养出一个认知范围广泛、生活能力强大的孩子。

共进每一餐，肯定是家庭中比较有代表性的亲情时刻，只要家长不要发牢骚、挑毛病、情绪化，就会留下孩子生命中最好的时光、最美的记忆。

餐后收拾餐桌和洗碗、倒垃圾，从两代人共同承担到逐步排定值班表，又是培养孩子生活能力和责任心的进阶课程，耐心地、积极地、长期地去做这件事吧，随着孩子渐渐长大，你会感激我的建议的。

孩子年满7周岁后，可以尝试着在做饭时给大人打打下手；14岁起，就可以学着做一些简单的饭菜了，掌握做饭技能的孩子，一定受益终生。

吃，就离不开具体可感的食物，从食物出发，引导孩子从小养成健康饮食的习惯，有意识地挖掘并建立人与食物之间的情感联结，正确处理人与食物的关系（不铺张浪费、不偏食挑食、少忌口和过敏），是最好的生存教育、生活教育、生命教育。

小儿脾胃不好的具体表现

1. 脸色焦黄。如果小儿脸色焦黄、起皮、干燥，鼻梁处会青筋显现，这说明脾胃不好，还可能缺少维生素或长了寄生虫。

2. 食欲不振。胃肠功能紊乱，食物无法及时分解，会导致积食腹胀，影响吃饭的食欲，孩子会变得偏食挑食甚至厌食。腹部胀气，还会造成常常腹泻。

3. 嘴唇无光泽。脾虚会使五脏六腑血液流通不畅，所以嘴唇会呈现无色发白的情况，这是脾胃不好的典型特征之一。

4. 舌苔厚腻。脾胃不好，会有舌苔很厚腻、发白、口臭严重的现象，这种情况多数是消化不良造成的。

5. 精、神怠惰。肠胃不舒服会造成入睡困难，睡觉翻来覆去，经常半夜醒来，久之会使孩子精神萎靡不振，免疫力下降，容易反复感冒、发烧、咳嗽，身体素质变差。

请尽量对号入座，才能真正地帮助到孩子。

顺便分享一个偏方：遇到孩子临时性的积食、腹胀、消化不良，可以用不是很"陈"的陈皮2—3克，泡水喝，孩子体质较弱，则不适宜直接陈皮泡水，可以选用新鲜的橘皮、桔梗泡水，原理相同，却温和怡人。为此，孩子平时的辅食清单中可以适当添加一些山楂制品；非吃水果不可，我推荐利消化、易吸收的苹果、梨、柚子等，切记少量、少次、不空腹。

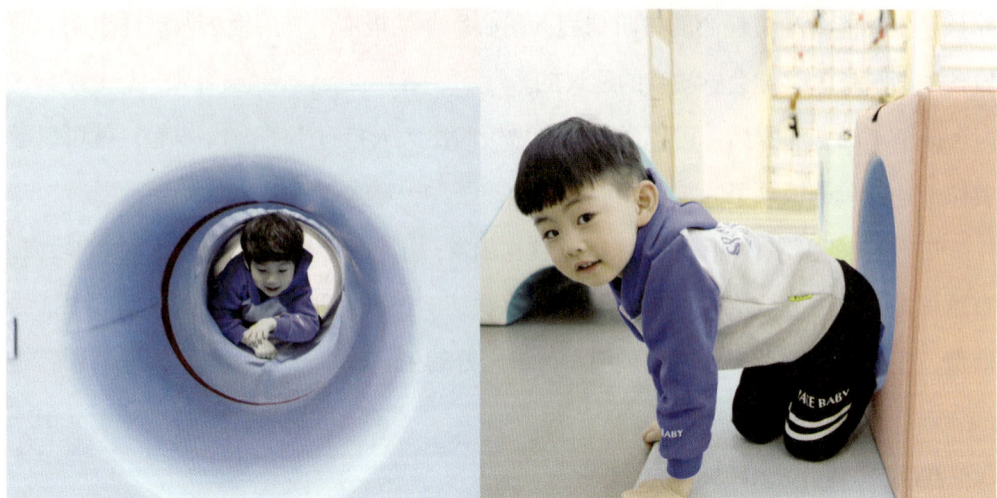

左图 穿越太空隧道的起点
右图 穿越太空隧道成功

第二节
睡：健脑大法

孩子睡眠质量不高的头号敌人是什么？是较强的光源。

你没想到吧？

早睡早起的好习惯，不但可以促进孩子早期的大脑发育，而且近年来也成为国际上公认的长寿之道。

每天早上，最好不要因为规定起床时间到了而去大声叫醒孩子。

孩子（至少到14周岁）可以不午睡；成年人（18周岁以后）的午睡时长，要按照分钟数来计算，以20分钟为起点，最好不要超过年龄数，而且以60分钟为上限，否则反而无益于缓解疲劳。

孩子晚上被家长哄着入睡，是个非常糟糕的习惯。

我们见到大把的家长朋友为孩子苦寻各种健脑方略，殊不知，提高孩子的睡眠质量，尊重发育的基本常识，就是最常见、最省钱、最省心但不太省事的健脑大法。

关于睡眠，一定有很多常识被忽略，也有很多话题值得深入探讨。

睡眠的功能

睡眠是一个重要的生理过程，对婴幼儿的健康成长尤为重要。良好的睡眠，可以促进孩子的生长发育，消除疲劳，恢复精力，调节情绪，储存能量；还有助于提高机体的免疫力，促进智力发育。想要宝宝长得高、长得快，就需要充足的、优质的睡眠。学龄儿童如果睡眠不足，会影响智力发育，造成情绪、行为、注意力等多方面的问题。

孩子的睡眠宜遵从哪些基本原则？

我国著名的经方家吴克潜在其所著的《儿科要略》中指出：

小儿宜使其有早起早眠之习惯，若未满 2 岁以上者，则日间宜使睡眠一次。俾其精神有充分之休养。

小儿宜背暖腹暖，头凉手足凉，然脑后风府、足下涌泉，亦忌睡卧当风，任意招寒。

小儿当盛暑之时，最宜与大人分睡，睡熟之时，切忌对之挥扇，免致侵袭风寒。

小儿当严寒之时，最宜为自然之暖，切忌熏火，免致燥火之疾。

亮一点？暗一点？暗一点！

晚上睡觉前，中式家庭中较强的光源是非常常见的，但它的确是有害的。

对孩子的大脑能造成确定损伤的行为，除了饮食不当之外，较为严重的就算是晚睡晚起了。很多家长表示苦无良策，孩子一到睡觉前就兴奋，不肯按时入睡，或者入睡非常困难。

我认为，中式家庭普遍使用较强的光源是主因，而且因其常常被大家忽略，所以才会让孩子的不良睡眠习惯积重难返。

孩子晚间睡眠的质量保证，来自褪黑激素的有效分泌，而褪黑激素的大敌就是强光。

褪黑激素因为能使皮肤变白而得名，是由大脑的松果体分泌的胺类激素之一，又称褪黑素。它在调节昼夜节律及促进睡眠方面发挥着重要作用。褪黑激素分泌的节律与光线强度有关，处于黑暗中时褪黑激素分泌活跃，转入光亮环境时褪黑激素会停止分泌。褪黑激素可以有效改善睡眠质量，表现在缩短睡前觉醒时间和入睡时间，睡眠中觉醒次数明显减少，缩短浅睡眠时间，延长深睡眠时间，可以使睡眠加深、加沉，次日早晨唤醒阈值下降，从而提高睡眠质量。它另外还具有调节时差、抗衰老、调节免疫、抗肿瘤等多项生理功能。

我们成年人有的时候在单位午休，或者长时间乘坐交通工具，在确定会睡着的情况下，试着戴一副眼罩，睡眠质量就会大大提高，起作用的就是褪黑激素。

现实生活中的中式家庭，常见以下三个场景：

隆重的、丰盛的全家团聚的晚餐（孩子的晚餐不应该跟大人完全同频）；

客厅里装置华丽、明亮的主灯，甚至卧室里也都有很亮堂的主灯；

（喜欢港剧、美剧的读者可以回忆一下那些剧中的生活场景，想起来了吗？居室里的灯大都是昏黄的，并不明亮，这很说明问题。）

孩子在睡前的活动场所多在客厅，或者与家庭成员有较多的互动。

那你还让孩子怎么早睡或者按时睡？

我们讨论孩子的睡眠，要首先关注睡眠环境的布置。

褪黑激素在晚上入睡之后开始旺盛分泌，天亮之后分泌量就会下降，如果让孩子一直待在光线明亮的房间里，甚至偶尔熬夜，褪黑激素的分泌量就会大幅减少，直接影响孩子正常发育。因此，对孩子最有利的，就是让他睡在昏暗的房间里，明亮的光线就是褪黑激素的大敌。

就算暂时不了解褪黑激素的概念的妈妈，也会感受到孩子"关灯睡觉"的效果：孩子的情绪会变稳定；以前晚上比较爱哭的，现在也变乖了；或者变得比较容易入睡，甚至能接受独自入睡，而且不大容易生病了。

这是结论性的建议，孩子临睡前的居所环境应当是尽量"暗一点"。

同理可证，当孩子"早上不起"的时候，我们不要先急着去叫他、吼他，而是先让房间的光线达到最亮，孩子就比较容易醒过来了。这就要求家长在给孩子安排或设计卧室的时候，要充分考虑到采光的合理性，通俗地讲，就是一定要有通透、宽大的窗户。如果孩子早起困难的情况下，可以通过定时的电控窗帘，调节孩子房间的采光，培养孩子早睡早起的健康生物钟。

睡眠的时间安排

我经常建议3岁之前的小朋友家长，要让孩子在晚上8点半之前按时关灯、上床睡觉，3—6岁的这个时间安排则是晚上9点之前。

很多人觉得很难做到或者必要性不大。

上文提到，褪黑激素是孩子成长过程中不可或缺的，它具有抗氧化作用和性腺抑制作用，能抑制过早性成熟，孩子性早熟的诱因之一就包括晚睡晚起、睡眠不足、作息不规律。

褪黑激素不是儿童特有的脑内激素物质，大人也会分泌，对处于爆发性成长期的孩子来说，意志力因素无法起到主导作用，良好的睡眠主要靠自身的激素调节。褪黑激素在熟睡时，大约12点之前会大量分泌，所以一定要在晚上8点至9点让孩子关灯睡觉，目的是能在适宜的时间段进入深睡眠。根据最新的研究成果，褪黑激素在孩子1岁至3岁之间分泌最旺盛，所以这一时期是帮助孩子构建良好睡眠习惯的关键节点。

更为关键的是每天的睡眠总时长，这一点也是众说纷纭、百家争鸣。

我用更长的时间进程来给出建议：

18周岁以上：每天不少于7小时，额外的午睡不超过30分钟；

14周岁以上：每天不少于8小时，午睡随机；

7周岁以上：每天不少于9小时，额外的午睡不超过30分钟；

3—6周岁：每天总量不少于10小时；

1—3周岁：每天不少于11小时，白天额外的睡眠不多于两次，每次不超过30分钟；

0—1周岁：每天总量不少于12+N小时，N取决于孩子的身体状态和发育状况。

上图　0—3 岁小宝宝的游戏规划

下图　教练在游戏过程中，灵活运用媒介物，
支持孩子顺利而专注地完成游戏

如何克服入睡困难？

就算布置了合适的、昏暗的睡房，有的孩子也会一直不想睡，有的是兴奋过度，玩闹个不停；有的是躺下也睡不着，睡前时间被无限拉长。

下面我按照年龄段来区分并给出建议：

一、躺卧阶段（6个月之前）

这一阶段的最佳方法就是训练宝宝能够有规律地区分白天和黑夜，建立更加规律的生活作息。如果不加以控制，这一时期的宝宝即使白天也经常昏昏沉沉地睡觉，晚上却隔几个小时就需要吃奶，会让大人相当辛苦。需要特别注意一个细节：宝宝白天睡觉，大人一般都懂得拉上窗帘，减弱或隔绝光源；而宝宝半夜不睡的时候，大人却经常忘了正开着夜灯或者亮着手机屏幕，而这些失误会让宝宝的作息节律无法有效配合日夜循环的正常规律。

另外需要注意的是：

1. 晚餐这顿奶量可以适当减少一点，睡前这顿奶量就适当增加一点，既不至于让孩子饿得难以入睡，也不至于半夜轻易被饿醒；

2. 如果宝宝表现出明显的不适应，睡前可以在床边开一盏昏黄的小灯。

二、6个月到1岁

这一阶段孩子入睡不顺利的解决办法不是等孩子睡着，而是要想办法让孩子产生睡意。6个月大的宝宝应该能坐起来了，最好的办法就是增加白天的活动量，白天让他多活动身体，让他醒着的时间比较多，从而延长夜晚的睡眠时间；睡觉前调暗房间的灯光，营造安静的睡眠空间，建立一个让孩子感到舒适的环境，也能减轻哄孩子入睡的辛苦。

另外需要注意的是：

1. 睡前不要因长时间玩耍、逗弄造成宝宝过度兴奋；

2. 睡前可以根据具体需要提供安抚物，如奶嘴、玩具或指定某位家长的陪伴。

三、2岁前后

因为孩子只有在深度睡眠中，大脑才会分泌大量的生长激素，这对孩子的生长发育是不可或缺的。所以当孩子的活动能力进一步增强之后，白天的睡眠最多当成休息，不能因为白天睡得太久，就觉得晚上晚一点睡也没关系。晚上难以入睡的原因，除了睡前的安排不科学之外，有可能是因为白天睡得太多。这时应当考虑避免在白天睡觉，或者缩短白天的睡觉时间。有时个别家长会放任孩子睡上三四个小时直到自然醒，大人觉得轻松了，晚上就难办了。

另外需要注意的是：

1. 尽量避免宝宝在下午 4 点之后睡午觉；

2. 睡前进食（包括牛奶、水果等）不是一个好的策略。

四、综合建议

1. 睡在固定的地方非常重要。不要随便给孩子换居室、换床；遇到外出需要过夜的情况，就要让孩子在当天晚上更早一点进入睡眠状态。

2. 睡前的仪式感很重要。引导孩子每次上床前做固定的事情，就等于入睡仪式。日积月累，养成习惯，孩子（身体和大脑）会认为等一下就要睡觉，自然而然地就容易睡着。当然，家长找出适合自己宝宝的仪式内容也很重要。

3. 睡前模式。1 周岁以上的宝宝大致已经具备了白天活动、晚上睡觉的生物节律，但如果遇到白天活动量不足、亲密看护人临时不在或晚归以及当晚天气恶劣等情况，有可能会导致孩子入睡困难。有经验、有耐心的家长可以将孩子睡觉前大部分的规定动作模式化，比方说建立起一个吃饭—刷牙—洗澡—换睡衣—讲故事，然后就进入睡眠状态的工作流程，坚持做下去，入睡没问题。

睡姿与性格

很多家长为了方便照顾孩子，让孩子有较充足的"安全感"，会安排让孩子与自己睡在一起，因此发现孩子有着各式各样的睡姿。

人在睡觉的时候所表现出来的一些小动作和惯常的睡姿，是内心最真实状态的反映，因为人在入睡之后，是无法有意识地操控自己的内心情感的。如果我们想要了解孩子的内心状态，可以在孩子入睡之后进行观察。

孩子的不同睡姿, 究竟反映着怎样的内心状态和性格特征呢?

一、亲密型

习惯于睡在父母中间的孩子一般会采取平躺的睡姿, 这是因为他们知道自己正在被父母守护着, 这就反映出在日常生活中, 孩子从父母那里得到了足够的安全感, 因此对周围的环境不会表现出排斥心理, 而且采取平躺睡姿的孩子, 都会具有性情稳定、中规中矩的性格特征, 俗称"性格好"。这类孩子成年后会比较容易在发展中获得大大小小的成功, 他们很容易成长为敢于挑战新事物且有勇有谋的那一组人。另外, 习惯躺在父母中间睡觉的孩子往往具有较为和谐的亲子关系。

二、依恋型

很多宝宝在睡觉时习惯靠近父母其中一个作为被依恋对象, 其中90%以上的宝宝喜欢依恋妈妈。因为宝宝一直与妈妈接触最多, 所以睡觉的时候也会在潜意识的指引下向妈妈靠拢。长时间维持这种睡姿的宝宝, 有可能是爸爸在生活中的陪伴太少, 或者家庭关系不够和睦, 就造成宝宝对妈妈依恋程度很深。这种睡姿的宝宝通常喜欢侧着身子睡, 综合观察, 他们一般性格较为沉稳, 对他人很友善但很容易轻信于人。这就要求父母多注意共同陪伴孩子, 多多创造三人世界的互动机会, 父母双方在具体的生活轨迹中各自取得宝宝的信任。

三、紧张型

除了以上两种睡姿外, 还有一部分宝宝在睡觉的时候喜欢把身体蜷缩成一团, 这被称为"紧张型睡姿"。这种睡姿往往暗示着孩子缺乏足够的安全感、缺少关爱且对外界的事物容易产生一种排斥感, 所以有时也被称为"缺爱型睡姿"。这样的孩子一般内心都较为敏感, 性格也偏于内向, 不喜欢与人过多的交往, 亲子关系也会趋于紧张或者不顺畅。如果孩子习惯采取这种睡姿, 就需要引起足够的注意, 因为这显示出孩子的身心健康遇到了一些阻碍。家长在生活中要尽量在细微处给孩子创造安全感, 还要尽量避免过多责备孩子, 要对孩子付出足够的耐心。

在课堂上，我们只要孩子们发自内心的笑

第三节
玩：创意之源

　　从入学之后到满 7 周岁，到青春末期（14 周岁），再到高中毕业之前，如果孩子总说"玩儿不够"，家长此刻一定要清醒，首先不要轻信，他有可能就是学业负担过重，或者思想压力过大，而且他们有很多自我消解的方法，个人比较心心念念的解压物十有八九是手机和手游。

　　其次家长要尽量对孩子（7 周岁以上）"玩儿"的内容和安排要适当了解。

　　最后要特别留意孩子的长期玩伴都是谁。孩子一天一点长大，若有突发状况，大部分都源自"玩儿心过重（≈讨厌学习）"和"误结损友"。

　　如果 7 岁之前的孩子"玩儿不够"，就要引起足够的重视，这会让孩子的感官发育（向上的趋势）受到莫名的干扰，最严重的后果，是孩子自身的创意能力会大大受限。遗憾的是，我们往往对此毫无察觉或者无从考证。

"玩儿"是怎么回事？

应当如何认识和对待孩子们乐此不疲地"玩儿"？

我们用"玩儿"来组词：

玩物丧志，玩性大发，玩世不恭，吃喝玩乐，玩忽职守，游山玩水，玩火自焚；开玩笑，逗你玩儿，闹着玩儿，玩儿大发了，玩儿不起……

好像没什么好词。

这跟中国人勤俭朴实、端庄内敛的民族性格有关，尤其是家长群体，对孩子的"玩儿"总是带着又爱又恨、举棋不定的心态。

我们更愿意让孩子少"玩"多学，所以，在青少年成长的语境中，"玩儿"几乎被归为贬义词了。

"玩"的字面意思是：玩耍；做某种活动（多指文体活动）。比较客观，比较中性。

在我的童年（小学毕业前）记忆中，没有太多地认真听课写作业，就算在课堂上，老师也是能够接受我们这些"稚龄小童"时常开小差、做小动作，甚至个别人因"玩儿"废学的。

我的一位小学同学擅长粉笔雕刻，不但老师（几乎是每一位老师）慷慨提供"弹药"，而且还默许他专门在别人听课的时间里埋头苦"雕"，他的大部分作品都是在正课上完成的，他的学习成绩也从来没掉过队。

那时的我在"动手"方面没有任何过人的天赋，最大的爱好是担任看客。

近看男同学"扇啪叽"：把废纸折成复杂的正方形，在地上互相轮流扇击，以使对方翻面为优胜，可将对方的"啪叽"据为己有，此处"啪"要读四声的"pia"，汉语中查无此字。

远观女同学"歘（拼音是 chuā，但那时候我们都读三声）嘎拉哈"：就是用抓、撂（抛）、弹（撞）、摈（丢）四组手部协调动作玩骨头（羊、猪等动物后腿踝骨中间活动的骨头），此处"哈"读四声。

儿时玩过这些游戏的人，今天很多人都当了爷爷奶奶了，你对当年的场景还有印象吗？

回到孩子本身，"玩儿"究竟意味着什么？

"玩儿"，代表着自由自在，至少暂时不受约束，它是每一个孩子（以及所有富有童心童趣且愿意花时间去维护的人）天经地义的生命权利，对孩子来说，请把不知何时由父母（老师，监护人和各路亲戚、长辈）全盘接管的时间分配权临时交出来，至于玩什么、怎么玩、跟谁玩、超不超时，就不劳烦老几位操心了！

回到专业轨道，"玩儿"究竟有什么益处？

"玩儿"，代表着自由创意，昭示着一个个生命体，存在着单位时间内迸射出的、即插即用的活力，以及制造并分享活力的主观愿望和客观效能。

"玩儿"，是脑力得以充分发展并全情释放的催化剂，如果把人的大脑比喻成一个容量无限的宝库，宝库里有数不清的一个又一个独立的大、小房间，给了孩子自由玩耍的权利，就相当于是在鼓励孩子用自己的生命活力去叩问每一扇紧闭的房门，每打开一扇门，就得到一大堆最宝贵的财富。这财富是什么？是兴趣，兴趣是最好的老师；也是探索，探索精神能帮助孩子认识更宽阔的世界；更是创意，它支撑着孩子们去解决一个又一个难题，捧出一个又一个惊喜。

玩儿出天才

我认为，天才是玩儿出来的。

世人所公认的一些天才人物，如钢琴家莫扎特和贝多芬、童话作家安徒生、画家毕加索、发明家爱迪生、科学家爱因斯坦、政治家丘吉尔等等，他们有一个共同的特点，就是儿童时期不爱学习只爱玩儿，甚至已经"贪玩儿"到需要看医生以确定是否有"多动症"的程度。

关于玩儿，全世界都知道它是儿童的天性，也都认可此权利不可剥夺，但我们目睹小朋友"疯"玩儿、"傻"玩儿的现象太多了，是什么原因导致让我们的孩子不会玩儿？或者在玩儿所耗费的大量时间中一无所获？我认为首先是家长的观念出了问题：

一是家长非常满足于"让他玩儿就行"，认为提供足够的陪同、投资就可以了；

二是家长不认同在玩儿的过程中需要设计、规划、量化和评测这些专业元素；

三是家长不认同玩儿可以给儿童带来认知甚至潜能方面的系统性提高，他们认为那都是要靠"学"来实现的。

黎巴嫩诗人纪伯伦曾说："如果父母是张弓，孩子就是搭在弓上的箭。"所以说，就算是"玩儿"这种看似休闲随意的活动，也需要为人父母者精心考量、系统策划，很多后天成大才的事例大都提到孩子有一个自由玩耍的童年，同一时期，好像孩子们都在"玩儿"，实际上，家长的选择正确、高级与否往往决定了：一群都在玩儿的孩子，能保留住天才的火种的永远是最会"玩儿"的那一个。

那么，到底应该是家长会玩儿？还是孩子会玩儿？

人类历史上数一数二的发明家爱迪生说："天才就是1%的灵感，加上99%的汗水。"

由此可以得出的第一条推论是：天才对每个孩子来说，并不是遥不可及的，每个孩子都是天才，每个孩子身上都有自己的天赋和不可估量的潜能，就看怎么挖掘了。

第二条推论："99%的汗水"是在干什么？为什么流了那么多的汗水？对孩子来讲，就是在"玩儿"。君不见，无论怎样的酷暑炎炎，儿童在玩耍的时候是不会要求家长开冷气或者送冷饮的，你千万别打扰我玩儿的兴致就好了。

第三条推论：天才不是靠严谨的、量化的训练培养的，天才的童年要花费99%的时间来"玩儿"，不断地"玩儿"、不停地"玩儿"，就是一种量的积累，等到那1%的灵感出现，立刻就质变：天才诞生了。

的确，自古以来，每一位"神童"也不是生而有之、生而知之的。

天才儿童，一定是靠父母的科学选择和有效指导，"玩儿"出来的，我们对观念问题的回应是：

首先，家长不能仅仅满足于"让他玩"，而要亲身参与孩子玩乐的过程，很多

玩儿法不一定需要投资金钱，只需投资时间；

其次，在孩子玩儿的过程中，每一秒钟都需要内容的精心设计、行程与范围的合理规划、游戏内涵与强度的适度量化和玩儿的功能与效果的客观评测这些专业元素的融入；

最后，儿童的认知行为尽量不要早于 6 周岁，这已经是举世公认的科学道理，在此之前，只有帮助、教会、推动、参与孩子的"玩儿"，才能让孩子学到更多的东西、发挥更多的能量。

最适合挖掘孩子潜能的出发点是"感官"，因为从娘胎里开始，孩子感官发育与发展的过程是无止境的。天才与常人的最大区别是什么？世俗的看法都说在于创造力，实际上最关键的是"耳聪目明"。所谓天才，就是比普通人更容易听到、看到这个世界本来面目或者事实真相的那个人。

"玩具"贵精不贵多

现在家里条件好了，很多孩

子都拥有了大量的玩具，但我要说这恰恰害了他们。为什么有相当一部分孩子上了小学以后注意力方面有欠缺？我的观察，主要原因就是学前这几年家长提供的玩具太多。

有相当比例的孩子，六七岁之后出现注意力不集中、做事没长性、行为散漫、容易感到心烦或厌倦的行为特征，这是源自小时候玩玩具总是东摸摸、西看看，养成了喜新厌旧、兴趣不持久的坏习惯，都是玩具太多造成的。而且不停地换玩具，做不到对一个或者一组玩具进行长时间的探索，孩子自然也就不懂得珍惜，也就没有办法建立良性的专注力。

给孩子买玩具、让孩子玩玩具，贵精不贵多，而且要尽量符合如下条件：

1. 对七感（视、听、嗅、味、触、前庭、本体）能起到刺激作用；

2. 符合孩子不同年龄段的发育特征；

3. 对孩子的理解有"踮脚尖"的引领作用，不能太欠缺技术含量；

4. 新玩具不要随便提供，至少要等到旧玩具玩得差不多，低龄孩子更新玩具至少要间隔一周以上；

5. 给孩子买玩具尽量不要附加各种条件，讲明白不能"类型重复、堆积泛滥"的道理即可。

大部分家长在买玩具这件事上都会采取尽量满足的姿态，这是很不明智的。聪明的父母带孩子玩儿，一定要玩儿得聪明，那怎么叫玩得聪明呢？

真正会玩的孩子，都有很强的探索精神，专注力一般会比较好，也不用特别担心他的学习，哪怕暂时落后一点也没关系，人生如同马拉松，拼的不是抢跑和起跑，拼的是长期坚持和后劲十足。所以在上小学之前，先培养孩子学会玩很重要。玩和学本身不是对立的。如果没有大人的不当干涉，对于孩子来说，跳皮筋和练口算一样快乐，画画和拼图也各有乐趣，不同年龄段自然而然就会有不同的能力得到萌芽和发展。如果再遇到善于智慧引领的父母，那就一定能产生出类拔萃的孩子。

聪明的家长可以这样做

1. 少参与，重视为孩子准备合适的环境，提供适当的材料和帮助；

2. 多参与，全程介入，尽量把主导权交给孩子；

3. 少规划，强调随机性，保护创造性；

4. 多规划，把隐性的教育目标或专业的内容选择（例如"感觉统合训练"，可以说是一入侯门、万事皆通）融入前期的筹划与准备之中；

5. 轻体力，重点推行讨论、棋牌等益智类、口语类的玩法；

6. 重体力，用运动的方式来填充玩的内容；

7. 小股部队，最多三人行，最好一对一；

8. 重装部队，展开广泛邀约，把玩的局面做大。

感觉统合训练是有组织的、更高级的"玩儿"

很多家长对"感觉统合训练"至少略知一二，也因此有人发出这样的疑问：这不就是组织一帮孩子在一块玩儿吗？跟在家里玩儿、家长带着玩儿没有多大区别呀……

这个理解粗看上去没毛病，感觉统合训练的整体面貌就是"玩儿"，没有"玩儿"的器械运用、课程设计和训练过程，"训练"就无从谈起、无从展开，我只能弱弱地说一句：感觉统合训练是有组织的、更高级的"玩儿"。

为什么这样说呢？感觉统合训练课程除预防、纠正和治疗作用之外，更强调：尊重孩子的个性，保护孩子的天性，支持孩子融入共性、发挥特性。

玩儿，的确是孩子的天性，但这一个字不足以让我们了解孩子们的天性。

天性是指孩子天生的性情、与生俱来的特质。

孩子有如下六大天性

1. 好动。 在婴幼期、婴幼过渡期，孩子应当有足够活跃度，当一个孩子过于安静的时候，那就有可能是病了、饿了、累了等。

2. 安详。孩子是好动的，但他总有那么几个时间点、片段他一动不动，好像在发愣，家庭生活当中这种现象很常见。3 岁前孩子的大脑像行驶在测试公路上的跑车一样，风驰电掣般地成长发育，一直冲到成年人大脑生理质量的 50%，这一阶段他发育得快，吸收得也多，但他的消化是有问题的，所以，一个健康正常的儿童，在一天当中出现若干个发呆、发愣的状态，相当于在消化吸收外界环境给他带来的各种信息和刺激，这属于正常。

3. 冒险。孩子不知道什么叫危险，所以他才去冒险，他对周围的环境充满着好奇心，所以我们应该适当地制造机会让孩子去冒险，家长无法排除各种安全隐患，不敢让孩子去冒险，于是孩子可以来到感觉统合训练的课堂上，来一场酣畅淋漓的冒险。冒险是儿童的天性，我们应当利用这一天性，给他制造探索的机会，既培养他的勇敢担当、面对挫折的意志品质，同时又借机强化了对他的感官发育与发展的梳理。

4. 破坏。很多人都知道很多科学家都是拆出来的，所以孩子搞破坏是为什么呢？就是为了满足自己的好奇心和探索精神，就是要对事物进行"毁灭性"的研究，在墙上乱画、在纸上乱画、撕纸等等，这都是破坏，这样的天性让孩子有快感。感觉统合训练可以借助游戏的方式，给他需要的，纠正不需要的。过于追求中规中矩的表现，因而压制、磨灭孩子的天性，反而会影响孩子的正常发展。

5. 狂热。孩子的状态是天真烂漫的，孩子的情感是纯洁无瑕的，更是狂热的。孩子对能带给他互动内容和互动关系的人、事、物均会给予炽热的情感，以及狂热的崇拜与喜悦。在感统课堂上，教练以饱满的热情，激发孩子天性当中狂热的一面，并运用到游戏中，让孩子嗨起来，才能最终激活他的感官，真正地学会高级的、高效的、高兴的玩儿。

6. 无知。孩子是无知的，但是我们喜欢用自己的标准要求孩子，甚至将自己未实现的愿望强加在孩子身上，希望孩子赢在"起跑线"上，于是给幼小的孩子安排各色的才艺培养和能力训练，却忽略了孩子的自主意志，如果你征询孩子的意见，他的首选永远是"玩儿"。

摆在我们面前的、面向孩子的教育形态有很多，但很少有像感觉统合训练这样的课程，从孩子的宫内发育就给予科学的关注，出生之后就可以提供科学的训练，所以感觉统合训练不是单纯的单项课程和功能训练，它是一种育儿观念，更是一种评价方式。

感觉统合训练是一种积极的干预手段，它立足于在课堂上挖掘、尊重孩子的个性，还原、保护孩子的天性，能够有效地梳理孩子未来 20 年能力发展、能力培养之路的脉络。一间专业的感觉统合训练教室，在每个孩子生命的开端和早期，能够为孩子提供持久的、有深度的训练，能让孩子融入尊重与快乐的环境，能让孩子实现真实的大脑和身体的双向协调，最终能让孩子具备能带着走、能向前走的能力。

所以我说：感觉统合训练是有组织的、更高级的"玩儿"。

当然，想要运用专业概念来搞明白之前稍许懵懂的问题，需要大致把本书读完，我这里不想用专业术语大帽子压人，但行文至此，大家也大概明白：孩子大脑的后天良性发育甚至跃迁式的进展，离不开对感官必要的介入和发掘；孩子的感官潜能，如果不借助某种特定的方式和形态，源源不断、层层递进地推动感觉刺激的输入、整合、组织、输出，孩子的发展是无法"保本"进而"赚到"的。对儿童感官潜能的挖掘，目前的主流方式与形态就是"感觉统合训练"。

感觉统合训练，是指基于儿童的神经发育需求，引导对感觉刺激作适当反应的训练，它可以提供前庭（重力与平衡）、本体（肌肉与运动）及触觉（情绪与认知）等刺激的全身运动，其目的不在于增强运动技能，而在于改善大脑处理感觉信息源并形成正确感觉反馈的方法，最终为"脑组织的神经功能"带来进步。

感觉统合训练一般要经过三个阶段的梯次发展
第一阶段：基础能力打造阶段（调整阶段）
训练项目：通过触觉、前庭平衡觉、本体运动觉、视觉空间、听觉感知等基础训练，调整八大运动功能：平衡、肌力、方向、韵律、协调、松懈、速度、变化，进而达到身体机能的提升。

第二阶段：加强基本能力的掌握阶段（改善阶段）

训练项目：通过第一阶段的积累训练，在八大运动功能调整的基础上，增加球类运动、手眼协调、双侧协调、大脑整合、运动企划、提升视知觉（视觉辨识、视觉记忆、视觉顺序、视觉广度）及手部肌力训练等项目，来达到学习能力及专注力的提升。

第三阶段：全面提升内在成就动机训练阶段（提高阶段）

训练项目：把前两阶段空间训练所建立的能力转化成平面能力，通过结构化教学，提升注意力、记忆力、学习能力、人际交往、互动合作、个人目标、社会自理、语言发展（听觉辨识、听觉记忆广度、语言广度、听觉顺序）等，从而全面提升儿童竞争力。

以上训练项目的外在表现形式，就是**"玩儿"**。

孩子通过参加系统的、有效的感觉统合训练，感官的活跃带动了大脑的活跃，创造力就不再是无源之水、无本之木；感觉统合训练所承载的"玩儿"，才是真正的创意之源。这样的玩儿，会帮助每个家庭、每位家长避免错过家里的那位与生俱来、整装待发的小天才，我们有什么理由错过它呢？

本节附录
中国经典老游戏 30 例

1. 滚铁环：一段铁丝弯成一个圆圈，另一根铁丝一端折一个钩，推着圆圈到处跑。跑上两个小时都乐此不疲。

2. 耍羊拐：分猪拐和羊拐两种，可以涂上红色或者绿色，按照一定的规则和玩法，丢、抛、抓、甩。羊拐为上品。

3. 踢毽子：用鸡毛和小铁圈制成，有各种踢法。花样繁多的脚上功夫，当然也可拿本书用手打，嘴里还得喊着"桥、外、别背"等动作指令，可叹当年不知有多少册课本葬身于该游戏之下。

4. 弹球：小小的玻璃球，却有很多种玩法。在地上挖几个小坑，弹来弹去是最常见的玩法。玩的人各出数颗，输者将丧失对玻璃球的所有权。玩法通常是"出纲"或"打老虎洞"：在地上画线为界，谁的玻璃球被击打出去算输，叫"出纲"；或者在地上挖出五个坑，谁先打完五个洞，就变"老虎"，然后击中谁，就把谁的玻璃球"吃"（据为己有）掉，这叫"打老虎洞"，有点像高尔夫运动。通常一颗五花小球算 2 分，一颗透明大球算 5 分，水平低得只能靠个头大来凑了。最原始的动量定理就是这时候学的。

5. 攻城：几个人站在稍高的土坡上，另外一伙人攻城，上面的人往下推对方，下面的人往上攻。有时一玩能玩一个半天。

6. 打沙包：扔石头"打仗"的变种。要三个人玩，非常考验敏捷性。中间的人若被另外两位同伴丢的沙包击中算白打，直到能用手抓住"打手"扔过来的沙包，才能"刑满释放"。有点像棒球中"投手"和"捕手"之间的斗智斗勇。大米、小米充的沙包最好，沙子的包比较好用，黄豆包打人很疼，绿豆包居中。缝沙包也是一大乐趣，一般来说，男孩缝的沙包针脚朝外，女孩缝的沙包针脚朝里。

7. 跳房子：性价比最高的游戏，只要一支粉笔，一块石头就可以玩。在地上画出一摞大大小小的格子，然后按照格子的单双，一边前进，一边要把石块踢到正确的格子里，出界或者跳错了格子都算失败。非常锻炼脚的控制力和身体的平衡感。

8. 跳皮筋： 全国各地有各种各样的玩法。一般是边跳边唱诵流行的童谣。《勤劳的手》最难跳，《小松树》最好跳。全国最通行的歌谣是"一二三四五六七，马兰开花二十一；二五六、二五七，二八二九三十一；三五六、三五七，三八三九四十一……九五六、九五七，九八九九一百一"，以全体齐诵不出错为最佳。

9. 爬树： 到树上摘榆树籽，或者比赛谁爬得快。

10. 翻绳： 用毛线绳或者玻璃绳，两个人对翻，变化各种花样。

11. 冰棍解冻： 一堆冰糕棍（那时需要很多人合力攒好多天）撒在地上，然后一根一根拨开，必须保证其他的棍儿不能被碰到。现在看来，属于经典的注意力、本体运动觉和精细动作训练。

12. 拔根： 秋天的游戏。树叶落了以后，用叶子根部交叉在一起拔河，看谁的先被拔断、谁的更有韧性。

13. 要人： 分两伙对面站立，喊"我们想要一个人"，双方各推出一个人，两个人拔河，输的人就要归顺对面的团队。

14. 放风筝： 风筝都是自己动手做的，以屁帘款为主，一个菱形后面飘两条纸。上品有纸扎燕、金鱼等。

15. 木头人： 玩法大家都会，口诀是：我们都是木头人，一不许笑、二不许动、三不许露出大门牙。

16. 编花篮： 大家齐诵歌谣："编，编，编花篮，花篮里面有小孩，小孩的名字叫花篮。蹲下起不来，坐下起不来。一二谁出来，一二谁出来。"大家把脚搭好后，依儿歌中的"蹲下起不来，坐下起不来"单脚做下蹲动作。谁摔倒了，或者是脚掉下来了，就出局。其余人继续"编花篮"，直到决出最后两人，然后这两人用"石头、剪刀、布"决出最后的赢家。

17. 捞鱼： 先选出两人，面对面站着，举起胳膊，拉住对方的双手，让手臂形成一座"拱门"的形状，其他玩游戏的人排成一列，后面的人拉着前面人的衣服下摆，弯着腰从"拱门"下面跑过，做"拱门"的人每当念完一轮歌谣，就把手臂"拱门"放下，"套"（捞）住一个人，这个人就出局。这样一直玩下去，通过拱门的队列人数会越来越少，直到全部被套完，游戏宣告结束。玩的过程中要齐诵歌谣：一网不捞鱼，二网不捞鱼，三网捞一个大（有时换成"小"）尾巴鱼。人少的时候，捞到谁谁就要说"大实话"。

18. **剁刀**：雨天以后，找一块泥地，将地上的泥拍平，然后用小刀剁地、画线，画出自己的区域，谁的地方大，谁就赢。

19. **翻饼、烙饼**：两个人手拉手，身体随着胳膊翻转(玩法需谨慎，谨防安全事故)。

20. **挖洞、筑城**：有沙子的地方就是一个乐园，在沙子堆里挖洞、筑城，这就是一个孩子自主的快乐王国。

21. **过家家**：用简单的玩具充当家里的用品，几个孩子扮演家庭中的各种角色。

22. **斗蛐蛐**：很简单，捉来蛐蛐，互相比斗。实际上捉、养蛐蛐和置办蛐蛐罐子都是很麻烦的事情，蛐蛐晚上在家里还叫得让人睡不好觉。

23. **捉迷藏**：在小朋友中找出一个人，其他人在数到数字几之前分别藏起来，由选出的那个人去找。

24. **踢盒子**：将旧的铁罐头盒（那时易拉罐还很少见）在地上踢，跟踢足球的规则和玩法完全一样。

25. **四城**：类似垒球的玩法，大家主要是在疯跑中寻找乐趣。

26. **摸人**：前面的人迈出四步，后面的人迈三步，单脚站立，后面人摸到前面的人，前面的人就算输。

27. **抽陀螺**：将陀螺在地上转起来，然后用绳鞭抽动，让它转得更稳、更长时间。

28. **瘸子过河**：一个人抓，其他人单腿从胡同的柏油路上跳过来跳过去，谁被捉住谁就改抓别人。

29. **三个字**：先定个界，好比三分之一胡同。一人追，其他人满街跑，要被抓到的时候站住说任意三个字，就没事了，等同伙来救，就是跑过来的时候随便碰哪一下，于是这个人就又"活"了。

30. 撞拐子： 最具男子气概的战斗游戏。

感官魔术拉带，让集体课顿时变得很活泼、有气势

第四节
说：思维体操

　　孩子在1岁半之前，大部分都经历了从"咿咿呀呀、不知所云"到"比手画脚、急于表达"的发展阶段，这是儿童语言发展肇始于呓语、徘徊于词穷、显效于仿说、爆发于对话的规律所在。所以，带孩子比较走心的家长，先是可以基本上读懂"婴"语，然后也能在孩子"急于表达"的阶段抓住现象、口传口授、用心辅导、促成飞跃，优选手段就是不厌其烦，让孩子"哼唧""嘟囔""咋呼""咧咧"个够，这样才能完美跳过口语发展的徘徊期（就是环境配置错位所导致的不应期，表现为孩子不愿说话、口语退步），此后就会一马平川、一路顺风、一日千里、一通百通了，孩子也就真的会学话、会对话、会抢话、会说话了，虽然这有可能更加牵扯你的精力、占用你的时间、挑战你的耐心、凸显你的无奈，但我们有意无意地帮助孩子构建了

发端于口语表达的早期思维结构，对接下来的词汇爆发、认知加速会起到决定性的推动作用。

说，看似简单平凡很常见，对孩子的早期发展速度、厚度和广度来说，顺势的时候家长一般无感，一旦遇到逆势，那可以说是个大麻烦。

说话的能力，可以让家长感觉到如逢知己、人前显"贵"，是自家孩子成长发育的高光表现。

说话的能力，也可以让家长感到崎岖坎坷、压力山大，是自家孩子发育落后的不二明证。

说，无缝对接着听，而且与将来的读、写能力重大相关；它涉及触觉、本体运动觉、视觉、听觉的联合运作，反映着大脑神经的活化程度，是孩子3周岁前，"感觉统合"的最佳评估和表现形式。

说，就是孩子的思维在做体操，多多练习，良性互动，相当于每天上午准时出操，坚持有强度、有效度的练习，交流更畅通，思维更敏捷，不亦乐乎！

我的观点：孩子学说话，越早越好。

儿童语言发展的进程

儿童的语言学习进程，必须遵循由少到多、由简到繁、由易到难、循序渐进的原则。

孩子从出生后的第一声啼哭开始，就已经在与环境做互动，也就展开了语言发展的历程。

肚子饿了，有点困了，都会用哭来表示；再长大一点，就学会了伸手比画着来要求喝奶或者找妈妈，然后，才能在真实的环境经验的帮助下学会用发音或音节来表情达意，这就是儿童主动建构语言能力的历程。由此可见，语言在发展的最初阶段，是由基本需求延伸出来的。

小宝宝用哭来表示尿布湿了、饿了、不舒服等各种生理需求，用笑来代表高兴，双手打开是要大人抱，并且逐步开始对大人的面部表情、声音、动作、口气、口语进行模仿、沟通，最终升华为正常的、有思想的交流，这可以说是初步具备了语言表达能力。

大部分1岁半以前的幼儿是不会说话的，但是他们会喃喃发声，会用动作拉着大人、指着物品来表示他们许许多多的想法，这些以动作为主，夹杂着许多令人听不懂的声音，就是口语前期宝宝的基本沟通方式。虽然这一时期的孩子还不会真正地说话，但他们已经能发出许多不同的声音，并用它们来充分表达出自己的情绪；虽然他们还不会使用大人的语言，但已经有相当不错的沟通行为和互动方法来宣示他们的需求，这些都是未来口语发展的重要基础。

宝宝大约在1周岁以后，就开始进入基本口语能力建立期，这一时期的孩子，口语能力是他们最重要的发展项目，从先会说一些单字、音节，到会说的词汇增多，就可以将词汇串联起来成为简单的短句，进而再发展到有语句结构的语言，然后再把能说的句子变长变复杂。

孩子的话越说越多、越说越长，是口语建立期的基本特征

具备了基本口语能力孩子再长大些，到了3岁半或4岁以后，语言发展的重点开始转向建立语言的精熟度。语言的精熟度是由说话内容的复杂度、语句的完整度、口齿的清晰度与流畅度等组成的一种基本标准。我们常常可以看到，4岁左右的孩子一天到晚总是说个不停，问个不停，而且是越说越有内容和主题、越说越有逻辑性、越说口齿越清晰。儿童基本语言能力的整体发展，大概会在6岁至7岁之间完成，也就是说，从出生后的只会哭开始，到建立起具备一定精熟度的语言表达，这个时间进程是6年至7年。

综上，从孩子出生后的第一年开始，他们的心智发展是感官和身体共同运作的结果，婴儿借着视觉来观看身旁的环境，借着听觉来倾听周遭的声音、了解大人的话语，借着触觉来认识每一事、每一物，感受他们手中把玩的物品与玩具，这些感觉的输入将促成脑细胞彼此间的连接，而使幼儿学习外在世界的能力愈来愈强，从而刺激语言的发展，因而我们知道，感官知觉在幼儿的语言发展上扮演着极重要的角色。哭，还让孩子学会如何协调呼吸和发声，为将来出声说话打好了基础；进食，

让他们练习着运作口腔、咽喉的肌肉，从而成为将来咬字发音的主要动力；各项感官能支持他们去听、看、闻、尝、碰各种事物，试着去探索外面的世界，这又成为日后开展认知学习的重要通路。孩子早期的语言发展，就是建立在感官知觉、动作练习、发声游戏和与环境互动等的基础上。

那么，如果感官的运作和发声的练习以及环境的互动出了问题呢？

口语发展危险期

这是我在工作中常遇到的一类家长提问：

3岁半的男宝宝，只会说"这个"和"爸爸"，医院检查不出任何问题，应该怎么办？

这个问题归纳一下就是：口语表达有障碍，甚至形成了缺陷，这样的孩子怎么办？

孩子早期语言的发育发展，口语表达是起点，更是重点。问题中提到的孩子绝不是孤例，属于典型的语言障碍中的口语障碍。

十多年前我曾经设定过一个口语发展的危险期，是19个月，近些年我观察，相当比例的孩子在很多方面都有长足的进步，符合人类演化的正常规律，唯独口语方面，反而变得越来越落后。现在我正式地把口语发展危险期下调到了25个月。

我很无奈，也就是说，孩子2周岁了，还不会说话。可现实情况的确如此：口语表达有问题的孩子越来越多。

实际上原因并不复杂。

孩子出生之后，我们的养护环境越来越高级、越来越"专业"，于是环境中的声音信息被精心地过滤甚至屏蔽了；另外就是看护孩子、关注孩子的人也越来越多，就算是口音基本统一，也势必会形成"政出多门"，照顾孩子的人多了，就会严重干扰有计划的和随机的口语训练。

另外，如果这个孩子交给祖父母或者保姆来代养，老人和保姆给孩子推动口语训练是下不了决心、保不了质量的，而孩子口语学习的开端就指望着要突破"开口说"的第一关，结果你用了精细至上、安全第一的养护方式，一部分孩子就会懒得突破，或者说他不愿意接受你的口语（强化）训练。

口语表达的第一关就是：开口说。说到能有对话、有语流、有词汇概念的程度。

突破第一关靠什么呢？靠听觉的接收和词汇的积累，靠孩子大脑的理解和处理，更要靠家长借助家庭环境和生活细节给予孩子必要的指导和练习。

在练习口语的时候，首要原则就是要跟孩子眼对眼、口对口、脸对脸。第二个原则是家长的发音要准确，给出的词汇要简单明了，但又不能过于儿语化。第三个原则也是核心原则：对孩子的口语训练一定要结合孩子每时每刻的具体需求。

孩子在一日生活常规中会有很多需求，随着年龄的增长，过了1岁半向2岁迈进的时候，特别是男孩，他往往喜欢用一些口腔的非自主声音和主观动作来表达自己的意愿，也就是"嗯啊"地去指挥家长，有的家长因为跟孩子朝夕相处，所以能秒懂，就马上去执行，实际上这种主观意愿恰好是最适合用来引发孩子的口语表达意愿和实务的。这里要排除一些生理上的原因，比如说声带比较短，或者说是咬舌有问题，以及小肌肉（口唇肌、舌肌）发育过于落后，这些因素在孩子2岁半还不会说话的时候首先要去医院做一次筛查。

什么叫会说话？ 就是过了2岁的孩子，能说两三个字甚至于更长的句子，能有来言去语，能理解收听到的语言信息而不能转化为鹦鹉学舌。

验证孩子口语是否达标，有这样三个标准：

第一，突破两个字的句子。 你教他突破了两个字的长度，他才有可能说三个字甚至更长，你不能总是静待花开。所以说家长教孩子说话，不能老用叠词和儿语，或者是满足于两个字。另外家长也不能偏信医院检查说这个孩子没问题，这个孩子没问题，但孩子就是不会说话，你说到底有没有问题？

第二，孩子基本会指物唱名。 这个物，指的就是孩子生活中常见的人物和实物。聪明的家长怎么教呢？要坚持说：你看谁来了？不能直白地说"爸爸来了"。不要直接说"再见"，要说"爷爷再见"等等；招手、挥手动作不能算学会了"说再见"，作为一个并不复杂的肢体动作，大部分孩子1岁之前就能做到，加上口语，才算是一个标准的社交行为，我们一定要坚持说：跟爷爷说爷爷再见。

第三，就是对话时能有实质的内容、有合理的组织，语言具备基本的逻辑性。

总结一个口诀：

一叫"不三不四"，意指说话句子越来越长，不止三个字、四个字；

二叫"指手画脚"，指向某人、某物，能够准确称谓或说出名称；

三叫"来言去语"，与人对话有上下句的反应和连接，反对"鹦鹉学舌"（听人说一句，自己就复读一句）和"背诵台词"（例如动画片中的对白、广告中的口白）。

治疗语言障碍，也是用这三个标准来评估现状、精准研判、规划方案、寻求突破。

产生早期口语障碍的原因

我来简单列举一下产生早期口语障碍的几个原因：

一、听觉问题。

二、视觉问题，对事物的简单辨认不明晰甚至很落后。

三、口腔发声器官的发育问题。

四、语言环境问题。从出生之后到说话之前，家里的环境过于安静，或者过于嘈杂，都对听觉接收有严重干扰。

五、语言符号系统问题。我举过这样的例子：爷爷山东人，奶奶福建人，生个儿子算是北京人（在北京出生、长大、定居），娶个媳妇儿是山西人，然后请了个保姆是菲律宾人。对门邻居，是个河北人组合。于是这个家庭的小孙子长期生活在五六套语言系统当中，他最后学会的是菲律宾口音的中文。

六、孩子在某个特定时刻，摔倒（摔到头和脸）、受惊吓、生病、高热、打针、住院、搬家、父母离异等因素。

最紧要的治疗方法就是切断孩子不当的外部环境连接，例如，电脑、手机、家里人吵架、长辈生活在一起的复杂口音等。

实在不行就早送幼儿园（托班）或上托育，这样做的好处就是可以借助同龄人传来的大量的突如其来的问话或对话，不但可以快速检测出自家的孩子是否存在明显的口语运用失调，而且还为训练干预提供了最佳的训练场所和陪伴者。

口语能力培养策略

孩子口语能力的萌芽实际上始于他学会了用响亮的啼哭来表达自己的喜怒哀乐那一刻，因而我们无须深究孩子到底该几个月大开始"学说话"和"会说话"，谨记一条：晚了不行，越早越好。

中国人一贯主张"人生识字糊涂始"，说话也不例外，家长是孩子的第一任老师，既然被称为老师，最重要的教学任务就是在生活中培养并促进孩子"学说话"和"会说话"。

列举一些我认为有助于培养孩子口语能力的"验方"，仅供参考

1. 跟 1 岁半以内的宝宝互动，一定要先说话，再做照护或游戏动作。

2. 把孩子的视觉范围内所有人、事、物的名称积极主动地说给孩子，2 岁之前可以不断重复旧东西，2 岁之后尽量多推荐新东西。

3. 在孩子口语表达开始萌生的初期，以 1 年为周期，坚持录下孩子的说话声音，并不断播放给孩子听，家长适度指导纠偏。

4. 尽早弃用儿语和叠词来跟孩子对话，除非特殊原因，尽量减少模仿孩子说话的情况。

5. 多做拟声、拟态的口语表达练习。

6. 养成家长和孩子共同唱诵儿歌的习惯。

7. 跟孩子的口头交流中，反对、狡辩和抗拒，是你的成就；说脏话、口头禅和扯嗓门不是。

8. 口语交流中家长的最高成就不是靠威权"断然否定"，而是用兵法"战胜缠磨"。

9. 不要急着让孩子去读所谓"经书"，6 岁之前多读"唐诗宋词"。

10. 孩子不晚于 4 周岁，认真诵读（能背诵更好）《笠翁对韵》，一定会有惊喜。

最后，为了方便读者依据自家孩子的口语发展现状，开展必要的、适宜的评估与训练，本节文后附上两份表格，仅供参考。

本节附录一：《宝宝的口语课》

如果孩子的口语构建和发展在 2 岁到 3 岁之间遇到一些困难，暂时又没有条件参与专业的、系统的感觉统合训练的，可以在家庭中运用下面这个《宝宝的口语课》教案，家长使用得当，且能持之以恒，并善于随机应变，孩子必有所得。

宝宝的口语课

课时安排：每次 15 分钟左右；每天至少 2—3 次。

每次在饭前、饭后、睡前进行，或在游戏时间；尽量养成规律。

授课规范：授课人必须是孩子亲近或熟悉的人，力争做到：

1. 说普通话，语速适中，吐字清晰；

2. 有足够的耐心，且能随机应变；

3. 态度亲切，保持微笑；

4. 随时用言语或行动来鼓励孩子；

5. 时刻观察孩子的口语发展变化。

课型：语言游戏

1. 授课人要和孩子做同样的事；

2. 歌谣可以根据当时的环境、气氛灵活调整、自由发挥直至另创新词句；

3. 绕口令不必背过，熟读即可，要反复读，适当辅以速度变化。

指导思想：持之以恒，坚信成功！

训练内容一：《拍手歌谣》

你拍一，我拍一，乖宝宝，爱吃梨，

香水梨，莱阳梨，先吃梨，后扔皮。

你拍二，我拍二，这是啥？饺子馅儿！

白菜馅儿，韭菜馅儿，宝宝爱吃萝卜馅儿！

你拍三，我拍三，到明天，去爬山，

往上爬呀，一二三，上山顶，摸着天。

你拍四，我拍四，乖宝宝，来认字，

指个字，认个字，拿起笔，写个字。

你拍五，我拍五，打打拍子，敲敲鼓，

慢三步，快三步，乖宝宝，学跳舞。

你拍六，我拍六，妈妈带你玩儿皮球，

你扔球，我接球，我家宝宝真优秀！

你拍七，我拍七，开衣柜，找大衣，

长大衣，短大衣，宝宝穿，真美丽！

你拍八，我拍八，唱首歌，笑哈哈，

美猴王，白龙马，宝宝唱歌顶呱呱！

你拍九，我拍九，乖宝宝，来下楼，

向左走，向右走，宝宝下楼慢点儿走。

你拍十，我拍十，小鸡叫，吱吱吱，

数一数，有几只？我给小鸡喂食儿吃。

训练内容二（此处仅为示例，汉语普通话绕口令都可以当作训练内容）：

《多少罐》

一个半罐是半罐，两个半罐是一罐；三个半罐是一罐半，四个半罐是两罐；五个半罐是两罐半，六个半罐是三满罐；七个、八个、九个半罐，请你算算是多少罐。

《四和十》

四和十，十和四，十四和四十，四十和十四。说好四和十，得靠舌头和牙齿。谁说四十是"细席"，他的舌头没用力；谁说十四是"适时"，他的舌头没伸直。认真学，常练习，十四、四十、四十四。

《连念七遍就聪明》

天上七颗星，地下七块冰，树上七只鹰，梁上七根钉，台上七盏灯。呼噜呼噜扇灭七盏灯，哎呦哎呦拔掉七根钉；呀嘘呀嘘赶走七只鹰，抬起一脚踢碎七块冰；飞来乌云盖住七颗星，一连念它七遍就聪明。

《六十六头牛》

六十六岁的陆老头，盖了六十六间楼，买了六十六篓油，养了六十六头牛，栽了六十六棵垂杨柳。六十六篓油，堆在六十六间楼；六十六头牛，扣在六十六棵垂杨柳。忽然一阵狂风起，吹倒了六十六间楼，翻倒了六十六篓油，折断了六十六棵垂杨柳，砸死了六十六头牛，急煞了六十六岁的陆老头。

本节附录二：
儿童语言能力的发育过程

儿童语言发展过程	
新生儿	能哭叫
2个月	发出和谐的喉音、呓语
3个月	"咿呀"发音
4个月	笑出声
5个月	能喃喃地发出单调音节
6个月	能发出辅音
7个月	能发出"爸爸""妈妈"等音节，但无意识
8个月	重复大人所发的简单音节
9个月	能懂几个较复杂的词句，如"再见"等
10—11个月	开始用单词，一个单词表示很多意义
12个月	能叫出物品名字，如灯、水等，指认自己的手、眼等

本节附录三：
口语发展训练建议

行得通	1. 总是要注意倾听婴儿发出的声音。 2. 让婴儿能够看出你在倾听。 3. 耐心等待婴儿的回应。 4. 尊重婴儿的选择，他可以回应也可以不回应，那是他的选择。 5. 回答婴儿所说或所表示的。 6. 热情鼓励婴儿每一次试图发音的努力。 7. 为婴儿反复说的某个特定发音赋予含义。 8. 用标准的词汇和正确的发音与婴儿对话。
行不通	1. 坚持使用婴儿化语言与婴儿对话。 2. 不理睬婴儿。 3. 在问完婴儿问题之后不等他的回应。 4. 不回答婴儿或对他的表示没有反应。 5. 学婴儿的发音或拿他的发音开玩笑。 6. 纠正婴儿的发音。 7. 强迫婴儿回答或回应。 8. 在跟婴儿对话的时候带有个人情绪。

Part 2

The Awaken of the Sensory Organs

身体是用来支持大脑的。

——托马斯·A.爱迪生（美国人，世界著名发明家、企业家）

第二章
发育中的不良表现：怎么就失调了？

在很多场"感觉统合"主题讲座结束后，一些特别可爱、特别认真的家长朋友会问我这样一个问题：讲座前我们的孩子还挺好的，怎么听你讲完，我们的孩子哪哪都是毛病了呢？

这些"毛病"不是被我"讲"出来的，而是被我"揭"出来的。

世上本没有发育期完美无缺或者看上去无可挑剔的孩子，家长看着自己的孩子，没来由地心生欢喜、啧啧赞叹，这可以理解，但我不能理解的是那种"捂盖子"的心态。

龙生九子，各有不同。

人吃五谷杂粮，总有不顺遂的时候。

孩子千人千面，才呈现出他们各自独一无二的可爱。

看不出问题可以原谅，讳疾忌医是要耽误事的。

我愿意做那个吹哨子、揭盖子的人。

感觉统合失调，原本就是孩子在人生开端的高速发育期必然出现的构成个体差异的发育表征和发展现象。

对此我们完全无须大惊小怪，它是孩子在成长发育的过程中，特别是学龄前几乎必然出现的阶段性、暂时性的"小毛病""小麻烦""小问题"和"小困难"。家长如果选择无视，天也塌不下来；家长如果选择重视，那你的孩子有可能在关键时刻得到八个大字的强力加持：放下包袱，轻装前进。

前面提到的那些家长，他们应该算是开悟了，事实上他们一定会基于自己的崭新认知而为孩子做点事情。好在这些动作不是"治病"，而是"训练"。你听也听明白了，"感觉统合训练"是解决（可具体分为预防、纠偏和治疗三个级别或阶段）"感觉统合失调"的不二法门。

我比较喜欢给出偏于温和、有点佛系的建议：有些事情，做，总比不做强；有些训练，练，总比不练强。

那么，我们的孩子看上去是那么的天真无邪、活泼可爱，怎么就失调了？

不合群的孩子并不快乐

看电视的快乐没有营养

第一节
感觉统合失调的概念解读

你说中国的家长是盼着孩子好，还是盼点别的？

你肯定说，中国有句老话：孩子还是自己的好。怎么会盼点别的呢？

不要怪我阴暗，而是中国的家长具有全世界独一份的焦虑，只要这个孩子生在中式家庭，那就算是踏上了一条"成龙成凤"的发展单行道。也正因如此，相当比例的家长朋友喜欢从事情的反面入手：不找出孩子的毛病来连饭都吃不下，言下之意，对孩子祭出排除大法，把糟糕的、落后的揪出来、修理好，仿佛孩子接下来的发展就可以一顺百顺、一飞冲天了。

孩子的发展是有其天赋基因和客观规律因素的，我们反而应当跨越那些一边与人攀比、一边求全责备的非理性判断，用相对科学的育儿观念来统领自己的思维和行为，当我们冷静下来的时候，我们才能发现：孩子的发展之路相当于一条通向远方的跑道，我们不要急着一开始就恨不得靠抢跑（看过田径比赛的读者应该知道，抢跑，意味着参赛机会为零：你被淘汰了……）来领先，还时不时急着弯道超越，我们最应该做的是：只要孩子不跑偏，我们就想办法帮他清除一下前方的绊脚石就可以了。

本章重点讨论的就是怎样解决这些"绊脚石"。

这些绊脚石就是"感觉统合失调"。

话说你是否注意到，在我们身边有这样一些孩子：

看着很聪明，却好动、注意力不集中、学习成绩不如人意？

看着挺懂事，却脾气急躁、黏人爱哭闹？

看着蛮可爱，却胆小害羞、缺乏自信？

看着真机灵，却动作不协调、笨手笨脚？

答案很简单：这些令人遗憾的表现都是"感觉统合失调"造成的。

感觉统合失调的定义

由于大脑对某个感觉器官输入脑内的感觉信息不能做出正确的组织和分析，输入信息路径不畅通，大脑无法根据实际情况发出行动命令以及有效的保护措施，所导致整个机体不能做出有效行为反应的现象，称为感觉统合失调。

感觉统合失调，在神经生理学上又称为"神经运动机能不全症"，它是一种中枢神经系统的障碍问题，一般发生于青春期之前，其中又以学龄前儿童比较多发。

在适宜的天气条件下，有组织的户外感统训练是必要的

这些孩子的智商测验结果都在平均水平之上，却时常表现出认知行为上或动作协调上的障碍，有超过 30% 的孩子甚至因此造成学习成绩下降或者低落，也经常被家长或老师误认为有"智障"的因素。

请注意，感觉统合失调的高发年龄是 3—6 岁，但被监护人或教师及时发现且科学干预的情况却非常复杂，可以说是一言难尽。

3 岁之前的孩子，大多数还没有进入集体生活（上幼儿园），再加上感官发育的很多表征还处于萌芽期，家长一般不会拿专业的眼光和手段来为孩子做评估，于是接近 80% 的敏感人群就"完美"错过了最佳干预期。

3—6 岁期间，会有相当一部分家长出于对孩子天赋基因的自信或不自信而出现认识偏差，即不能准确评定孩子应有的发展方向和高度，对一些感觉统合失调造成的发展阻碍误认为属于正常现象，有所察觉之后或者讳疾忌医，或者不愿意客观深究或认真面对孩子的一些细微失调表现，验证的机会只能留到孩子进入小学之后，有了认知的要求和社交的考验，各种不适应、不协调、不跟趋纷至沓来，实际上全都是源自感觉统合失调，更糟糕的是，一部分家长依然不相信"感官运作"是问题的出发点，反而试图采用三大传统战术来解决问题：补课（知识型家庭或心存侥幸的家长）、严管（保守型家庭或不辨方向的家长）、责骂（偏激型家庭或欠缺耐心的家长）。问题似雪球，不见"科学观念"和"感觉统合训练"的阳光，只能落得个冰冻三尺、化解无期了。

我在无数次讲座中都强调过：一些功能性的训练项目或课程，例如感觉统合训练，你可以搞不懂专业内涵，但你不能门缝里看人，或者一竿子打翻一船人，没有对新兴概念和科学观念的敬畏之心，翻船的人里面有可能就有你本人。我们不是受"感觉统合失调"这个专业名词的驱动去做什么，而是为了对孩子的发展进程负责任而做什么。2—3岁，正是孩子发展迅猛、家长评判模糊的阶段，参加训练，重在预防；3—4岁的孩子，正处于家庭生活与集体生活交融、个人基础与环境压力交织、前进中后退与退步时进步交替的三大关键阶段，审慎评估，拿到结论，对一些现象可以纠偏或改善；4—5岁的中国孩子，绝大多数要面临幼小衔接的介入和小学升学的焦虑，稍加关注，失调与否已经是一目了然，但这一时期的训练已经到了心急火燎、有"病"治"病"的状态，至于羊圈里的羊还剩下几只？如果刘向泉下有知，不好意思，这已经由文学问题、哲学问题变成教育学问题了！

所以我奉劝各位家长朋友，我们可以不懂专业名词，但我们不能对科学观念视而不见、听而不闻；我们可以不要远大前程，但我们不能对孩子的发展潜能视而不见、听而不闻。

怎么办？

至少坚持读完本书第二章。

在这里我要紧急科普一下：

凡是在小学一、二、三年级遇到学习成绩下降、学业落后、读写障碍或作业困难的，如果能排除先天智力缺陷、重大健康问题和具体应激反应等极端因素，其动因90%属于感觉统合失调造成的学业危机，具有隐蔽、突发、剧烈、短期的特点，马上参加系统的感觉统合训练，三个月（至少隔天进行一次个别化训练，每次不少于60分钟；每周进行一次集体课训练，每次不少于90分钟）即可有效改善，不见效你可以找作者退买书的钱。

第二节
感觉统合失调的由来

自 20 世纪五六十年代起，在欧美的一些发达国家，有一些孩子越来越多地有如下表现：

1. 胆小、没安全感、依赖家长、独立性差、咬手指；

2. 好动不安、注意力不集中、跑进跑出、捣蛋、小动作多、有攻击性；

3. 笨手笨脚、语言组织能力差、不自信。

美国南加州大学的简·爱尔丝博士（A. Jean Ayres）在对上述现象开展研究的过程中发现：对于生活中常见的一般的触摸，这些儿童经常比较统一地表现出好像是疼痛或烦恼的异常反应，而在对食物和衣服的选择上，又非常挑剔，常常还表现为书写及其他细微动作的发展非常缓慢，另外这些孩子特别不愿意坐在或待在有可能被别人触摸到的地方。

这些令家长和老师感到困惑和担忧的表现，在孩子的发展中已经形成了一些障碍，情况严重的，家长会带孩子到医院去问诊，当时的儿童专科医院将一部分病例称之为"儿童精神病"，这对很多发育中的孩子来讲显然是有点残酷和不公平的，因为有的出现不良表现一段时间以后，反而克服或者自愈了。

简·爱尔丝博士是"感觉统合"理论的创始人，她的研究最大的贡献就在于用崭新的评价方式，摘掉了部分孩子头上发展存疑甚至"精神病"的错误标签。爱尔丝博士为发展中遇到障碍的儿童开发了专属的治疗方法，从神经生理学的角度来分析感觉系统的发育、发展的不平顺状况，她将人类的基本感觉分为视觉、听觉、触觉、前庭觉（前庭平衡觉）及动觉（本体运动觉）等，人的神经系统对这些基本的感觉刺激进行接收及整合，并使之意义化，这个过程能让我们的脑神经系统有效地利用这些讯息，作出适当的反应。

1950—1972 年，爱尔丝博士基于自己的研究开创了感觉统合的理论架构及治疗方法体系：感觉统合疗法。

1972 年，爱尔丝创建南加州大学感觉统合研究中心，并于当年系统地提出"感觉统合失调"理论，旨在借助该理论来矫治儿童的学习障碍和缺乏自控能力等一些行为，并探究其成因，以提出事前预防和改善的方法。

儿童在学习与生活中患有"感觉统合失调"症，将会在不同程度上削弱人的认知能力、适应能力、生活能力、交往能力、学习能力，给他的发展带来相当深远的负面影响。

"感觉统合失调" 不是由专业人士凭空捏造的概念，而是依托于神经生理学及其他相关学科的发展，对儿童在成长发育过程中出现的诸多不协调、不平顺的现象作出的科学解释和客观评估，并因此而派生出"感觉统合失调"的解决之道：感觉统合训练。

安排在户外进行的感统训练，会让孩子拿出百分百的状态

第三节
感觉统合失调的表现

你能想到吗？衣服上的标签儿、裤子的接缝儿、图画书有质感的特殊纸张、荡秋千时的摇摇晃晃，还有皮鞋底摩擦地面、空调室外机工作发出的声音，这些一般人都不会特别在意的小事儿，却会给有些孩子带来显而易见的烦恼，最糟糕的是，孩子本人却很难解释和表达自己的那种很不舒服的感觉。

是太敏感还是不敏感？是有点脆弱还是矫情？从他的外在行为表现来看，他是不是"失调"了？

是。

在儿童成长发育的过程中，家长会因孩子的行差踏错而感到尴尬或焦虑：不是粗心大意地把桌子上的水杯打翻，就是走路腿脚不利索，经常不小心跌倒；不是把自己的东西乱丢、乱摆，就是说话没头没尾、含混不清，而且经常因为行为出格而让家长当众下不来台自己却浑然不觉、浑若无事。

如果这些行为表现只是暂时的、偶发的，经过及时的提醒就能改善，那我们就无须太过紧张而去做各种分析和干预。但如果细究下来，这些儿童总是会对轻微的碰触和异常的声音感到刺耳，有过度反应，容易冲动；或者对触觉、听觉、视觉的即时信息觉察度很低，无法集中注意力；或者喜欢一成不变的事物，拒绝接受新的食物、衣服、玩具、游戏玩法或看护人等，家长就要提高警惕了，因为这些异常的反应和行为十有八九是源自神经系统的障碍，也就是"感觉统合失调"。

我们在日常生活中，每时每刻都要用到我们的感觉统合功能。比方说走路，当我们开始以步行的姿势走在路上的时候，我们可以觉察到地面的高低和平整与否，而据此调整走路的姿势，身体做出必要反应。如果遇到上坡路面，脚会自然抬高；在路面坑洼不平的地方，双脚双手要保持一个平衡姿势来维持身体的平衡或者寻求栏杆等的扶持，同时还不会耽误自己的双眼要看向前进的方向。我们很少有人能注意到，在这个过程中，我们的身体正因为周围环境的变化而在不停地做出适当的调整。

感觉系统是会相互影响的，双脚能力均等的儿童，他的手眼协调能力一定会比单侧脚有优势的儿童强。感觉统合失调的儿童是在感觉传达与组织的过程中发生了问题，使大脑无法有效地处理来自外界环境与内在神经系统所获取的感觉信息，以至于在日常生活中无法对各种不同的感觉做出适当的反应。

专业概念的非专业小实验

我将通过本章的陈述，帮助读者比较系统地了解或掌握"感觉统合失调"的概念，但我非常想做一个小实验，可以让我们在阅读与认知的实践中得到更深与更广的启发。

本书的读者照例拥有跳来跳去发散阅读的权利，这几乎是纸媒最后的优势所在了：可以刻意选择自己感兴趣的内容直奔，也可以清风乱翻书，读到哪页算哪页。

假设有一位读者刚好读到本段文字，那他能不能根据我用全新角度所做的描述，来大致辨别出有一类孩子特别需要帮助，后来才知道这种表现可以命名为"感觉统合失调"呢？

答案是肯定的。

在日常生活中，面对我们与之朝夕相处的孩子，似乎不会有人用"正常"与否这样的措辞去观察、评判他们的表现，哪个孩子能没有点个性呢？总有一些孩子看上去有点"与众不同"，或者说更接近于"格格不入"，比方说如下的表现：

1. 对于触感、景物、声音、动作、滋味与气味过度敏感或极度不敏感；

2. 极度容易分心，无法专心或集中注意力于一项事物；

3. 待人接物非常缺乏耐心，脾气急躁；

4. 异常活泼或异常没有活力；

5. 经常听不进别人的话或选择退缩；

6. 容易紧张，对具有挑战性的状况或不熟悉的环境反应过度；

7. 很冲动，在某种程度上或者是完全无法控制自己；

8. 从某个活动或状况中，转换到另一个活动或状况时会显得很不适应；

9. 经常很苛刻，做事、思考问题缺少弹性；

10. 笨拙和粗心；

11. 不喜欢集体生活；

12. 有社交或情绪上的问题；

13. 发展及认知方面迟缓或落后；

14. 动作看起来笨拙，不成熟；

15. 非常胆小，没安全感；

16. 觉得自己很笨、很怪；

17. 无法处理挫折感，容易长时间生气；

18. 在人群中容易被定义为比较矫情或孤僻的那一个；

19. 与其他伙伴或同龄人相比容易紧张，不容易恢复到冷静的状态；

20. 不易从敏感或活跃中转换成放松、平静的状态（例如不容易睡着或醒来，或无法从活泼情绪下，转换为平静的状态。反之亦然）。

一个字不涉及"感觉统合"和"失调"的专业概念，但这的确是评估孩子的全新角度和焦点问题。对上述表现的察觉、关注、归纳和思考，有助于对专业概念一无所知的家长群体，及时发现孩子现存的问题，及时作出适宜的反应和干预。

感觉统合失调的主要表现

"感觉统合失调"是儿童在发育期，特别是 7 周岁之前的必然表现，因为人的感官发育和运作是不存在百分之百的完美的。我根据多年的实践经验，总结了一些常见的失调表现，供读者参考。

欢迎对号入座，不欢迎大惊小怪；欢迎反观自照，不欢迎因噎废食。

1. 好动，坐不住，注意力不集中；

2. 看似聪明，却胆小不敢表现；

3. 笨手笨脚，走姿、坐姿、跑姿不良；

4. 走路容易跌倒或撞墙；

5. 做事容易受挫，缺乏自信；

6. 非常固执，且不合群；

7. 胆小、黏人、怕生、怕黑；

8. 爱哭；

9. 挑食、偏食，饮食习惯不佳；

10. 常常好像故意碰触别人身体，容易跟同龄玩伴吵架；

11. 讨厌被触摸（洗头、洗脸、洗澡、抓痒、剪指甲等）；

12. 眼睛容易犯酸，阅读跳字跳行，讨厌阅读；

13. 写字无法在框内，笔画经常颠倒；

14. 毫无原因惧怕某些学科，心理障碍多；

15. 自言自语，无法和人沟通；

16. 吸吮或啃咬手指、手指甲或无法戒除奶嘴；

17. 发音不佳，吐字不清，语言发展缓慢；

18. 喜欢爬高，却不敢走平衡木；

19. 爱旋转游戏，久转而不觉眩晕；

20. 打针、跌倒不怕痛，甚至有自虐、自伤、自残行为；

21. 全身软趴趴，喜欢到处靠，不喜欢用力；

22. 懒惰、耐力差，容易感到累；

23. 抛接球、跳绳有困难；

24. 精细动作、手眼协调如画画、剪贴、扣扣子等有困难；

25. 不擅长模仿动作，学习新的动作困难；

26. 喜欢操纵情境，让情境转成适合自己的；

27. 喜欢说，不爱做，动作慢，不能有效组织身体动作；

28. 不喜欢做动作练习，动作发展缓慢；

29. 活动量、兴奋度过高；

30. 脾气暴躁，容易被激惹。

由以上项目我们可以发现，感觉统合失调与孩子的生活自理、身体运作、基础社交和基本认知这四项能力是息息相关的，考虑到家长与孩子的相处模式，我们还可以针对生活中的一些典型表现，来寻找孩子在感官发育方面是否需要提供专业支持的蛛丝马迹。

生活中的观察项目如下

1. 刷牙、漱口、洗脸、洗手困难；

2. 4 周岁之后依然无法确定惯用手；

3. 吃饭时常常饭粒撒满地；

4. 倒水困难；

5. 整理不好餐具或个人物品；

6. 剪指甲时特别紧张；

7. 排列、摆放物品找不到正确方向（穿鞋、穿衣、系扣、摆桌椅等）；

8. 操作工具不自然；

9. 听指令能力低下；

10. 走路不平顺，姿态不自然。

除了家庭生活以外，孩子会在 3 岁左右进入幼儿园的集体生活，入园之后的一些个体状况，既是对此前感官发育现状的汇总，也可以借此在新环境的冲击下，对孩子有新的观察与发现，所以，越来越明晰的失调表现会集中呈现于集体活动中，其中一些比较特殊的行为表现，需要格外引起我们的重视，因为这之中已经出现了确定的失调表征，我们几乎可以据此做专业评估和训练规划了，否则，集体生活的现实意义和对孩子负责任的养育态度都会打折。发现问题不可怕，可怕的是让孩子带"病"长大，失去自主进步和挖掘潜能的机会。

需要注意的是，以下列出的观察项目，是在已经大致可以判定有一定失调表现的儿童身上获得的。

感觉统合失调儿童在集体环境中的不良表现

1. 持续啃咬手指甲；

2. 始终处于不安全状态，跟定某位教师；

3. 对自己的物品看护较紧，离开视线就哭闹；

4. 经常趴在地上；

5. 睡觉咬被角、衣角或紧抱固定的物品；

6. 喜好无征兆咬人、打人、挖人等攻击行为；

7. 流口水比较频繁，屡次提醒无作用；

8. 大动作与小动作均笨拙不良；

9. 好自言自语，又非常缺乏自信；

10. 特别顽皮，但当众被提问就放弃回答；

11. 不愿跟小伙伴交流，却有时愿意跟大人交流；

12. 爱生闷气、多语，喜欢触犯规则；

13. 独立做事能力低下，须时刻有人督促提醒；

14. 上课时好突然离座，一眼看不住就往室外或队列外面跑；

15. 喜欢爬高或总躺在桌子上、台阶上；

16. 喜欢在固定的地方玩；

17. 喜欢闻某种固定的味道（书、纸张、日用品等）；

18. 吃土、石子、蛋壳、鼻涕等，喜欢舔人；

19. 好撕东西，从不爱惜东西；

20. 涂画能力低下，上不成美术课；

21. 无论兴奋与否都喜欢尖叫；

22. 不自主或习惯性抚弄生殖器。

综上，孩子的表现已经摆在眼前了，但坐等糟糕的结论并不是最明智的选择，作为监护人，我们与之相处的时间大部分是在家庭生活中，那么，在日常生活中，或者说在

有时候不要把古灵精怪武断地看成"感统失调"，那叫可爱好吧

幼儿园的一日生活流程中，是否有一些观察的项目，可以帮助我们较早觉察孩子的失调征兆，及时加以预防和干预呢？

这个当然是有的，以下列出生活中"诊断"孩子失调状况的观察方法

一、穿脱衣服（生活中习以为常的自主穿衣，是非常有价值的前庭平衡觉训练）

1. 扣扣子（触觉＋视觉＋平衡的经典练习，常练常新，常练常受益，非常重要）。对某些孩子而言，这是相当困难的课题，因为这需要两只手的协调配合良好才能完成，在一连串的动作中，拇指和食指的协作能力是胜任的前提。

扣子本身的形状和扣眼的大小，也会影响这项工作的难易程度。扣子所处的具体位置也是重要因素之一，胸部以下的扣子，视觉捕捉相对容易，自然要好办一些，但最上面或最下面的扣子，因为没那么容易看到或看清，脑海中必须事先留有清晰印象，否则会很不顺利。

我们据此得知，要让孩子多多练习手指的精细化运作能力，我们要保持对他扣扣子时的抓着力、双手协调的程度及状态以及运动计划的成熟度做认真的观察，否则我们不知道该在什么时候、采取怎样的策略来帮助他。

2. 坐着脱穿鞋。换鞋子的动作通常是在坐着或弯着身子时，有些孩子身体显得很僵硬，于是看上去笨手笨脚并缺乏耐性，任务的完成则大大存疑，或者孩子干脆选择放弃，强迫由大人代劳完事。

3. 站或坐着穿脱裤子。穿脱裤子的动作是难度比较高的，尤其单脚弯曲进入或离开裤管的时候，这显示出平衡能力的重要，失调的孩子在这方面会经常受挫。

4. 戴手套。身体感觉不良，各部位体认不够清晰的孩子，两个手指头总是钻进一个手套指洞中，特别是对于脑部有麻痹症状的孩子，扣扣子或许还能胜任，但只要你让他戴手套，他就会把两个手指一同穿进一个洞中而自己却一点也不觉得奇怪。

二、用餐问题（独自用餐、平稳进食，是七大感官整体运作良好的标志）

1. 无法确定惯用手（例如常常用来使用汤匙的那只手）。观察孩子的惯用手，是非常重要的观察评估项目，包括用筷子、汤匙、叉子的情况，以及握笔、用笔、用剪刀、投球、拿取玩具等方面的表现。婴幼时期的孩子，惯用手通常不明确，最早也得满 3 周岁以后，才能得出准确的判断。惯用左手的孩子，通常右脑较发达，相应的左脑成熟较晚。由于左脑的成熟大多在八九岁以后，所以幼儿阶段最好不要对惯用左手的幼儿进行"调右矫正"工作。

2. 进食状况。感觉统合功能不良的孩子，由于手的运作不利索，使用汤匙常有困难，有时候也因为唇部及嘴巴附近的肌肉张力发育不良，闭嘴咀嚼的动作完成不好，所以容易掉饭粒，经常一顿饭没吃完，饭粒就撒得满脸、满身、满桌、满地都是。

3. 口唇动作。这些孩子一般也控制不好口水，学不会咀嚼口香糖的过程中吹泡泡，有时用筷子或汤匙将食物放入口中时，还要靠手把食物塞进去，需要用到舌头的操作通常也表现不好。我们可以观察孩子用舌头舔舐唇边或上下唇的动作，做不好的孩子，可以在他唇边或上下唇涂上蜂蜜或果酱，以练习舌头运用的动作。

4.倒水练习。将水壶中的水倒入杯子中，必须能够用眼睛正确判断可视空间内，物与物的正确位置关系。想要胜任倒水的动作，孩子必须先用眼睛去观察水壶或水杯口的位置，手必须能掌握水壶和水杯的重量，以及倒水后的重量改变，不但手眼协调要准确，同步的肌肉收缩和控制要顺畅，力量与平衡要和谐，才能圆满完成倒水的任务。

三、生活中的异常表现

1.剪指甲。有些孩子对剪指甲感到特别紧张，经常大声惊叫或断然拒绝，也许是害怕指甲刀的锋利，或是过往的疼痛经验所致，但孩子的这种恐惧属于典型的过强的触觉防御现象。其他有些特别不喜欢洗头发、不愿洗脸的，还有对毛巾特别敏感的，大多也属于触觉学习不足的原因。正常的幼儿有时也会有不接受的反应，但一般有过几次经验后就会习惯；防御性过强的孩子则很难通过较为短、浅的经验来适应，勉强他们去做只能招致更强烈的排斥。

2.拿扫帚时的异常动作。用手拿扫帚的动作，好像在拿拖把，两手的协调很难一致，很难掌握越过身体中线的双侧协调要求，是典型的前庭平衡觉失调表现。

四、游戏时的异常状况

1.俯卧动作。对大多数孩子而言，俯卧在垫子上的时候手、脚使不上劲儿，全身深深陷在软垫内，会感到很舒服。但也有一小部分孩子一来到软垫面前时，就会特别紧张，如果要求他做俯卧动作，他会用力挺起头，把额头抵在垫子上，造成面部腾空，因为头整个都陷入垫子里，会让他感到极度不安，所以在这个状况中，他全身几乎是僵硬的。这类孩子通常也不喜欢身体被左右或上下摇动，他无法主动和地心引力建立联系，平衡能力通常也较为落后，由于缺乏做动作的基本自信，运动神经感觉、空间知觉等方面普遍也不够发达。

2.旋转绕圈。要求孩子做伸开双手绕圈的测试，有些孩子在旋转绕圈时，显示出严重的手脚协调不良，究其原因，会发现是由身体对称性活动能力不足及颈部张力不足所造成的。让孩子由趴着的俯卧动作变成仰卧动作时，正常的表现是用头部带动颈部张力，使胸及腰产生自动反射跟着旋转，身体的移动作用，经常是颈部还原动作所引发的，颈部张力不够的孩子，做这种动作时会显得笨拙而缓慢。

五、学习上的表现

1. 手指小肌肉控制。爱尔丝博士撰写的南加州大学感觉统合功能测评中，有一项手指神经测试法，可以评估孩子手指上的触觉。有的孩子你碰触他右手，却回答是左手，有的甚至会大声喊叫："疼！"或"讨厌！我不！"等等。

手指是人类和外界环境接触最多、用得最多的部位，通常是不害怕突如其来或者陌生的碰触的，因此也一直是用来探索外部环境或陌生物体最重要的工具。手指触觉感受不良，会影响手的灵活度，其后手眼协调能力的发展、写字的能力都会受到不良影响。

手指的运作，是局部最小颗粒的感统训练

这些表现，大部分是由触觉防御过度所造成的。

2. 坐姿。让孩子静坐在椅子上，就可看出孩子肌肉张力的发育状况。背部能挺直坐正的，问题不大；坐下的那一刻出现弯腰、驼背的姿势，而且感觉双手无处安放，不得已需要托在腮上等表现，或者喜欢用椅子的前两只脚将身子靠在桌子上的孩子，属于典型的肌肉张力发育不良。

3. 举脚游戏。孩子对语言的接收和认知，可以反映大脑和身体的协调程度。如果问："想做的人请举手。"很多人都会举手，并大声说"我！我！我！"如果整蛊一下，说："想做的人请举脚。"孩子们便会呈现不同的反应。再继续说"想做的人摸耳朵""想做的人张开嘴"等游戏延伸，参与的孩子也就基本上学会了依照每个人对语言的收听和认知以及身体的掌握程度来做出反应，此时观察失调与否则会一目了然。

本节附录一：感觉统合失调分类观察评估表

感觉系统类别	感觉统合功能失调类别	主要观察评估内容
触觉	触觉防御： 触觉过度敏感	不喜欢别人碰触，不让别人靠近 讨厌会弄脏或乱七八糟的活动，如烹饪、画画、美劳等 不喜欢衣服的标签、袜子的接缝处、鞋子里不平整的地方 一年四季都喜欢穿着长袖、长裤 非常挑食或者对于食物的温度很在意，只喜欢热的或只喜欢冷的食物，不喜欢游泳、洗澡、刷牙、看牙医或剪头发
	触觉分辨不良： 触觉过度不敏感	特别喜欢去碰触别人或特别的物品 和别人谈话时，无法保持适当的距离，有时靠别人太近造成他人不舒服的感觉，对于疼痛较不敏感 衣服、裤子常会穿反，或帽子戴反 对于冷热比较不敏感，不会因冷热而穿/脱衣物 吃东西囫囵吞枣，不在意弄脏 平常喜欢咬一些不能吃的东西，如铅笔、指甲、头发或玩具等 常常不小心打到别人，无法体会他们的疼痛
前庭平衡觉	前庭反应过度： 重力不安全症	不想要移动身体或做动作 不喜欢玩游乐场的游戏，如云霄飞车、旋转木马、大怒神等 走路总是小心翼翼，喜欢坐着不喜欢动 改变头部或身体的位置时很紧张 会晕车、晕船、晕机，搭乘火车或电梯也会头晕 对于身体要从一个高度移动到另一个高度感到非常恐惧
	前庭反应不足	非常喜欢强烈、快速和绕圈圈的动作，而且不会觉得头晕 喜欢极速、刺激的游戏，如自由落体、快速旋转等游戏 很难乖乖坐在自己的位子上，常常动个不停 喜欢头下脚上的姿势 走路时常跌倒 常会故意去撞家具或其他的物体，觉得很好玩
	平衡感觉失调	爬楼梯、骑脚踏车、踮起脚尖、跳跃时会发生不平衡的现象 动作有时看起来不协调 无法维持正常的坐姿 坐车时，不知道是自己在动还是车子在动 方向感不好，常常弄错方向

感觉系统类别	感觉统合功能失调类别	主要观察评估内容
本体运动觉	先天本体觉障碍；后天本体觉障碍（肌肉张力不良、两侧协调与顺序动作差、动作计划能力不良）	有碰触方面的障碍，也有平衡和移动方面的困难 较没有自己身体的知觉，上下楼梯有困难 身体僵硬、不协调、动作笨拙、常跌倒和打翻东西 较无法完成一组新的动作或复杂的动作 如果不用眼睛注视，就无法完成动作 比较不会控制使用物品的力道，常会弄坏东西 常会很用力地走路、不自觉地坐在自己的脚上，伸展时，手会戳到自己等
视觉	空间移动能力不良	有视力问题，如近视、斜视、散光等 要把视线从一个物体转移到另一个物体上时，感觉很吃力 阅读的时候，头也会跟着视线而转动 会歪着头或身体看电视或人 视线无法一直追随移动的物体，如滚动的球、开动的车等 常会误判自己与物体的距离，而撞到或踩空楼梯 方向感差，到了适当的年龄还是弄不清左右边，经常会走错方向（上/下、左/右、前/后）
	空间知觉能力不良	阅读的时候，有看没有懂，或者很快就失去了兴趣 无法辨别物品、文字或图画的异同处 在自己或别人阅读的时候，常会不知道读到哪里 作业的字会写得大小、距离、排列不一 进行如拼图、剪贴等与空间相关的活动都有问题 画图或写字时会发生不顺畅或偏向一边的现象 无法有效地联结图片/文字/实物的认知 不喜欢参与教室外的团体活动
听觉	听觉处理能力不良	无法分辨声音是从哪里传过来，找不出声音的来源 无法辨认及区别不同的声音 在比较大的环境空间里，没有办法专心倾听或辨别重要的特定声音（指令） 无法注意、了解或记得所读到或听到的事 一次只能依照指示做一件事 会先观察别人的动作，才跟着做
	听觉语言发展不良	不太会说话，咬字不清 和别人说话的时候，常会离题以至于无法融入团体 没办法准确地回应他人的问题 不知道如何灵活措辞，让别人更了解自己说的话 使用的字汇有限，语法不好 不会押韵，唱歌会跑调 不会大声朗读

本节附录二：感觉统合失调分龄观察评估表

阶段	主要观察评估内容
婴儿期 （0—1岁）	是个很容易生气的baby
	肌肉张力较低、抱起来软趴趴的
	可能不喜欢被抱
	可能也不喜欢被背着
	很容易受到惊吓
	动作发展较慢
	动作发展可能正常，但表现出来的质量较差
幼儿期 （1—3岁）	注意力较短暂
	动作较不伶俐
	讲话时构音不清楚，或是语言发展较慢
	一点点受伤就很在意（很爱惜皮肉）
	会害怕走在某些平面上
	吃饭常常掉得满地，或是弄得脏兮兮
	会因食物的口感而拒绝食用
儿童期早期 （4—9岁）	精细动作有问题（写字、剪东西、画画）
	活动力较高
	社会技巧较不好
	很爱哭
	粗大动作做得不太好
	很容易摔倒
	常常会把东西弄坏或是掉到地上
儿童期中期 （10—12岁）	学业问题越来越明显
	出现行为问题
	很容易冲动
	组织能力不佳
	写字很容易颠倒，阅读时也会跳行
	不太跟得上同伴的活动
	常常噘嘴、撇嘴，总是一副不太高兴的样子
青少年期前期 （12岁+）	缺乏组织能力
	无法完成作业或指派的工作
	无法和别人维持稳定的关系及友谊
	可能会出现行为问题，包括乱发脾气等
	偏好可自己一个人进行的体育活动，例如游泳、跑步等
	常常很情绪化

春城何处不飞花？
"太空宝贝"落谁家？
春意盎然、春风拂面之际，
宜闪转腾挪、舒活筋骨、接通天地
灵机，
闲话休叙，且把焦点聚集——
"太空宝贝"来也！

盼望着，盼望着，
东风来了，
春天的脚步近了。
春天的脚步近了，
"太空宝贝"来了，
长大吧，长大吧，
最茁壮的那一棵树苗，
就在你家。

第四节
感觉统合失调的原因和对策

感觉统合失调在临床上的表现就是指感觉系统在接收、梳理、传达、组织决策与具体运作的功能上受到阻碍，以至于影响到整体的行为表现而造成诸多的不良表现。在感觉统合失调儿童的世界里，很多东西都有可能突然变身而看上去很可怕，或者看上去陌生而不知该如何面对，所以他们总是表现出一副不适应、不开心的样子，那么，这究竟是什么原因呢？

感觉统合失调的先天原因

儿童的感觉统合失调，虽然属于后天发育中出现的现象，但究其原因，可以大致分为先天、后天两个阶段。所谓先天原因，是指从孕育初始阶段到出生后的围生期之间的一些导致后期失调现象的前置因素，具体有以下 13 条：

1. 遗传因素：父母的基因或遗传疾病等；

2. 怀孕初期严重呕吐、厌食、偏食，造成孩子先天营养不良；

3. 孕妇的不良饮食习惯造成孩子先天营养过剩；

4. 孕期先兆流产，造成中枢神经系统发育不健全，导致发育迟缓和轻度脑功能损伤等；

5. 孕期用药不慎严重者可导致胎儿畸形、宫内发育迟缓等；

6. 孕期重大负性生活事件（孕妇健康、心绪等）造成情绪极度低落，或者情绪常处于过度兴奋状态；

7. 化学污染：酒精、抽烟、空气、饮水、用药、微波炉、彩色电视、电脑等；

8. 剖宫生产或早产，造成先天感觉（主要是触觉、前庭平衡觉、本体运动觉）学习不足；

9. 胎位不正所产生的固有的平衡失调；

10. 氧的剥夺：胎儿宫内窘迫、产程过长（胎头过大、难产）、产程缺氧造成脑瘫；

11. 出生意外：出生窒息、缺氧性休克或接生技术不佳、使用工具力量不正确以及其他意外造成的颅脑损伤等；

12. 围生期（孕期第 28 周至分娩后 1 周）意外：出生后出现呼吸暂停、严重肺炎或呼吸窘迫综合征等；

13. 先天体质造成的哮喘、过敏综合征等。

感觉统合失调的后天原因

所谓失调的后天原因，是指从新生儿黄疸正常消退后（已经正常开奶、排便后）到开始生长发育的不确定时长的时间范围内，因照护者和监护人在养护、教育方面的不当行为，而给孩子带来的一些渐进或渐退式的感觉统合功能失常的表现。

一句话，都是大人的错，或者都怪环境不养人。

具体有以下 15 条：

1. 早期养护不当，或居所活动空间太小，缺少合理的爬行、学步练习，极易导致前庭平衡失调；

2. 安静看护较多，幼儿常独处或独自玩耍，影响大脑双侧平衡发育；

3. 手机、电视机和平板电脑成为主流的、主力的玩具，严重干扰认知基础、扭曲认知模式；

4. 传统代养（祖辈或保姆）方式超过 1 年半以上，且形成呵护过度；

5. 亲密监护人有洁癖症（倾向）或保姆代养，易造成幼儿触觉刺激缺乏及肢体活动不足；

6. 以孩子为家庭中心，过密、过度养护，形成骄纵、溺爱，造成身体操作能力落后；

7. 父母无暇陪伴孩子玩耍，导致幼儿爬行或者粗大动作训练不足，造成中枢神经系统发育不健全、前庭功能失常（典型特征：颈部后举不高）；

8. 过早使用学步车或学步带或较早学步，破坏了幼儿前庭系统的自然构建；

9. 口语训练迟滞或不当，造成幼儿语言发育落后，严重影响认知能力的培养与建立；

10. 过早进行认知训练或管束太严、苛求太多，造成揠苗助长（倾向）以及由此极易产生的挫败感；

11. 家庭环境或生活作息依同成人节奏居多，总体安排不得体、不协调；

12. 较少参与同龄伙伴群体间的活动；

13. 缺少户外活动和各种适宜的运动；

14. 饮食、饮水、空气、营养等健康元素受制于恶劣的环境，造成中毒性失调；

15. 父母的过度焦虑和一味专制的教养方式。

在此必须特别强调的是经常会有争议的第 10 条，似乎列在文中争议应该就不大了，因为中国的家长还是比较从众，而且推崇和尊重权威判断的，最可怕的是，所有的分歧点都会出现家长的实际操作当中，向左？向右？一线之隔，却能决定一些孩子的生命走势和发展高度，所以我准备再用一句话解读（更是解毒）这五个关键词的方式来强化一下我的观念：

1. 过早： 3 岁之前学东西，是伤害；6 岁之前学东西，是挖坑。

2. 认知训练： 前人留下的、固化的任何知识，都不必急着教、逼着学。

3. 苛求： 为什么只会用"严格"的教学策略？因为家长不专业，不懂装懂；为什么一不"严格"孩子就学不会或者不认真？因为他们是孩子！

4. 揠苗助长： 不能客观了解孩子的天赋基因和潜能水平，只能硬孵。

5. 挫败感： 有时候家长的心理素质很差，而且这一点还遗传。

感觉统合失调的对策

面对失调表现的"揭露"与讨论，家长们最关心的还是感觉统合失调与学习能力的关联。

感觉统合失调影响的不是孩子学习的性质和质量，而是学习的流畅度和方法论。人类学习最重要的并非知识，知识只是工具，如何吸收、消化、使用知识才是学习能力。

学习能力是身体感官、神经组织及大脑间的互动，身体的视、听、嗅、味、触及平衡感官，通过中枢神经、分支及末端神经组织，将讯息传入大脑各功能区，这个过程可以称为"感觉学习"。大脑将这些讯息整合做出反应再通过神经组织，正确指挥身体感官的运作，这个过程可以称为"运动学习"。感觉学习和运动学习的不断良性互动便形成了"感觉统合"。感觉统合不足，便会形成脑功能的反应不全，引发学习上的困难。

感觉统合失调的表现，说明发育期的孩子没有十全十美的感觉统合。对于成年人也是如此，一个人只要经常保持愉悦的心情、有成就感、易相处，就是相当完美的感觉统合了，芸芸众生之中，大部分人的感觉统合能力都处于中等水平，一小部分人的感觉统合状况会在生命前期不太理想，于是他们就成为"失调"一族，他们之中会有相当一部分人在长大的过程中，自我觉察、自觉克服、自行治愈，最终实现或基本实现"感觉统合"；也有的人一辈子就那样了，不温不火，几乎没什么显著的进步，但据我研究，也没有太多典型的"感觉统合失调"导致恶劣结果的案例。

面对感觉统合失调的客观现实，最后给大家列出一些对策和建议：

如果条件（家长的观念和专业的教室兼具）允许，我们应当毫不犹豫地带孩子参加正规的、系统的、专业的、可持续的感觉统合训练。

其他一些以家长为主要引领者的建议有：

首先，家长要尽量创造条件，带领让孩子走出家门，脱离常态化的鸽子笼住宅的压抑和流俗的生活内容，让孩子在与环境和人的交流、沟通中，吸收、刺激、调整并强化自己的各类感觉统合能力，要信奉并坚守"生活中训练、训练即生活"的育儿理念。

其次，要注重对孩子良好行为习惯的培养，生活中不但尽量减少对孩子自理、自立行为的包办代替，还要放手让孩子尝试着去做家务以及一切力所能及甚至踮着脚尖才能胜任的事情。家务劳动是绝佳的感觉统合训练项目，它的操作特性可以训练孩子的注意力、手眼协调、动作反应能力、耐心和自控能力；它所具备的未知与探索的特性，以及明确与模糊混搭的中式风格，可以磨炼孩子的毅力，增强孩子的思维能力和文化积累；它的实验性和成就感，可以极大地提高孩子的生存能力、抗挫折能力，有助于培养孩子的自信心和人格魅力。

再次，家长尽可能让孩子多多参加基于身体运作和感官调集的活动与游戏，因为儿童是以游戏为生命的，游戏可以推动孩子的认知能力、社会交往及情感发展。还有一些适宜的运动项目，例如散步、打球、游泳、爬山、跑步等，不仅能使孩子身体健康、充满活力，而且能调整、刺激与提高孩子的触觉调节能力和本体统合能力，而这两者对纠正孩子其他各项感官的失调状况能起到相当重要的基础作用。

最后，是建议家长在孩子入幼儿园之前，做好如下预防工作：

重视胎儿期准妈妈的身心状况，保持轻松愉快的心情和适当的活动量。

重视孩子的早期（3 岁之前）和超早期教育（1 岁之前），因为 0—3 岁是人一生中大脑发育最快的时期。

抓住孩子发育与发展的关键期，在关键期内越早为孩子进行奠基和引导工作，孩子的身体发育和大脑发展就越充分、越灵活、越强大。

最后补充列举对孩子发展关键期的基本描述：

4—6 个月时是吞咽咀嚼关键期；

8—9 个月是分辨大小、多少的关键期；

7—10 个月是爬的关键期，10—12 个月是站、走的关键期；

2—3 岁是口头语言发育的关键期，也是数学发展的关键期；

2.5—3 岁是建立规矩的关键期，3 岁是培养性格关键期；

4 岁以前是形象视觉发展的关键期，5 岁是掌握数学概念的关键期，也是儿童口头语言发展的第二次关键期，5—6 岁是掌握词汇能力的关键期。

当然，关键期也是因人而异的，它必然存在着一定的个体差异。

虽然没那么容易实现，但海边真的是一个较佳的训练场所

第五节
"灰色地带"的孩子们

　　"感觉统合失调"的概念，被用来描述和评估孩子的行为表现，到今天也不过区区五十年时间，它是现象，但不是能用于诊断视觉的判定，所以，孩子偶然染指其间，家长不必惊慌焦虑。倒是有人不断地问我：有没有比一般性的"感觉统合失调"更严重的情况？我不得不怀着沉重的心情回答说：有的。

　　就算是非专业人士，也能够观察到，生活中还有这样一些孩子："感觉统合失调"的大部分描述，他都"中招"了，他几乎无法参与集体生活，甚至显而易见地，他看上去要比多数不好管的孩子更难管，如果家长支持他参加专业的训练进行干预，很快就会发现他上不了集体课，一般的训练手段几乎无效，这到底是怎么回事呢？

　　我知道有些读者会把"自闭症"的概念搬出来，不好意思，你太着急了，那是下一节讨论的话题，在这里，我们关注到的是比"自闭症"人数更多的一个人群。他们很难融入集体，甚至于会遭到很多幼儿园和培训机构的拒收，但他们又基本上能够参与正常生活，至少身边的亲朋好友看不出他有多么的古怪和落后；他们在认知方面存在着显而易见的困难，但又不是完全的油盐不进，一部分孩子还能发展自己的才艺和兴趣爱好。敏感一些的家长如果去求医问药，会得到五花八门的各种诊断意见，有的是一念天堂，有的是一言地狱，不要说家长了，就连我的很多专业同行，一旦碰上了，也如同丈二和尚，摸不着头脑。

你发现这里面最大的卡点了吗？排除显而易见的体残和智残因素，那就是：融入集体，或者社交行为，他们在这方面经常会得零分。这是核心特征，重要性远远高于认知和情绪表现方面的落后。

我把这样的孩子称之为"灰色地带"的孩子们，他们无法享受到国家和家庭对自闭症儿童的特别关注和康复介入，但又几乎完全被屏蔽在正常孩子之外，家长有时也会掉以轻心，不到万不得已，不肯承认这样的孩子也是需要精心对待和长期干预的。

在"自闭症"康复已经快成了一个独立的教育细分领域和一门利润惊人的生意的当下，"灰色地带"的孩子们，人数要远远多于自闭症儿童，他们也需要我们的关注与支持，这不是为了创造一个新兴市场，而是因为他们距离回到健康人群只有一步之遥，推一把，有可能万劫不复；拉一把，大概率回归主流。

我发起这样的话题，是为了让每一位本书的读者，不但自己明白，而且乐于在身边的人群中去厘清一些长期含混的概念，让更多的孩子不因自己的特性和家长的粗心而错失"一念天堂"的机会。凡教育工作者，如果不能首先想到运用自己的一些专业认知和职业敏感，去全力帮助那些最需要帮助的人群（孩子）、去勉力倡导那些最具良心和实效的教育观念，我们就不配被人尊称一声某老师，我们的一切所谓物质收益都将因精神上的鄙俗和矫饰而显得一钱不值。

"特需儿童"的概念和评估

我们国家一直有"特殊儿童"的说法，相关教育服务也被称为"特教"，实际上这个"特"字应当用在对孩子"特殊需求"的描述上。

"特殊需求"儿童的概念，是指儿童自身的发育现状伴随有身心障碍或发展迟缓的情形，如果没有根据儿童独特的需求给予必要的支持和调整，他的健康发展和学习就会受到损害的这一类儿童。

有特殊需求的儿童，在全球的相关领域过去经常被称为"异常"或"残障"儿童、"特殊儿童"等等。根据美国《身心障碍者教育促进法案》（IDEA）的说法，特需儿童一般拥有下列障碍类别之一：

1. 学习障碍；

2. 语言障碍；

3. 严重情绪困扰；

4. 视觉障碍（包括全盲）；

5. 听觉障碍（包括全聋）；

6. 智能障碍；

7. 肢体障碍；

8. 其他健康损伤，包括外脑或外伤性脑伤；

9. 注意力缺陷症（ADD）；

10. 注意力缺陷过动症（ADHD）；

11. 自闭症（ASD）。

我国颁布的《中华人民共和国特殊教育法（学术意见稿）》中描述了"身心障碍"的概念，是指具有下列情形之一者：

1. 智力落后；

2. 视觉障碍；

3. 听觉障碍；

4. 语言障碍；

5. 肢体障碍；

6. 性格异常；

7. 行为异常；

8. 情绪异常；

9. 多重障碍；

10. 其他显著障碍。

而在现实生活中，一个集合全部世俗力量和美好心愿的小家庭，遇到一个表现有点"特殊"的孩子，家长出于责任心的驱使和专业性的缺失，来到医院儿科问诊，很不幸，虽然孩子的真实状况千差万别，中美两国药典级的评估合并后就有十项以上，但家长大概率拿到的就是两个选项：轻的，发育迟缓；重的，自闭症。去掉来回路上的时间，再去掉排队挂号哄孩子的时间，家长蒙恩聆教的时间很难超过30分钟，结论来得倒是很快，请问：这是最负责任的诊断方法吗？

我不是专业人士，但我关爱孩子、为孩子的终身发展谋求福利的心一点不输给孩子的亲生父母，面对高高在上的儿科或精神科或康复科的白衣天使，我真心希望，对待别人的孩子，请拿出更负责任的态度来，这个态度就体现在双方询问交流的专业度、全面性上，唯一评判标准就是时间长短。

可以不够尊重，但请保持耐心，无论是医生还是教师，都请牢记：你的使命是这一个，而不是下一个。

什么是"发育迟缓"？"发育迟缓"是指儿童在生长发育过程中出现速度放慢或是顺序异常等现象。发病率在 6%—8% 之间。在正常的内外环境下儿童能够正常发育，一切不利于儿童生长发育的因素均可不同程度地影响其发育，从而造成儿童的生长发育迟缓。

主要表现有哪些？体格发育落后、运动发育落后、语言发育落后、智力发育落后和心理发展落后等。

恕我直言，一个"发育迟缓"，说了，又等于什么都没有说。

如何明确方向和有效预后？有无具体的治疗手段和项目？

对"发育迟缓"的评估，国际通行的说法是，在以下的发展领域有明显的迟缓现象：

1. 认知；

2. 生理，包括视力和听力；

3. 沟通；

4. 社会能力或情绪；

5. 适应能力，或是其生理或心智条件导致的发育迟缓。

"发育迟缓"这个障碍类别适用于 3—9 岁儿童，但在实际操作上，大部分都用于 3—6 岁儿童。当儿童年满 7 岁，就会给他另外的更明确的障碍名称。

很多家长还非常惊恐地遭遇"广泛性发展障碍"（PDD）的打击。

"广泛性发展障碍"的特征是，儿童在许多发展领域上有严重和广泛性的损伤。这些领域包括：

1. 沟通技巧；

2. 社会互动技巧；

3. 有时出现固化、刻板而重复的行为、兴趣和活动。

广泛性发展障碍，一般会在 3 周岁前有明显症状，它更偏于神经系统发育障碍，通常认为与某种程度的智力损伤高度相关。

实际上很多孩子还没有发展到"广泛性发展障碍"或"发育迟缓"，他们很大的可能是一不小心踏入了"运动发育迟缓"的暗黑之河，也就是上述概念中提到的"运动发育落后"。

"运动发育迟缓"指的是儿童运动发育比正常同龄儿童较为落后，我们可以从以下几个方面来展开观察。

第一，婴儿期（6 个月前）表现出运动量或意愿明显减少，婴儿最早在满 1 个月的时候就能表现出身体发软或身体发硬，这是肌肉张力低下或亢进的明显特征。

第二，反应迟钝，大多表现在听力以及视力上面。

第三，头围异常，脑损伤婴儿往往会出现头围异常的现象。

第四，体重增加不良，进食减少，哺乳无力。

第五，固定姿势较多，大多是由于脑损伤导致肌肉张力异常所导致，例如弓角反张（颈背高度强直，使身体仰曲如弓状）、蛙位（在任何的状态下，包括仰卧、坐立都呈现如青蛙的样式）、倒"U"字姿势（用手水平托起宝宝时躯干往上凸起，而头部和四肢自然下垂）等。

第六，明显少笑甚至不笑。至迟 3 个月大的婴儿就应该开始会微笑了，运动迟缓则会不笑，或者推迟发笑的时间。

第七，小手紧握，时常握拳，但不能张开或拇指内收，尤其是一侧上肢存在伸手抓物不良的现象。

第八，身体扭转。3—4 个月大的婴儿出现身体扭转现象，往往提示有可能有锥体外系损伤（运动调节功能障碍导致的肌张力增高，造成运动过少或肌张力降低，造成运动过多）。

第九，头颈无力，不稳定。从 4 个月大开始关注，在辅助坐姿或者抱姿状态下，婴儿头部无法竖直或者不能抬头，就有点不太妙了。

在下确非医学专业人士，万万不敢对孩子的发育现状妄加评判。以上一家之言，战战兢兢，觍以文字示人，均来自本人积累 24 年、少得可怜的一点实践经验，仅供养儿育女大不易的读者朋友讨论、参考。如有雷同，切不可充当医学诊断；如有差池，大家只需哂之一笑，一介读书人码些白纸黑字，实在无力负起误人子弟之责。

如果家长朋友身边遇有与上述讨论相关的孩子，欲寻求康复训练之门的，我愿意倾尽绵薄、不辞辛劳。我深知我能解决的问题非常有限，但我坚信，我所略知一二但刻苦钻研的感觉统合训练，一定是每一位遇到发育和发展困扰的儿童，卸下包袱、轻装前进的基础训练项目。所以，对偏于运动端和情绪端的障碍进行干预，我还是有一点心得和自信的。因为事关重大，我只能说：本书读者，至少我们有机会云端相见，届时咱们再深入讨论。

脑功能障碍儿童的观察与干预

在我的工作实践中，经常遇到一些令人扼腕叹息的情况，例如在特需儿童群体中占有相当比例的脑瘫儿，要么是出生后的医学干预不到位，比方说高压氧舱的治疗周期不合理；要么是搞错了干预和康复的方向，轻信社会上很多机构的夸大承诺，结果贻误战机，孩子遭殃。

脑瘫儿是脑功能障碍的极端情况，大脑损伤，无论轻重，对孩子来讲都是刻不容缓的头等大事，以下根据我的实践经验，列出确诊后开展较长期干预的一些建议。

一、脑障碍儿童的干预

脑部损伤较为明显或严重的孩子，通常在出生 8 个月之后就可以进行干预和矫正，核心项目如下：

1. 通过专业训练全面促进感觉统合能力；

2. 重点训练姿势反应能力；

3. 重点训练动作计划能力；

4. 重点训练促进大脑两侧分化能力的相关项目；

5. 重视视觉追踪能力与眼球运动控制训练。

二、训练建议（在感觉统合训练专业教室中开展）

1. 前庭平衡＋触觉练习：木马、吊缆、抱起摇晃、大龙球等游戏，对前庭系统的复苏有很大作用。稍大的孩子，约 1 岁半以后，便可以进行滑板游戏，着重在前进和回转的练习上。触觉系统的复苏方面，可以用麻布和毛巾擦拭幼儿身体，或进行全身按摩。练习爬行或走路时，可以进行球池内移动训练。

2. 促进站立姿势准确度＋动作反应顺畅度的练习：可以加强小滑板、大滑行板训练；强化足底刺激训练、大龙球训练和趴地推球训练；以及呈非伸展姿态，加强腹部的旋转和滑行训练，强化腹肌的收缩及揉搓动作，有助于获得全身肌肉反应顺畅度的提高。

3. 动作计划统合能力的练习：脑性麻痹儿童在感觉信息的组织、处理、指挥上常有较多的困难，造成全身的大小肌肉运动难以完全协调运作，可利用摇动中抓、握、取东西，抛接球，拍球或跳绳游戏，加强上肢屈伸舒展能力和手眼协调能力。

4. 促进大脑两侧分化和统合的练习：可以借助小滑板游戏，练习左右手交叉使用和左右脚交替配合运作的动作；也可以将幼儿放入海洋球池内，在站立不稳的条件下，练习双手轮流向一个目标投球的游戏。

5. 视觉统合和眼球运动控制练习：练习在 20 秒钟内，做 10 次回转，观察眼睛协调震动的时间，或练习在吊缆中做前后左右摇晃的动作，以强化其脑干和前庭感觉系统的健全发展。

需要特别注意的一点是，我们要很清楚脑功能障碍儿童在做感觉统合训练时，常常会因输入感觉信息的持续错误和扭曲，而造成身体机能调节与改善特别困难。即使感觉信息的输入与调整短时间内有所改善，也会因为大脑命令系统传导信息方面的障碍，导致运动机能方面的动作改善效果不佳，所以家长或陪护者要做好很难在较短期间内拿到成效的思想准备。

所有类别的特需儿童的治疗与康复，都是长期工程，家长必须做好打持久战的一切准备。

第六节
"自闭症"是怎么回事?

　　家长朋友在很多场合会追问我关于"自闭症"的话题，我相信完全是出于对孩子的发育与发展近乎焦虑的关注，从求知和科普的角度，我对家长朋友的过度关心表示理解和赞同，但我不能随便给出任何与医学诊断有关的建议，我拥有的只是近千例被医院确诊为"自闭症"儿童的具体情况征询与功能项目的辅助性干预训练（感觉统合训练）的经验。我很愿意做这样的回复：自闭症是儿童群体中比例较低的精神残疾，如果没有经过正规、严谨的医学诊断，我们是无须动辄疑神疑鬼、随便对号入座的。

　　但我真的遇到了相当数量的被扣错"帽子"的孩子。当然，说出这句话是需要一点勇气的。

　　但我的专业良心每次都驱动我花很长的时间对这样的孩子进行观察、比对、跟踪和干预，我发现我不能苟同于那张冷冰冰的诊断书，很多次我几乎要喊出声来：这就是一个正常的孩子啊！

　　而且我还非常遗憾地得知曾发生过如下事实：虽然大部分家长都是穷尽自己的全部资源和力量，尽量为孩子找到最大的医院、最权威的专家，但他们和专家的交流时间，如果去掉量表测评和填写问卷的环节，有的问诊时间仅有不到 20 分钟。

　　绝大部分家长对所谓的医学诊断和从天而降的"残障"标签深信不疑，所以我觉得本书有义务对"自闭症"这个超级疑难杂症进行一番科普，虽然它暂时是人类无法逾越的医学难题，但并不妨碍我们加强对它的认识，努力避免有更多的孩子被"误诊"。

自闭症的概念和由来

　　自闭症谱系障碍（ASD），简称"自闭症"，又称"孤独症"，是指一组以语言和社交障碍为核心，伴有狭隘兴趣取向和刻板重复行为的发育障碍性疾病，多发病于婴幼

从褓褓中的满眼娇嫩

到蹒跚学步　牙牙学语

你给了这个世界太多的惊喜

我愿为你打开每一扇门

把最多的寄托和期许

用爱来浇灌

全奉献给你

儿期。

1943 年，美国儿童精神病学家、心理学家利奥·康纳在全球首先提出"婴幼儿孤独症"的概念，它是一种脑功能障碍引起的严重的长期发展障碍的综合征，通常在 3 岁前可以察觉。他观察到，因某些不良表现比较集中或强烈而就诊的儿童，不能与周围的人建立正常的情感联系，且存在着语言异常、刻板行为等现象，因此初期将上述现象诊断为"孤独性情感交流紊乱"。

自闭症的临床主要表现

人际交往障碍：不愿与人交往，缺乏对视，分不清称谓，不合群、无语言或只有很少语言或只是鹦鹉学舌地仿说，言语发展严重障碍。

情绪与行为异常：对物品有怪异的兴趣和玩法（如长时间旋转某物），长时间重复某些动作，莫名其妙的表情（哭、笑、闹），对某些声音、画面、广告很敏感，不知道害怕、危险，肢体粗大运动和精细运动发育不平衡。

对自闭症最早的描述可追溯到一些民间故事传说，学术性记载则源自著名的"野生儿"（狼孩）的故事。据其后的相关研究指出，人类只有 3.5% 的精神分裂症发病于儿童 10 岁之前。1906 年，开始有了精神分裂症的学术性病例报道。1908 年，在门诊发现了首例儿童瓦解性精神障碍。1911 年，医学界确立了分裂症的概念，并认为分裂症患者约有 5% 在童年期发病。1933 年，学界正式报道了以"精神分裂症"命名的儿童病例。

如今追溯历史，回看相关文献，上述进程中可能就包含了很多儿童自闭症的病例。1943 年，康纳医生首次在其以情绪接触性孤独样障碍为主题的论文中第一次描述了"自闭症"，并将其从儿童精神分裂症中分离出来。康纳医生曾预言，这是一种以往未被发现的独特病症，看似很罕见，但实际发病率可能高得多。其后医学界一直把"自闭症"作为罕见病来对待。

随着时间推移，"自闭症"的诊断标准发生了变化。1987 年，美国精神医学协会所修订的《DSM—Ⅲ—R 精神障碍诊断标准》中，正式定名为：自闭症谱系障碍（ASD），表明该病症可以涵盖更广泛的行为、沟通与社交障碍。社会性与人际互动、语言沟通等障碍，同一性与重复性行为、兴趣为其主要症状。

到了21世纪，美国疾控中心（CDC）报道，21世纪前10年，每110名美国儿童中就有一人患自闭症，这预示着该病症的发病率在上升。2012年美国CDC报道，每88名儿童就有一人患自闭症。到了2014年，美国CDC的调查报告发现，每68名儿童就有一人患自闭症。2011年，英国报告的患病率为1/64，韩国报告的7—12岁儿童的患病率为1/38（该数据因为常模采集的质量存疑，被认为可信度不高）。所有资料均显示，ASD儿童以男孩儿居多，男女比例约为4:1至9:1。

我国有关ASD的研究起步较晚。1982年，才有专业杂志报道了四例儿童自闭症；1985年，上海市第六人民医院报道了三例。自此，国内对自闭症逐渐重视起来，诊断、治疗手段也逐渐先进。

随着对自闭症流行病学的研究和对患病率认识的加深，人们已经意识到自闭症在我国也不再是罕见病。中国残疾人联合会已于2007年将自闭症纳入精神残疾范围，并在全国31个城市拟建立自闭症康复训练机构。目前尚未见到自闭症患病率的全国性流行病学报告，部分地区的流行病学调查认为，典型自闭症的患病率范围大约在1‰到3‰之间，最高可达7‰，男女比例为2.5:1至7:1。

广州市区在2011年开展的一项学龄前儿童的调查结果显示，自闭症发病率为133:1。

在过去20年间，自闭症诊断患病结果的1/4可归结为诊断性增长，他们在过去可能会被诊断为智力低下、语言障碍和ADHD等，如今又被确诊为自闭症。另有1/4的增长可能是由于有更多的家长和儿科医生开始了解自闭症。

需要强调的是，社会环境急速变化带来的影响，如晚婚晚育和环境污染、父母高龄生产、儿童过敏症多发，以及滥用抗生素等，显然是相对独立的高危因素。

当前，自闭症已成为危害儿童生存、发展与健康的一大类疾病，且终生致残率很高。医学界历经半个多世纪的研究，迄今仍未探明其病因与发病机制，所以医学上仍缺乏特异性的治疗方法。自闭症患者的诊断、治疗、康复、上学、就业以及社会回归等受到广泛的关注，自闭症已成为全球性的公共卫生问题。

自闭症的观察与诊断

对自闭症的观察，本书作者的能力仅能做浅入浅出的介绍，主要有两个角度：日常生活和感官发育。

自闭症儿童在生活中主要有四个方面的问题：

1. 生活自理障碍。基本上不具备生活自理能力。

2. 社会交往障碍。他们不知道怎样与人相处，也不想和别人交往。

3. 在沟通方面的障碍。他们几乎甚至根本不用语言或人们用于代替语言的手势和信号表达自己。

4. 思维僵化，行为刻板，极度缺少想象力。他们对"一成不变"有很强的需求，喜欢做重复的活动，几乎不做需要想象力的游戏。

自闭症儿童在感官的发育与表达方面有五大特征：

1. 基本上没有目光对视；

2. 基本上没有主动性或逻辑性语言；

3. 呈现严重的情绪障碍，反应强烈与反应冷漠或消极交替出现；

4. 肢体动作夸张或剧烈，有一定的自残或攻击行为；

5. 认知能力完全缺失或显著智力障碍，个别者具备天才般的单项认知水平。

总之，面对自闭症，广大读者应当把焦点从对"自闭"这一词汇的敏感挪开，而应当导入科学认知，关注到"自闭症"的"病症"特性，我坚决反对在思想上瞎猜疑、乱联系。

很多自闭症儿童的不幸在于罹患此症，而他们之中的大多数往往又非常幸运地拥有堪称伟大的家长，尤其是妈妈们，母性的光辉在她们拼尽全力扶持孩子艰难跋涉于康复之路的倾情付出中表露无遗。

我要向每一位不抛弃、不放弃的家长朋友致以崇高的敬意。

除了本节我写下的每一个字，我还愿意用余生可支配的业余时间和不值一提的专业经验，来帮助每一位有缘相识的孩子和家长。

每当接触到一些个别案例，我都深有感触，不知那些没有身在其中的孩子和家长，是否能体会到"身心健康"所代表的巨大幸福呢？但我更想表达的是，不幸牵涉其中的家庭，至少在山东半岛的黄海之滨，有一位前人民教师，愿意终生扮演你们的幸运星，不遗余力地为你们加油鼓劲。

每一位自闭症儿童其实只是来自"星星"的孩子，他们渴望着爱与被爱，社会各界如果不知道该如何具体帮助他们，那就把内心的爱不限量地赠予他们。

当然，作为一种病因极其复杂且至今无法完全破解和有效治疗的精神疾病，自闭症的治愈之路也许仍然前路漫漫，但随着全人类对它的重视程度的日益提高，以及干预训练手段的日益成熟，最重要的，是随着整个社会环境的日益宽容、友好，相信在不远的将来，谱系人士的生活会变得日益轻松与美好，疾病被治愈的大结局也终将会到来。

The Awaken of the Sensory Organs

上图　师生小组互动

下图　师生个体互动

本节附录一：

2013 年 5 月，美国精神疾病协会（APA）发布了国际权威的精神疾病诊断标准之一的 DSM 的最新版本：《DSM—5—R 精神障碍诊断标准》。

新版本中，原先的"广泛性发育障碍"改称"自闭症谱系障碍"（ASD），被列为神经发育障碍（ND）这一大类别中的一种，其诊断标准较 DSM 之前的版本有所不同，因此受到广泛关注。

DSM—5 规定，诊断自闭症谱系障碍需满足以下 A 至 E 的五个标准，其中 A 和 B 阐明了自闭症谱系障碍的核心症状。

A. 在多种环境中持续性地显示出社会沟通和社会交往的缺陷，包括在现在或过去有以下表现（所举的例子只是示范，并非穷举）。

1. 社交与情感的交互性的缺陷。例如，异常的社交行为模式、无法进行正常的你来我往的对话，到与他人分享兴趣爱好、情感，感受偏少，再到无法发起或回应社会交往。

2. 社会交往中非言语的交流行为的缺陷。例如，语言和非语言交流之间缺乏协调，到眼神交流和身体语言的异常，理解和使用手势的缺陷，再到完全缺乏面部表情和非言语交流。

3. 发展、维持和理解人际关系的缺陷。例如，难以根据不同的社交场合调整行为，到难以一起玩假想性游戏，难以交朋友，再到对同龄人没有兴趣。

B. 局限性的重复行为、兴趣或活动，包括在现在或过去有以下表现的至少两项（所举的例子只是示范，并非穷举）。

1. 动作、对物体的使用或说话有刻板或重复的行为（比如，刻板的简单动作，排列玩具或是翻东西，仿说，异常的用词等）。

2. 坚持同样的模式，僵化地遵守同样的做事顺序，或者语言或非语言行为有仪式化的模式（比如，很小的改变就造成极度难受，难以从做一件事过渡到做另一件事，僵化的思维方式，仪式化的打招呼方式，需要每天走同一条路或吃同样的食物）。

3. 非常局限的、执着的兴趣，且其强度或专注对象异乎寻常（比如，对不寻常的物品的强烈的依恋或专注、过分局限的或固执的兴趣）。

4. 对感官刺激反应过度或反应过低, 或对环境中的某些感官刺激有不寻常的兴趣（比如, 对疼痛或温度不敏感、排斥某些特定的声音或质地、过度地嗅或触摸物体、对光亮或运动有视觉上的痴迷）。

C. 这些症状一定是在发育早期就有显示（但是可能直到其社交需求超过了其有限的能力时才完全显示, 也可能被后期学习到的技巧所掩盖）。

D. 这些症状带来了在社交、职业或目前其他重要功能方面的临床上显著的障碍。

E. 这些症状不能用智力发育缺陷或整体发育迟缓（GDD）更好地解释。智力缺陷和自闭症谱系障碍疾病常常并发, 只有当其社会交流水平低于其整体发育水平时, 才同时给出自闭症谱系障碍和智力缺陷两个诊断。

该标准还对自闭症谱系障碍做了新的分级:

2013 年 5 月美国精神疾病协会（APA）新发布的精神疾病诊断标准 DSM—5, 对自闭症谱系障碍的不同严重程度根据社会交流及局限重复行为这两类症状分别分为三级, 三级最严重, 一级最轻。

具体定义如下

严重程度: ★★★

需要非常大量的帮助。

1. 社会交流

言语和非言语社交交流能力有严重缺陷, 造成严重的功能障碍；主动发起社会交往非常有限, 对他人的社交接近极少回应。比如, 只会说很少几个别人听得懂的词, 很少主动发起社交行为, 并且即使在有社交行为的时候, 也只是用不寻常的方式来满足其需求, 只对非常之间的社交接触有所回应。

2. 局限的、重复的行为

行为刻板、适应变化极度困难或者其他的局限重复行为明显地干扰各方面的正常功能。改变注意点或行动非常难受和困难。

严重程度：★★

需要大量的帮助。

1. 社会交流

言语和非言语社交交流能力有明显缺陷；即使在被帮助的情况下也表现出有社交障碍；主动发起社会交往有限；对他人的社交接近回应不够或异常。比如，只会说简单句子、其社会交往只局限于狭窄的特殊兴趣、有着明显怪异的非言语交流。

2. 局限的、重复的行为

行为刻板、适应变化困难或者其他的局限重复行为出现的频率高到能让旁观者注意到，干扰了多个情形下的功能。改变注意点或行动难受和困难。

严重程度：★

需要帮助。

1. 社会交流

如果没有帮助，其社会交流的缺陷带来可被察觉到的障碍。主动发起社交交往有困难，对他人的主动接近曾有不寻常或不成功的回应。

可能表现出对社会交往兴趣低。比如，可以说完整的句子，可以交流，但无法进行你来我往的对话，试图交朋友的方式怪异，往往不成功。

2. 局限的、重复的行为

行为刻板，干扰了一个或几个情形下的功能。难以从一个活动转换到另一个。组织和计划方面的障碍影响其独立性。

本节附录二（附录一是专业人士用的，附录二是家长参考用的）：

自闭儿童的初级评估表

评估事项	评价
（一）触觉刺激反应	
1. 不喜欢玩沙、泥浆、黏土或涂抹于身上	□很少 □普通 □经常
2. 不喜欢别人拥抱或触摸他	□很少 □普通 □经常
3. 对某种感觉特别喜欢，如玩沙或毛巾擦拭，甚至显得固执	□很少 □普通 □经常
4. 不喜欢或特别喜欢某些质料的衣服	□很少 □普通 □经常
5. 不喜欢洗脸、洗手、洗头发	□很少 □普通 □经常
6. 经常自己打自己，甚至有自伤现象	□很少 □普通 □经常
7. 不喜欢泥沙或黏土，很害怕脚沾到脏东西	□很少 □普通 □经常
8. 运用于做事时，常过度优柔寡断	□很少 □普通 □经常
9. 不喜欢穿鞋子，特别喜欢打赤脚	□很少 □普通 □经常
10. 对水特别敏感，即使衣服沾到水也会受不了	□很少 □普通 □经常
11. 强烈偏食	□很少 □普通 □经常
（二）对前庭刺激方面的反应	
1. 非常喜欢玩回转性质的游乐设施	□很少 □普通 □经常
2. 很喜欢被抱着转，尤其是旋转	□很少 □普通 □经常
3. 自己也很喜欢做旋转游戏	□很少 □普通 □经常
4. 喜欢玩回转的玩具，即使电唱机上的唱盘，都会让他着迷	□很少 □普通 □经常
5. 非常喜欢边走边跳，特别是两脚一起跳动	□很少 □普通 □经常
6. 常手持绳子、纸张等无规律地摇动，头部经常无意识地跟随摇动	□很少 □普通 □经常
7. 整个身体或头部经常做无意识的摇动	□很少 □普通 □经常
8. 倒过来背向行动，一点也不害怕，也不讨厌	□很少 □普通 □经常
9. 常不在乎地爬到高处或很不稳定的高台上	□很少 □普通 □经常
10. 手和脚喜欢用力地挥动	□很少 □普通 □经常
11. 特别喜欢玩汽车或火车玩具，只要是车，便非常着迷	□很少 □普通 □经常

评估事项	评价
（三）听觉刺激反应	
1. 睡觉时经常会发出声音或无故哭泣	☐很少 ☐普通 ☐经常
2. 目不转睛地盯着会发声的电视或录音机	☐很少 ☐普通 ☐经常
3. 只要听到音乐，身体便会随着舞动起来	☐很少 ☐普通 ☐经常
4. 对尖锐或频率高的声音一点也不讨厌	☐很少 ☐普通 ☐经常
5. 有时候对很小的声音也非常敏感	☐很少 ☐普通 ☐经常
6. 在房间时，对外面的声音非常敏感，并很讨厌杂音	☐很少 ☐普通 ☐经常
7. 游玩的时候，经常会因为某种声音而发呆	☐很少 ☐普通 ☐经常
8. 对会发声的玩具不感兴趣	☐很少 ☐普通 ☐经常
9. 不在乎突然产生的巨大声音	☐很少 ☐普通 ☐经常
10. 对某些特定声音常固执地喜好	☐很少 ☐普通 ☐经常
（四）视觉刺激反应	
1. 即使常常看到的东西，都会让他害怕	☐很少 ☐普通 ☐经常
2. 经常对自己的手看得发呆	☐很少 ☐普通 ☐经常
3. 不喜欢分辨形状或图形的游戏	☐很少 ☐普通 ☐经常
4. 对特定的颜色、形状或文字常特别执着	☐很少 ☐普通 ☐经常
5. 不喜欢强光	☐很少 ☐普通 ☐经常
6. 喜欢霓虹灯或固定变化的光源	☐很少 ☐普通 ☐经常
7. 经常喜欢斜眼看东西	☐很少 ☐普通 ☐经常
8. 睡觉时非完全黑暗不可	☐很少 ☐普通 ☐经常
9. 睡觉时非点灯不可	☐很少 ☐普通 ☐经常
10. 喜欢坐汽车或火车，对窗外景色变化非常着迷	☐很少 ☐普通 ☐经常
11. 经常瞪眼注视电扇的转动	☐很少 ☐普通 ☐经常

左图　吹泡泡的游戏是非常好的触觉和本体运动觉练习

右图　综合爬行训练，兼顾了平衡和触觉

第七节
"融合教育"之我见

我用前面两节将近 1 万字的篇幅，表达了我对相对特殊的儿童群体的一些粗浅的认知，目的之一，在于呼吁"融合教育"的刻不容缓。

生活自理、社会交往和融入集体的能力低下，是特需儿童普遍的特征和困扰，现阶段的解决之道就是为他们提供"融合"式的教育：多创造跟身心健康儿童共同参与、完成集体生活的机会，让他们最大限度地融入同龄人健康有序的集体生活，他们的干预训练才有意义，他们的最终脱困才有希望。

令人担忧的是，我国目前以特需儿童康复为主营业务的正规服务机构，在"融合教育"上尚处于比较原始、比较落后的初级阶段，"轻"融合或"伪"融合的做法比比皆是。对于国办机构的现状，我没有发言权；对于个人兴办的营利性康复机构，我的观察还是比较深入的。一言以蔽之，非不能也，实是逐利冲动压制了成本支出，因此，融合教育就轻的尽量轻：走走过场；伪的只管伪：弄虚作假。需要长期康复支持的孩子，一定是在环境信息的采集和基础认知的发生这两方面具有显著困难的，他们的学习和训练总是无法摆脱或反思"同类项"、模仿或学习"优选项"，他们取得突破性进展的机会可以说是非常渺茫的。

融合教育是否剑走偏锋，我不敢妄加结论，但民办康复机构的教育显效和预后效率低下，服务受众家庭的成本支出越来越像一个"无底洞"，倒是让人已经见怪不怪了。原因何在？可怜天下父母心，因为他们遇到了个别逐利者的黑心！

这里边的门道是这样的：孩子的康复训练有效果，机构和老师厥功至伟，为乘胜追击计，需要增加课时，尤以昂贵的私教和小课为佳；孩子的康复训练没效果，变成家长和孩子难辞其咎，说明训练量远远不足，需要抓紧补课，私教和小课必须叠加，直到总课时量飞起、家长荷包腾空为止。

融合教育到底是怎么回事呢？

以世界上最发达的国家美国为例，融合教育最初是专为有身心障碍的学生做有效安置所推出的教育形态。从 20 世纪 50 年代美国的民权运动，到 70 年代的"教育机会均等"运动，融合教育在欧美发达国家是非常受重视的。

丹麦在 20 世纪 50 年代提出"正常化"原则，一些发达国家的科学家也不遗余力地倡导：一是身心障碍儿童的生活形态和条件应该与其他人越接近越好；二是身心障碍儿童应该有机会去创造并追求更好的生活品质；三是身心障碍儿童应被视为有价值的人，而且与其他人享有相同的人权。

值得注意的是，"正常化"指的不只是提供身心障碍者参与的机会，还包括对他们保持正向的社会态度和社会期望，避免给身心障碍者身上贴上不适当的标签。

联合国于 1993 年提出所有身心障碍者机会平等的标准规则，1994 年有 88 个国家和 25 个国际组织举办了特殊教育会议，发布了《萨拉曼卡宣言》，主要会议精神就是要学校采取融合教育取向，将特殊需求学生安置于普通班级学习，并且给予合乎需求的教育。

国际智障者协会联盟于 1995 年更名为融合国际组织，以"所有人都享有教育权"和"融合教育"两个说法为主题，作为 1995—1998 年间倡导的重点，呼吁世界各国政府不但要保障儿童的教育权，同时，应全力支持让所有儿童在普通教育的系统内接受教育。

2000 年以后，融合教育进一步将充权、赋能与自我决定的概念纳入教育体系内。很多科学家表示，融合的终极目标是创造身心障碍者享有满足与成功的生活。

2016 年中国残联公布的数据显示，我国约有 0—6 岁的残疾儿童 167.8 万名，每年还会新增 0—6 岁残疾儿童约 20 万名。近年来，儿童发育及发展缺陷中的头号障碍——自闭症的发病率在逐年升高，我国目前尚无自闭症患者的官方统计数据，但是中国自闭症的患病率应该和世界上中等以上发展水平的国家基本接近，为 1‰—1%，由此估算出的自闭症患者已达 1000 万—1300 万人，其中 0—14 岁的少年儿童病患，保守估计 300 余万名。

由是观之，特需儿童的出现和存在是不可逆的，国家、社会和教育工作者唯一能做的就是：为相关的儿童群体提供适宜的机会，向内（本群体内部）能够得到系统的干预与康复训练；向外（参与同龄人的集体生活和社会交往）能够享受到每个孩子天经地义的权利。由内及外的发展进程，最需要、最关键的举措就是科学的、优质的、足量供给的"融合教育"。

在这里我们就不得不认真面对现阶段我国尚无法满足社会需要、更无法称得上科学规范的"融合教育"的现状。不容乐观的现状是：专业人士力量薄弱，干预训练和长期康复的服务容纳量有限；民间机构专业素养参差不齐，出于生存的需要或逐利的冲动，越来越趋于商业规划和利益至上的发展路线。实际上，以一批具备一定专业素养的幼儿园为载体，至少是融合教育现阶段的一个较佳的选择，甚至称得上是万千特需儿童的福音和归宿。

最能理解特需儿童的，正是他们的同龄小伙伴；最愿意伸出援助之手的，也是天真无邪、心底洒满阳光的孩子们。所谓"残障"，在孩子们的眼中最多只是一种特质，而非缺陷。

我的一家之管见：选定的幼儿园升级或增配一间符合专业标准的感觉统合训练教室，融合教育的主阵地在班级，融合教育的练兵场在感统教室。

如何解决新增成本问题呢？

这已涉及我的专业范畴，我的建议是：

首先，感统教室的空闲时间、无课时安排的任意时间、双休日和寒暑假是可以对外招生收费的。

其次，参与康复与融合的受众是有个人承担常规学费和餐费之外的收费的义务的，可以摆脱无良康复机构一拨又一拨的营销和搜刮，何乐而不为呢？

最后，面向非融合受众（他们是承载融合教育的主力军和担纲者，特需儿童就是为他们而来）的普及课或特色课的单独收费估计就足以支撑教室升级的成本。

限于本书的主题和篇幅，情怀部分到此为止，但愿我能以"感觉统合训练"为"砖"，接引并筑基特需儿童发育与发展所需的通灵之"玉"。

最后跟大家来分享一下我的目前还仅限于纸上谈兵的三融合构想。

我认为，理想化的融合教育要经历以下三个阶段的发展进程：

第一阶段是"生存融合"，孩子们由此被妥善安置、被全然接纳，享受正当的生存与发展权；

第二阶段是"生活融合"，在老师和伙伴的支持下，孩子们趋向于各项生活能力的筑基培养和基本具备；

第三阶段是"生命融合"，孩子们的生存力、生命力和幸福感与日俱增，他们逐渐达成了自我对话，实现了自我认同，个体主动融入集体，人生终极发展目标锁定为融入社会、塑造新我。

当你踏出第一步

世界就已经在你脚下

孩子

你什么都不用怕

当你喊出第一声

你就已经学会了勇敢

孩子

你的正前方

一定是阳光灿烂

——2018.06.08

如果你的心情不好，去散个步。如果你的心情还是不好，那就再散个步。

——希波克拉底（古代希腊人，西方医学奠基人，《希波克拉底誓言》的作者）

第三章
引领孩子"动起来"：让感官觉醒

本书第一章涉及"玩"的分享中，我是比较倾向于用"感觉统合训练"来弥补孩子们"玩"的固有份额中的专业成分的。我一贯主张把"自由玩耍"的权利还给孩子们，但我知道，对中式父母而言，这几乎相当于自说自话和一厢情愿，所以，我把关于"感觉统合失调"的讨论由原计划的第十二章一下子"提拔"到第二章，估计能把敏感型和焦虑型的家长吓一跳，个别人因此丢失一些原本无忧的睡眠也说不定。为什么这么做呢？这绝不是为了下危机，那恰好是我在专业服务工作中非常不齿的路数，我还是想秉持写作本书的初衷，帮助读者在这样一个信息量接近爆炸却又几乎没有确定性的时代，能找到一些保持清醒、拨云见日的线索，草蛇灰线，也聊胜于无。

讲个小道理：伟大的、光荣的、珍贵的童年阶段，孩子们如果玩得不够，就需要用"感觉统合训练"这样的专业手段来适当弥补；孩子如果玩得很够，就更需要用专业课程来起到测查、干预甚至纠偏、治疗的作用，因为那些非常主流同时也非常庸俗（我认为）的"玩"，是会大大折损孩子们的感官活跃度和创造性思维的。

想通了的家长，如果没有惨遭相关机构"金牌销售"的连番洗脑，估计感觉统合训练课程的套餐再大也破不了产；想不通的家长，如果坚定的按照"阳关大道"式的主流倾向来哺育孩子成长，"感统失调"还真的闹不出什么太大的幺蛾子，当然，将来加餐补课或蹊径培优的成本支出那也是必不可少的，毕竟只要选择了主流方向，伸头、缩头都是一刀。

第三章来了，作者准备作"失心疯"状，举万字雄文，谆谆又娓娓，用一个"动"字，引发并列举诸多不用走进"感统教室"即可解决问题的非独家见解，目的还是在于紧扣"觉醒"二字。所以作者有时候自称"科学家"也不算过分：坚守科学的观察与观念，尊重科学的研究与成果，由狭义立论，到广义结论，导出超自我"推拉"的主题——让孩子们"动"起来，实在是太重要了！

我的表达是不是太绕了？

中国传统医学千百年来一直讲究"治未病"，因此，"感觉统合失调"虽然是客观存在的，干预改善的方式却可以主观选择。我建议家长"带"孩子多"动"，一定能起到事前预防、事半功倍的作用。

我特意把本章题目中原有的"运动"二字，压缩为一个"动"字，就是为了廓清很多家长的一个认知谬误：一提到"运动"，就往"体育"和"体能"的方向狂奔。

本章将深研细究"运动"对儿童的大脑发展和感官发育所具备的无比重要、不可替代的作用，但此"运动"非关"体育"和"体能"，偶有涉及，纯属概念范畴之故，啥意思？我说的"运动"概念可比"体育运动"和"体能训练"大多了！

君不见很多家长朋友总被那些伪科学、伪君子、伪课程所蒙蔽？

拍个球，做个操，耍个棍，打个滚，跳个绳，跑个步，就"运动"了？

我的很多同行，穷尽心力，用"体育项目"和"体能概念"来包装课程和产品，利用家长对孩子身体发育和锻炼身体的错位认知，贩卖劣质服务，搜敛不义之财，但我们不能责怪家长们育儿乱投"医"，很简单，到底是受骗上当的人可恨，还是骗子可恨？

还是"贩卖"点常识吧：孩子在 7 周岁之前，骨骼、关节、肌肉和肌腱的发育正处于开端阶段和成长前期，是无法承受带有运动量、项目规则和竞赛性质的体育锻炼的，如果严格要求，就会造成身体损伤；如果儿戏走过场，就是浪费时间和金钱，而且顺便毁掉孩子长大后对体育运动的自发兴趣。

家长所关心的"脑"的发展，离不开身体七大感官的活动、活跃与活化，我想借助本章文字立下一个最小目标：为人父母者，应当每天都带孩子适量动一动，陪孩子出去走一走，大脑的高速发展，感官的深度觉醒，要依靠"运动"来实现。

第一节
漫话"游戏"

"游戏"和"运动"有何区别？孰大孰小？

这是个真正的伪命题，因为二者是相辅相成，谁也离不开对方的。

"游戏"可分动态、静态，不一定都能带来人的"运动"。"运动"，有的以游戏为具体形态；有的你看不见、摸不着，与"游戏"无关。

感觉统合训练，是课程，是带有功能性的训练，它与游戏须臾不可分离，脱离了游戏，感觉统合训练作为一种活动，将失去意义、不复存在。

"游戏"的由来

好像没有人没做过游戏，它与生命的历程几乎是同步的，生命的存在，决定了"游戏"的存在：小到奶娃子独自哑摸手指、对着镜子好奇个大半天，大到老爷爷挥杆击打门球、彼此笑话三千乐不可支，都算是做游戏。

虽然今人常不齿于"玩物丧志""游戏人生""视同儿戏"等上升到道德高度的价值评判，但我们的老祖宗可是以擅长游戏为荣、为乐、为研究目标的。

元代杰出的剧作家关汉卿在他创作的套曲《一枝花·不伏老》中写下了自述心志的一段经典文字（节选）：

我是个蒸不烂、煮不熟、捶不匾、炒不爆、响当当一粒铜豌豆，恁子弟每谁教你钻入他锄不断、斫不下、解不开、顿不脱、慢腾腾千层锦套头？我玩的是梁园月，饮的是东京酒，赏的是洛阳花，攀的是章台柳。我也会围棋、会蹴鞠、会打围、会插科、会歌舞、

爬行训练，感统训练课堂上的主旋律

会吹弹、会咽作、会吟诗、会双陆。

你看，算上可玩的"梁园月"，此君竟然独擅十大游戏玩法，这是不是现代人活得越来越拧巴的明证呢？

参照中国历史的考古学证据可知，游戏起源于上古的祭祀活动。盛行于历朝历代皇室贵族的狩猎游戏，最早是人类祖先赖以生存的觅食活动，后来成为群雄逐鹿、改朝换代的战争缩影，所以肉食者乐此不疲；而在中国南方风行至今还流传到东南亚一带的群众喜闻乐见的赛龙舟游戏，表面上是源自对屈原的追悼和纪念，实际上是脱胎于地域特性突出的宗教祭祀活动。

中国古老相传的智力游戏，如九连环、七巧板、五子棋、华容道、鲁班锁等，能把数学和游戏完美地结合到一起，对于开发人的思维能力具有独特的、强大的功效。开化较晚的西方人，怀着敬畏之心，把它们尊称为"中国难题"，的确这些难题牵涉到了数学中的几何学、拓扑学、运筹学等分支学科。英国生物化学和科学史学家李约瑟，在其经典著作《中国科学技术史》中称"七巧板"是"东方最古老的消遣品之一"。日本的《数理科学》杂志将"华容道"称为"智力游戏界三大不可思议之一"。我们必须牢记，中国古代发明的多项智力游戏给全世界带来了巨大的影响。

那游戏的本质到底是什么呢？

德国启蒙主义诗人和哲学家席勒认为：游戏是人与生俱来的本能。

英国著名的哲学家、教育家，被誉为"社会达尔文主义之父"的赫伯特·斯宾塞说：人类在完成了维持和延续生命的主要任务之后，还有剩余精力存在，这种剩余精力的发泄就是游戏。

奥地利著名精神分析学家弗洛伊德提出的游戏理论称为"宣泄说"，他认为，游戏是人类被压抑的欲望的一种替代行为。

荷兰著名文化史学家、语言学家胡伊青加在游戏理论的研究者中可以说是一位集大成者，在其著作《人：游戏者》一书中，他提出了经典的游戏观，论证了人类文化与游戏的关系。

他说：一切游戏都是一种自愿的活动。遵照命令的游戏已不再是游戏，它至多是对游戏的强制性模仿。单凭这种自愿的性质，游戏便使自己从自然过程的轨道中脱颖出来。游戏是多于自然过程的东西，它是覆盖在自然之上的一朵鲜花、一种装饰、一件彩衣……

除了"自愿说"的观点之外，胡伊青加还指出：

游戏的另一个特征就是它的"非功利性"。游戏行为不同于现实活动的地方在于，现实活动中的人通过谋求活动之外的结果来满足需要，游戏行为中的人则在行为本身中得到满足。游戏的规则绝对具有约束力，不允许有丝毫的怀疑。一旦规则遭到破坏，整个游戏世界便会坍塌。

截至目前，在我读过的所有文献当中，胡伊青加的观点是最让我信服的。

孩子们需要游戏，更需要身体游戏

孩子们对游戏的要求并不苛刻，因为它几乎是"玩"的代名词，虽然现在的孩子们更喜欢得到芭比娃娃和小猪佩奇的手偶，更愿意扮演奥特曼和蜘蛛侠的人设，但我们无论如何都要坚持不懈地告诉孩子们：我们的老祖宗曾经发明了七巧板、五子棋、华容道和孔明灯，这些游戏工具可比西方"列强"输出的那些玩具强太多了。

游戏是培养孩子各项能力的基础和关键。

对于孩子们来说，游戏是一种简单纯粹的追求乐趣的活动，同时也具有其他更广泛的意义。孩子可以通过身体运动、与朋友们互动等各种游戏体验，促进身体机能和社会性的发展。

从游戏可以促进发展的角度来看，有哪些具体内容呢？

第一，促进身体的发展。游戏可以支持孩子了解并锻炼身体，促进大肌肉运动、小肌肉运动、协调动作、敏捷性、柔韧性、爆发力、节奏感、调节能力、平衡感等。

第二，促进知觉的发展。孩子自主参与的游戏可以促进视觉、听觉、触觉的发展，促进对色、形、音和空间关系的知觉，对整体和部分的知觉，对主体和背景的判别、认知和理解能力。还可以推动推理力、洞察力、技术力、时间感、集中力、记忆力、创造力、想象力、好奇心、意志力的发展等。

第三，促进社会性的发展。孩子多多参与有益的游戏，可以促进社会性发展中的协调性、自主性、责任感、结交新朋友、维持人际关系、理解责任和规则、理解积极竞争、恰当地运用语言等能力的发展。

上述所有项目都是彼此关联的，由此我们可以得出孩子通过游戏就足以学到很多东西的结论。因此，游戏是促进孩子全面发展的原动力之一。

接下来让我们回归理性，得自互联网的名词解释是这样说的：

游戏是所有哺乳类动物，特别是灵长类动物学习生存的第一步。它是一种基于物质需求满足之上的，在一些特定时间、空间范围内遵循某种特定规则的，追求精神世界需求满足的社会行为方式，但同时这种行为方式也是哺乳类动物或者灵长类动物所需的一种降压减排的方式，不管是在出生幼年期，或者发育期，成熟期都会需要的一种行为方式。

你看，它是不是天然地非常适合孩子？

但还有这样的补充解释：

合理适度的游戏允许人类在模拟环境下挑战和克服障碍，可以帮助人类开发智力、

锻炼思维和反应能力、训练技能、培养规则意识等，但大多游戏对人于实际生活中的进步作用非常有限。

　　虽然我们不必把得之于互联网的定义奉为圭臬，但它至少也代表了某时某刻的群体认知，所以，只有孩子们才会把"游戏"当回事。当人长大之后，游戏就会变成群体社交和欲望满足的一种调剂物和附属品，排除商品成分和商业元素之后，它的确是可有可无的。

　　我们只需接受这样的观念：游戏是育儿的必需品，是孩子成长的必经之路，是我们用以承载孩子多元化发展和潜能大爆发的平台和手段。

她在"太空丝路"上前进走，
兼顾了触觉和平衡

　　从神经生理学角度来看，儿童的神经生理抑制功能与过程均偏弱，兴奋过程占优势，他们大都具备如下的外在特征：

　　活泼好动，注意力不集中；

　　动作不协调、不精准，易出现多余动作；

　　学得快，消退得快，重复得快；

　　分化能力尚不完善，受小肌群发育较迟的影响，掌握精细动作困难；

　　大脑皮质的神经细胞工作能力低，易疲劳，工作持续时间短，但神经过程的灵活性高；

　　神经细胞的物质代谢旺盛，合成作用迅

速，疲劳消除较快。

两个信号系统（巴普洛夫的两种信号系统概念：凡是以直接作用于各种感官的具体刺激物为信号刺激所建立的条件反射系统，称为第一信号系统。以语言为信号刺激所建立的条件反射系统称为第二信号系统，为人类所独有）的活动不协调，儿童时期第一信号系统活动占主导地位，主要靠具体实物、直观形象建立条件反射，模仿性强，而第二信号系统的功能较弱，到了少年时期，第二信号系统进一步发展，抽象思维能力不断提高。

看到了吧？没有比自主游戏和自由玩耍更适合孩子们的活动内容了。

孩子们需要，这就足够了，而且我所提倡的"运动"，在孩子们这一边，几乎全靠"游戏"来实现。"动"起来需要内容和规则来驱动，排除万恶的电子游戏、课本梦魇和作业困境，让我们的孩子陷于"身体运作游戏"而不能自拔，他们的童年就有了希望。

会玩的孩子更聪明

游戏论之父豪伊金格认为：游戏是在明确规定的时间、空间里进行的行为或活动。它是按照自发接受的规则来进行的，这种规则一旦被接受就具有绝对的约束力。游戏的目的就在于游戏行为本身，它天然伴有紧张和喜悦的感觉。

玩，是孩子后天智慧累积的源泉，是孩子走向成熟的催化剂。在孩子的世界里，学习和玩耍同等重要。实际上，玩才是孩子真正的学习。玩出来的兴趣与好奇心正是孩子学习的强大动力。家长只有付出开明的、科学的引导和陪伴，才能对孩子进行正确引导，让孩子玩出水准、智慧、兴趣、求知欲。从某种意义上讲，家长陪玩的教育功能远远胜过陪学。

儿童心理学研究成果表明：孩子在玩的时候大脑敏锐度最高，对知识特别容易接受，孩子正是在玩中增长了知识，训练了记忆力、想象力和观察力，培养了交往能力、创造能力。

游戏能够寓教于乐，在愉快活动中求发展。正如弗洛伊德所说，游戏是受快乐原则支配的。所以，游戏往往给人一种积极的情感体验，如成功感、自信心和自尊心。游戏的假想情景也为儿童营造了一个安全的心理氛围，有助于排除消极情绪，起到心理保健作用。

每天至少活动 3 小时

一般而言，孩子看起来比成人更好动、更坐不住，但近年来孩子们投入到玩智能手机、电子游戏和看电视的时间越来越多，他们已经变得很"安静"而且不愿意"动"了，其结果便是儿童肥胖率急速攀升。数据显示，中国 6 岁以上男孩的肥胖率已经居于世界前列。

为了孩子的健康，他们需要更多的、更有强度和内容的身体游戏。

2010 年以来，英国、澳大利亚、加拿大等国均发出官方建议，5 岁以下儿童每天应达到 3 小时以上的身体游戏时间；加拿大相关政府部门除了宣传落实此政策之外，还专门出台了儿童每天坐的状态不准超过 1 小时以上的规定，并建议家长把孩子每天看电视的时间，控制在 1 小时以内。

孩子的动态游戏一直是主流的推荐和选择，正确的打开方式是先从舒缓的动作开始，例如缓速步行、上下楼梯、适量爬行和户外散步等，逐步发展到复杂的、激烈的身体游戏，感觉统合训练当然就成为一个较佳的选择。

儿童期是发展身体活动能力的重要时期，90% 涉及大肌肉的身体游戏与 80% 涉及小肌肉的身体游戏，会推动步行、跳跃、奔跑、投掷、抓握等基本动作能力的发展与进步，而体能方面的敏捷性、协调性、平衡性等机能，大约有 60% 完成于幼儿期。因此，这一时期必须给予孩子充足的身体运作的机会，借此提供孩子大小肌肉锻炼发展的机会。这个时期未能彻底掌握基本运动能力的孩子，长大后在玩游戏或参与运动时，很容易因为自己的动作不熟练、完成度较低而影响到自信心的建立和社交能力的提高。

根据日本一项研究的结论，排斥身体活动的成年人，大都从幼儿时期或小学阶段就开始不喜欢参与身体活动，主要原因就在于信心不足和练习较少而特别容易引发的失败感与羞耻感，这说明儿童期的身体运作能力和体验，会严重影响到日后对身体活动的好恶。

近年来多项研究表明，生活在人口密集的大城市或经济发达地区的学龄前儿童，每

从"太空接龙"，跳到"触觉飞盘"；用"楼兰雾"蒙面，深度放大孩子的感官

天的户外游戏时间已平均缩减至 30—50 分钟，较为剧烈的身体活动时间则缩减为不足 45 分钟，由家长发起并参与的身体运作活动时间已平均低于 20 分钟，由专业人士主导的身体运作活动时间，平均不足 10 分钟。

据专业机构调查，学龄前儿童在教育机构中消耗的时间，75% 是以坐姿为主的活动，10% 是较为缓和的身体活动，剩下只有 15% 的时间能有机会参与达到中等剧烈程度的身体活动。

这与各国政府和专业人士共同主张的学龄前儿童一天身体活动时间 3 小时相比，是大大的缩水了，孩子们成了必然而又无奈的受害者。

在没有搞明白事实真相的前提下，我们成年人都做了些什么？

孩子们实际上是非常被动而且麻木的，被动是源于尚年幼，麻木是习惯了信任，但我们连每天 3 个小时的自由玩耍时间都不能给出，我们还记得我们面对的是一些发育开端的孩子吗？

家长朋友，反思时间到了，请听一下大佑哥的忠告：

别以为我们的孩子们太小

他们什么都不懂

我听到无言的抗议

在他们悄悄的睡梦中

我们不要一个被科学游戏

污染的天空

我们不要被你们发明

变成电脑儿童

感官积极运作，身体全面发展

孩子身体的运作大多数情况下是自发的、主观的，如果我们不能给出较为明确的组织和引领，他们也许就只是在开心地消耗掉难得的玩耍时光，所以，带有一定集中度和指向性的专业指引非常重要，否则无异于浪费时间，而孩子的感官发育很难因此而受益。

决定孩子的大脑依靠身体运作稳步发展并获得显著进步的基础感官有触觉、前庭平衡觉和本体运动觉，平时的身体游戏自然要抓住这些关键点。

一、触觉的练习：按压刺激的必要性

有些孩子喜欢用身体到处挨挤、碰撞、跳跃，或反复进行使用肌肉的活动。我们不妨将孩子紧紧抱住，或是用毛毯、薄被等将孩子做成"蛋卷"卷起来，为孩子的全身肌肤输入密集的压迫感。还可以在孩子洗完澡后，用浴巾紧紧裹住孩子，然后用颗粒大龙球尽量力量均匀地滚过、按压孩子的身体，这种对身体的压迫性刺激，能调整孩子的觉醒度和敏感度，提高专注力。

二、前庭平衡游戏：积极改善注意力不集中

只要把孩子抱在怀中轻轻摇晃，大多数孩子都能很快安静下来，孩子们也非常乐意被高高举起，再轻轻放下。原因在于与生俱来的前庭平衡能力能使身体很快胜任旋转与摇晃的感觉，跑圈、绕圈、荡秋千、倒立、跳舞等对平衡能力要求较高的游戏，总能驱动身体作出各种位移动作，脑内的前庭系统受到较为集中的良性刺激，能带来心情的愉悦和专注力的提高。

很多"70后""80后"的孩提时代，在进行攀爬树木和围墙、从斜坡上滚下爬上、荡秋千等各种"危险"活动的时候，前庭系统获得充分的刺激，大脑发育因此受益，后期就会少了很多失调的困扰；而"10后""20后"的孩子，室内游戏或者端坐的活动时间越来越长，导致前庭系统无法得到足够的刺激，孩子的专注能力和冒险精神就大打折扣，孩子们越来越像一盆盆温室里的花朵，别说狂风暴雨了，随便一只小虫子都能把孩子们吓得够呛。

当孩子在集体环境中出现坐在座位上不停扭动、持续跳来跳去的行为，那正是孩子在自行补足前庭系统欠缺的刺激量。这时家长千万不要勒令孩子马上安静下来，他也的确很难、很不愿意停下来，反而要多创造机会，让孩子能在秋千、跳床、跳箱、平衡桥之类的游乐设施上活动，还可以用棉被、吊床等装置来制造摇晃感受，主动给大脑的平衡系统带来必要的感觉信息输入。

除此之外，在保护好颈部的前提下，让头部处于移动状态，如滚翻、爬行、攀爬、跳跃、摆荡、旋转等动作，这都是可以刺激前庭系统、获得优质平衡表现的运作过程和经验累积。

三、大、小肌肉活动：促进基础体能提高

孩子的身体游戏离不开大小肌肉的全程参与和积极运作。

大肌肉活动是使用身体大肌群的粗大动作活动，跑步、跳跃、攀爬、律动、舞蹈等，都属于大肌肉活动。家长应当鼓励孩子多多从事使用大肌肉的身体活动，孩子不仅能学习相关的技能，还能提高基础体能，甚至发展到胜任更复杂运动项目的技能。

幼儿园阶段的小朋友，每周至少要参与4次使用大肌肉的身体活动，常见的游戏有角斗士（肌耐力）、跷跷板（柔韧度）、呼啦圈（爆发力）、抛接球（协调力）、越障（敏

捷性）、走平衡（平衡感）等。如果我们再推出一些专业的身体运作项目，如原地起跳（爆发力）、仰卧起坐（肌耐力）、折返跑（敏捷性）、坐姿体前屈（柔软度）、单脚站立（平衡感）等，除了提高体能指标之外，还可以有效测查孩子们的基础体能状况。科学研究显示，在幼儿园里，较高频次、较热衷于从事大肌肉活动的幼儿，各项基础体能明显优于仅从事一般身体活动的幼儿，尤其是反映敏捷性的折返跑，在从事大肌肉活动后，女孩的成绩还要高于男孩。

小肌肉活动主要是运用双手进行的活动。画图、涂色、书写等学习技能与穿衣、系扣、用汤匙等生活技能，以及玩沙、串珠、为小玩偶穿衣服等游戏技能，都属于小肌肉活动。积极推进，有效运作，就可以为身体的运动机能和情绪自控力、基础学习力打下坚实的基础。

家长应当充分利用日常生活和基础认知的各个场景，支持孩子积极参与并努力胜任折纸、拍手、手指操、扣纽扣、解纽扣、拉拉链、堆积木、拼拼图、用铅笔或蜡笔画图及着色、画圆以及各种几何图形、剪纸、串珠、打结、用筷子等多种多样的小肌肉训练游戏。

四、精细动作游戏：触觉与本体联合促进觉察力和判断力

我建议孩子在满 2 周岁以后开始学习用剪刀（幼儿用的安全剪刀），那么，你的孩子使用剪刀熟练吗？你是否害怕让孩子用剪刀？使用剪刀的能力为什么很重要？

首先，使用剪刀时，必须反复使用握紧、张开手掌以及手指末端适当辅助的动作，这有助于刺激手掌细微肌肉的发展，而这些细微肌肉所支持的精细动作，是日后具备熟练抓握动作，并胜任书写、涂色、握笔、刷牙、穿脱衣服等动作的敲门砖。

其次，经常使用剪刀可以提升手眼协调能力。因为使用剪刀时，孩子必须双眼直视物品，同时某一只手使用剪刀。这也是孩子长大后用汤匙、用筷子、拉拉链和抛接球时必须使用的能力。

总之，多多关注、练习精细动作，相当于触觉和本体运动觉的联合运作，最终会带来孩子觉察力、判断力和自控力的显著提高。

左图　秋千上的快乐和挑战是难以言表的
右图　滑车上的勇气和考验是无可比拟的

第二节
运动，让感官觉醒

今天的孩子们，的确坐的时间太多、静的活动太多，他们把一天当中，原本应当充分活跃身体、激活大脑的时间，全用在了身体基本处于静态的看电视、玩手机等活动中，这是一种双向的损害：让身体活跃、增强体能的时间丢了，感官因此沉寂、闭锁，可以促进大脑发育的时间也丢了。

让身体活跃起来，打破使身体过于安静的一切运动，都相当于是建造发展大厦的一砖一瓦。家长应当多带孩子做一些户外运动，把孩子带到自然界中，在欣赏风景、融入自然的同时，陶冶孩子的情操，锻炼孩子的体能，同时激励孩子去探究自然界的奥秘。户外运动还可以激发孩子对生活的热情，让孩子产生主动的思考和发问。家长在答疑解惑的时候，不但可以帮助孩子掌握更多的生活常识，还能让家长和孩子之间展开高质量的沟通。孩子的想象力因此变得更丰富，创造性思维变得更活跃，对自然和生命的感悟更深刻。孩子们看到了世界的丰富多彩，开始接受不是只有手机和电视最有吸引力这个令人哭笑不得的大道理，由此开始构建和具备抵抗各种不良诱惑的意识和能力。

家长常常想起孩子成长路上的点点滴滴，如果有继续制造生命、为国家添丁进口的冲动，可以反思、参考一下儿童运动发展口诀（作者注：未标明单位的数字指代的是月龄）：

大动作口诀：二抬（头）、三翻、六坐、七滚、八爬、十站、周岁走、两岁跑、三岁单脚跳。

精细动作口诀：三月玩手、五月抓手、七月换手、九月对指、一岁乱画、两岁叠纸、三岁搭桥。

社会行为评定口诀（附赠）：二月笑、六月认生、九月会再见（动作）、一岁示需要、两岁做游戏、三岁会穿衣。

孩子的世界是运动的世界

在孩子的心目中，周围的世界是运动的世界，只不过成年人往往不能理解他们的想法。

童年是一个充满运动内容的阶段，没有哪个生命阶段的运动元素，能像在童年阶段一样承担着如此重要的作用。

运动量的爆发期是 2—6 岁阶段，这一时期呈现出惊人的活动量和对运动的欲望，而永不停歇地发现欲望和持之以恒的探索精神是这个阶段独特的标志。

孩子通过运动中产生的各种动作来发现自己、认识世界，并通过自己的身体和感官去适应周围的环境、突破大大小小的困境。

就这样，孩子通过运动，一步步地把世界据为己有，与此同时，他们每天还要去找到新的挑战、新的任务和值得发现并探究的东西。他们爬楼梯、爬围墙、翻过栏杆、越过沙丘、跳过水坑；他们总是在奔跑、追逐、大叫、吵闹、一会儿哭、一会儿笑。

孩子最善于用自己的方式去发现世界，他们几乎完全忽略环境因素，他们认为自己需要大量运动的机会，而且好像永远得不到满足。

请读者牢记下面这个定律，如果你做不到，你的孩子就是不完整的、发展受限的、总是面临着不开心的状态的。

跟你几乎消耗掉整个周末和大部分的假期，把孩子安插到不同的培训机构去接受貌似专业化的、意义化的，实则形式化的、模式化的照顾和教育一样，孩子们也需要在每天的生活环境中获得自主的玩耍时间，也就是"运动"的机会。时间长短如何计算？很简单，在一周的某个时间里，你给他安排多长时间你认为必修的课程，孩子们自由活动的时间就得有相同的长度。

最好是同一天。

差一点都不行。

事后补没有用。

跟小伙伴在一起的喜悦，是不可替代的

运动改变的不仅是身体，还有大脑

　　游戏和动作是儿童日常活动的基本形式，也是他们获得感官体验和增进表达能力的基本途径。动作是人类生活的一个基本现象，这是人类的本质决定的。动作的发展开始于母亲的子宫，到个体死亡时才会停止。

　　"动作"这个词包含如走路、跑步、写字、画画、吃饭、睡觉、踢球、游泳等内容，人内心的感受也可以理解为那是内心的"动作"。动作首先并不仅仅只会让人联想到体育运动，也不一定非要跟剧烈的活动和一定的运动量联系到一起不可。即使我们的身体处于相对静止状态，我们仍然是在"运动"的：心脏在跳动，血液在流动，肺在一呼一吸。人的发育成长过程，并不仅仅只依靠那些重要的活动带来发展和变化，一些全身性的活动，例如持续的步行、骑行；一些细微的动作，例如咀嚼、眨眼等等，也影响着人的成长。活动还与环境和年龄密切相关，对于老爷爷来说，舒适、放松地坐在沙发上就是一种享受，而对不到 7 岁的孩子来说，让他安静地端坐半个小时，则无异于是一种惩罚。在这里我要特别提醒一下：14 周岁之前的孩子，为了他的健康发育，生活中最好不要坐沙发。

近 20 年的脑科神经生理学和运动生理学、运动解剖学的许多研究，让我们已经了解到身体锻炼是改善大脑健康和认知能力，包括记忆力和注意力的最佳方式。同时也是减少抑郁症和焦虑症患病风险的最佳途径。

我们根据进化论还可以得到这样一个结论：保持双脚的移动与促进心理的提升是有重要关联的。在人类的身体特征中，有一些特殊物质能让人"感觉良好"，例如内啡肽和内源性大麻素。长期坚持跑步的人的体内这几种物质含量都很高。研究结果已经确信无疑，我们和其他擅长运动的物种一样，在运动时都会生成一些好东西，但没有标准的、随心所欲的步行并不一定能为人体提供足够剂量的内源性大麻素，除非步行速度快到已经让人气喘吁吁。只有当步速维持到连正常与人交谈都做不到的那种强度时，"感觉良好"因子才会在体内产生。内啡肽的获取相对容易，快步走 20 分钟之后就可以产生。同时，快步走还能促进脑源性神经生长因子（BDNF）的产生。这种生长因子不仅可以促进海马体部位新生神经元的生长，还能对空间记忆能力的发展起到很重要的作用。与此同时，伴随着身体主人卖力的快速步行，另一种生长因子，即血管内皮生长因子（VEGF）也会勇敢地站出来，起到扩张血管的作用，让你的运动行为变得意义非凡。

在当今这个高度工业化和智能化的社会环境中，生活条件在发生日新月异的变化，虽然大部分变化都是让我们的生活变得更先进、更便捷、更舒适，也同时让孩子们的运动（生存）空间越来越小。媒体传播无孔不入、无所不用其极；娱乐节目和娱乐精神，无上限、无下限、无底线；电子产品迅猛迭代，已经成为冲动消费和炫耀浪费的代名词，一切好像都在被放大和夸大，唯有儿童体验世界的方式和机会却变得日益狭隘、趋于贫乏、越发庸俗，成年人争做迷失和麻醉的"好"榜样，孩子们还怎么依靠原本勃勃的生机和熊熊的热情去自觉发现、自发行动、自主体验和自由玩耍？当限制、控制、克制、挟制成了育儿的背景板，孩子们很有可能沦为"三个饱（饮食无度）、两个倒（非科学睡眠）、一个好（大人说好）"的工具人，不要说"运动"了，连最鲜活的思想、最奔放的精神都蒙上了中世纪修道院般的厚厚的灰尘……

好在还有科学，与人为善、鄙视商业利益的科学。

好在还有教育，以人为本、暗夜手持火炬的教育。

我们还得继续呐喊：让孩子抓住一切机会、不停歇地运动吧，运动改变的不仅是身体，还有大脑。

好了，说了那么多，不如抓紧动起来。

……

我在上文算是做到了说一千、道一万，可还是存在很大的可能徒劳无功，因为我的读者恰好是最有主见（主见 = 自以为是 + 顽固不化）、最有思想（思想 = 三心二意 + 犹豫不决）的人群，别人就是不听你的，怎么办？

他们会抛出一些冠冕堂皇的理由：

如果出于种种原因，没有条件去运动呢？

如果运动比较占用时间，影响了孩子的整体安排呢？

如果家长自身的成长历程就缺乏运动因子，怎么办？

好吧，那我就推出极简策略来继续"弘法"：

请带着孩子去散步。

一切问题将迎刃而解。

第三节
带孩子去散步

你有多久没有散步了？

你有多久没有带着孩子出去散步了？

你有多久没有全家人一起出去散步了？

春的新绿，夏的虫舞，秋的色变，冬的沁寒，这些都是大自然的信号，它们看似平静无波，实则波澜壮阔；它们甘于无声，却一直不辍呐喊。

大自然与我们的对话，每天、每月、每季、每年，就这样被我们忽略了，这是一种冷冰冰的散漫、不礼貌的怠慢，这是生活中一切不如意、不顺畅、不满足、不喜悦的原因：你忘记了你生而为人，原本是自然的产物；你忙着做人，反而忽略了你生长于斯的土地、苦苦探寻的天空；你把钢筋水泥当成了不忍涉足的草绿之坪，你用奔波劳碌装饰着行将就木的灵动之躯。

原始人的率性而活、智人的艰苦跋涉、老祖宗的苦口婆心、父辈的殷殷期盼、你的孩子的天真烂漫，都去哪了？都化作俗世的艰难和苦恨而选择遗忘了吗？

人生在世，各有烦忧，但有什么问题是一次身心愉悦、通体舒泰的散步不能解决的？

你有多久没有只身散步、远途漫步，就说明你有多久没有进行完全放空、身心合一的思考了，你的生存质量因此总是趋于下沉、下沉，直至沉底。

为什么不能把恒定存在的滚滚俗务暂时放下，对自己好一次呢？

你有多久没有散步了？

好吧，既已为人父母，难免责任重大，那就接受我的忠告：带着孩子去散步吧。

每一天，每一次，每一段路，每一万步。

孩子需要，大自然也需要，少了人的涉足，我们的世界算不上"十分"美好。

如果走了 10 公里都没有找到大自然，那就假装有吧，谁让我们费尽心力地谋求发展却终于远离了大自然呢？好在世界上最不挑剔的族群就是孩子们，只要走出家门，他们就一定会心满意足的。

此刻没有感官运作、积极运动、激活大脑，也没有感觉统合、耳聪目明和发展蓝图，只有孩子的生命之灵所发出的声音：

带我出去玩儿一会吧，求求你了！

本书的读者如果能有耐心读到这里（你已经很了不起了），请记住这个我想用十几万字的篇幅达成的最小目标：

带着孩子，走到户外，去散个步，生活因此会变得格外美好，不信，就试上一万次。

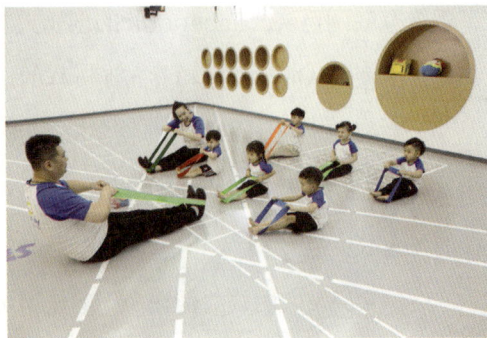

动起来吧 这个世界原本就不该太深沉
乐起来吧 在课堂上表达你的创意和兴奋

我们和你在一起 给你一个爱的眼神
你和我们在一起 赴心灵之约
写下爱的寄语 记录爱的延伸

—— 2017.03.23

陪孩子散步，守住做家长的底线

现年 73 岁的日本著名作家村上春树，笔耕不辍几百万字，一半以上的作品是畅销书或长销书，他也多次被推为诺贝尔文学奖的热门候选人。如果有人想知道他是从哪里获得写作的灵感，那就读一下他写于 2008 年的自传，题目是《当我谈跑步时，我谈些什么？》，在书中村上春树详细描述了他每天的创作过程，令我印象最深刻的就是他每天要在午饭后跑 10 公里，接着还要去游泳。他在每一部作品的创作期间都要保持至少 6 个月以上这样的生活规律。他认为，体力对于写作和创造力很重要，所以他需要去锻炼。

认为"坚持运动"对艺术创作有举足轻重的作用的杰出人物不在少数，许多富有创意的人都曾经明确表示，运动如何奇迹般地成就了自己的创造力。据说阿尔伯特·爱因斯坦是在骑自行车的时候想到了相对论。人类有史以来最伟大的作曲家之一贝多芬，尽管英年失聪，但还是为人类贡献了 3 首不朽的交响曲，他就习惯在白天某个时间停止创作，然后走一段很长的路来寻找灵感。更现实的例子是苹果手机的创始人史蒂夫·乔布斯，他会定期举行步行会议，因为他觉得这样比在会议室开会效率高很多。他的做法也影响了很多互联网巨头，Facebook 的创始人马克·扎克伯格和推特的创始人杰克·多尔西，都曾经带领团队成员做过和乔布斯一样的事情。

大家都知道英国伟大的博物学家、进化论的创始人查尔斯·达尔文是一个善于思考和发现的人，但很少有人知道，他的创造性思维的火花有相当一部分竟然来自他终生坚持的乡间散步。

达尔文经常会围绕着他在乡下的庄园进行超过一小时的田间漫步，他称之为"思考之路"。人类生物学领域迄今为止最重要的著作《物种起源》的大部分创作思路，都来自达尔文走过的这条乡间小路。

德国伟大的哲学家尼采说过，他所有真正了不起的思想都是在走路的时候发现的。

现代人主张用大脑的积极思考来解决现实问题、寻求发展之道，但大家似乎更倾向于用更多的时间伏案遐思或者聚众研讨，身体状态就是坐着，似乎忘记了应当让身体动起来，或劳逸结合、适度锻炼，或亲近自然、漫步山野。

现在还有多少人是为了散步而散步呢？

我们的老祖宗曾留下至理名言：饭后百步走，活到九十九，是不是也已经过时了呢？现在都成了"吃饭坐很久，饭后不愿走"。一机在手，乐而忘忧，童叟无欺，万众埋首。

当代一些富有远见卓识的科学家发出了这样的警告：人类的创造性思维，正随着所谓社会的进步，变得越来越枯竭，罪魁祸首就是我们变得越来越不爱"动"了。

大人都不愿意走出去散个步，都说：好累啊！上班也累，下班也累；工作日累，休假更累；劳碌者累，悠闲者也累。于是有点空闲时间就都"刷"起来，最减压的姿势成了坐着和躺着，最减压的工具成了电脑和手机。

这下可苦了孩子们，他们没有人陪护，空有一颗无比向往户外和自然的心，无从落地。

好了，那些"累"坏了的大人我们无暇顾及，为了孩子们的健康成长，现在有一名感觉统合教育的资深研究者，儿童成长发育的守护者，我，要大声呼吁：带孩子走出家门散个步吧！

这个安排一点不复杂，而且参与者都会受益，哪怕我们只是把孩子载到目的地，或者护送到乡间田野，花费一两个小时的时间，家长甚至可以在这个时间段继续"刷刷刷"，何乐而不为呢？

陪孩子散个步，用最自然的、低成本的方式保持孩子身体的运动需求，这已经是一个为人父母者积极育儿行为的底线了。

行走训练，善莫大焉

实际上我想表达的是：行走训练对发育期的孩子有多么的重要。

孩子是最富有创造力的小生灵，他们的生命状态之所以生机勃勃、日新月异，是因为他们处于发育期，大脑前额叶皮层还没有发育成熟，所以他们天生热情、喜欢探索、渴求新知而且大部分孩子能做到乐此不疲，可现代社会的进步幅度太大，家长的育儿手段太超前、太安静，导致孩子们正在失去天然富有创造力的优势。

科学家研究发现，人类进入21世纪以来，创造力的指数在显著下降，特别是在年幼的儿童中下降比较明显。研究者把这一现象的主要原因归结于现代教育输出的大量背诵和测验（对学龄前儿童来说，就是运动的剥夺和认知的重压）。中式家长对学龄前儿童所采取的养护方式和教育策略，短时间内很难得到有效改善，那就只有通过对个体的介入和引领来对抗传统的压制和潮流的偏差。

运动，运动量，有规律地参与运动，是目前能显著增强大脑创造力水平、激活创造性思维的最佳策略和手段，因此，我们的选择并不复杂，感官发育与大脑功能和人的发展息息相关，感觉统合失调是客观存在，但并不是所有家庭都具备参与专业训练的意识和条件，那么，怎样在令人头疼的"失调"和偏差出现之前就有所作为呢？就是要让孩子们动起来，动起来也要行之有效的、可持续发展的策略或方案，散步，走起来，动起来，然后养成习惯，就成了惠而不费的解决方案。

科学家和相关专业人士主张，活动的内容和形式不重要，不管是走路、跑步或群体互动性游戏，只要让孩子"动"起来，就能最大限度地促进孩子们独具风格和智慧闪光的想法不断涌现。实验证明，一直坐着不动的孩子，大脑的活跃程度会很快降到谷底，几乎不可能有创造性思维发生，创造性思维主要依靠身体的中等以上强度的活动所激发。

行走训练是可以提高孩子的智力的。

我们一边开始行走，一边对大脑的额叶联络区进行训练，为灵活使用双手奠定基础。

吊一吊，快长高；笑一笑，正年少

人类大脑体积明显大于其他动物的这一特征，决定了人能够双脚站立，双腿行走。双腿进行行走和跑步，使人能够捕捉到其他四肢行走动物所不能捕捉到的猎物。双腿行走后，人脑体积逐渐增大。肌肉力度逐渐增强，双腿行走以后，人的双手也开始能够自由活动，逐渐发挥相应的创造能力。与其他动作一样，行走、慢跑等简单的身体动作同样需要大脑的作用。例如，单腿向前迈出一步时，迈出腿的方向、力度、幅度以及时间都是由额叶内的额叶联络区进行判断并作出决定的。额叶联络区决定后的信息经过辅助运动区传递到运动区，才能引发双腿肌肉的正常运作。有研究表明，试图迈出双腿的意愿，也同样是在辅助运动区产生的。行走过程中，孩子所看到、听到、触摸到的信息都会被转化成知识，储存于大脑的后方，也就是顶叶、枕叶、颞叶的位置。当孩子第二次、第三次行走在同一条路上时，相关的认知内容会经过运动前区，最终传递到运动区。运动前区是认知内容与身体运动之间的突触连接产生的场所，对运动的快速、顺利、顺畅进行具有一定的作用。当孩子在 1 岁左右学会行走以后，相当于进入了人类进化的高级阶段，在这一阶段内，家长一定要多带孩子去外面散步，让孩子在步行的过程中，全身运作，加强身体对外部环境和各种事物的体验，可以促进其大脑尤其是额叶联络区的发育。

行走训练的过程中可以运用观察、联想、背诵的方法来巩固、扩展昨天的已知和今天的新知，还可以借助这样的认知练习，提高孩子的记忆力、想象力和判断力，散步过程中发生各种丰富的、集中的身体感觉，如听、看、嗅、触等，又同时对多路感官带来更深的刺激，感官接受的全部内容会以信息的方式储存在大脑的后方，最终形成较为恒定的记忆和认知，转化为可资运用的知识积累。

行走训练要注意采用正确的行走方法。脚后跟首先着地，脚心与地面紧密接触，任一只脚离地时，拇指球（脚的大拇指下方的圆圆的凸起处）用力向下蹬地，这就是正确的行走方法。孩子刚学会行走时，身体常常会向左右方向晃动，这是平衡感缺失有待于建构的阶段。这是因为大约在 1 周岁前后，孩子刚学会走路的时候，脚心没有完全发育，仍旧处于扁平的状态，每次做出落下、踩踏、抬起的脚步前进动作，还无法帮助身体掌控平衡。这恰好需要抓住时机，不间断地进行相应的练习，才能引导孩子尽早掌握正确的行走方法。练习过程中，家长要时刻注意对孩子不良姿势的纠正，确保孩子准确掌握：

脚跟先着地，离地时拇指球用力蹬地的动作要领。正确的行走方法还能帮助孩子保持端正的体型、走姿、坐姿，有助于较长时间地集中注意力。

孩子还没有学走路的时候，其脚底的皮下脂肪较多，脚心部位的凹陷特征就不明显，有些类似后天的扁平足，大部分孩子在这一时期通过一定强度的行走训练，脚心部位向内凹陷的特征开始出现并且变得很明显，最终通过不间断的重复训练，孩子的这一脚底结构产生，平衡能力得到极大改善，步行作为一项全身运动的特性得以呈现，最终实现对孩子由身及脑的高速发育和发展。

户外育儿的必要性

从身心健康、全面发展的角度来看，户外是家长科学育儿、孩子良性发展的重要手段。婴儿期喜欢待在家里，外出安排较少的孩子，运动量会相应减少，其结果反而导致婴儿睡眠质量较低，还会食欲不振，久而久之，孩子会感到情感低落、心绪不宁。通过细致观察，我们发现，就算孩子此时还不会走路、无法对话（比如 6 个月之前），当我们决定带他外出的时候，他会呈现出由衷的喜悦而且一下子就学会了在此后不断地提出外出的要求；带孩子外出一段相当长的时间，比如超过 3 个小时，孩子的眼神儿都会变得明亮有神、活泼生动。反之，一天到晚被关在家里保护起来的婴儿，很容易情绪低落，精神萎靡。这就是孩子的感官能否被激活所产生的正反效应。因此，就算还没有到开始学走路的月龄，家长也应该带孩子每天在户外玩耍 3 个小时以上。

从感觉统合的角度来理解，多带孩子来到户外，对他的视觉（视野开阔而错落有致、色彩真实而丰富）、听觉（听觉信息的丰富性：大小、远近、粗细、好恶）、触觉（来自户外环境的风吹、日晒以及温度变化，是最好的感觉刺激和促进发育的养分；如果能在温度与条件适宜的季节和天气里，增加涉水戏水、淋淋小雨或涉足喷泉的体验就更好了，在确保不会着凉感冒的前提下，孩子身上的衣服由干到湿再由湿到干，是最好的触觉训练）和平衡感（有效增加全身的活跃度和运动量，有利于协调性和平衡感的稳步建构）等，一定会带来在住宅中和教室里完全不一样的益处。

苏联的育儿书籍中有这样的描述：即使是冬天零下 15 度的天气，也要带孩子多多走出家门来到户外，他的小脸儿一定能变为玫瑰色，而且会更有食欲，睡眠质量也更高。

　　是的，就算是在拥有较为寒冷季节或者位于寒冷地区的国家，重视户外，也是较为寻常的育儿策略。来到户外寒冷的空气中，不仅可以补充这个季节普遍缺乏的阳光照射和新鲜空气，孩子皮肤表面的毛细血管在接触到冷空气时，会发生收缩而使血液的流量减少，等到再接触到温暖的空气时，血管又会扩张而使血液流量增多，这就是体温调节的过程，皮肤的体温调节功能使孩子能够较为自然地适应气温的变化，也就意味着他适应环境的能力增强了，从发育端来看，内脏功能也会因此变得更强大。实际上小宝宝在刚出生不超过 3 周的时候，已经具备了进行体温调节的能力，而我们为了表示对孩子的特别关爱，有时会忽略这一点。提高体温调节能力，最好的方法是顺应气温随着季节变换而发生的自然变化，秋冬换季就是一个适宜的自然气温过渡阶段。家长从初秋气温渐凉开始，就刻意多带孩子外出散步，让孩子提早适应呼吸寒冷的空气。孩子不会走路，是他带着大人散步；孩子会走路之后，就是大人带着孩子有组织、有计划、有坚持地散步了。我们忽略室外的冷空气和低温，只管走出家门，来到一个大家熟悉的风景优美宜人或空气质量尚可的环境中，呼吸新鲜空气，提高新陈代谢，调节心脏节律，展开亲子交流，这一切都源自一项操作简单、成本低廉的全身运动——行走。

左图　地球上的五分钟正在进行
右图　受到孩子拥戴的感觉真美妙

持之以恒地行走，目标明确地行走，潇洒浪漫地行走。

人生风景在行走，每当孤独我行走。

去散步吧，散去压力，散出灵感

在散步的过程中，行走一定的距离，带来身心的协调，不但不影响我们使用大脑，反而能带来高质量的思考。是的，在确保安全无虞、体力可支的前提下，走路与思考密切相关。但只有一些所谓的天才或名人留下边走路、边思考的示范时，人们才会半信半疑地认真审视这个特殊的方法所带来的惊人福利。

好在还有一批科学家已经用他们的研究揭示出各种走路方式是如何根据你想要实现的具体目标而在心理上产生显著效果的。生物进化领域和神经生理领域的很多研究都指向这样一个事实：多走、少跑，使我们这个物种有了积极进化、运作身体和掌控未来的基础能力。当然，如果我们沉溺于更加舒适而散漫的物质生活和纵享美食，并大大减少以行走为核心内容的运动量，我们就要承受随时失去身体健康和情绪稳定的风险。实际上，无论是大人还是孩子，智商的下降与创造力的缺乏紧密相关，再叠加心理健康的显著下滑，现代家庭过于追求安静和舒适的生活方式一定是罪魁祸首。

我们需要因此而重新认识那些我们自以为早已熟知的科学常识了，这完美地解释了达尔文本人对走路的推崇与热衷。这位进化论的开山鼻祖用自己多年的研究证明了"步行"和"思考"这两者具有紧密的联系，最有力的证据就来自我们这个物种进化的具体进程。

以下段落所描述的场景未经证实，但真实程度却远远高于一些所谓的非虚构文本。

我们的祖先在很难确定的某个时期，他们也就是刚刚学会直立行走没有几万年或者几千年，就像今天的一些游手好闲者或者功成身退者一样，他们每天绝大部分的时间都是不慌不忙、慢条斯理、优哉游哉、到处闲逛，我估计跟大多数的现代人一样，他们每天连 3000 步都走不到，但和我们迥然不同的是，这不会使他们的身心健康受到损害，因为他们身体的进化程度刚好符合这个水平的食量和运动量，甚至于他们常常因为吃了上顿没下顿，而不得不刻意降低自己的活动量。随着时间的流逝、人口的增加，先祖们觅食的难度越来越大，他们不得不走到更远的地方去，这种被迫增加的步行距离和当量使他们迸发了思维的火花，最聪明的那一位先祖终于想到，用自己日渐灵活的双手来广泛狩猎和采摘，从而获取充足的食物来养活自己和其他所有人（很多考古学证据显示，人类愿意无私分享、大家都吃大锅饭的历史阶段长达几万年）。从生存的角度而言，大脑进化出了新的智慧，揭示了人类的进化更加垂青那些步行和奔跑能力强、活动半径更宽广的人。让我们来庆祝一下吧，实际上，我们人类由此进化出了运动能力。

另外，有谁知道我们的双脚拥有一套"免费"内置的压力感受器吗？它与我们心脏的跳动相配合，协调一致地为大脑输送了更多的血液。有意思的是，这个重大发现来自美国一位名叫迪克·格林的石油工程师（至于这是不是由运动能力或行走习惯而带来的跨学科智慧我就不得而知了）。他发现，我们在锻炼身体的时候，如果把全身重量都放在双脚上，就会使血流量产生额外增长。而且，他发现了人体步伐、节奏和心率完美契合的点。他在反复的实验中发现，血流量提升幅度最大的时候，正是心率和步速刚好维持在每分钟跳动 120 下和每分钟行走 120 步的时候。采用和心率一致的节奏来行走，能给流向大脑的血流量提供一个稳定又可预见的增量，人体内难得一见的"感觉良好"因子正是来自轻松愉快的、保质保量的步行中。

不是故事的故事讲完了，你做了决定吗？听我的，去散步吧，散去压力，散着散着你的脑海当中就会浮现让你生活、事业双丰收的好点子。

我希望不仅仅是孩子，我们每个人都应当一有机会就迈开双腿向前走，保持自己可胜任的速度和可承受的步数，如果觉得有点枯燥，可以偶尔加以调剂，骑车、骑马、登山、打球、跳舞、划船、游泳，任何方式都可以，只要你"动"了，就会有收获，这里要记住很重要的一点：如果你在做运动的时候能让自己不觉得是在刻意运动，你的大脑才能得到高质量的放空。实际上最佳运动方式是你找到一个较为熟悉的地方，一个人"动"，你终于悟到了：这不就是散步吗？

专业素养较高的家长还可以继续往下阅读，我为你准备了一些"饭后甜点"。

本章附录一：婴幼儿 0—36 个月大运动发育国际标准

月龄	体重kg 男/女	身高cm 男/女	大运动	备注
出生	2.9—3.8	48.2—52.8	四肢蜷在体侧；俯趴时能稍微抬头	
	2.7—3.6	47.7—52.0		
1	3.6—5.0	52.1—57.0	俯趴时能抬头45度	
	3.4—4.5	51.2—55.8		
2	4.3—6.0	55.5—60.7	俯趴时能抬头；竖抱时头可以稳住一下子	日常不可竖抱，仅专业医生评估时可进行
	4.0—5.4	54.4—59.2		
3	5.0—6.9	58.5—63.7	俯趴时，能把头和肩膀抬起	
	4.7—6.2	57.1—59.5		
4	5.7—7.6	61.0—66.4	坐着时抬头比较稳；俯趴时能抬头90度；会翻身	日常不可独坐，仅专业医生评估时可进行
	5.3—6.9	59.4—64.5		
5	6.3—8.2	63.2—68.6	拉坐时头不下垂；俯趴时能打转	
	5.8—7.5	61.5—66.7		
6	6.9—8.8	65.1—70.5	匍匐爬行	
	6.3—8.1	63.3—68.6		
8	7.8—9.8	68.3—73.6	手膝爬行	
	7.2—9.1	66.4—71.8		
10	8.6—10.6	71.0—76.3	自己能扶站；能坐稳	
	7.9—9.9	69.0—74.5		
12	9.1—11.3	73.4—78.8	小熊爬；只用一只手扶着走	
	8.5—10.6	71.5—77.1		
15	9.8—12.0	76.6—82.3	独立行走；自己能正确地坐起来	
	9.1—11.3	74.8—80.7		
18	10.3—12.7	79.4—85.4	走路非常稳；走路时能推拉车子；会蹦跑；倒后走	
	9.7—12.0	77.9—84.0		
21	10.8—13.3	81.9—88.4	会猴子跳；身体能左右摆动做钟摆动作	
	10.2—12.6	80.6—87.0		
24	11.2—14.0	84.3—91.0	会踢球；能上下楼梯，每两步一级楼梯	
	10.6—13.2	83.3—89.8		
30	12.1—15.3	88.9—95.8	双脚跳；从梯级跳下；会模仿踮脚走路	
	11.7—14.7	87.9—94.7		
36	13.0—16.4	91.1—98.7	双脚交替上下楼梯；单脚跳；骑自行车；正确地跑步	
	12.6—16.1	90.2—98.1		

本章附录二：运动发展和年龄阶段对照表

大致的发展年龄段	运动发展的对应项目	运动发展的阶段
新生儿—4个月	反射运动的阶段	刺激信息受理不随意反应阶段
4个月—1岁		刺激信息处理向随意运动发展阶段
出生—1岁	初步运动的阶段	反射抑制阶段
1—2岁		前期控制阶段
2—3岁	基本运动的阶段	基本动作未熟练初级阶段
4—5岁		基本动作初步阶段
6—7岁		基本动作发展阶段
7—10岁	体育关联运动的阶段	一般（移动）运动技能阶段
11—13岁		特殊运动技能阶段
14岁以上		专业运动技能阶段

本章附录三：运动发展阶段和运动技能表

分类	运动发展阶段	
	初步运动阶段（0—2岁） 初步、基础的运动技能	基本运动阶段（2—7岁） 基本的运动技能
平衡动作	头部、颈部的控制、翻滚（翻身）、手腕撑着、坐、蹲下、站、站起	回转、翻滚、单脚站、能平衡站着、吊住、乘物、移交东西、倒立、浮起
移动动作	腹部着地趴着、用四肢趴着、趴着起来、走路、爬高、下来	会跑、停住、蹦蹦、跳跳、跨跃、舞动、跳上跳下、攀登、跳起来、跳跃、跨、交叉、钻、滑、游泳
操作动作	伸手、抓物、捏物、放手、放弃	扔、踢、打、着地、拍打、抓住、接住、搬动、挑、放下、推、拉、划

本章附录四：孩子运动生理负荷程度观察表

通过以下对孩子的观察，我们大概了解到什么样的运动量对孩子合适			
	轻度疲劳	中度疲劳	重度疲劳
脸色	稍红	比较红	很红或苍白
汗量	不多	较多	大量
呼吸	中速较快	显著加快加深	急促、浅表、节奏紊乱
动作	协调、准确、步态轻稳	协调性、准确性和速度均降低	动作失调，步态不稳，用力时颤抖
注意力和反应力	注意力集中，反应正常	能集中注意力，但不够稳定，反应能力减弱	注意力分散，反应迟钝
精神	愉快，精神好	略有倦意，情绪一般	疲乏，精神恍惚心悸，厌倦练习
食欲	饮食良好，食欲增加	食欲一般，有时略降低	食欲降低甚至有恶心呕吐现象
睡眠	入睡较快，睡眠良好	入睡较慢或一般，睡眠质量一般	很难入睡，睡眠不安

说明：本表的内容仅供参考。体质属于中上游水平的孩子，"中度疲劳"可以接受；"非常疲劳"对任何孩子都是非常糟糕的，请尽量不要让孩子的运动量达到这个程度。

小小时候

纸尿布的包围
哄着喂的摩擦
找奶吃的急切
是小小时候

不听话的样子
偷偷笑的样子
扁扁嘴的样子
是小小时候

时光一点也不神奇
却带走了小小时候
仿佛赖上旋转木马
怎么劝告也不肯走

收拾起喜悦的泪水
装点成长大的可爱
心里镌刻一枚徽章
此生最爱小小时候

——2020.07.18

第二部分
专业成长篇

The Awaken of the Sensory Organs

今天的协调力、自信力、表达力，
明天的专注力、组织力、创造力，
一并给到你！

Part 4

The Awaken of the Sensory Organs

耳得之而为声，目遇之而成色，取之无禁，用之不竭。

——苏轼（北宋文学家、书画家、美食家，后世誉之为"全才式的艺术巨匠"）

第四章
感觉统合是什么？

生活中，有时我们会听到美妙的音乐，我们的眼睛能够感受到光子（光的最小组成单位）以及各种光线和色彩，我们中的大多数人能够辨别5000种以上的不同气味，我们中的一小部分人能够运用自己的身体做出一些令人感到匪夷所思的动作，更不要说有的人还会用美妙的歌喉传达天籁之音或花言巧语，这一切不仅仅是单一的感觉器官在起作用，而要靠多项的感官联动。

某物是否能被称为生命体的基本检验标准是：能否对环境变化做出相应的简单反应，这也是生命体保持高度进化的明证。

我们人类就是依靠对环境变化的超强适应能力而发展（进化）到了今天。

那么，支持我们人类高度进化的感觉系统有什么特别之处呢？

当然是为了感知我们借以寄居、赖以生存的世界。

如同很多动物一样，我们运用大量的感觉感受器来确保自身的安全感和舒适度，这些感受器还能够为我们输送美好而愉悦的感受（觉）：无论是当我们看见夺人眼球的美丽风景，或者听到一段摄人魂魄的曼妙音乐，还是品尝一道令人大快朵颐的美食，我们都因此而感受到满足与快乐，这要归功于我们历经高度进化的大脑和大脑内部复杂精密的感觉处理系统。

我们的感觉器官仅仅是负责从外部世界收集信息，虽然这个信息量非常大。只有当我们的大脑将这些外部信息转化为意识体验的时候，这些体验才能激发我们的情感，并驱动我们作出决定。

感觉在前，感知在后，感觉和感知两者之间的区别是非常微妙的，它们也彼此相依守望，珍视对方的存在。

心理学家明确了这两个词的区别：

感觉，是指感受到外界或体内的各种刺激；

感知，是指在意识参与下处理和解释这些输入的信息。

当我们主要依靠"看"和"听"等感觉来认识世界的时候，并不一定每一次都需要知觉和认知来参与。你想一想，如果我们总是需要很认真的事先确定：走路，我们是应该先迈左脚还是右脚？身体，此刻是坐着还是站着？听到身后的声音，我们应该从左边转身还是右边？

这是对"知觉"资源多么大的浪费啊，我们大脑的运行效率会因此变得极其低下。而事实是这样的：即使我们双眼紧闭，我们依然能够准确地感觉到我们肢体所处的空间方位，以及四肢相互之间、四肢和地面之间的位置关系；即使在睡梦中，我们仍然可以察觉到不舒服的睡姿，会不由自主地将身体调整到舒适的姿势；我们的大脑还能每时每刻感受到我们体内的各种信息与变化，如血压状况、血糖水平、血氧浓度和身体温度等，并对这些信息与变化做出相应的反应。

人体的运作，大脑的运行，远比我们能感受到的、能说出来的复杂且精妙亿万倍，我举的这些例子，连沧海一粟都算不上。

这一切，都是因为我们拥有"感觉统合"的能力。

感觉统合，使得人称其为人，可以感知世界、认识世界、改造世界。

第一节
感觉统合是人的本能

1972 年，美国南加州大学的简·爱尔丝博士根据神经生理学的理论和自己做职能治疗的实践经验，提出了感觉统合这一理论和方法。她认为，作为人类行为、动作发育的基本感觉系统，如触觉系统、前庭感觉系统、本体感觉系统，这些系统对于人类的认知发展起着重要作用，而且贯穿于感觉—认知—机能的发育过程。

在日常生活中，人类所有的动机和行为都与大脑神经系统的感觉统合功能有关。例如，爬、站、走、跑、吃饭、穿衣等室内外所有的生活行为和游戏动作；视觉、听觉、触觉的认知，嗅觉、味觉、平衡感觉以及身体的其他感觉；语言理解与表达能力的获得，绘画、弹琴、听、说、读、写等能力，完成这些动作和行为无一不都是大脑神经系统感觉统合的结果。人类对于一些简单的动作和行为往往是无意识进行的，但要完成一些复杂的、高难度的动作和行为时，需要有意识地调节和控制，也就是说，对来自外界环境以及自体内部的感觉刺激和信息，进行选择、整理、有序的运作，是通过大脑神经系统来完成的。一旦感觉统合发生问题，就会出现种种障碍，如动作不协调，不能完成复杂的动作和行为，不能正常地进行日常的生活、学习和游戏，因此，儿童发育期的感觉统合功能的平顺运作与良性发展是极为重要的。

古希腊伟大的哲学家亚里士多德认为，人类在累积知识的过程中就是以感官为基础的。感官教育的主要目的，一方面是通过训练儿童的注意、比较、观察和判断能力，使儿童的感受性更加敏捷、准确、精练，为以后的智力发展打下坚实可靠的基础。而另一方面，意大利杰出的幼儿教育家玛丽亚·蒙特梭利认为，在对儿童的教育过程中，感官的发展要比智力活动的发展居先。人的智力高低与教育有较大的关系，通过感官教育可以在早期发现某些影响智力发展的感官缺陷，并及时采取措施，使其得到矫治和改善。

大"战"之中，各显英雄本色

一、本能说

感觉统合是人终生的本能。人终生的本能包括大量的直觉反应和先天能力，用动作描述的方法来解读，0—3岁的孩子是：趴、爬、走、跑、跳、接、抛。这些动作要求不难理解，都是人生开端所必经的动作发展过程。

3—6岁的核心动作是：听、看、触、摔、喊、闪、躲。有几个动作需要解释一下。

摔的动作需要练吗？在感统训练的课堂上，有的孩子故意摔倒，有的孩子从高处的立足点跳、摔到球池里，摔是一种突然发生的直觉动作，在过程中什么都不会想，完全把肢体忘却，在摔的过程尽情展现感官的直接反应。

喊，就是有的孩子喊不出来，通过一个阶段的有效训练，要让他具备呐喊出来的能力。

闪是无意的、猝不及防（对训练执行者或陪伴者的要求很高）的情况下，对面丢过来一颗球，身体做出本能反应；而躲是有意的，是准备好的。

上述所有的核心动作，究其根源都是孩子的本能反应，感觉统合的能力可以给这些本能反应以最大的支持和促进。总而言之，感觉统合是人的一生的本能，我们必须借助适宜的环境，对孩子的本能反应加以重视、给出内容、提出要求、明晰目标，才能把孩子的本能反应内化为真正的能力表达，从而获得参与竞争、改造世界的基础能力。

宝宝一出生，他的所有感官就在工作着。实际上出生前就已经开始工作了，只是程度上和呈现上有所不同。宝宝这时的触觉与运动感觉都已经发育得很好了，这足可以解释为什么怀抱、拥抱和摇晃能对他产生较好的安抚作用。

新生儿也已经有了很好的嗅觉。在出生之前，婴儿就能觉察到羊水里的气味，而且从很早开始，就已经熟悉了母亲（母乳）的味道。新生儿能够听到声音，只不过他们的大脑在处理代表声音的神经信号时速度比较慢。所以，如果你对着宝宝的耳朵小声说话，他会在几秒钟后才做出反应，因为他在寻找声音的源头。由于内耳发育的结构，婴儿比较容易听到高音的声响，也比较喜欢又慢又悦耳的说话声。那不正是父母对他们说话的自然方式吗？

婴儿也能看到东西，但严重近视，他们的眼睛在15—25厘米的距离内聚焦是最好的，差不多就是喝母乳时母亲的脸和他之间的距离。你能发现婴儿什么时候正在看你吗？如果你慢慢往左右两边依次移动你的脸，他的眼睛就会跟着转，所以小宝宝特别喜欢看别人的脸。另外，婴儿的眼睛对光线非常敏感，在正常照明的房间里他们会一直闭着眼睛，当光线暗下来的时候，才会把眼睛睁开。

宝宝身心健康的表现有自发的动作发生、微笑和大笑等，这些都是他向你展示本能和活力的方式。如果我们能有意识地鼓励宝宝活动、玩耍和锻炼，就能增进他的身体健康，同时促进情感和智力的发育。

在所有的年龄阶段，以四肢伸展运动为核心的活动都能加速宝宝的血液循环，缓解紧张，增强肌肉力量。但是在宝宝1岁前，有的家长很容易忘记他也需要锻炼，是因为他还不会自己爬或走的缘故。不过，他仍然可以从每天几分钟的锻炼中获益，比如伸展和俯卧。

在宝宝的成长过程中，爬行、散步、跑步、游泳和跳舞等活动，不仅能促进血液循环和肌肉发育，还能强化心血管和骨骼的机能。只要醒着，婴幼儿就会自然而然地活动身体，因为他们的身体充满了能量，他们需要不停活动身体、释放多余能量的机会。身

上图　萌妹子和她亲手拼插的玩具
下图　偶尔呆萌，一直可爱

体运动可以刺激宝宝大脑发育，释放内啡肽，制造积极情绪。

积极运动的每一阶段都建立在前一阶段的基础上，发育就像一层又一层的波浪，每个阶段都包含所有阶段必需的元素。由于前一个阶段是所有后续阶段的基础，所以，任何缺失、被干扰或未能充分完成的发育阶段，都可能导致身体形态和运动问题，还有身体系统失衡，以及感知、排序、组织、记忆和创造力方面的问题。因此，如果宝宝没能表现出某个阶段的某个动作模式，他的发育过程就是不完整的，就会呈现出我们在本书第二章所讨论的各种失调表现。

人们通常认为身体和大脑是孤立的、没有联系的，但有科学家指出，当大脑向肌肉发送信息以做出特定动作，或者肌肉通过当大脑向肌肉发送信息以做出特定动作，或者肌肉通过运动对大脑形成刺激时，身体和大脑会产生交流。这样一来，身体运动与宝宝大脑的发育就联系了起来，并能对后者起到促进作用。

大脑的不同区域与运动、视觉、听觉、触觉、动手和语言能力密切相关，在宝宝逐渐完成一系列发育动作的过程中，他的大脑就完成了一个又一个阶段的发展，这就像盖楼一样，每一层楼都为上面的楼层打下坚实的基础。

宝宝的动作自然发育顺序是抬头、翻身、坐起、匍匐、爬行、站起、向前走、跑和跳，直至具备所有的动作行为能力。宝宝的身体生来就是要运动的，各大神经系统、器官和细胞的运动是生命的特征。在睡眠和休息的循环中，身体的运动也在不断影响宝宝。身体运动能促进大脑产生新的脑细胞，看电视和玩电脑游戏等活动，则是懒散生活方式的体现，此类活动多了，会使宝宝失去用全部身心融入环境、拥抱世界和学习新知的机会。

当宝宝积极地、自主地活动身体时，他的自信、意志和判断力就会增强；而在被动活动中，发起活动的意志来自外部力量，而不是宝宝自身，例如，如果你突然或出乎意料地抱起他，这样的动作就会吓到宝宝，并且削弱他的自信。你可以通过伸展、牵拉、按摩等动作，活动宝宝的肌肉来支持他活动和锻炼身体。如果他表示抗拒，或者有任何形式的不开心，那就停止活动。当你的情感跟宝宝相融合时，你就可以读懂他的身体、他的意志，同时引导他正确回应你的动作。足量的、适宜的运动可以让宝宝睡得更香、更久，同时促进消化，强化运动与免疫系统，减轻压力，增强他的身体感受。

下面我引用的是感觉统合理论的创始人简·爱尔丝（A. Jean Ayres）的观点：

人类遗传基因中，都有感觉统合的基本能力，每个幼儿生下来，便有此本能。但这种本能必须在儿童时代，在和环境的互动中，在大脑和身体不断的顺应反应下，儿童才能健全发展。

二、基础说

感觉统合是人发展的基础，感觉统合主要体现在对全身感官的驱动和运作上，那么，感官的学习和运作就是基础的基础。

我把人的感官学习分为三个阶段：

第一阶段是0—6岁，我称之为"终生奠基"阶段，所谓的"七岁看老"。

第二阶段是6—8岁，是"基础认知"阶段，这个时候学习再差，小学1—3年级都不用慌，这是认知的基础阶段，感觉统合训练可以基本解决问题（详见本书第二章）。它还是社交基础，孩子在这个时候开始训练自己的社交能力；也是个人志趣的基础阶段和口语成熟阶段，只要注意观察，你就会发现有的孩子六七岁还说话不利索，非得到 8 岁之后才行。其中认知的基础不用说了，就是开始读书写字。社交基础就是这时孩子来到了那种不够宽容的环境，不像在幼儿园时大家都不懂事，所以相对宽容，没有那么激烈的竞争。上小学后，现在的小学生已经社会化了，各种竞争有时候是无所不用其极的。

第三阶段是 8—12 岁，是感官运作能力的"成熟发展"阶段。

简言之，人的健康发展无法避开上述三个基础阶段，在基础阶段的基础任务就是，运用身体的基础本能，以不同年龄段的基础要求和目标为核心内容，开展基础性的训练和反思，才能真正为孩子 12 周岁以后，投入更残酷、更激烈的社会竞争打下坚实的基础。

感觉统合，是孩子人生开端所有能力发展的基础训练项目，如同万丈高楼平地起，感觉统合，就是生命进程和后天发展的地基。

三、觉醒说

你有没有过这样的体会：无论是早起还是午休，人在刚睡醒的那一瞬间，是需要有一个反应时间的，大部分人的"精神状态"会有点迟缓、混沌，对外界信息的反应不够敏锐，马上安排做事肯定不开心，有的人会反应很强烈，俗称"起床气"。实际上这很正常，因为这关联着人的"觉醒度"。等到早上吃过早餐，或午休后洗个脸、喝杯茶，我们的反应才会恢复正常，也就能够正常做事了。所以，我们往往会把要求高、很复杂或需动脑的工作，安排在我们的"精神状态"恢复正常或者较佳的时候来处理。

感觉统合就是指（大脑）具备较好的精神状态，就是指你（大脑）觉醒的速度也就是进入正常状态的速度比较快。

1. 什么是觉醒度？

大脑的觉醒度，就是我们平时所说的"精神状态"，它与大脑的"网状组织结构"相关，也可以说是大脑"清醒的程度"和"激活的速度"。

通常来说，人的觉醒度一般会呈现三种情况：觉醒度低，觉醒度高，还有觉醒度适中。

对发育中的儿童来说，最好的状态是适中，不高也不低最好。觉醒度低一般表现为懒洋洋、没什么劲，信息处理能力差，没兴趣；觉醒度高一般表现为精神亢奋，喜欢尖叫、静不下来、跑来跑去。

觉醒度低的宝宝会有什么表现呢？日常无精打采，懒洋洋，没什么力气，做什么事总喊累，不喜欢任何需要出力气的活动。一到家里就喜欢躺着，对很多事情都提不起兴趣，关键是，不论玩什么有趣的游戏，都表现得"慢条斯理""与我无关"。

相反，觉醒度高的宝宝，就特别容易亢奋，活动起来根本停不下来，夸张的时候，会有不自主的手部或者腿部的活动，比如，快速地挥手、跳来跳去、尖叫或大笑等。

假如孩子长时间处于一个过高或过低觉醒状态，是非常不利于孩子各项能力发展的。能够帮助孩子在一个较为适宜的觉醒状态下，完成游戏和活动，是感觉统合训练天然具备的优势。

那究竟该如何理解觉醒度的概念呢？大脑的觉醒度，说的是皮层觉醒，是指人对外界刺激产生反应时，具有清晰的意识活动和高度的机敏性。对于我们的宝宝来说，不同的觉醒状态，也会有不同的表现，更重要的是会影响宝宝的活动表现。不管是游戏活动，还是学习活动，效率都是很重要的指标，我们都期待孩子在有效的时间内，参与更多的练习、获得更丰硕的成果。

2. 如何改善大脑的觉醒度

对于觉醒度比较低的状态来说，我们需要先提高孩子们的觉醒度，然后再进入到目标游戏或活动中。对于觉醒度较高的孩子们，我们需要降低过高的觉醒度，调整到一个相对合适的水平后，开始我们的目标活动的练习或学习。需要注意的是，注意把握好时间和节奏。

（1）通过精细动作练习改善觉醒度。

当我们比较困倦的时候，是不是会采取一些极端措施来调节精神状态呢，比如越王勾践的"头悬梁、锥刺股"？是的，对于觉醒度比较低的情况，我们需要先提高孩子们的觉醒度，然后再开展一些比较困难的目标活动（或行为），比如，当孩子们兴趣比较低、注意力不集中的时候，我们可以给予一些打节奏、拍拍手、挠痒痒、唱唱歌之类的小游戏，提高他们的觉醒度。

在公共场所的儿童活动区，相对安静的是哪些地方呢？一般是手工、绘画、拼图和积木等项目的活动室，这是因为一些运用双手执行精细动作的活动内容，有助于孩子们的觉醒度处于一个相对稳定的水平。所以，对于觉醒度较高的孩子们，我们需要给孩子们提供一些喜闻乐见又易于完成的手部操作游戏或活动，帮助他们降低过高的觉醒度，尽快进入状态或者完成作业。

（2）通过前庭平衡觉刺激改善觉醒度。

孩子们在玩跳床或追跑打闹等前庭刺激比较集中的游戏的过程中，他们会开心地大笑或大叫，这是由于大脑前庭神经中枢的刺激比较集中而强烈，有助于提高大脑的觉醒度。所以，对于觉醒度低的孩子，可以安排前庭感觉刺激输入较多的游戏，来提高觉醒度。

对于觉醒度较高的孩子，我们反而不要急于创造常见的利于获得前庭刺激的环境，活动的内容设计要增加一个前置游戏来缓冲或过渡，可以称之为"向上迁移"法，目的在于让最强的刺激渐次呈现、最晚登场，以延长孩子维持适宜觉醒度的时间。例如，如果我们设定了对身体协调性和专注度要求比较高的活动目标，由于参与者觉醒度太高，有可能因过于兴奋而无法完成任务，这时我们就要按照活动量1∶1、难度和强度1∶2的标准，先安排一组强度不大、完全胜任的活动，然后再直奔主题。等到这样的设计完成一轮之后，再重复前面的安排，只不过要把活动的标准改为活动量1∶1、难度和强度1∶1.5，如此往复进行，辅助性的前置游戏的要求向上迁移，也就是渐次减低标准，最终依靠预设的核心活动，来实现维持参与者合理觉醒度时间更长久、更有效的目标。

（3）通过本体运动觉刺激改善觉醒度。

人在什么时候会打哈欠、伸懒腰呢？一般是感到疲倦却又无法停止工作的时候，累了，却还要维持一定的集中度和坚持度，这真是对觉醒度的大挑战。觉醒度低的孩子也不例外，我们不能在他们想轻易放弃的时候听之任之，我们需要给他们提供一些舒张、伸展、挤压身体的关节面和肌肉群的活动内容，也就是标准的本体运动觉练习，来帮助孩子们提升觉醒度，例如爬楼梯、爬山或做做力量练习等。

但是当我们完成一些活动项目之后，为什么又有可能感到乏力、劳累，甚至想要马

上图　向前进，向前进

下图　看，游戏中的秩序感

上休息或者睡觉呢？那是因为，本体运动觉的感觉刺激输入是双向的，它同时也可以降低觉醒度。所以，对于觉醒度较高的孩子来说，当他进入兴奋状态，自控力也脱线的时候，我们就要为用合理的活动设计让他们释放自己多余的能量，比如一些特别耗费体力的活动。

改善觉醒度是提高工作效率的关键，我们要做的最重要的一件事，就是准确判断孩子们处于哪种状态，然后才能选择或找到适宜的应对策略，这一点，对从事感觉统合训练课堂教学执行工作的读者们，也是值得借鉴的方法论。

第二节
感觉与知觉

早在两千五百年以前，人类就知道自己拥有视、听、嗅、味、触五种感觉，历史记载这种分类方法来自亚里士多德。

我们现在已经知道，我们的感觉系统非常复杂，远远不止这五种感觉。

我们体内含有大量的感受器，会采集我们体内的关键信息，用以维持机体的化学和物理平衡，以及感知温度及其他参数。这些本体的感受器可以精确地侦测我们肌肉和肌腱的张力水平，我们的大脑也会通过计算本体感受器传来的信息，来协调身体各个部位的精确运作。本体的感觉能力在过去很长一段时间被称为第六感。不过，第六感有时也是形而上的，特指预测未来或者窥探他人内心想法的能力，其实它只是人类在无意识状态下处理感觉信息时的产物。

一、感觉与知觉的概念

感知觉是认知的基础，感知觉总的来说可分为"感觉"和"知觉"两大部分。心理学家认为感觉和知觉是人体最简单的心理活动现象。

感觉是由感觉器官的刺激作用而引起的主观经验，人们对世界的认识和理解是通过不同的感觉器官对世界的各种信息刺激的反应和认识，是对事物或现象的个别属性的反应。

知觉是人们对客观事物直接作用于人体的感觉器官时，人的大脑对事物及属性的整体反应。

感觉是直观的感受，是人的大脑对作用于感觉器官的事物的个别反应；是一种在心理和生理之间的活动；是对事物的某一属性的主观反应，是单一的分析器活动结果。

知觉是一种准确的概括，是大脑对作用于感觉器官的客观事物的整体反应；知觉是一种以人们的生理机制为基础的心理活动；知觉是对事物整体的反应，是各个分析器分析结果的总和，它的结果是全面的。

感觉与知觉还有一个差别就是每个人对于同一个事物的感觉有可能一样，但知觉不一定会一样。例如每个正常的人对于同一道菜的颜色、味道反应可能是一样的；但当人们面对相同的数字如 1、2、3，数学家和作曲家的第一反应一定是大相径庭的。

二、感觉与知觉的分类

感觉根据刺激作用于身体的部位不同，也可以分为不同的感觉，例如我们常说的视觉、听觉、触觉、嗅觉、味觉等。

知觉从不同的角度出发可以进行不同的分类，常见的角度有：根据知觉所反映的事物特性的不同，可以将知觉划分为空间知觉、时间知觉以及运动知觉；根据占主导的分析器不同，可以分为视知觉、听知觉、触知觉、嗅知觉、味知觉等。

产生感觉和知觉的生理装置叫分析器，感知觉的分析器非常重要，任何一部分受损都会引起感知觉障碍。

感觉和知觉的产生几乎是同时的，人们对于一个陌生的事物的认知，在感觉到事物的某些属性时，对事物整体的知觉就产生了，感觉既是知觉形成的基础，知觉也是感觉存在的条件，感觉和知觉是联系在一起的，它们之间没有清晰的区分，我们通常说的是感知觉就是感觉和知觉的分析总和。

三、感觉和知觉的传导通路

感觉与知觉的源头——大脑是如何处理外部环境变化的？基本程序有哪些？

首先必须要有一定的刺激，这是最基本的要求。这些刺激需要激活神经系统，使其产生反应。可以是声、光、热，也可以是纯粹的机械刺激或化学刺激。这些刺激随后被感受器发现。感受器包括皮肤上的神经末梢以及更为复杂的感觉器官，比如眼睛。这些特殊的神经组织随后会将刺激转化为神经冲动，神经冲动会沿着感觉神经传入脊髓。有时这些信号可以触发简单的神经反射，比如当感受到水温很烫，我们就会迅速地缩手；感觉踩到了不平整的地面，我们就会迅速地抬起脚。但是大多数信号会继续沿着脊髓传入大脑中名为丘脑的区域。神经冲动抵达丘脑后会被分配到各条专用的神经通道中，再传送到大脑感觉皮质的某个特定区域产生相应的感觉。这一过程中，只要有任何一个环节出了问题，都会直接影响感觉的产生。比如，引起视力下降或失明的原因可能是眼球受损，也可能是视神经通路受损，或者是大脑视觉皮质受到破坏。

根据经验来看，上述过程也只是一个开始，大量的外界信息会像洪水一样涌入我们的大脑，大脑再对这些信息进行处理、整合，然后再同过去的记忆和经验进行比对，最后才能做出合理的反应。

四、婴幼儿早期（0—3 岁）感知觉发育规律

人通过感知觉从外界刺激中获取关于周围环境的信息，这不是被动接受的过程，而是一个主动、积极、有选择性的过程，感知发展就是指在这一过程中的能力的增长。这种能力的增长是感知系统与外界反复接触、反复练习，并通过自身调节和逐渐积累经验的结果。

感知觉的发育是从婴幼儿降生就开始的。并在降生的头几年内发展迅速，绝大部分的基本感知觉能力在婴幼儿期即已完成。在婴幼儿早期的认知活动中，感知觉占着主导的地位，是婴幼儿探索世界、认识自我过程的第一步，是以后各种心理活动产生和发展的基础，记忆、思维、想象等心理活动都是直接或间接地在感、知觉的基础上产生和发展起来的。所以促进感知觉的发育是早期教育的重要内容。

家长能给孩子带来很大的鼓励

感知觉的早期发育主要有以下几个方面

1. 视觉

视觉刺激为人和他们所处环境的联系中提供极端重要的信息。在这方面各个领域的研究都比较多。过去认为婴幼儿在 2 周左右才能看见东西，现在大量的研究证明，视觉最初发生的时间应当在胎儿中晚期，4—5 个月的胎儿就已经有了视觉反应能力以及相应的生理基础，当用强光照孕妇腹部时，会发现胎儿闭眼及胎动明显增强。34 周的早产儿视觉功能已和足月新生儿相似。而新生儿已具备了一定的视觉能力，获得了基本视觉过程。新生儿已经能看见明暗及颜色，而且视觉已相当敏锐，出生几天的新生儿即能注视或跟踪移动的物体或光点，新生儿行为能力检查已清楚证明了这一点，新生儿的目光已经初步具有追随物体的迹象，这说明两眼的肌肉已能协调运动和追视物体。1 个月内的新生儿还不能对不同距离的物体调节视焦距，但似乎有一个固定的焦点，动力视网膜镜显示最优焦距为 19 厘米。2 个月以前的婴儿，最佳注视距离是 15—25 厘米，太远或太近便不能看清楚，2 个月以后婴儿开始按物体的不同距离调节视焦距，4 个月时已能对近的和远的目标聚集，眼的视焦距调节能力即已和成人差不多。

新生儿对复杂图形的觉察和辨认的视觉能力约为正常成人的 1/30，在以后的半年中，这种能力有很大提高，但到 6 个月时仍比成人差。婴幼儿视觉功能的特点是：看到运动的物体能明确地作出反应，如闪烁的光、活动的球及活动的人脸等。新生儿容易集中注视对比鲜明的轮廓部分，如白背景下的黑边线，他对黑线条附近对比最强烈的地方注视时间更长。婴幼儿容易注视图形复杂的区域、曲线和同心圆式的图案。婴幼儿出生 2 个月内，颜色视觉有很大发展，2 个月时已能对某些不同的波长作出区分。3—4 个月时颜色视觉基本功能已接近成人，以后在辨别颜色的准确性方面继续发展。婴幼儿对颜色的反应虽然和成人一样，但却表现出对某些颜色的偏爱，他们偏爱的颜色依次为红、黄、绿、橙、蓝等，这就是我们经常要用红色的玩具来逗引婴幼儿的理论依据。

2. 听觉

关于听觉系统的研究近年来也进展很快，那种"一切婴儿刚生下来时都是耳聋的"观点早已过时。现在的研究证明，5—6 个月的胎儿即开始建立听觉系统，可以听到透过母体的频率为 1000Hz 以下的外界声音，出生后随着新生儿耳中羊水的清除，声音更易传递和被感知。婴儿出生后头几天听觉敏感度有很大的提高，新生儿听觉阈限高于成人 10—20 分贝，婴儿在高频区的听力要比成人的好。

婴儿不仅能听到声音，对声音的频率也很敏感，他们可以分辨 200—250 周波 / 秒之间的差别，能区别语言和非语言，而且能区别不同的语音，显然这有助于语言的学习。现在的研究还发现，婴儿有很强的音乐感知能力，新生儿喜欢音乐而讨厌噪音，3 个月时就已能静静地躺在那儿倾听音乐，2—3 个月时婴儿已能初步区别音乐的音高，3—5 个半月时已能区别音色，6—7 个月时已能区别简单的音调。而且早期受音乐训练的人，成人后对绝对音高的感知能力更强，所以我们认为有必要尽早对小宝宝进行音乐训练。

3. 触觉

触觉是婴儿认识世界的主要手段，在其认知活动和依恋关系形成的过程中占有非常重要的地位。婴儿出生后就有触觉反应，当母亲的乳头接触到婴儿的嘴或面颊时，他（她）就会做出觅食和吸吮动作，把物体触到他的手掌，他（她）就会握住；抚摸他（她）的腹部、面部等，他（她）即可以停止哭泣等。在婴儿4—5 个月后，视触协调能力发展起来，他（她）可以有意识地够到物体，并通过触觉来探索外在世界。

4. 嗅觉

嗅觉是一种较为原始的感觉，在进化早期曾具有重要的保护生存、防御危险的价值。随着文明的发展，作用日渐减弱，仅和日常生活中感知事物的过程有关。在胎儿 7—8 个月时嗅觉器官即已相当成熟，新生儿出生后就已有了嗅觉反应，他们嗅到母乳的香味就将头转向母乳奶垫，3—4 个月时就能稳定地区别不同的气味。起初婴儿对特殊刺激性气味有类似轻微地受到惊吓的反应，以后渐渐地变为有目的地回避，表现为翻身或扭头等，说明嗅觉变得更加敏锐。

5. 味觉

味觉是新生儿出生时最发达的感觉，它具有保护生命的价值，味觉感受器是在胚胎 3 个月时开始发育，6 个月时形成，出生时已发育得相当完好。新生儿的味觉是相当敏锐的，能辨别不同的味道，他们对甜味的反应一开始就是积极的，对咸、酸、苦的反应则是消极的。把不同的物质放在婴儿的舌尖上，可以看到不同的反应，对苦和酸的食物会产生皱眉、闭眼等表情。人类味觉系统在婴儿和儿童期最发达，以后就逐渐衰退，这与味觉在人类种系演化进程中的趋势是一致的。

6. 知觉

知觉是对感觉的加工过程。知觉的发生较晚，在出生后 4—5 个月时才出现明显的知觉活动，手眼协调的动作也是在此时出现的。有研究表明，婴儿在 3—4 个月时已出现对形状的知觉，4 个月的婴儿对物体有整体的知觉，能把部分被遮蔽的物体视为同一物体，科学家们还做了细致的深度知觉的研究，著名的"视崖"试验表明，当 3—5 个月尚不能爬行的婴儿被放在视崖深侧时，他（她）的心率明显减慢，而 7—8 个月已能爬行的婴儿总是避开看上去像是陡坡或悬崖的一侧（深侧），即使母亲逗引他（她），而且是绝对安全的，大多数婴儿也不肯爬过去，说明他们已经有了深度知觉。另外，空间知觉、距离知觉、自我知觉等也在婴儿时期逐步地发展起来了。

空间知觉

方位知觉：

刚刚出生的婴儿就有基本的听觉定向能力，并成为婴儿早期空间定向的主导形式。3 岁以前婴儿辨别方位是以自身为中心进行辨别的，个体的方位知觉发展顺序为：上下→前后→左右。

距离知觉：

新生儿能对逼近的物体具有初步反应，并具备了原始的深度知觉。在 2—3 个月时婴儿对逼近的物体有保护性闭眼反应，4—6 个月的婴儿对逼近的物体具有躲避反应。

物体知觉：

（1）形状知觉：出生 3 个月的婴儿具备分辨简单形状的能力，8—9 个月就获知了形状的恒常性。

（2）大小知觉：4 个月以前，有大小知觉恒常性，6 个月以前能辨别大小。

以上这些感知觉发育的研究为我们的早期教育活动提供了科学的依据，使我们认识到丰富的环境刺激对婴儿的认知活动有着非常重要的意义。

婴幼儿的感知觉发展是婴幼儿认知发展中最早开始发展的，因为它是婴幼儿认识外界的首要方式，感知觉的部分能力在胎儿时期便开始发展发育了。另外，在进行婴幼儿感知觉训练的时候，成人要有耐心、有爱心，游戏尽量在日常生活中进行，而且尽量根据孩子的兴趣，同一个游戏可以玩多次，每个游戏也不是完全固化的，可以根据孩子，以及当时的情况来调整。

五、感觉统合的神经生理学基础

我们人类的神经系统是由两个大脑半球、小脑、脑干、脊髓及分布于全身的许多神经元组成。它们运用接受器传来的感觉刺激输入，产生认识，并产生身体的姿势、动作、计划及协调动作、情绪、思想、记忆及学习。

大脑是一部感觉处理的机器，它是感觉统合的发源地和支持系统。

1. 神经系统的构成

大脑的中枢神经由位于颅腔和椎管内的脑和脊髓所组成，在人体各器官系统中占有十分重要的地位。神经系统借助感受器接受体内和体外的刺激，一起做出各种反应，借以调节和控制全身器官系统的活动，使人体成为一个完整对立统一的整体。神经系统主要由神经组织构成。神经组织包括神经元和神经胶质。神经元是一种高度分化的细胞，具有感受刺激和传导冲动的功能，是神经系统的主要成分，神经胶质则是神经系统的辅助成分，主要起到支持、营养和保护作用。

2. 神经元（神经细胞）

神经元是一种高度特化的细胞，是神经系统的基本结构和功能单位之一，它具有感受刺激和传导兴奋的功能。神经系统中含有大量的神经元，据估计，人类中枢神经系统中约含 1000 亿个神经元，仅大脑皮层中就约有 140 亿个。神经元的基本结构可分为胞体和突起两部分。胞体包括细胞膜、细胞质和细胞核；突起由胞体发出，分为树突和轴突两种。树突较多，粗而短，反复分支，逐渐变细；轴突一般只有一条，细长而均匀，中途分支较少，末端则形成许多分支，每个分支末梢部膨大呈球状，称为突触小体。在轴突发起的部位，胞体常有一锥形隆起，称为轴丘。轴突自轴丘发出后，开始的一段

草地上的精灵

没有髓鞘包裹，称为始段。由于始段细胞膜的电压门控钠通道密度最大，产生动作电位的阈值最低，即兴奋性最高，故动作电位常常由此首先产生。轴突离开细胞体一段距离后才获得髓鞘，成为神经纤维。前一个神经元的轴突末梢和下一个神经元的树突进行信号传导，信息传送的多少、快慢和轴突末梢的分叉数目还有树突的数目成正比。树突和轴突末梢的分叉多少主要是在 13 岁以前就形成了基本固定的结构和数目，后天的努力只能改善很小的一部分。一个人的智商、思维方式、大脑整合信息的能力就是以这种方式体现的。神经元之间依靠突触相互连接，组成了人类完整的运动神经体系，以微弱的静电相互传递讯息，这种生物物理现象，是人类所有运动的基础。然后，大脑通过感觉的学习，逐步去掉那些很少用到或根本没有用的连接或突触。幼儿大脑中这些额外的突触在 10 岁或更早时期被削减掉，从而成为一个人独特的情感和思维模式。

3. 神经胶质细胞

神经系统中还有数量众多（几十倍于神经元）的神经胶质细胞，如中枢神经系统中的星形胶质细胞、少突胶质细胞、小胶质细胞以及周围神经系统中的施万细胞等。由于缺少 Na^+ 通道，各种神经胶质细胞均不能产生动作电位。胶质细胞的主要功能有:

（1）支持作用：星形胶质细胞的突起交织成网，支持着神经元的胞体和纤维。

（2）绝缘作用：少突胶质细胞和施万细胞分别构成中枢和外周神经纤维的髓鞘，使神经纤维之间的活动基本上互不干扰。

（3）屏障作用：星形胶质细胞的部分突起末端膨大，终止在毛细血管表面（血管周足），覆盖了毛细血管表面积的 85%，是血—脑屏障的重要组成部分。

（4）营养性作用：星形胶质细胞可以产生神经营养因子，维持神经元的生长、发育和生存。

（5）修复和再生作用：小胶质细胞可转变为巨噬细胞，通过吞噬作用清除因衰老、疾病而变性的神经元及其细胞碎片；星形胶质细胞则通过增生繁殖，填补神经元死亡后留下的缺损，但如果增生过度，可成为脑瘤发病的原因。

（6）维持神经元周围的 K^+ 平衡：神经元兴奋时引起 K^+ 外流，星形胶质细胞则通

过细胞膜上的 Na^+—K^+ 泵将 K^+ 泵入胞内，并经细胞间通道（缝隙连接）将 K^+ 迅速分散到其他胶质细胞内，使神经元周围的 K^+ 不致过分增多而干扰神经元活动。

（7）摄取神经递质：哺乳类动物的背根神经节、脊髓以及自主神经节的神经胶质细胞均能摄取神经递质，故与神经递质浓度的维持和突触传递有关。

4. 神经径路与神经核

神经元的轴突或树突细长束状组成了神经径路。其主要功能是传递各种信息给大脑，传出大脑的各种指令至全身。每一种轴突都被髓磷脂鞘覆盖，这很像电线周围的绝缘体。覆盖或绝缘越好，通过"电线"传递信息的速度就越快。神经轴突髓磷脂鞘化是产生学习的关键期的基础。随着婴儿逐渐长大，脑的各部分在不同时期相继完成髓磷脂鞘化的工作。例如，大脑的运动语言中枢 Broca 区完成髓磷脂鞘化较感觉语言中枢 Wernicke 区早 6 个月，这种安排是非常合理的，因为一个人需要在说话之前先理解语言。神经核是功能相同的细胞体聚集处，它相当于感觉或运动过程的"商务中心"。

5. 脑干

脑干位于后颅窝内，它是人类生命的中枢。各种感觉信息都要在此进行处理、过滤及与其他感觉信息联络。脑干处有许多的"核"，例如，感觉统合的指挥中枢——前庭神经核。

脑干部是神经传导的"交通要道"，包括：上行的各种感觉信息的输入；下行的大脑指挥全身运动的信息输出。

脑干的中心是一群神经元与核的复杂混合体，像一张渔网，医学上又称"网状系统"。由于它连接着各种感觉及许多运动神经元和大脑的大部分，因此它在处理及统合（知—动）活动上扮演了很重要的角色。此外，脑干的网状中心还包括了自律神经核，指挥着心跳、呼吸及消化。网状核是神经系统的"觉醒中心"——唤醒我们，使我们平静及兴奋。

6. 小脑

小脑位于脑干的后面。它通过传入及传出的连接影响肌肉的收缩时机及力量,使运动协调。小脑接受所有的感觉,但对重力、运动及(肌肉—关节)感觉特别敏感。

7. 大脑

大脑位于颅腔内,它是由左脑半球和右脑半球组成。它负责处理各种感觉信息,进行复杂的组织工作,让我们详细地了解感觉的意义,并指挥我们的身体做出反应。人类大脑的最大的特点是大脑皮层极度发展,成为人体最高的指挥中心。它比世界上最强大的电脑还要强几千倍。

两个大脑半球分别交叉控制着两侧身体。大脑的功能是高度的专职化,即有专职解释视觉、听觉的区域,每一种区域只解释一种感觉信息。各种感觉区相互联络,以使各种感觉区相互协调。在大脑功能分化的过程中逐渐形成了优势半球,人类优势半球的特征是语言文字代表区,绝大多数在左侧半球上。左侧大脑半球为优势半球时,它指挥的右手为优势手——右撇子;右侧大脑半球为优势半球时,左手为优势手——左撇子。

正常大脑功能分化有赖于脑干部对各种感觉的统合,脑干部对各种感觉统合出现异常就会导致大脑功能分化不清,造成高层次复杂功能的语言发展及学习困难。如果强行改变优势手同样会导致大脑功能分化异常,出现学习困难,因此优势手的发展应顺其自然。

大脑功能分化不完整常出现:语言发育障碍,左右方向混淆,双手或双脚协调不良,常把数字、字体或部首写反等。

丰富多彩的感官经验能够促进产生功能更强的大脑,如果在婴儿期剥夺了脑发育适宜的、必要的环境刺激,幼儿的脑成长将会受到严重的损害。

8. 感觉信息——神经系统的营养

感觉是神经系统的营养。身体上的各种感觉器官都要把各种感觉刺激输送到大脑,每一种感觉都是一种信息,神经系统运用这些信息来产生顺应性反应。如果没有各种感觉的供应,神经系统就无法适应地发展。

第三节
感觉统合的定义："挑三拣四"与"六脉神剑"

我用最简洁的表达来帮助各位家长朋友一次性地掌握一下感觉统合的概念。人只要活着只要能呼吸，在二十四小时之内，每一秒钟他的感官都在运作。这感官包括人的视觉、听觉、嗅觉、味觉、触觉，还有前庭平衡觉和本体运动觉。这些感官在运作的过程当中接收外界的信息，我们可以称之为感觉学习；外界的信息和体内的信息借由七大感觉系统进行处理然后反馈出来叫运动学习。感觉学习加运动学习就形成了感觉统合。

那么，如果在感觉学习或者运动学习的某一个环节出现了一些小问题，那就形成了感觉统合失调。感官局部协调运作已经失灵，就会影响孩子与环境的互动，自然就产生了通常所说的孩子不好带。所以感觉统合不仅仅是单纯的一门课程，在近年来全球对脑的发展和人的早期教育活动的重视之下，它已经成了一种教育形态。

感觉统合的根本作用是对信息的接收和处理，孩子在生命的开端，由于发育进程的不成熟，有时候对来自体内外的各路信息的筛选和梳理的能力还有待于后天的培养和发展，接收信息必须"挑三拣四"，否则就会效率低下，造成大脑无所适从、一片混乱；而梳理并输出正常接收的信息，反而要依靠感觉统合的基本作用，尽量避免"六脉神剑"那样的时灵时不灵，这也是我们主张用感觉统合的观念来护航儿童成长的原因所在。

一、感觉统合的定义集合

1."里应外合"版

人在任何时间、任何情境下，大脑都会通过感觉神经系统（视、听、嗅、味、触、前庭和本体七种感觉），了解自己的身体状况，如感冒知冷热、皮肤有刺痛感、口腔发苦发臭、头会晕、肌肉会酸痛等；接收外在环境的信息，如人与物的声音、影像、气味、触感与动感等。大脑将这些感觉刺激中不重要的部分予以过滤，再将重要的部分加以强化，还将相关的刺激加以整合，并指挥身体作出适当反应（感官之间协作）的过程。

2."分工协作"版

人的各种感觉刺激，由其专有的神经系统来接收及传送，而各方面传来的感觉会在脊椎与脑相连接处的脑干部位，做适当的组织整合。由此，中枢神经系统的各部位才能整体工作，使个体能顺利地与环境互动，并感到满足，这就是"感觉统合"。

3."动动手指"版

感觉统合，是指大脑和身体相互协调的学习过程。指机体在环境内有效利用自己的感官，以不同的感觉通路（视觉、听觉、味觉、嗅觉、触觉、前庭平衡觉和本体运动觉）从环境中获得信息输入大脑，大脑再对其信息进行加工处理（包括：解释、比较、增强、抑制、联系、统一），并作出适应性反应的能力，简称"感统"。

4."作者原创"版

感觉统合，是指将人体的感觉器官所制造的感觉信息组合起来，经大脑统合作用对

"大耳怪"与小可爱

身体内外知觉做出的良性的、完整的反应。

感觉统合，能有效整合、干预人类早期感觉器官与神经系统发育不良所形成的发展不平顺现象。只有经过感觉统合，人的神经系统的不同部分才能协调整体工作，使个体与环境顺利互动。

感觉统合，既是脑科学和神经生理科学的联合分支学科，也是一种适合各类人群的综合性的零起点教育模式。

5. "好好学习"版

人体的脊髓神经系统的外侧是感觉神经系统，内侧是运动神经系统。感觉神经是一种传入神经，外膜和内膜中有血管，一端有分布在受体中的感觉神经末梢，而另一端位于大脑中或与脊髓相连；运动神经也称为传出神经，是指支配身体肌肉的传导神经纤维，功能是产生和控制身体的运动和张力，是一组将中央神经的信号传输到远端的神经。

简言之，感觉神经负责接收内外的信息，接收信息的过程称为"感觉学习"；运动神经负责处理接收的信息，处理感觉信息的过程称为"运动学习"，感觉学习与运动学习的良性互动叫作"感觉统合"，非良性互动叫作"感觉统合失调"。

6. "神经生理"版

感觉统合是指生理神经的处理过程，处理的对象是我们的身体所处的内外环境对我们身体各部位所产生的各种感觉；处理的过程是——脑神经对各种刺激先做了有选择性的吸收，然后再加以整理、组织，使我们的大脑能更清晰地明白了解这些刺激的意义，就如同百川汇入大海般地传入大脑内，同时针对这些刺激做出一个适当的行为反应。

神经生理的结构功能是感觉统合的物质基础，外界的感觉刺激是感觉统合的必要条件。而我们本身的反应，又是一个新的回馈刺激。借助这种持续不断的感觉统合过程，大脑的分工越来越细致、功能越来越发达，人体的适应能力和运作水平也就越来越强大。

二、感觉统合的功能

感觉统合的功能主要表现在以下几个方面:

1. 组织功能

我们身上的不同感官,把内外世界的多种感觉刺激传递到脑中,这众多的感觉刺激各有各的传入和传出通道,在此情况下,人要根据这些信息顺利进行活动,那么大脑就必须把这些感觉信息组织好。大脑一方面对各种感觉刺激做出反应,下达指令;另一方面又要对各种感觉信息做综合的处理。如果各种感觉信息传入和传出的通道畅通,整体协调得当,人的神经系统就会利用这些纷繁的感觉刺激来形成认知、动作等各种适应性活动。这就是感觉统合的组织功能。

2. 检索功能

输入人脑的感觉刺激是非常多的,人脑在意识水平上不可能对此都做出反应。而感觉统合把各种信息中最有用、最重要的那部分从中检索出来,以供大脑使用。脑对经过统合的主信息进行反应,就会更为准确、及时。

3. 综合功能

感觉是局部的、分散的,而外部世界常常是以整体的形式呈现给人的,感觉统合的功能便把各种感觉综合,形成整体。

例如一个新生儿听到妈妈说"奶",看到奶头或奶瓶,同时也闻到奶的味道,结合看、听、嗅的几种感觉信息的刺激,他得出一个综合信息:"有奶吃了!"于是他一方面伸手去取,一方面嘴巴做出吸吮的动作。也就是说新生儿综合了听觉、视觉、嗅觉、味觉、触觉及本体运动觉,建立起对于"奶"的概念,这是产生"奶"认知的有效的感觉刺激。与此同时,妈妈的发型、身上的气味、衣服的颜色、所处的位置以及发出来的声音等等,也同时被宝宝的感官接受器接收,那么会不会一股脑地都传递给大脑呢?有的孩子是"听而不见,视而不闻",有的孩子就会不专心吃奶,注意力分散,看着妈妈的脸发笑,看着某处视觉目标发呆等等，这就是感觉统合的处理功能失调。

4. 保健功能

如果一个人的感觉统合功能很好，能很好地适应内外环境，他就会产生胜任、满足等有利于身心健康的感觉，这种感觉的不断累积、有效输出就是感觉统合训练的任务。

三、感觉统合功能的主要作用

感觉统合功能在儿童的下列技巧或能力的发展上具有举足轻重的作用：

1. 粗大动作技巧；

2. 精细动作技巧；

3. 惯用手；

4. 运动感觉；

5. 肌肉张力；

6. 姿势稳定度；

7. 动作运用能力；

8. 动作计划能力；

9. 姿势动作；

10. 身体知觉；

11. 两侧（分化）协调；

12. 基础平衡；

13. 情绪安全感；

14. 自我安慰；

15. 自尊心；

16. 自我保护；

17. 自我调节；

18. 社交技巧（与人良性互动）；

19. 口语表达技巧；

20. 触知觉；

21. 视觉形象化；

22. 视知觉；

23. 听知觉；

24. 重力安全感；

25. 手眼协调；

26. 足眼协调；

27. 手足协调；

28. 手、眼、口、耳协调；

29. 注意力；

30. 学习能力。

浓浓的感染力在空中飘荡

四、感觉统合的发展阶段

1. 初级感觉统合阶段（1—2岁）

大脑重 925—1064 克。脑细胞长出许多突起，分出侧枝，形成专用神经通道。与此相应，多种感觉经整合形成知觉。如形成关于"苹果"的知觉；婴儿能认出父、母的声音和面容，1 岁半时能听懂常用词含义；动作发育方面：3 个月翻身、6 个月会坐、8 个月爬、1 岁会走。

2. 中级感觉统合阶段（3—5岁）

脑重 1100—1150 克。侧枝的分支增多，专用神经通路随感觉整合而增多，并使大脑 5 个语言区都发育成熟并建立联系。与此相应，3 岁儿童会说出 1000 多词汇。肌肉关节的本体运动觉、前庭平衡觉以及触觉、视觉、听觉等经整合学习训练后身体运动协调、手眼运动协调、能保持良好的平衡。各种感觉信息刺激大脑，经整合后产生注意力，并开始有记忆力，形成对事物的认知评价、记忆、学习经验、使情绪稳定，表现为意志力、记忆力、运动协调、手眼协调、情绪稳定，能通过意志控制自己的行为进行有目的的运动，并具有语言能力。总之 3—5 岁是儿童语言、智力、个性形成发展的关键期，而这些能力的获得和发展大都要依靠感觉统合的学习与训练。

3. 高级感觉统合阶段（6—10岁）

脑重 1150—1250 克。经感觉统合后的心理、行为反应已较复杂。如经高级感觉整合后表现为：注意力能较长时间的集中，组织实施自己计划的意志力增强，自我控制自己情绪与行为的能力增强，阅读、书写、计算、音乐、绘画、语言表达等学习能力增强，记忆力增强，逻辑思维形成。经感觉统合，左右大脑半球的功能出现单侧化。如左脑具有听、说、读、写的语言能力及计算和逻辑思维能力优势；右脑具有音乐、绘画等形象思维能力、空间定向能力、情绪控制能力等优势。

4. 脑的成熟（15 岁左右）

脑重 1350 克，接近于成人的平均脑重（1400 克）。这时，感觉统合功能基本发育成熟，心理能力仍需进一步发展，平均要到 20 岁左右才完全成熟。

5. 小结

儿童的大脑感觉统合功能发展良好，且足以适应环境时，儿童的反应会有胜任、启发和满足感，在迎接外界各种挑战时会充满信心，并获得很大的满足感，这又进一步激发了儿童去迎接挑战、战胜困难的信心，如此良性循环，促进了感觉统合能力和学习能力的不断发展。在感觉运动良好组合的基础上，心智和社会反应才取代由跳动、谈话和游玩中所发生的感觉统合，奠定了读书、写字以及良好行为所需要的复杂的感觉统合基础。

感觉运动组合良好的孩子，长大以后比较容易形成良好的思维能力、情绪调节能力和社会交往能力。随着身体机能的完善，探索范围的逐步扩大，婴儿的感觉运动产生大量的组合，使之进一步发展而产生爬、站和走等动作。然后，孩子的阅读能力——需要视觉、颈部肌肉和内耳特殊感觉器官等非常复杂的感觉统合得到发展。一些感觉运动统合得非常出色的人在各行业中常常有突出的表现，如舞蹈家和运动员在肢体和重力感觉方面有很好的统合，因此举手投足都非常优雅；艺术家和技术工人的劳动与创造则依靠眼睛和手的良好统合和协调。由于生理上和生活范围的局限，孩子能接触的环境刺激总是有限的。所以需要家长为他们提供适合、丰富的环境刺激和安全、温暖的家庭氛围，让孩子在愉快的氛围下，不断接受环境刺激，并主动积极地探索环境，进而促进大脑神经系统的发育，发挥大脑的潜能，呈现心智与身体健康、平衡、全面发展的状态，这种环境刺激必须能够满足孩子的各种感觉器官对信息输入的需要。任何一个儿童要达到百分之百感觉统合都是非常困难的。换言之，几乎所有儿童都存在不同程度的感觉统合失调，只不过失调的轻重程度各有差异而已。

五、感觉统合的层次解析

1. 第一层次
前庭系统（重力和平衡感觉）和本体感觉（肌肉和关节感觉）联合提供姿势平衡、肌肉张力安全感以及视觉平顺等功能；触觉系统提供吸吮、吃喝和母亲与婴儿亲子互动等触觉快感功能。

2. 第二层次
前庭系统联合本体感觉和触觉的协同作用，提供身体形象感觉、左右双侧协调、不假思索的动作计划（执行能力）、注意力延长和情绪稳定等功能。

3. 第三层次
三种感觉使视觉讯息、运动和碰触所带来的感受结合起来，而对所看到的事物赋予意义，促使手眼协调，做事有目的；说话和语言要靠前庭系统和听觉的统合处理，字的发音清晰则需三种基本感觉统合良好。

4. 第四层次（最高级）
各项感觉汇合形成脑的整体功能；视觉使所看到的具有意义，听觉使所听到的具有意义，协助形成抽象和认知的思想，加上专注能力和组织能力，方可进行课业学习；具备自尊、自制、自信，产生、建立良好的人际关系；身体双侧和大脑双侧半球功能的专职化，可让大脑发挥最大功能。

5. 结论
大部分学习必先经由低层次感觉系统的统合才能进行，然后高层次的知识学习才能在大脑皮质中进行。

六、简·爱尔丝博士（A. Jean Ayres）的精彩论述

1. 关于语言发展迟缓

说话便是一项需要复杂运动计划的工作，首先要有说话意念，然后安排一连串动作来说出声音并形成语句。大脑中，要决定先讲哪句话，再讲哪句话，以形成思考系统；语言上的发音和构音，除声带的振动外，还需要唇部、舌头、口腔、鼻腔的统合性动作配合。

2. 关于多动症和身体协调不良

在人与外物的关系中，以重力（地心引力）最基本，比母子关系更原始。前庭系统的感觉统合，带给我们"重力安全保障"，把我们和地球紧紧地连接起来……这也是人类身体内外一切关系的基础。前庭系统不健全，肌肉张力不足，人很容易疲倦。因此，学习困难的孩子坐在椅子上，很难维持举头姿势，常常趴在桌子上或动来动去，这是他无法自控的行为，而不是故意捣蛋。

3. 关于自闭症和触觉敏感

自闭症儿童大多具备处理本体感觉和前庭感觉信息输入大脑的能力，信息进入大脑皮层的能力似乎也不差。但却显示出三方面的严重不良：

（1）感觉输入似乎无法印记脑中，因此常对周遭状况漠然不注意，有时却又反应过度。

（2）前庭和触觉虽起作用，调节上则相当不良，大多有严重重力不安和触觉防御过度现象。

（3）对新的或不同的事物，大脑的掌握特别困难，对有目的或需积极处理的事不感兴趣。

当一个幼小的身影
映入眼帘
他表达着
对世界的渴望
对探索的好奇

为什么我的眼睛常常湿润？
因为我对你爱得深沉。
孩子，
你的一颦一笑，你的每时每刻，
都牵动着我的心。

第四节
感觉统合的归宿：七感咸集，互通联动

著名现代文学散文家朱自清先生，在其名作《荷塘月色》中有这样一段几代读者都耳熟能详的描写：

塘中的月色并不均匀；但光与影有着和谐的旋律，如梵婀玲上奏着的名曲。

这里写到的光和影，都来自作者对月色的观察和感受，按理说主要是视觉功能在起作用，但作者又以小提琴的旋律来形容他自己的视觉感受，不知不觉跨到了听觉领域，大概是因为在那一刻，只有旋律优美、节奏优雅的小提琴的琴声才能准确表达作者的感官感受吧？

乐器声响的特质与视觉对光影的采集必有其和谐互通之处，否则，较真起来，这样的描写是不合乎科学道理的，因为那一刻的月下荷塘，哪里有什么琴声如诉？只有深夜的安静而已。

这是大兴于现代文学史的"通感"修辞手法的典型范例。

钱锺书先生在《旧文四篇·通感》一文中写道：

在日常经验里，视觉、听觉、触觉、嗅觉、味觉往往可以打通或交通，眼、耳、舌、鼻、身各个官能的领域可以不分界限。颜色似乎会有温度，声音似乎会有形象，冷暖似乎会有重量，气味似乎会有体质……

他还进一步举例说"响亮"一词，是把形容光辉的亮字转移到声响上；热闹、冷静二词，把表示温度（触觉）的热与冷同表示听觉的闹与静结合起来，通同一气。

说得准确极了，无论是对于文艺理论研究而言，还是感觉统合学习来说，都可称得上是妙到毫巅。

所谓通感，就是真正的感觉统合，是人体诸感官联合大作战、团结如一人的生动体现。

　　心理学家认为：人的视、听、嗅、味、触等各种感官都能产生美感，它们虽有具体分工，却又能在需要聚焦的时候琴瑟和鸣、水乳交融。

　　朱自清在写自己欣赏荷塘中月色之美的具体感受时，就调动了自己的诸多感官，全身心地投入观景体验中，当他写到此情此景时，突然觉得单一感官已经不够用了，就借助于其他感官来让自己的感受更真切、文字更生动。

　　该文中还有多处类似的感官联动描写，比如：

　　微风过处，送来缕缕清香，仿佛远处高楼上渺茫的歌声似的。

　　作者把本应由嗅觉感受的花香，又互通于听觉才能采集到的歌声，可以说把个人感官的深入挖掘和文学表达的工笔细描都做到了极致。

　　这不是在上语文课，我想说的是：感觉统合的终极表达，一定是所有感官的聚集和联动。

一、感觉统合不能"刚好"

　　当我们在养儿育女的过程中偶尔受阻的时候，我们有可能选择"就低不就高"的观念：差不多行了，别把孩子弄得太累。实际上这是怕自己太累，毕竟做个全能型或专业型的家长也不是一件很容易的事情。

　　孩子成长无小事，刚好，就是不好；差不多，就是差很多。

　　孩子是不会感到"太累"的。

　　生活中的大小事情，我们往往过多地追求顺心如意、手到擒来，反而降低了我们对孩子的要求和训练，自然也放松了对孩子的挖掘和拔高。他们的感官潜能绝对超出我们最苛刻的想象很多倍，不信，请来到感觉统合训练的课堂上，家长跟孩子做一样的游戏，最后的赢家一定是孩子，因为他们的感官特质决定了他们只想着赢。所以，我建议要对孩子的日常行为和潜能表现提出更高的要求，而实现这一目标，靠的就是多感官、全感官的联动。

举例说明如下：

1. 色彩认知

不建议逐个击破和循序渐进，孩子满 2 周岁之前必须要同步解决对红、橙、黄、绿、蓝、紫、黑、白这八种颜色的认识和记忆。色彩认知关联的除了视觉之外，还反向支持前庭平衡觉的发展，同时也是对触觉和听觉的一个促进，前提条件是不要耽误孩子的起步时间。色彩认知还是孩子的思维能力向形象思维＋抽象思维迈进的铺路石，对他认知能力的提高会带来显著的加速度。

2. 哭和笑

不要忌讳孩子的哭，当然也不能放任不管。哭，是生理需求的紧急输出，也是负面情绪的直接表达，有时候也是跟孩子进行深度对话的佐证：孩子会把它当作探测雷达，用哭的手段来代替索取和逃避，家长一定要用心应对。它关联着触觉、视觉、听觉、前庭平衡觉和本体运动觉的联合运作，而且还有调节情绪、释放负压的作用。

精设媒介，超密互动

笑是一个积极信号：此刻孩子的情绪状态和感觉统合一切向好，一切正常。所以，保持"笑"的状态，是孩子身心状态的晴雨表。笑，可以直接驱动所有感官进入积极的运作状态，它必须成为生活中和课堂上一个刚性的目标和固定的策略。

3. 记歌词（论某流行歌曲的无脑传唱和变态火爆）

很多孩子能记住大段的歌词，而且旋律也在线，节奏还能不跑偏，靠的是什么呢？除了无数遍的重复，形成了机械记忆之外，孩子们靠的就是感官之间的联动，我们根据记住歌词需要用到的所有机能与各感官的关联度来推演一下：

唱、诵歌词，与左脑、口唇肌、听觉、视觉和前庭平衡觉密切相关；

掌握旋律，与听觉、本体运动觉和视觉相关；

跟上节奏，与本体运动觉、前庭平衡觉和听觉、触觉的联动有关；

抓取情感，与触觉、听觉和本体运动觉有关；

歌曲音视频的整体回馈（视觉训练）+ 肢体动作，与本体运动觉、前庭平衡觉、视觉、听觉和触觉全部相关。

这就是那首一年前（2021 年 1 月）发行的游戏主题曲竟然在 2022 年翻红成为流行"儿歌"（我不说你也知道歌名）的原因。

2—6 岁组

（1）歌词朗朗上口——听觉被启动；

（2）歌词大致的含义（很多孩子似懂非懂）能拨动小朋友的心弦——触觉（情感投射）被启动；

（3）旋律有现代性，简单易学——触觉（情感投射）+ 前庭平衡觉 + 听觉 + 视觉（短视频时代）被启动；

（4）歌曲本身的病毒式传播——触觉（情感投射）+ 听觉 + 视觉 + 本体运动觉（肌肉记忆）被启动；

（5）家长从起初拿来给孩子尝鲜到后期被孩子"要挟"——全家人的触觉（情感

投射）＋听觉＋视觉＋前庭平衡觉（孩子图个念想，家长图个清静）被启动。

6 岁以上组

（1）天下大势对小初学生的影响也不小——感官的无聊度过高导致集体寻找宣泄出口；

（2）到了这个年纪，除了那些弹钢琴的小选手之外，听觉审美已基本具备——不是孩子们恶俗，是社会供给太恶俗，这种级别的通俗歌曲，稍微好听一点，即可"一唱雄鸡天下白"；

（3）学校生活的压力、压抑和压制让孩子们普遍保持一种恶作剧的心态：我不恶俗谁恶俗？——他们要的就是扑向高雅的反面，你们反对的就是他们必须坚持的；

（4）生活太无聊，不如找点搞笑的事情做——感官的良性发展被异化、正常的大脑功能被弱化的必然选择。

好笑吧？这样一首"社会现象"级的流行歌曲之所以流行，恰好证明了多感官联动的必要性和重要性。

4. 生活事件

请问：世事难料，人生无常，生活中的那么多生活事件，是可以预演的吗？

这就是答案。

生活中是没有那么多的有板有眼、井井有条、慢条斯理、从容不迫的，这些美好的描述只能使感官的发育与发展过于平常、平淡甚至平庸，无法让我们的孩子进化出能够应急、应激的感官运作能力；生活中的手忙脚乱、跌跌撞撞、人仰马翻、连滚带爬才是常态，才是真正的感觉统合，才可以真正刺激到更多的感官参与联合运作，才能让我们的孩子更强大。

二、专业版通感——联觉

我们的感觉系统拥有非常精妙的能力，能够将不同的感觉投放到原通道和另外的通

道。我们双眼看到的景象，舌头尝到的味道，双手产生的触觉，这都是由大脑内的神经元制造的，有时候在神经通路上会出现一些小的混乱，结果反而导致一种被称为"联觉"的情况出现。

联觉是指一种感觉通道的刺激能引起对应的感觉，但有时这种刺激也能引起另外一种感觉的现象。比方说有人听到小提琴的声音，会感觉自己尝到了冰激凌的味道。据估计，大约 2000 人中才有一个人能将两种或更多种类的感觉混合在一起，他们听到声音的时候会感觉到特定的颜色，尝到味道时会感觉到特定的形状，闻到气味时会感觉到特定的味觉，看到文字时会感觉到特定的声音。

联觉是一种感知觉现象，它源自希腊语中"联合"和"感官"两个词，即"感官联合"。据调查联觉有 70 多种，它们能在不同类型的感官输入之间产生关联。它们的共同点是：这些关联与个人意志无关，大部分都是从幼年起就表现出来并伴随终身。有科学家研究表明，联觉是大脑感觉区域之间的额外连接生成的，因此，刺激一个感官会交叉激活另一个。联觉者大脑中连接大脑不同区域的脑白质是不一样的，而且联觉者大脑中负责感知和注意力区域中的灰质较多。

人生来就有许多大脑区域交叉连接，但对于大多数人来说，这些连接在发育早期过程中被"删除"了。有一种理论认为，联觉者的大脑所经历的"删除"比较少，因此他们才有可能从发育期开始终其一生保持联觉感受。

相关科学家指出，联觉可以把任意两种感官体验联系起来，最常见的联觉包括：看到字母或数字时想象出颜色（字母—颜色联觉），听到声音或音乐时看到颜色（音—色联觉），说出单词时尝到味道（词语—味觉联觉）。不同的人联觉感受也各不相同：一个联觉者会觉得字母"T"是红色的，另一个联觉者可能觉得"T"是蓝色的，而这种感受从童年时期就开始了。

比起大多数普通人，联觉者或许更能够充分享受创造性活动带给他们的更为丰富的感官体验。联觉的益处还包括：字母—颜色联觉的人一般拥有更强的记忆力，处理信息的速度也会更快。拥有联觉的儿童词汇量更大，读写能力更强。研究显示，联觉者在幼年时期的认知能力会得到一定程度的增强，而这种优势会持续终身。年长的联觉者则会表现出相对年轻的记忆力。

虽然联觉能力一般始于发育初期，但也有证据显示，非联觉者也可以训练出联觉能力。有科学家认为，训练人们将不同的感官联系起来或可有效预防随年龄增长出现的记忆衰退。研究人员还在研究联觉训练是否有助于改善自闭症、阅读困难和多动症等疾病。

英国萨塞克斯大学的杰米·沃德教授和朱莉娅·西姆纳教授进行的研究发现，大约4%的人拥有三种最常见的联觉之一。具有词语—味觉联觉的人可能会把词语或数字描述为舌头的感觉，包括味觉和口感。而具有镜像—触觉联觉的人则往往在看到他人身体受触碰时，自己也会产生相似的刺痛、热感或压力感。还有联觉者表示，他们在听到单词或音乐时，眼前会出现形状或光环等视觉幻象。如果你有类似同感，你可能就拥有联觉。

联觉往往呈现出家族聚集性，这表明联觉有遗传性，但并不是说拥有了某个基因就拥有了联觉。荷兰马克斯·普朗克心理语言学研究所的西蒙·费希尔博士负责的研究，发现了与音色联觉相关的6种基因变体，它们涉及大脑的连通性，这些基因在大脑的视觉和听觉区域均有表达。

三、多种感官同时激活、深度调用

发育初期的儿童，需要我们更多地提供多路感官的刺激和经验，来帮助孩子全面发展，任何的发展准备期和初始行动期都是以"感官知觉"的同时激活和深度调用为标志和方向的，感官知觉系统的发展必须严格遵循"探索（刺激）→尝试（接收）→学习（组织）→激活（梳理）→调用（输出）"的路径。

感官知觉的内容即为七大感觉系统。人类在胚胎、胎儿发展阶段，在母体孕育期已经开始接受一连串感官知觉的刺激和经验了。我们可以模拟一下，孩子在子宫内的那十个月的感受是怎样的：

1. 空间感：被羊水包裹，感受到旋转、跳动、摇晃、摆动；

2. 压力感：不时有挤压（松、紧）和伸展的感觉传来；

3. 温（湿）度感：子宫内的体温、湿度等。

以上这些感受，发展出人生开端的三大基础感觉系统：触觉、前庭平衡觉和本体运动觉。随着感觉器官的渐次发展成熟,孩子的发展又进入下一个阶段:听觉和嗅味觉的发展。以听觉发展为例,胎儿在妈妈的肚子里就可以听到妈妈的心跳声、说话声、乐曲声和环境声等。这些声音就是多感官的集合,胎宝宝通过羊水中的共鸣,再传导到听神经,他已经可以感受到:音调、音频、节奏、快慢、高低音、喜欢不喜欢,以及各种声的不同。准妈妈们现在知道了,从胎教期开始,就要毫不吝惜地为孩子制造、输入多感官的刺激。

由此可知,感官知觉的发展是不能按领域切割的,妈妈在哺乳时,小宝宝会感受到妈妈的心跳、体温;同时妈妈会与孩子说话,同步做出摇晃、拍打、抚摸等动作,在此过程中,小宝宝感受到:味觉、嗅觉、听觉、触觉、视觉和平衡感觉的感官刺激,形成多感官觉知的态势。

感觉统合,就是机体在日常生活中有效运用自己的感官,从环境中获得不同感觉通路的信息,再将这些信息输入大脑,大脑对输入的信息进行加工处理并作出适应性反应的能力。早在战国晚期孟子的弟子乐正克所著《学记》中就有"学无当于五官、五官弗得不治"的说法,意思是学习要依靠眼、耳、鼻、舌、身,这些感官不参加或者不保持高度的联动是无法进行学习活动的。

面具:遮掩相同的恐惧,释放不同的天性

第五节
家庭感觉统合训练建议

一、专业器械篇

1. 颗粒大龙球：圆形充气大号塑胶球，表面满布柔和锥形凸起，弹性足，直径80—90厘米。训练功能取决于方位变化：球在人上（推、挤、按、压、拍动作），属于触觉训练；人在球上，属于前庭平衡觉训练；球在人的两侧（人来做推、挤、拍、抛、接、滚、闪、躲动作），属于本体运动觉训练。

2. 颗粒按摩球：直径12厘米，表面锥形有平头凸起的硬质塑胶圆形球，没有弹性。触觉训练专属，也可以充当其他觉类训练的辅助教具。

3. 圆形跳床：离地约20厘米，直径100—120厘米，踏跳区的材质和弹性有严格要求。触觉、前庭平衡觉、本体运动觉、视觉和听觉训练的核心教具。

4. 抛接球：材质和形状要友好，直径大约20厘米，不必拍击有弹性。视觉、触觉、前庭平衡觉和本体运动觉的核心教具。

5. 小滑板：方形或圆形板，可以将孩子颈以下、腰以上的躯干部位平放在滑板面上，下附四个万向轮，可以前后左右前进、后退，并能做360度旋转。前庭平衡觉训练的核心教具。

左图　圆形跳床

右图　小滑车

二、无器械游戏

1. 出生后 100 天之前：

（1）移动靶：视觉目标不要固定呈现，有规律移动换位；

（2）拨浪鼓：用拨浪鼓的原理，借助同类各种玩具跟孩子互动；

（3）小摇铃：有声音的玩具互动；

（4）蒙面巾：用材质柔和的面巾蒙住孩子的脸，反复做；

（5）笑管够：把孩子逗笑，尽可能重复或延长；

（6）全话痨：多跟孩子对话，吐字清晰，字正腔圆，内容富有逻辑，坚持做。

2.6 个月之前：

（1）逗逗飞：运用食指完成的最古老、最传统的视觉、触觉、平衡感游戏；

（2）大眼瞪小眼：对视练习，注意距离保持在 30 厘米以内。

3.1 周岁之前：

爬楼梯：交替爬，顺拐爬，四肢爬，坐爬（只上不下），之字爬。

4.1 周岁之后：

（1）前进走；

（2）尖及踵走：脚尖接脚后跟向前走；

（3）后退走；

（4）忽上忽下走：在平衡台上进行。

三、触觉 + 平衡专项游戏

以下列出一组在家庭中可以组织开展，以加强触觉及固有感觉的感觉统合小游戏：

1. 梳子游戏：轻轻用梳子梳头发，头皮是感觉敏感的部位，可以直接刺激大脑皮质感觉区，对身体形象的建立有很大帮助。可以每天进行 10 分钟左右。也可以用吹风机吹身体各部位，强化身体形象感觉。

2. 抓痒游戏：可以让孩子躺在床铺或软垫上，张开四肢，由父母亲跪在身旁，在孩子身上敏感处玩抓痒游戏，可以每天进行 10—15 分钟。

3. 亲子互动游戏：

（1）用毛巾将孩子包裹其中，由父母各拉一头，左右或上下摇动之。不但可以强化触觉，对前庭固有感觉的成长也有很大的帮助。

（2）可由父亲或母亲背着，在跳床上跳动，对固有平衡感及触觉功能有明显帮助。

（3）由父母协助孩子坐或趴在颗粒大龙球上，趴在上面，抓住两脚，保持平衡；躺在上面或坐在上面也可以；用大龙球推、挤、按、压、拍孩子的身体，对孩子触觉学习及身体形象强化有很大帮助。

4. 手拉手游戏：可以增强前庭固有感觉，促进手部的大小肌肉运动，以及带来身体姿势、身体运动计划能力等的强化。

四、小滑板 + 大龙球专项游戏

小滑板是爱尔丝博士积十几年研究及临床试验，所设计的最重要的感觉统合训练教具；颗粒大龙球对身体与地心引力的协调以及触觉功能会有很大的帮助。

1. 小滑板游戏

特别说明：家长对孩子运用小滑板时的异常姿态要加以重视，在进行游戏指导时，从孩子操作教具时的现场反应，能看出孩子各方面的问题。

（1）**敢不敢乘坐。**

孩子以俯卧或仰卧姿态，趴或躺在小滑板上，头部抬高，用两只手滑动。颈部张力达标的孩子颈部可以挺高，用腹部做平衡重心，双手往前、往后，或是变化方向滑行都很顺利。但对颈部张力不足、前庭平衡发展不良的孩子，头部很难挺高，做这种动作时便有明显的困难。有些孩子滑行时非常不安，小滑板无法保持稳定，甚至不敢再到滑板上，这类孩子的平衡能力都大有问题。

（2）**稳坐还是经常掉下。**

在小滑板上滑动时，是以腹部为平衡重心，颈部用力往上挺起，胸部才能够挺起来，这样滑动时就能够轻松胜任。一般的孩子只要练习几次，便可以顺利掌握它的操作，甚至

小滑车的冲浪游戏,是课堂上的华彩乐段

在大滑行板(大型木质斜坡滑道,可容纳小滑板滑下、滑上)上以各种姿势滑下时,也能愉快胜任。但有个别孩子,腹部无法用力,胸部抬不起来,滑行时腹部很容易离开小滑板平面,所以整个身子会从滑板上翻下和滑落。这显现出运动计划能力上的严重不足。

(3)头脚同时自如上举还是感到恐惧或抗拒。

滑板游戏中,有一种是仰躺式的运动方法。让孩子躺在滑板上,以背部为平衡重心,颈、手、脚举起向上,在手和脚可以够得到的位置架上一条绳索。孩子可以用手及脚同时钩住绳索,以仰身的姿势向前慢慢滑动。有些孩子仰滑时,颈部无法用力将头抬起,或者腰部使不上劲,就会从滑板上掉落,甚至手脚会无法做出协调滑动动作。这大多是肌肉张力的维持上有问题,因此经常造成身体运动计划能力不良。肌肉张力不足的孩子,大肌肉的发育上一定不够顺畅,会影响到站立、走路、坐正的正常能力,这种孩子通常容易产生焦虑、紧张、肌肉僵硬和缺乏自信。

(4)操作小滑板时手部的灵活度。

不论卧滑或仰滑,小滑板游戏中,手的使用非常重要。卧滑时双手同时着地,收缩手臂力量，带动滑板上整个身体的重量。仰滑时，手部必须紧抓住绳索，用手腕及手臂的伸缩力量滑动，此时肩部必须保持放松、平衡，否则手腕伸缩时，身体便会歪斜。操作时，有的孩子灵活顺畅，有的孩子迟钝笨重，差别主要在于双手、胸颈及腹部或背部间身体协调能力是否良好。双手是日常生活中身体使用最多的部位，从滑板游戏中，可以明显看出孩子们的运动计划与整体协调能力。

（5）蹬墙壁往前发动的足部用力方法。

滑板游戏在练习滑行后，还要练习利用墙壁的反弹力蹬墙壁发动的运动姿势。为了集中反弹力，身体的下半部、大小腿和脚盘的姿势，最好能够像青蛙游泳时的样子，蹬出去的力量才能特别大。这种动作练习对肌肉及关节间的协调运作能力非常关键，不具备运动计划能力的孩子，很难协调完成整组的连续动作。更重要的是脚掌的位置，由于眼睛看不到，身体形象感不良的孩子，很难将脚掌摆在正确的位置上，可能变成脚背向墙面，错误的动作根本无法产生反弹力，导致动作完成失败。

（6）按指定方向滑行的控制。

在小滑板游戏中，可以用积木或木板排列成一个滑道，孩子俯卧在滑板上，沿着滑道向前滑行。滑道可以有各种方向变化的设定，孩子凭视觉判断滑道的形态与走向，在滑板上操控身体重心，争取顺利通过滑道。这个游戏可以充分反映出孩子运动计划能力的成熟与否。

2. 大龙球游戏

（1）在大龙球上抬头伸手。

玩大龙球游戏，首先由孩子以腹部为支点，趴卧在大龙球上，指导者将孩子的两脚平举，并做轻微的前后拉推。在大龙球上的孩子如果能抬头挺胸，并将手部上举，便表示肌肉张力足以保持抵抗重力的姿态。如果头往下掉，双手紧张地扶住龙球，则说明身体和重力协调不良，而且容易紧张而僵硬。双手能顺利抬起的孩子，平常碰到身体倾斜、跌倒或碰撞时，双手伸展保护的能力也较强，身体脆弱的部位（如头部）较不容易受伤；反之，姿态不佳的孩子，通常平衡能力也有问题，在大龙球上会有恐惧感，平常也比较胆小而不够灵活。

（2）头部位置的安定与否。

大龙球游戏中，指导者也可以用双手压住孩子的腰部，让龙球做前后转动。这时候，孩子的头部位置非常重要，最好能稳定地摆在正中间，以免身体滑下来。如果肌肉张力不足，头部容易右倾或左倾，就会带动身体往同方向滑落大龙球，由此可以测试出孩子前庭平衡觉的发展程度。

（3）球碾压身体的压迫刺激反应。

让孩子仰式平躺或仰卧在地板上或地毯上，指导者滚动大龙球，轻轻碾压他的身体，让他去感受这种压迫感、触着感很强的触觉刺激。这种游戏对孩子身体形象学习帮助很大，可以让身体各部分的神经轻松地和大脑间产生同步感受，让孩子在无意识中掌控身体各部位的感觉。通常触觉防御过当的孩子，比较排斥这种游戏，对压迫感会产生无法控制的情绪反应。

颗粒大龙球的核心用途：课前课后的触觉按压放松

本章附录：

玛丽亚·蒙特梭利教育理论中关于"感官教育"的精彩论述

一、蒙特梭利的"精神胚胎"说，是感觉统合重要性的源头理论

蒙特梭利最早提出了"精神胚胎"的说法，她说："每个婴儿在诞生的时候，我们可以发现一种神秘的，伴随着肉体的精神降临于人世间。"这个精神其实就是我们经常说的天性或者是本性的意识，或者说是灵魂。那么，什么是精神胚胎呢？

蒙特梭利把从出生到3岁这个时期称为精神胚胎期，《有吸收性的心灵》书中提到，人类个体从产生、形成到发育成熟要经历两个胚胎期。一个是从受孕到离开母体成为独立的个体，这是胎儿期，也称为生理胚胎期；另一个则是从出生到3岁（0—3岁）的精神胚胎期。

精神胚胎期是婴幼儿借助各种基础感觉，逐渐从无意识转化成有意识，形成感知、记忆、想象、思维等认知能力的发展阶段。同时也是婴幼儿需要、兴趣、能力、气质、性格等发展关键时期。

其实这是人类成长的自然规律，一个婴儿从出生就带着一股神秘的先天的精神力量，这种力量也是一种能量。

蒙特梭利博士在《童年的秘密》书中写道：成长中的婴儿像一个精神的胚胎，他需要一个特殊的环境。这种环境充满着爱的温暖，有着丰富的营养，这个环境里的一切都乐于接纳它，而不是伤害它。

蒙特梭利认为，人有双重胚胎期，一个是肉体胚胎期，在母体中度过，当胎儿降生到这个世界，肉体胚胎期就宣告结束了。与此同时，他们将开始一个新的发展时期，就是"精神胚胎期"。在"精神胚胎期"，即3岁之前的儿童本身具有一种吸收知识的天然能力，即所谓"吸收的心智"。从婴儿期开始，他们通过与周围环境（人和事物）的密切接触和情感联系，获得各种感觉、经验与印象，并由此构筑自己内部的精神世界。

处于精神胚胎期的儿童有一种与生俱来的"内在生命力"。他们成长的每一个关键期都是这种"内在生命"自然展开的结果。当他们准备好要获取语言时，他们就会自然

而然地吸收在周围环境里听到的语言；当他们准备好要发展运动技能时，他们会自然自动地在周围环境中练习。成人，尤其是父母的职责，只是提供一个"保护的环境"（就像母亲的子宫），通过相应的资源，让他们的天赋潜能在自我教育与自我管理中得到充分的发展。

蒙特梭利对一个成长中的儿童表现出来的天性本能充满敬畏，如同一位科学家对自然的敬畏一样，她认为那不只是生物或者生理的实体，而是一种精神能量在这个世间寻求表达，因此超越一切社会偏见、意识形态，也不是任何成年人通过教育或有意识的努力可以达到的。

蒙特梭利"精神胚胎"理论至今仍被教育界称为超越相对论的发现。世界上任何一个民族，都应尊重自然的成长规律，对待儿童不能急于求成，更不能将知识一股脑地灌输到孩子的脑中。

蒙特梭利认为：不能简单地把新生儿看成一个由一些器官和组织混合而成的生命体。相反，每一个婴儿在诞生的时候，我们可以发现一种神秘的、伴随着肉体的精神降临于人世间。孩子绝不是一张白纸，相反一开始就有一个精神胚胎，这个精神胚胎中藏有心灵成长的密码。并且，只有孩子自己通过自己的行动、感受和思考才能解开这个密码。这就是精神胚胎指引的结果。源自精神胚胎的声音告诉孩子，他需要做什么。从这一角度而言，孩子的每一个自发的行为，其实都反映了精神胚胎成长的需要，都有其独特的价值。

二、蒙特梭利教育中的"感官教育"

感官教育在蒙特梭利教育体系中占有重要的地位，并成为她的教育实验的主要部分。在她的著述中，有大量篇幅专门论述感官训练、运动训练与智力发展以及感官教育与纪律教育、知识、技能的培养的关系和密切的联系。

1. 蒙特梭利感官教育的主要目的

感官教育的主要目的是通过训练儿童的注意、比较、观察和判断能力，使儿童的感受性更加敏捷、准确、精练。在蒙特梭利看来，学前阶段的儿童各种感觉特别敏感，处在各种感觉的敏感期，在这一时期如果不进行充分的感觉活动，长大以后不仅难以弥补，而且还会使其整个精神发展受到损伤，因此，在幼儿时期进行各种感官教育显得至为重要。同时她认为，感官是心灵的窗户，感官对智力发展具有头等重要性，感觉训练与智力培养密切相关。再者，她还认为，人的智力高低与教育有较大关系，通过感觉教育可以在早期发现某些影响智力发展的感官缺陷，并及时采取措施，使其得到矫治和改善。

2. 感官对智力发展具有头等重要性，感觉训练与智力培养密切相关

（1）智能的培养首先依靠感觉，利用感觉搜集事实，并辨别它们，而感觉训练也是初步的、基本的智力活动。

（2）通过感觉训练使儿童对事物的印象清晰、纯正，这本身就是一种智能和文化的学习，是智力发展的第一步。

（3）人的智力高低与教育有较大关系，通过感官教育可以在早期发现某些影响智力发展的感官缺陷，并及时采取措施使其得到矫治和改善。因为蒙特梭利对感觉的极大重视，使感官教育在她所提出的运动、感觉、语言和智力操练这一程序教育结构中处于十分重要的地位。

3. 蒙特梭利感官教育的内容

蒙特梭利希望通过这一系列的感官训练，使幼儿成为更加敏锐的观察者，促进和发展他们一般感受的能力，并且使他们的各种感受处于更令人满意的准备状态，以完成诸如阅读、书写等复杂的动作，也为将来进行数学的学习打下基础。

具体包括触觉、视觉、听觉、嗅觉等感官的训练。

（1）触觉训练在于帮助幼儿辨别物体是光滑还是粗糙，辨别温度的冷热，辨别物体的轻重和大小、厚薄、长短以及形体。

（2）视觉训练则在于帮助幼儿提高鉴别度量的视知觉，鉴别形状、颜色、大小、高低、长短及不同的几何形体。

（3）听觉训练主要使幼儿习惯于辨别和比较声音的差别，使他们在听声训练中，培养起初步的审美和鉴赏能力。

（4）嗅觉和味觉训练注重提高幼儿嗅觉和味觉的灵敏度。

4. 蒙特梭利感官教育遵循的原则和方法

蒙特梭利的感官教育遵循着一定的原则和方法。她认为，感官教育的实施应该遵循循序渐进的原则，并且她提倡幼儿根据自己的能力和需要进行学习，使幼儿在感官训练中通过自己的兴趣去进行自由的选择、独立操作、自我校正，去努力把握自己和环境。所以，在蒙氏的教育教具中都设有专门的错误控制系统，使儿童在操作过程中能按照教具的暗示进行"自我教育"。

具体原则如下：

（1）应当遵循循序渐进的原则；

（2）应当根据幼儿在敏感期的特点；

（3）把肌肉练习作为感觉训练的基础；

（4）把对各种感觉的发展作为教育的重点；

（5）应当根据幼儿的个体差异去采取与之相适应的具有连贯性的步骤和方法，使感官教育同读、写、算等教育活动联系起来，使之达到由简到繁的过渡；

（6）遵循自我教育的原则；

（7）通过限制感官教育指导者的活动去增强幼儿活动的积极性和主动性；

（8）提供教具的方法；

（9）她在精心设计的训练感觉的教具和方法的运用上也有着一定的独创性和相当的教育价值；

（10）采取分解的方法，把复杂的整体感觉分解为简易的几部分来训练，使幼儿利用按顺序排列的刺激物来认识事物，也是符合幼儿年龄特点和认知规律的。

Part 5

The Awaken of the Sensory Organs

　　每当我们感到压力大时，我们的大脑就在释放应激激素。如果这种感觉持续数月甚至数年，那些激素就会破坏我们的健康，并把我们变成神经衰弱的废人。

　　——丹尼尔·戈尔曼（美国当代行为与头脑科学专家，《情商：它为什么比智商更重要》的作者）

第五章
触觉：情绪节拍器，认知发动机

　　人类对温度和触碰的感知能力对生存至关重要，这种能力支撑了人类与周围世界的互动。能够感知温度和触碰的神经脉冲是如何产生的？ 2021 年诺贝尔生理学或医学奖得主戴维·朱利叶斯和阿德姆·帕塔普蒂安的工作帮助人类洞悉了其中的机理。

　　感知温度和压力是我们生存的必备能力之一，也是我们与周围环境互动的基础。在日常生活中，大家都对拥有这种感觉习以为常，但仔细想想，这其实是一个很奇妙的过程。在受到冷热和机械力的刺激后，神经冲动如何产生？让我们感受到温度的变化或者所处物体的质感。2021 年诺贝尔生理学或医学奖的两位获奖者回答的正是这一问题。美国生理学家戴维·朱利叶斯利用辣椒素使皮肤产生灼热感，从而找到了分布在神经末梢的能接收热信号的感受器。美国分子生物学家，阿德姆·帕塔普蒂安则利用压力敏感细胞发现了一种新型传感器，它能对皮肤和内脏受到的机械刺激产生反应。

　　如何感知世界，听上去更像一个宏大的哲学问题。但如果把问题拆解得更具体一些，就会发现这其中还有很多不解之谜。例如，眼睛是如何探测光线、分辨颜色的？声波是如何与内耳结构相互关联发生作用的？不同的化合物如何在我们的鼻子和口腔中产生了气味和味觉？除了视觉、听觉、嗅觉和味觉，触觉也是我们感知世界的重要方式。虽然程度上会有一定差异，但无论是身体的哪个部位，都能感知到触感、冷热和疼痛。

早在 17 世纪，法国哲学家勒内·笛卡尔就曾经试图解释触觉的机制。在笛卡尔的描述中，皮肤的不同部位会在体内通过线和大脑连接，如此一来，若脚步触碰到火焰，便会直接向大脑发送危险信号。后来的研究证实，这些线确实存在，它就是能针对不同的刺激做出反应的各类神经纤维。

一直以来，人类对感知能力背后的机理充满好奇心，并提出过各种假说。两位美国科学家约瑟夫·厄兰格和赫伯特·加瑟曾发现，不同类型的感觉神经纤维可以对不同的刺激——例如对疼痛和非疼痛触碰——做出反应，两人因此获得 1944 年诺贝尔生理学或医学奖。

自那时起，科学家发现神经细胞是高度专业化的，不同分工的神经细胞可以探测和传导不同类型刺激，并使人类能感知到周围环境的细微差别。然而，在朱利叶斯和帕塔普蒂安的发现之前，人类对神经系统如何感知环境的理解仍然存在一片空白区域：温度和触碰是如何在神经系统中转化为电脉冲的？

20 世纪 90 年代后期，在美国加利福尼亚大学旧金山分校工作的戴维·朱利叶斯通过分析辣椒素如何使人产生灼热感而取得重大进展。为了解释机械刺激如何转为触觉，在美国斯克里普斯研究所工作的帕塔普蒂安希望找出被机械刺激激活的受体。朱利叶斯和帕塔普蒂安的工作还有助于理解与感知温度或机械刺激相关的许多其他的生理功能。例如，Piezo1 和 Piezo2 通道可以调节血压、呼吸和膀胱控制等重要生理过程。相关成果正在被用于开发治疗慢性疼痛等疾病的疗法。

以上并非科普段落，我是在说明触觉的重要性。它不只出现在与孩子相关的发育史中和与从业者有关的培训班里，它与人类的生活、发展和进步息息相关，至少很多兢兢业业的科学家是这样认为的。

因为触觉感受干扰并主导着人的情绪的起起落落，所以我称它为情绪的节拍器；又因为触觉对人的认知可以起到动力和驱策的作用，所以我称它为认知的发动机。

　　我眼中的触觉，更像一张造物主精心编织的、密密麻麻的网，它遍布我们的全身，给我们提供最精确的感知力，也像一把巨大的保护伞，为我们遮蔽人世间一切的风雨侵扰，给了我们最原始的安全感。

　　于是，触觉也就具备了"双刃剑"的特性：感知，就有可能误判，进而影响行为和心智；保护，就有可能保守，进退犹豫之间，也许就错过了真实的内在和单纯的外在。

　　它还如同达摩克利斯之剑，时刻高悬你的头顶，因为所有的抗拒和恐惧，都有可能是突如其来的，都确定是人自身的感知所带来的，在人的感知活动中，触觉是前沿阵地和中心堡垒，是风向标和晴雨表，也是我们的情感和意志。

　　你看，触觉的纠结和防御、冲动和任性原来最像我们人类自己。

　　触觉就是我们自己。

第一节
基本概念

1. 触觉的定义

　　触觉是指分布于全身皮肤上的神经细胞即触觉接收器，接收来自外界的温度、湿度、痛痒、压力、振动及物体质感等方面的感觉刺激。1.8 万平方厘米的肌肤，覆盖了 72 万个神经末梢，隐藏着 150 万个感受器。

　　人的皮肤位于人的体表，依靠表皮的游离神经末梢能感受温度、痛觉、触觉等多种感觉。触觉接收器不只存在于皮肤表面，也分布于嘴巴、喉咙、消化系统以及前庭通道里包含的再生器官之中。触觉接收器所获取的各种触感，以不同速度将其传输到特定的神经纤维，这些感觉信号流过神经中枢两条不同的管道，最后在大脑进行汇总和整合。

　　狭义的触觉，指刺激轻轻接触皮肤触觉感受器所引起的肤觉。

　　广义的触觉，还包括增加压力使皮肤部分变形所引起的肤觉，即压觉。

　　正常皮肤内分布有感觉神经及运动神经，它们的神经末梢和特殊感受器广泛地分布在表皮、真皮及皮下组织内，以感知体内外的各种刺激，引起相应的神经反射，维持机体的健康。皮肤的六种基本感觉是触、痛、冷、温、压及痒。

2. 触觉的产生与特性

触觉是轻微的机械刺激使皮肤浅层感受器兴奋而引起的感觉。触觉接收器在头面、嘴唇、舌和手指等部位的分布都极为丰富，尤其是手指尖。

皮肤深层存在触觉小体，椎体里存在敏感的神经细胞，当神经细胞感受到触摸带来的压迫，就会马上发出一个微小的电流信号，电流信号就会随神经纤维到达大脑，这样就能感受到这次触摸，大脑可以马上分辨出触摸的程度以及信号的位置。

触觉是胎儿在子宫里第一个开始发育的感觉器官，也是身体最大的、最基本的、影响力最大的系统。触觉是提供我们有关周围的环境讯息最主要的来源，可以让我们避开或抵抗危险，同时，它对儿童心理社会化的发展非常重要。

儿童借助触觉，在早期可以和母亲建立亲密的关系，以后可以帮助发展良好的人际关系基础。另外，在手的运作方面，触觉和辨别感觉的建立，可以促进儿童对物体形状、大小、重量的认识，是此后认知发展重要的基础。

触觉的敏锐程度会影响大脑辨别能力、身体的灵活及情绪的好坏。触觉感受器受到刺激会传入大脑，所产生的一部分信息会达到脑皮质，具有促进脑皮质发育的作用。

触觉是人类有别于其他所有动物的特征之一。作为触觉核心器官的皮肤，高度外化、轻薄光滑、脆弱敏锐、毛发覆盖稀薄，因而覆盖面广、感受度强，对触觉刺激的分辨能力最为多元化，这也是人类的大脑特有的分辨、分析及组织能力的基础。

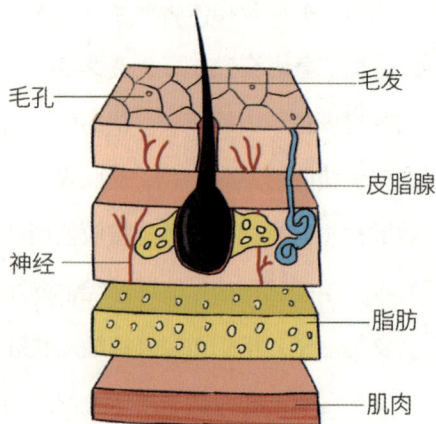

触觉生理结构图

3. 触觉的功能

位于头顶的大脑顶叶主管着触觉的

辨识工作，其低层次部分负责感知冷、热、压力；高层次部分负责触觉的精准辨识，如皮肤被触碰的部位形成的位置辨别、物体形状的触感辨别、物体质感的辨别等。

触觉的功能广泛而强大，大致有以下七类：

（1）安抚情绪：皮肤被抚摸，会使血清素活性分泌增加，肾上腺皮质激素的分泌降低，并带给身体舒适感，同时还可减低压力，让情绪获得舒缓。儿童的情绪发展和亲子依恋关系的建立，与触觉有重要关联。例如，孕妇如果长期背负沉重的压力，胎儿可能出现长期依赖吸吮拇指来缓解压力的现象。

（2）促进成长：孩子通过接收触觉信息，获得触觉的滋养，迷走神经会更加活跃，进而刺激生长激素、胰岛素的分泌，促进身体吸收营养，使体重及身高快速发展。反之，如果缺少抚摸、拥抱，将会导致脑部的生长激素减少。根据动物实验研究显示，缺乏抚摸者的脑部神经元死亡率是正常情况的两倍。

（3）保护性防御：当肌体遭受痒、螫、刺、烫等恶性刺激时，为保护自己免受伤害，触觉功能本能地做出逃避反应。

（4）强化动作灵活：触摸与活动是婴儿学习的开端，触觉会直接影响到运动神经的反应，例如，触摸口唇能诱发吸吮反射，触摸手掌心能诱发抓握反射等。手的触觉辨识敏锐度能强化手部的精细动作更加协调。

（5）辅助视知觉：孩子出生后才开始看得见，但视觉还非常原始及落后，而这一时期的触觉已经比较成熟，孩子通过触觉刺激，不断累积丰富的触摸经验，可以帮助身体建立正确的视知觉（大小、形状）判断。

（6）辅助沟通：触觉是婴儿出现正式语言前的主要沟通途径。触摸可以称之为最初的语言，是最直接的非语言沟通方式。因此，父母要多拥抱、抚摸、轻拍婴儿，传达对婴儿的关爱、安抚。

（7）促进认知：触觉神经分布在全身各处，影响最广，也最多元，因此在大脑的整合作用中也最大。触觉学习差，会引发视觉、听觉、嗅觉、味觉分辨力不佳，甚至会造成大小肌肉及关节协调不良。

第二节
触觉与情绪

一、情绪的中枢神经基础

情绪是大脑皮层与皮层下结构协同活动的结果。

1. 丘脑

丘脑一般处于皮层的抑制控制下，一旦皮层抑制功能解除，丘脑冲动得到释放，情绪反应就会发生。由外界刺激引起感觉器官的神经冲动，通过传入神经传至丘脑，再由丘脑同时向上向下发出神经冲动，向上至大脑，产生情绪的主观体验；向下传至交感神经，引起机体的生理变化，如血压升高、心跳加快、内分泌增多等，使个体生理上进入应付紧急情境的准备状态。因此情绪体验和生理变化是同时发生的，它们都受丘脑的控制。

2. 下丘脑

（1）**下丘脑在情绪表达中的作用**。

下丘脑背部是产生"愤怒"的整合模式的关键部位。刺激动物的下丘脑，可以得到两种类型的行为反应，一种是格斗或类似发怒时的表现；另一种是逃走或类似恐惧时的表现。大脑皮层、杏仁核和部分网状结构等均影响自主神经系统的活动，而这些脑区对自主神经系统的作用大部分是通过下丘脑实现的——来自这些脑区的信息在下丘脑进行整合以形成适宜的反应。

（2）**下丘脑的生理调节功能**。

下丘脑是自主神经系统的整合中枢，它可以通过调控自主神经系统的活动，影响情绪的表达。下丘脑存在着自动调节的两种趋势，称为工作向性系统和营养向性系统的活动。工作向性系统使机体和神经系统指向活动，营养向性系统使机体和神经系统指向休息。二者相互制约，维持平衡。情绪或异常情绪会影响此二系统的平衡；在生理上，此二系统的平衡又影响情绪。

3.网状结构和边缘系统

（1）**网状结构：**网状结构的功能在于唤醒，它是情绪产生的必要条件。网状结构近下丘脑部分，既是情绪表现下行系统的中转站，也是上行觉醒激活系统的中转站。它接受来自中枢和外周系统两方面的冲动，向下发放引起各种情绪的外部表现，向上传达可使某种情绪处于激动状态，并经过大脑皮层的活动被主体体验到。

（2）**边缘系统：**位于前脑底部环绕着脑干形成的皮层内边界，围绕并延伸到大脑的全部领域。包括扣带回、海马、杏仁核、隔区、下丘脑、丘脑、丘脑前核和基底神经节的一部分，以及松果体和脑垂体。

（3）**边缘系统的主要功能是：**调节自主神经系统的活动，控制某些本能行为。诸如探究、喂食、攻击、逃避等。

（4）**杏仁核与恐惧：**杏仁核对负性刺激诱发的情绪反应非常重要，它与恐惧反应有关。以往的研究认为杏仁核主要参与厌恶、恐惧这类的消极情绪，近年来的研究认为杏仁核对情绪刺激作一般的反应，并主要反应愉快或不愉快刺激的强度。

4.大脑皮层：大脑皮层是情绪的最高调节和控制机构

（1）**大脑半球的情绪功能。**

大脑两半球具有情绪功能的不对称性，左半球为正性情绪优势，右半球为负性情绪优势。当左半球受损伤时，右半球释放更多的负性情绪；反之则相反。人类的情绪是大脑皮层的控制和调节下产生的，对情绪的调节往往不发生在大脑某一特定区域，而是大脑皮层不同区域协调作用的结果。

（2）**情绪的评定。**

情绪是对趋利避害的体验倾向，而且伴随着相应的生理变化模式。不同的情绪对应于不同的模式。来自外界环境的刺激要经过个人的评价与估量才能产生情绪，而评估发生在大脑皮层上，情绪是由这种评估引起的。情绪的产生是大脑皮层和皮下组织协同活动的结果，大脑皮层的兴奋是情绪行为的最重要的条件。外界刺激作用于感受器，产生神经冲动，传入丘脑，然后投射到大脑皮层。大脑皮层对刺激情境进行评估，形成一种特殊的情绪。这种态度通过从皮层传至丘脑的交感神经，进而调节血管和内脏反应，个体活动感觉。因为情绪来源于大脑皮层对情境的评估，因此皮层兴奋是情绪的主要原因。

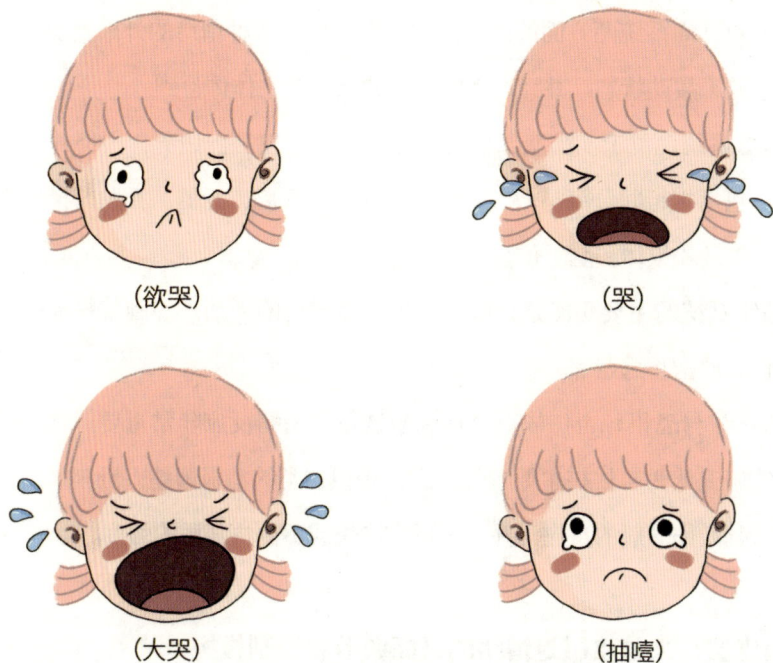

（欲哭）   （哭）

（大哭）   （抽噎）

孩子哭的过程

二、触觉的情感交互作用

触觉往往伴随着情感的交互，从我们出生开始，就在我们的人际关系中扮演重要角色。我们的很多经历，都是由触觉经验交织而成。

神经生理学家认为，唯有触觉刺激的物理性质（种类、强度、大小）传送至神经系统，经过处理并整合后，情绪才在最后阶段加入触觉认知中。

我们的大脑擅长辨识不同的触觉刺激，尤其是其物理性质，不过，还有另一个与情感直接联结的触觉网络，就是特定的触觉刺激，例如轻柔的抚摸，能够借助独特的神经回路直接引发令人愉悦的情绪。科学家认为，这个称为"情感性触觉"的网络不但能促进人际关系，甚至在促进所谓的社会化大脑的发展方面，也具有举足轻重的地位。

早在 1939 年，瑞典神经生理学家佐特曼在猫的皮肤上观察到一群独特的 C 纤维与传送痛觉的 C 纤维明显不同。然而佐特曼的发现在当时并没有受到重视，其他科学家甚至认为，即使人类的皮肤也有这些神经纤维，它们也仅是演化的遗迹，并无实质功能。直到 1990 年，瑞典的科学家才重新注意到这群特异、同属于 C 纤维家族中的 CT 纤维确实存在于人类的面部皮肤之中。不久之后，哥德堡大学的神经生理学家沃柏与同事也在有汗毛的前臂皮肤找到这群 CT 纤维。2009 年，哥德堡大学神经生理学家威斯伯格与洛肯发表的研究指出，CT 纤维对于那些动作缓慢、每秒移动 5 厘米的触觉刺激，反应特别强烈。有趣的是，人类最偏爱这个速度的触觉刺激，日常生活中的专业按摩就是这个速度。

近期也有研究发现，婴儿的大脑对触摸有所反应，显示 CT 纤维也存在于婴幼儿身上。因此，适当的亲子抚触以及肢体接触，不但对于婴幼儿的身心发展有所助益，更能增进亲子之间的情感。另外也有大量科研结论揭示，婴儿期较为缺乏深情的触摸，与后天的抑郁、记忆、暴力倾向和疾病有关。

从心理学角度来分析，如果婴儿在父母那里没有得到足够积极的联系或是在情绪上的安抚，那么孩子和养育者之间就不会形成高质量的亲子关系。这种关系是孩子的第一个情感纽带，也是身体和精神上的联系。这种缺失会引起孩子的不信任和消极情绪。当孩子生理成熟后，它会转化为情绪不稳定，潜移默化地阻止自己与他人密切交往。结论是，儿童期缺乏足够的亲密接触，不仅会形成孩子整个发育期的负性压力，而且会带来成年期的紧张情绪和社交障碍。

第三节
触觉失调表现

触觉是个体形成过程中第一个有功能的系统，在婴儿出生后的第一年，由于语言、动作技巧、认知发展等与外界互动的渠道尚未成熟，所以小宝宝主要是靠触觉来探索这个世界。他会借助触觉来安定情绪及帮忙自己进入梦乡，也会通过口腔内丰富的触觉细胞来认识自己的身体形象与外界环境。

人类具备其他动物所不具备的广泛细腻的学习能力，与人类触觉学习的多元化及复杂化有密切的关系。触觉的复杂性，也使大脑神经中感应触觉的部分最多，因此触觉神经和外界环境协调不足，会影响大脑对外界的认知和应变，导致触觉敏感（防御过强）或触觉迟钝（防御太弱）。

触觉敏感的儿童，对外界的新刺激适应性较弱，所以会固执于熟悉的经验，表现为黏人、怕陌生人、不喜欢拥挤、缺乏自信，也常常固执于熟悉的环境和动作中，对任何新的学习都会加以排斥，不喜欢他人触摸，在团体中容易和别人争吵，朋友少，常陷于孤独中。他们经常会喜欢某种特殊刺激或熟悉的感觉，所以容易有偏食、挑食、吸吮手指和触摸生殖器的习惯；不喜欢被人拥抱，却喜欢拥抱别人，经常出现很多令人无法理解的行为。

触觉反应迟钝的儿童表现为：反应慢，动作不灵活，大脑的分辨能力差，所以发音或小肌肉运动都显得笨拙，缺乏自我意识，无法保护自己，学习能力也很难发展。

近些年触觉敏感的儿童日益增多，这和生产方式、生产环境和婴儿的生长环境密切相关。剖宫产或使用产钳的生产方式使胎儿出生时没有经过产道挤压或挤压力量较弱，都会使小宝宝的触觉学习比正常生产的孩子少，触觉敏感的机会就会大大增加。

生活环境的小家庭化、少子化、照护精细化，不但使儿童的活动空间减少，身体接触自然的空间或者时间也少了。不仅户外玩土、玩沙、玩水、玩泥巴及在草地上打滚、在树上墙上攀爬的游戏也不多了，甚至连正常晒晒太阳、吹吹风的权利也几乎被剥夺了，这就造成儿童在触觉学习上的严重不足，这就是触觉敏感最主要的原因。

在所有感觉信息中，触觉刺激的频率最高，从肌肉关节到全身皮肤，每分每秒都在产生无数的触觉信息，然后这些触觉信息输入大脑。脑干将这些信息加以过滤，一些对大脑思考及反应不重要的信息被压抑下来或者过滤掉，因此正常情况下，多数孩子对衣服的摩擦、微风的吹拂、经意不经意的碰撞应该没什么过度反应，因此我们的大脑也不至于因为信息的不当涌入而过于紧张和忙碌。这种过滤、梳理到选择输出、合理反应的过程就是感觉统合的能力。感觉防御太强的儿童，这方面能力明显不足，因此对任何信息都会统统做出反应，大脑动荡不安、应接不暇，自然注意力就不可能集中，也会对一切自然或不自然的触觉信息处理为"不舒服"，此刻那些重要的、需接收的信息，也就很难专心致志地传入大脑皮层了。

一、触觉失调的宏观影响

1. 精细动作问题：影响进食、穿衣、写字……大部分精细动作的运作。

2. 口语构音问题：由于脸、口腔的触觉接收器无法接收到正确的讯息而形成构音的错误。

3. 影响视知觉及认知发展：由于婴儿时期主要是以二维空间视物，并主要依靠触觉，例如，用手、嘴巴以及身体任何一部分来感觉身体，才能逐渐发展出三维空间的概念，因此触觉失调一定会影响视知觉及认知发展。

4. 听觉防御：声音相当于耳朵的触感，"听觉防御"是指对无害的声音反应过度或无端过滤，或者过于偏好某些特定的声音。

5. 自我刺激 / 伤害：个体可能会以自我刺激或自我伤害的方式来安定神经系统，使其获得更舒适的感觉。

6. 触觉防御：对于无害的触觉刺激反应过度，形成有显著危害的触觉防御。

7. 对情绪及心理社会化发展的影响：婴儿出生后，触觉刺激是其情绪稳定最主要的来源，母亲与婴儿之间的亲密接触，除了刺激大脑发展外，也会成为婴儿发展人际关系的第一步。

二、触觉失调的具体表现

1. 触觉敏感（防御过度）

（1）温度敏感；

（2）不愿赤脚；

（3）洗脸、洗头、理发不合作；

（4）易怒；

（5）不喜被父母以外的人碰触；

（6）相当怕痒。

2. 触觉迟钝

（1）被碰触不易察觉；

（2）淤血、流血自己不察觉；

（3）不怕疼（打针、看牙医）；

（4）对天气变冷变热不敏感；

（5）拿东西常掉落地上。

3. 触觉依赖

（1）过分依恋奶嘴或吸吮手指；

（2）过分依恋自己专用的棉被或手帕；

（3）过分喜欢摸别人或某些物品；

（4）特别渴求父母特别多的抚摸。

颗粒大龙球的进阶训练（安全第一）

第四节
触觉防御专题：碰都不能碰？

　　孩子们生活在社会环境中，每天难免要跟亲人、老师和小伙伴打交道，总会产生各种各样的碰触。对一部分孩子来说，自己主动地碰触，和被别人碰触，大脑对此的解释是大不相同的。存在触觉防御的孩子也许能自己玩毛线球或棉花棒，但如果有人用毛线球或棉花棒碰触他，他会马上感觉很不舒服。通常母亲的碰触都是能接受的，而陌生人的碰触无论怎样都不行。

　　没办法，触觉防御的孩子就是碰都不能碰。我们的选择只有尊重孩子的具体感受和与众不同，非如此，则无法为孩子带来更多成长的空间。

一、什么是触觉防御？

　　触觉防御是指对于无害的触觉刺激有厌恶或逃避的行为。对于有触觉防御的孩子来说，就算是生活中常规的、轻微的碰触，也可能令其产生很强烈的反应。甚至于会造成情绪的困扰。

　　这些孩子在临床上常表现出下列的行为特征：

1. 逃避触摸

（1）不喜欢或避免特定质料或款式的衣服，或相反地偏爱某特定款式质感的衣服。

（2）喜欢排在最后，以避免和其他小朋友有碰触行为。

（3）会躲开预期中的碰触或与人有碰触的活动，包括避免被摸脸。

（4）避免与人有身体接触的游戏，有时会比较喜欢独自一个人玩。

2. 对于无害的碰触有嫌恶的反应

（1）当被举高或搂抱时会挣扎、厌恶。

（2）讨厌某些日常活动，例如洗澡、剪指甲、剪头发、洗脸、刷牙。

（3）讨厌碰触绘画颜料，包括：指画、糨糊或沙。

3. 对于无害的触觉刺激有异常的情绪反应

（1）对于他人轻碰其脸、手臂、腿时，会有攻击性的反应。

（2）当身体较靠近他人时会显得紧张。

（3）对于碰触会有厌恶、退缩、负面的反应，包括和较亲近的人有较亲密的关系。

二、触觉防御的应对原则

当我们发现或怀疑孩子有明显的触觉防御时，可以带着孩子求助医院或专业康复治疗师，先为孩子评估实际状况，并征询改善孩子问题的方法，然后设法请治疗师安排治疗课程。

触觉防御的干预和治疗必须遵守以下原则：

1. 为孩子提供更多获得深压觉、本体运动觉及线性前庭刺激的机会。

2. 增加自发性的触觉活动，例如可以将设备都用粗粗的织物覆盖或包住，当孩子在设备上活动时，便会得到大量的触觉刺激，而并非只是用强迫的方式来增加孩子的触觉刺激。

3. 当孩子出现情绪紧张、心跳加速、呼吸急促等状况时，马上教导孩子做深呼吸来缓解或者马上暂停，待缓解后或择日再继续进行。

三、触觉防御的教育策略

除了专业的康复治疗之外，孩子在园所或业余培训机构，也可以利用感觉统合训练教室或相关器械开展有针对性的训练，来帮助孩子减轻因触觉防御而产生的困扰。

1. 训练准备

可以穿加重的背心（可利用多口袋的钓鱼背心或登山背心，在每个口袋中均匀地放入沙袋来增加重量）。

这里需要对环境加以布置，设计一些需要用力或出力的关于手功能的活动。例如，剪有厚度的纸、做橡皮擦擦拭的动作、擦大范围的黑板……

（1）座位安排于边角处或最后一排，减少被他人碰触的机会。

（2）当接近孩子的时候，以正面的方式靠近。

（3）碰触前先告知参训者，而对于脸、脖子等敏感度高的部位尽量不碰。

（4）训练场所尽量采用自然光。

（5）将桌椅角用东西包住，以减少移动时发出刺耳的声音。

（6）训练场所需加装窗帘。

2. 游戏治疗法

尽量采取游戏方式，为身体提供深压觉和阻力性的活动。

（1）压路机：让孩子仰卧或俯卧在垫子上，用大龙球在其身上滚过去。

（2）作茧自缚：让孩子躺在毛毯的一端，将毛毯裹到身上，再向另一端滚动，让毛毯把孩子裹起来（注意：头不可包在内）。

（3）洗泡泡澡：让孩子进入海洋球池，假装洗泡泡澡。必须洗到全身每一个部位，包括手、脚、腿、手臂、前胸、后背、肚子、肩膀、头、脸等部位；洗好后离开球池，再用毛巾稍微用力擦干身体每一个部位。

（4）逃生术：将孩子以棉被或毛毯裹紧后（注意：头不可包在内），要求孩子自己爬出来。

（5）泥巴画：将颜料和入糨糊、面粉、黏土或沙子中，让孩子用手去搅拌，可以只是让孩子体验颜料在手上的感觉，也可以用它作画、捏塑，也可以用脚去涂抹或画画。

（6）瞎子摸象：让一个孩子用毛毯将自己裹起来，由另一个孩子来摸，并猜猜看摸到的是身体的哪一个部位，也可以将摸人的孩子双眼蒙上后再摸。

四、触觉防御的延伸评估

在触觉刺激反应方面，触觉敏感儿和自闭儿有相当的共同性。感觉统合理论创始人爱尔丝博士对触觉防御的孩子曾设计了如下的测评表供家长和老师参考。

特别说明：以下表现，如果符合项超过三分之二，且持续时间超过 6 个月，需要尽快带孩子去医院专科问诊，而且要认真规划必要的功能训练。

1. 容易分心，常会坐着动个不停或左顾右盼。

2. 坏脾气，尤其对亲人特别不好，喜欢强词夺理。

3. 不喜欢到陌生地方或人多拥挤的场所。

4. 偏食或挑食，不吃水果、蔬菜等辅食或口感软糯的食物，有的只喝牛奶或只吃固定食材。

5. 极端害羞，碰到陌生人常特别紧张，会结结巴巴无法顺利说话。

6. 内向，朋友少，喜欢独处，沉默寡言。

7. 看电视、电影时常喜欢大叫，容易兴奋、感动，易激惹。

8. 极度怕黑，到暗处一定要人陪伴，晚上拒绝出门，不喜欢一个人在空屋。

9. 不喜欢上学，常无故或因琐事而逃避去学校。

10. 更换床铺后便入睡困难，棉被、枕头都必须使用固定的。

11. 清洁鼻子和耳朵时，常显得情绪非常不稳定。

12. 喜欢黏特定的人，并且非常渴望对方的拥抱和溺爱。

13. 睡觉时喜欢咬被角，抱固定的棉被、衣服或玩具。

14. 喜欢吸吮手指、咬指甲，不喜欢别人帮忙剪指甲。

15. 不喜欢脸部受到碰触、抚摸，讨厌洗脸、洗发或理发。

16. 有人协助穿衣服、袜子或拉袖口时，会特别紧张。

17. 不喜欢别人由背后接近，常会产生严重不安感。

18. 经常到处碰、摸、动不停。

19. 喜欢穿宽松的衣服，天不冷也常穿厚重的毛衣或夹克。

20. 能够与人正常交流，却不喜欢有肌肤接触的行为。

21. 对某些布料或衣服的质地特别敏感。

第五节
案例解读

一、啃咬手指甲：典型的缺失型触觉失调

1. 成因

（1）触觉信息输入不足；

（2）儿童天然具备自我补足的能力；

（3）家长不当干预导致愈发顽固；

（4）训练干预方法不得当导致长期不见效；

（5）三大基础感官未能同步训练导致感官发展不平衡。

2. 训练建议

（1）前庭平衡觉基础项目训练；

（2）圆形跳床常规训练；

（3）圆形跳床延伸训练。

3. 教具选择

（1）圆形跳床；

（2）小滑车；

（3）红色大陀螺。

二、用奶瓶喝水到 4 岁：典型的依赖型触觉失调

1. 案例

4 岁男孩，就读幼儿园小班，无论在任何场合总是带着奶瓶，用奶嘴吸吮方式喝水或单纯吸吮奶嘴。

2. 成因

大脑的感觉统合运作不良，造成触觉刺激缺乏或偏差，导致对某物产生依赖行为，或是在婴儿期父母及其他监护人呵护过度等因素。孩子触觉需求未获得适当的满足，就会对特定的触觉刺激如奶嘴、手指、玩具、家具、被服等，产生过度情感依赖的状况。

3. 训练建议

触觉依赖的发生主要是由于触觉刺激缺乏，所以要先适度满足孩子对触觉的需求，孩子对触觉需求得到适度满足后，就会逐渐改变其习惯，家长可以在家中或游戏场与宝宝从事以下的活动，对于孩子的依赖情况会有不错的改善。

（1）摩擦身体游戏：使用各种不同柔软度的刷子，或不同质料的布，来摩擦宝宝的四肢、背部，强化及增加触觉刺激的效果。

（2）软垫三明治游戏：用毛巾被、毛毯或薄被将孩子包裹起来，滚动或轻压孩子的四肢，以增加触觉刺激。

（3）借助专业器械的触觉训练。

4. 教具选择

（1）小滑车；

（2）红色大陀螺。

第六节
家庭训练建议

儿童触觉失调的表现虽然多面而且多变，但干预策略并不复杂，主要训练方法就是

大量输入触觉刺激。

一、加强触觉刺激输入的活动

1. 轻重（宁轻勿重）力量不一的拥抱练习，偶尔穿插紧抱；

2. 自己或利用各种设备，如毛巾、软毛刷、海绵按摩身体各处，尤其是大面积肌肤；

3. 对着脸、耳、手、脚较为敏感的部位吹气或使用电吹风（低档低热运行）；

4. 在身体各处贴安全无毒的胶带（动作轻柔无痛感、无伤害）；

5. 水龙头下冲洗双手或淋浴喷淋全身；

6. 玩土、玩沙、玩水、玩泥巴；

7. 泡泡浴；

8. 运用电动按摩器、电动刷摩擦皮肤；

9. 用软垫或棉被轻轻挤压（动作轻柔无痛感、无伤害）孩子的身体；

10. 轻轻拍打（动作轻柔无痛感、无伤害）身体各处；

11. 掐、拧（动作轻柔无痛感、无伤害）手或脚；

12. 用指尖弹击肌肤表面（动作轻柔无痛感、无伤害）；

13. 轻碰（撞）或用塑胶锤轻敲头部（动作轻柔无痛感、无伤害）；

14. 用柔软的球击打（动作轻柔无痛感、无伤害）身体各处；

15. 有节奏地拍打、敲打（动作轻柔无痛感、无伤害）肩、胸部等较为平整的部位；

16. 配合歌谣拍打（动作轻柔无痛感、无伤害）腹部、臀部、头部和脸颊；

17. 选择合适部位呵痒；

18. 热毛巾擦脸和手；

19. 体验各种大容器内水的不同温度；

20. 握持、触碰冰块。

二、针对触觉敏感的训练建议

1. 用各种不同质地的毛刷、干布摩擦刺激手指、掌心、躯干、四肢的皮肤；

圆形跳床上的腾跃三连拍

2. 毛巾游戏，用大毛巾把孩子裹起来，让他在毛巾中滚动，刺激身体的不同部位；

3. 让孩子身体靠墙，或用两个垫子把孩子挤压在中间，从轻到重挤压身体的不同部位；

4. 用梳子梳头，用吹风机（冷热）吹动全身不同部位；

5. 玩橡皮泥、湿面粉及泥巴，刺激手指肌肉的活跃度；

6. 穿越隧道、四肢爬行、翻滚；

7. 在浴缸内做沐浴游戏；

8. 在大自然环境中学习游泳；

9. 仰卧或俯卧在垫子上，用颗粒大龙球进行全身不同部位的挤压按摩；

10. 海洋球池中的活动，让孩子模仿游泳、钻爬、跳跃等姿势。

三、小宝宝的触觉功能筑基训练（1—18 个月，精细动作端）

1. 一个月

手不仅是动作器官，而且是智慧的来源。多动手，大脑才能聪明，切不可怕小儿抓脸便给他戴上手套，或想各种办法限制他不让乱动。反而应当创造条件，在不同生长发育阶段，让孩子充分地去做抓、握、拍、打、敲、叩、击打、挖等动作，为宝宝的心灵手巧打下坚实的基础。

手的运动：把宝宝平放在床上，让他自由挥动拳头，看自己的手，玩手，吸吮手。

2. 两个月

（1）手的被动抓握。

经常抚摩宝宝双手，促进抓握反射，将响铃棒的小棒放入宝宝的手心，宝宝会马上抓住小棒，大人用手握住婴儿的小手，帮助他坚持握紧的动作，也可以让婴儿学习抓住父母的手指。

（2）抓握。

可以把质地不同的旧手套洗净，塞入泡沫塑料，用松紧带吊在婴儿床上方他的小手能够得着的地方，父母帮助婴儿够握吊起的手套，让小手抓握毛线、橡皮或皮手套，还可让宝宝触摸不同质地的玩具，以促进感知觉的发育。这一时期的宝宝喜欢手甚至胜过有声有色的玩具。

（3）看小手。

两个月的宝宝特别喜欢看、玩、吸吮自己的手，这是婴儿心理发展的必然阶段，不仅不能干涉，而且还要提供便利条件协助宝宝玩手，比如，手上拴个红布，戴个哗啦作响的手镯等。

3. 三个月

够物抓握。

这个月的宝宝双手能在胸前互握玩耍，要给宝宝更多能够抓握的机会，可以在他看得见的地方悬吊带响声的玩具，扶着他的手去够取、抓握、拍打。悬吊玩具可以是小气球、吹气娃娃、小动物、小灯笼、彩色手套、袜子等，质地应多样化，利于手部触觉训练。每日数次，每次 3—5 分钟。

4. 四个月

（1）够取悬吊的玩具。

够取眼前用绳子系着的晃动的玩具，要经过许多步骤。先用手摸，玩具被推得更远。宝宝再伸手，玩具又晃动起来。经过多次努力，宝宝终于用两只手一前一后将它抱住，宝宝会兴奋地咯咯笑。大概要到 5 个月时宝宝才能用单手准确、熟练地够取。

（2）准确抓握。

把宝宝抱至桌前，桌上放几种不同的玩具，让他练习抓握。每次 3—5 分钟，玩具经常变换，可以从大到小，反复练习，并记录能准确抓握的次数。

5. 五个月

（1）伸手抓握。

将宝宝抱到座位，面前放一些彩色小气球等物品，物品可从大到小。开始训练时，物品放置于宝宝一伸手即可抓到的地方，慢慢移至远一点的地方，让他伸手抓握，再给第二个让他抓握，观察宝宝是否会把物品传给另一只手。

（2）手指的运动。

把一些带响声的玩具 (易于抓握的) 放在宝宝面前，先让他发现，再引导他的手去抓握玩具，并在手中摆弄，然后除了继续训练他的敲和摇的动作之外，还要训练宝宝学会做推、捡等动作，观察拇指和其他四指是否在相对的方向。

6. 六个月

（1）够取小物体。

继续让宝宝练习够取小物体，物体要从大逐渐到小，从近逐渐到远，让宝宝练习从满手抓到拇指、食指抓取。

（2）扔掉再拿。

让宝宝坐着，给他一些能抓住的小玩具，如小积木、小塑料玩具等，先让宝宝两手都去抓玩具 (家长一件一件地派发)，然后再给他玩具，看到他会扔下手中的一个，再拿起另外的一个，就是"熊瞎子掰棒子"的玩法。

（3）选择物体。

可以同时给宝宝 2—3 件种类相同但形状或颜色不同的玩具，让宝宝进行选择，借机提前培养"比较"和"分类"的数概念。

（4）玩具倒手。

在和宝宝玩玩具时有意识地连续向一只手递玩具或食物，大人示范让宝宝将手中的东西从一只手传到另一只手。反复练习，就尽早掌握"玩具倒手"。

7. 七个月

（1）抓握练习。

让宝宝练习用手抓起小积木，把宝宝比较熟悉的积木块放在他面前（手能抓到的地方），训练他能用拇指和其他手指协作抓起小积木，每日练习数次。

（2）对击玩具。

继续练习双手玩玩具，并能够对击。例如让宝宝手中拿一只带柄的塑料玩具，对击（同时互相敲击）另一只手中拿的积木，敲击出声时，家长鼓掌奖励。选择各种质地的玩具，让孩子对击各种声音，促进手—眼—耳—脑协调能力的发展。

8. 八个月

（1）捏取。

让宝宝练习用手捏取小的物品，如小糖豆、大米花等，开始宝宝用拇指、食指扒取，以后逐渐发展至用拇指和食指相对捏起，每日可训练数次。家长要陪同宝宝玩，以免他将小物品塞进口、鼻而发生危险，离开时要将小物品收拾好。使用拇指、食指捏起小件物品，这是人类才具有的高难度动作，是大脑运作能力高速发展的标志。

（2）食指的技巧。

训练宝宝用食指深入洞内钩取小物品。如果棉被或睡袋有破缝，宝宝就会钩出棉花塞入嘴里。用指拨类玩具可以让宝宝的食指发挥最大的功能，可用食指拨转盘、拨球滚动、左右按键等。小药瓶也有用，但瓶口要大于 2 厘米，防止手指伸入后拔不出来。

9. 九个月

（1）放手。

和宝宝玩多种玩具，训练他有意识地将手中玩具或其他物品放在指定地方，家长可给予示范，让他模仿，并反复地用语言示意他"把某某放下，放在某某上"，由握紧到放手使手的动作受意志控制，手—眼—脑协调又进了一步。

（2）投入。

在宝宝能有意识将手中的物品放下的基础上，训练宝宝玩一些大小不同的玩具，并指导宝宝将一小的物体投入到大的容器中，如将积木放入盒子内，反复练习。

10. 十个月

（1）放进去，拿出来。

在训练小儿放下、投入的基础上，把宝宝的玩具一件一件地放进"百宝箱"里，边做边说"放进去"。然后再一件件地拿出来，让他模仿。这时要让他从一大堆玩具中挑出家长指定的一个，这样不仅促进了手—眼—脑的协调发展，而且增强了认知能力。每日练习1—2次。

（2）打开套杯盖。

拿一只带盖的塑料茶杯放在孩子面前，向他示范开盖，再合盖的动作，然后让他练习只用大拇指与食指将杯盖掀起，再盖上，反复练习，做对了就热情表扬。用塑料套杯或套碗，让宝宝模仿大人一个一个套，以促进宝宝的空间知觉的发展。

11. 十一个月

（1）乱涂乱画。

给宝宝提供适宜的笔（彩色蜡笔）和纸（不会割破手的那种），先训练扶着他的手学握笔，再在例如鱼眼睛处点上小点，他看到"自己会画鱼眼睛了"，十分兴奋，以后他会经常练习"作画"，实际上是胡乱涂画。

（2）开合书册。

经历过家长用故事书给宝宝讲故事的，用故事书教会他将书打开又再合上；未经历过用书讲故事的孩子，不懂得翻开书页，只会双手拿书翻来覆去，不会掀开。无论是否听过故事书，或是否会开合动作，只要宝宝爱玩弄书本，就有教育效果。给宝宝翻的书最好画面大一些，字大而少，画面色彩鲜艳，故事活泼有趣。在翻书中培养宝宝的专注、喜欢读书、爱学习的性格。

12. 十二个月

（1）翻书。

拿专供婴儿阅读的大开本彩图、薄而耐用的书，边讲边指导他自己翻看，最后让他自己独立翻书。家长观察宝宝是否顺着看，从头开始，每次翻一页还是几页。孩子开始时可能不分顺逆和次序，要通过认识简单图形逐渐加以纠正。随着空间知觉的发展，孩子自然会调整过来。

（2）手的动作。

继续和宝宝玩多种玩具，加强手的动作练习，如用积木接火车、搭高楼，可达2—5个。自己用瓶喝水，用勺吃饭，和同伴相互滚球或扔球玩，打开盒盖或瓶盖从中取东西等。

13. 十三个月

这时的宝宝开始有了主动性，应和宝宝开展很多动手的游戏，以促进手—眼—脑协调能力的快速发展，学会更多的操作技能。

（1）盖盖，配盖。

将用过的盒子、瓶子、杯子当玩具。家长先示范打开一个瓶盖，再盖上。然后让宝宝模仿。宝宝打开一个，再盖上；家长再给他另一个不同的，他又打开，盖上。练到比较熟练后，再练习给不同形状大小的瓶子的盖子配对。宝宝在这种开盖、盖上、配盖的动手游戏中，大大促进了动作智商的发展。

（2）倒豆、捡豆。

准备两个广口瓶，其中一个放豆子数粒，让宝宝练习倒豆，从一个瓶子倒到另一个瓶子，起初家长扶着瓶子，以免瓶倒，稍微扶一下往里倒的那只手，对准瓶口往里倒，慢慢就不往地上撒了。再准备两个小盘、两个瓶子，让宝宝把盘子里的豆子捡到瓶子里，亲子同捡，看谁快，宝宝如果都能放到瓶子里，就予以鼓励或奖励。

（3）搭高楼。

搭积木是宝宝空间知觉和手—眼—脑协调水平的主要标志。开始搭时总搭不上，放歪或掉下来，家长在旁稍微扶一下，放一个，要拍手给予表扬，以增强宝宝搭高楼的兴趣和成就感。

14. 十四个月

（1）摆积木。

宝宝能自己用 3—4 块积木"搭高楼"，或摆 5—6 块玩"接火车"。大人不在时能自己玩 1—2 分钟。

（2）用手指将小球投入杯内。

大人先示范用拇指和食指拿稳小球，拿到杯口时说"放开"，让小球落入杯内。宝宝拿球时，大人也告诉他拿到杯口时"放开"。当宝宝放入第一个球，家长点头表示赞同，以后宝宝会继续将桌上 4—5 个球准确地放入杯内，倒出，放入。这是手—眼—脑协调不可或缺的训练，不要怕浪费时间而不引导宝宝做此游戏。

15. 十五个月

（1）穿珠子。

用塑料绳穿固定瓶盖的小环，学会将绳子放入小孔内之后，再让宝宝学穿大的别针后面的圆孔，宝宝逐渐学会穿算盘珠子、扣子。

（2）投小球入瓶。

示范用食指、拇指拿稳小球，拿到瓶口时手放松后，使球落入瓶中。熟练后可以计算每分钟宝宝能准确投入几个。

16. 十六个月精细动作训练

（1）穿珠子。

学会用绳穿上几个珠子。宝宝会将绳子穿入小孔内，但要在孔的另一侧将绳子提起，这个动作要经过反复练习才能熟练，可以渐渐加快速度，并提高准确性。是手—眼—脑协调训练的好方法。

（2）开门。

会拧门把手，推开门，或者会拉开横闩和扣吊，打开柜门，有些宝宝会将钥匙插入锁眼，学着转动开锁。

17. 十七个月

（1）倒来倒去。

会用手泼水或用塑料小碗装满水倒来倒去。大人可以帮助孩子将小瓶小碗装满水让它们沉到水下面，又将水倒空使小瓶小碗浮在水面。

（2）玩沙。

用玩具小铲将沙土装进小桶内，或者用小碗将沙土盛满倒扣过来做馒头。孩子玩的沙土要先将石头和杂物过筛去掉，并用水冲洗过。每次玩之前要用带喷头的水壶将沙土稍微浇湿，以免尘土飞扬。玩耍完毕用塑料布将沙土盖上。玩沙是促进皮肤触觉统合能力发展的重要方法之一。

18. 十八个月

（1）穿珠画画。

训练手的精细动作，如用尼龙绳穿珠子、用筷子夹菜、解系按扣等，要边示范边让小孩学做，反复练习。会正确握筷子后，可以用筷子吃饭。诱导孩子涂涂画画，如画直线、圆、曲线等。拼图是一种很好的手部精细动作能力的训练，家长可将一幅图如人头像或一个水果剪成两瓣或三瓣，让孩子试拼图，你先示范，然后让孩子模仿。

（2）玩套叠玩具。

套碗、套塔、套桶等，是一种按大小次序拆开和安上的玩具。大人可以示范指导宝宝按次序装拆，宝宝会聚精会神地自己尝试。既培养了专注能力，又学会了大小的顺序。宝宝通过用手操作，眼看实物一个比一个大，渐渐体会了数的顺序和空间感知能力。

本章附录：触觉功能失调自测表

表一：触觉过度敏感

1. 不爱洗脸或洗头：不喜欢脸或是头被别人碰触，例如洗脸或洗头。

2. 不爱洗澡：不喜欢洗澡，或坚持洗澡水一定要是热的或是冷的。

3. 不爱穿袜子：尽可能把袜子脱掉，或无法忍受袜子的缝线，以及袜子穿着的时候有点歪掉。

4. 不爱刷牙：拒绝刷牙，非常讨厌看牙医。

5. 不愿赤脚走草地：不肯赤脚走在草地上、沙土上，或是涉水。

6. 不喜欢剪指甲：找尽理由逃避剪指甲。

7. 拒绝梳头或理发：梳头、理发、洗头甚至拍他的头也会引起强烈反应，严重时激烈反抗或大哭。身上的毛发被触动会引起明显反感，微风吹动他的毛发都难以忍受。

8. 情绪起伏大：在高高兴兴游戏时，常常会突然生气，让人难以应付。

9. 对衣服材质挑剔：对衣服的材质挑三拣四，不喜欢新衣服、粗糙的花纹、衬衫的领子、套头衫、毛衣、帽子或围巾等。

10. 偏爱长袖或短袖等衣物：有些小朋友比较喜欢穿短袖，就算是冬天也不爱戴帽子与手套，因为不喜欢衣服接触到皮肤的感觉；有的却排斥短袖，坚持穿长袖长裤，有时甚至坚持要戴帽子或手套，就算是炎热的夏天，也不愿让皮肤曝露在外。

11. 挑剔食物：

挑食——只吃特定的食物，不愿意接受新口味。

食物温度——有些小朋友会拒绝热食，有些则排斥冷掉的食物。

12. 拒绝亲吻：不喜欢亲吻的轻微接触感觉。

13. 避免接触特殊纹路或材质：会极力避免接触某些特殊纹路或是材质的表面，比如某些质料的布、毛毯、地毯或是填充的动物玩偶。

14. 拒绝陌生人的触碰：除了父母、家人与熟悉的人之外，会拒绝别人善意的拍肩关怀等触碰到身体的动作。

15. 讨厌看不见的触碰：对于有人从后面靠近，或是在视线外的触碰都会让他感到不舒服，产生情绪化的反应。

16. 不喜欢人多的地方：对于会产生触碰行为的状况，会感到不舒服或有情绪化的反应。到了人多或有人靠近他的地方时，会表现出不安的情绪，慌张害怕，甚至十分排斥。

17. 排斥轻微触碰：对于他人不小心轻微的触碰，会产生不舒服与情绪化的反应，因而表现出焦虑、敌意与攻击性。被轻微触碰到后，他会不断地抓或是捏那个被触碰到的地方，以舒缓不舒服的感觉。婴儿期可能就会拒绝拥抱逗弄或安抚的动作。

18. 错误解读感觉输入：对于一般触碰会解读错误，认为是疼痛的感觉，例如当雨滴打在身上，他们会形容像被一根一根的刺刺中一般；轻轻拍他一下，他会形容成很痛的感觉。

19. 不喜欢会弄脏的游戏：不喜欢脏脏的感觉，因此排斥如玩沙、手指画、粘贴、涂胶、泥巴还有黏土等游戏，而且异常的吹毛求疵，就算只有沾到一点点土也要立刻洗掉。

20. 疼痛反应过度：对于身体上的疼痛经验反应过度，即便是一点小刮伤也会大惊小怪。可能会连续几天都喋喋不休地反复叙述同一个受伤的经验。

21. 踮脚尖走：常踮着脚尖走路，以减少跟地面接触的机会。

友情提示： 如果您的宝宝在日常生活中，有3项或3项以下表现符合以上的自测项目，家长暂时无须太过紧张，只要注意对宝宝增加相应感官刺激，未来几周内认真观察就可以了；如果宝宝的日常表现符合的自测项目超过3个，请家长千万不要等闲视之，应该要马上寻求专业人士或专业机构的帮助，为孩子安排适宜的评估和训练。

表二：触觉反应不足

1. 反应迟钝：除非是很强烈的刺激，否则好像对触碰没什么反应。

2. 对脏东西没有反应：对于脸上的脏东西没什么感觉，甚至是在嘴巴或鼻子四周，通常不在意自己嘴巴脏了或是流鼻涕了。

3. 对于疼痛没有反应：对于剐伤、挫伤、割伤所引起的疼痛，似乎没什么反应。

4. 感受不到别人的痛苦：在游戏的时候，常撞到其他小孩或是宠物，但看起来一点歉意都没有，因为他根本感受不到别人（或小动物）的痛苦。

5. 丢三落四：因为触觉系统感应不良，东西忘了拿他也不会有什么感觉，所以老是丢三落四。

友情提示： 如果您的宝宝在日常生活中，有2项或2项以下表现符合以上的自测项目，家长暂时无须太过紧张，只要注意对宝宝增加相应感官刺激，未来几周内认真观察就可以了；如果宝宝的日常表现符合的自测项目超过2个，请家长千万不要等闲视之，应该要马上寻求专业人士或专业机构的帮助，为孩子安排适宜的评估和训练。

表三：触觉辨别不良

1. 双手操作能力弱：不太会灵巧地运用双手摸东西，对他而言，双手就像是不太熟悉的两个附属品一样。

2. 尽量避免触觉经验：不喜欢对于别人而言有兴趣的触觉经验。

3. 辨识物品的外在属性有困难：对于东西的外在属性、外观、形状、尺寸大小、密度等等有辨识上的困难。如无法从口袋中正确地摸出十元或五元的铜板。

4. 抓握与使用工具有困难：例如不太会使用剪刀、叉子，也不太会握笔。

5. 衣服穿得乱七八糟，鞋带总是没绑好或是腰带扭曲。

6. 动作怪异：例如用怪异的方式穿戴手套或袜子。

7. 怕黑：晚上必须开灯才能入睡，进入暗室或是光线不足的地方会异常恐惧。

友情提示： 如果您的宝宝在日常生活中，有2项或2项以下表现符合以上的自测项目，家长暂时无须太过紧张，只要注意对宝宝增加相应感官刺激，未来几周内认真观察就可以了；如果宝宝的日常表现符合的自测项目超过2个，请家长千万不要等闲视之，应该要马上寻求专业人士或专业机构的帮助，为孩子安排适宜的评估和训练。

动起来吧
这个世界原本就不该太深沉
乐起来吧
在课堂上表达你的创意和兴奋

我们和你在一起
给你一个爱的眼神
你和我们在一起
赴心灵之约
写下爱的寄语　记录爱的延伸

——2021.03.15

Part 6

The Awaken of the Sensory Organs

决定儿童长远发展的，既不是他们本身的天赋，也不是客观环境，而是儿童对于客观现实以及他与客观现实之间的关系的解读。

——阿尔弗雷德·阿德勒（奥地利人本主义心理学先驱，个体心理学的创始人）

第六章
前庭平衡觉：感官司令部，感觉平衡器

请用你的右手摸一下你的后脑勺（我负责任地告诉大家，全国各地的人民群众都管这个部位叫"后脑勺儿"），那是我们的脑干区；再用任意两根手指（刚才的那只手也可以用），分别轻轻触碰一下你两耳的外耳道，然后先别动，因为再往里是你的中耳区，你的手指是进不去的。刚才的三个触点如果各自向前发展，当它们交汇的时候，就形成了我们的前庭神经中枢，请注意，实际上它的体积很小很小，小到比一粒黄豆还要小很多，而且它的江湖地位也很尴尬：它隶属于听神经，在人体的神经组织当中，最多算个县级单位。

但它的作用却不容小觑，它是人的三大基础感官：触觉、前庭平衡觉、本体运动觉和两大高级感官：视觉、听觉的枢纽组织，它几乎掌管着全身所有的感官运作。人的感觉信息，要么从前庭这里发生，要么来前庭这里报到，总之，它就是我们的"感官司令部"，它的命令你敢不听吗？

当你走路不小心差点摔跤的时候，大部分人的身体会做出一个可分三级的保护动作。

高级动作：强大的平衡能力让你的身体略微一晃，依然能保持风姿不减、浑若无事。

中级动作：俗称一个趔趄和踉跄，外人看上去有点尴尬，但好歹你保全了"清白"之身，没有跌落凡尘。

初级动作：你摔倒了，但你的上肢或者身上肌肉组织较为丰厚的部位站出来保护了更重要的部位，比方说头、脸、肩、手指、手腕等等，所以，你依然毫发无损，年轻人可以打个滚再爬起来，老同志直接站起来就行，如果没人看见，你的心头还会有一点窃喜。

糟糕的状况不是没有，也会有一部分人摔到了头和脸，这是那些平衡能力极差的人，但这样的状况大部分都发生于 7 岁之前的人类身上，那叫"前庭平衡"失调。

实际上前庭系统与触觉系统具备防御保护功能一样，也使人具备了求生的本能，当我们在步行状态下有可能跌倒时，前庭系统会立刻侦测到这一信息并开始发挥作用，双脚或双腿先做出伸直的动作，确保身体不会头部先着地，而且其他系统也会引发保护性反应，借助感觉统合的良性运作，对地心引力做出合理回应，来防止跌倒时身体受到损害或者将这种损害降到最低限度。

前庭平衡觉，顾名思义，它号令多种感觉系统，护你周全，保你平衡，所以它也被称为"感觉平衡器"。

何谓"前庭"？

大家还记得中国传统文化中相学的定场诗级别的那句"天庭饱满、地阁方圆"吗？

没错，"前庭"的"庭"就是"天庭"的"庭"，但请注意，这里指的不是玉皇大帝的辖区，而是你的额头。再加上一个"前"字，就很形象地指明了前庭平衡觉的主要任务：采集并处置来自人的面部正前方的所有信息，主要是视觉和听觉信息。

前庭平衡觉管着你的千里眼和顺风耳，你说厉害不厉害？

第一节
基本概念

一、定义

脑部负责侦察地心引力的感觉神经系统叫前庭系统，它包含前庭神经核、前庭接收器，以及中枢神经系统其他部位（大脑、小脑和脊髓）所连接的神经束。

在大脑后下方脑干的前面，有一个微小的雷达式感应器官，它负责处理前庭信息，并使用这些信息来维持直立姿势、平衡姿势以及许多其他自动功能，同时负责为所有其他的感觉处理许多讯息，特别是关节与肌肉的感觉信息，它就是前庭神经核，以此组成的神经体系的功能，便是前庭平衡觉。也叫内耳觉。

接收器是位于内耳的半规管与耳石器官，功能在感知头与地平面的关系，以及时平衡身体，免于跌倒，或在跌倒的瞬间，调整头与地面的角度以避免撞击，使伤害降到最低。

半规管：由互成直角的3对半圆形管（前管、后管、侧管）构成，当身体移动时，管内淋巴液流动，触动里面的毛细胞，侦察人体与三个方位面（垂直面、横面、直面）的头部空间动作，即接受上下前后的移动（包括地心引力）的活动感觉，然后将旋转、加减速度等动态信息传到前庭神经。

耳石：内部与半规管相通的球囊与椭圆囊遍布着平衡斑，其中的毛细胞可辨识头部姿势的变化，是前庭系统动态感应器，负责接收加速动作和旋转活动。

以上两者传出的信息，都会引发身体做出平衡反应。

前庭平衡觉是大脑功能的"门槛"，它的主要功能是接收脸部正前方视、听、嗅、味、触讯息，并作过滤及辨识再传入大脑，使大脑不至于太忙碌，注意力才能集中，对于孩子长大后的视觉、听觉信息的学习，前庭平衡觉的影响最大。由于前庭是大脑"门槛"，整个身体的触觉、本体运动觉信息也必须经它过滤以选择重要的讯息做出回应，所以前庭觉必须和平衡感形成完全的协调，才能让我们正确辨识身体的空间位置，这就是"前庭平衡觉"这一正式名称的由来。

前庭平衡觉是人体神经系统整体运作的灵魂。

二、前庭平衡觉的发育过程

前庭系统是一般人不太注意的内耳前庭对地心引力的感觉，人们比较容易了解的是皮肤触觉、眼睛的视觉和耳朵的听觉等。其实人类生活在地球上，无论处于任何状态，都会受到地心引力的影响，只是因为完全习以为常，所以才感觉不到地心引力的存在。

前庭觉早在孕期大约第9周就开始操作，直到身体的主人寿终正寝那一刻，一直将对地心引力产生的无休止的感觉信息汇入中枢神经系统，其他视、听、触感觉则在出生以后才开始全面发展功能，而且都重叠在前庭感觉之上：人类主要的学习感官——视觉和听觉都在头颈部，语言表达的器官——唇、齿、喉、舌等口腔发音器官也在头颈部，所以前庭平衡觉的发展与孩子的语言、认知、社交、思维以及专注力等发展水平密切相关。如果前庭功能不正常，其他感觉也都或轻或重一定失调。前庭平衡觉的作用和地位，如同高楼大厦的地基，因此，欲追求感觉统合的正常化发育与发展，先决条件是要先做到前庭功能的正常化。

前庭平衡觉的五大功能：

1.接受面部正前方传来的视、听、嗅、味、触等感觉信息，进行过滤及辨识后再传入大脑；

2.过滤与筛选所有进入大脑的感觉信息，以保持正常脑压及维持正常的脑功能运作；

3.调节身体及眼球的动作，特别是身体与地心引力之间的关系；

4.接收身体各骨骼、关节、肌肉及肌腱传来的感觉信息，侦测头部的位置并调整头部的方向及重心，同时维持肌肉张力（肌肉处于活动状态），指挥肌肉及骨骼做出正确的动作，以维持全身的平衡；

5.维持身体及情绪的稳定性。

三、司令大人英雄本色

除了身体平躺的时候，前庭系统几乎都在执行任务，的确是身先士卒、英雄本色。前庭系统与许多神经系统的运作息息相关，例如，孩子能把注意力集中到目标任务上，就是前庭、本体与视觉三者共同作用的结果。这也就是我们所说的"感觉统合"。

前庭平衡觉与其他各感觉系统的关系如下。

1. 前庭与视觉： 人在凝视时，需要头颈部保持稳定不动；追视移动目标时，需要头颈部稳定地移动，才能保证捕捉的影像是清晰的。前庭系统将地心引力的强弱信息，提供给视觉系统，形成远近、高低、前后、左右等方位概念，形成"空间视知觉"。

2. 前庭与听觉： 这两个系统的接收器都在内耳，并合并为第八对脑神经，双方在功能上有相辅相成的效应。

3. 前庭与本体运动觉： 刺激提高肌肉张力，带动肌腱、韧带、骨骼与关节做出平衡动作，并维持姿势。前庭平衡觉与本体运动觉的信息整合，掌握四肢在三度空间的位置，形成有意义的身体知觉。

4. 前庭系统与大脑统合： 前庭系统的神经纤维分别送信息到左右大脑半球，促进身体左右两侧统合，使孩子在学习复杂动作时可以做出灵敏的反应。

5. 前庭系统与情绪中枢： 前庭中有神经纤维联系情绪中枢，而影响情绪中枢，包括正面与负面，如兴奋、紧张、平静等。

6. 前庭系统的整合功能： 前庭系统发挥的是脑部基础功能，它只负责默默地运作，因此对成年人来说，可以完全忽略它的存在，但对于成长中的婴幼儿，前庭系统在其整

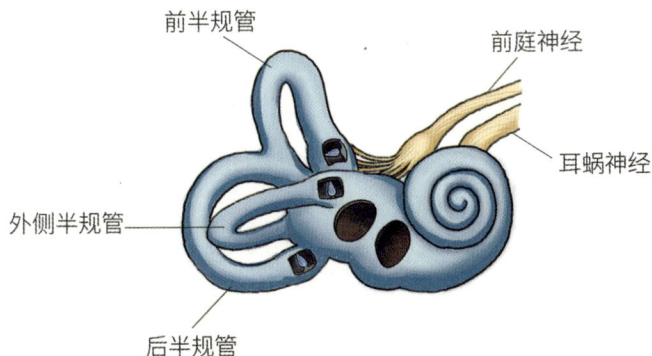

前半规管

前庭神经

耳蜗神经

外侧半规管

后半规管

左图
前庭的生理结构图

体发展上，扮演十分重要的角色。比如婴儿通过抬头看、侧头听、踢腿、挥手、摇晃身躯等活动，能够体验感觉输入脑部的喜悦，于是不断反复动作。借助这种积极的活动，不但丰富了婴幼儿的经验，也活化了他们的大脑。这其中，前庭系统扮演着最基本也是最重要的角色，发挥出类似于我国战国时期纵横家推行的一种外交和军事政策一样的功能：合纵连横。

前庭平衡觉对感觉信息的有效处理，可以帮助我们的身体发展以下技能。

1. 重力安全感，包括信心和稳定情绪

2. 运动与平衡能力

前庭系统在怀孕第 9 周开始操作，大约到第 12 周时成熟。初生儿最初的一切行为反应就是由反射动作控制，包括吸吮与抓握等。随着年龄渐长及神经系统的成熟，前庭会逐渐发挥其功能，支持孩子做出俯卧时抬头、把上半身支撑起来的动作，直至学会坐、爬、站、走。

3. 肌肉力量

我们的身体姿态，例如坐直身子，需要许多肌肉的收缩和伸展，再配合平衡反应才能实现。前庭失调的孩子肌肉张力较弱，他们常伏在桌面上或蜷缩在沙发上，也特别容易感到疲倦，因为他们消耗了过多的精力来对抗地心引力的牵扯。

4. 大脑双侧协调

双侧协调是指灵活运用身体的双侧、左右手、左右脚并且双侧整合运作。两侧协调出现困难，例如写字做不到用另一只手接、递东西，进食做不到一手端碗、一手拿筷子或是勺子，还会出现把字写反之类的情况。

5. 动作计划能力

儿童只有由前庭系统接受信息加之本体运动觉、触觉及视觉的配合，才能正确地理解空间的相对关系，前庭失调儿童由于身体及空间概念不好，因此动作计划能力欠佳，也使他们较难掌握一些不熟悉的或初学的动作技巧。

6. 眼球动作，视觉及空间概念

由于前庭系统的指挥能影响眼球的运动，眼部神经太松或太紧，使我们在头部固定不动，或者头部和身体移动时，双眼能够有效且稳定地注视着物体。这种功能对于一个婴儿自幼学习专注及视觉追踪，以及以后的视觉发展都是非常重要的。而前庭失调的儿童，因为眼球不能平稳地移动，因此他们存在阅读困难。

7. 听觉及语言

由于前庭接收器在内耳，所以前庭与听觉关系密切，又因语言要透过听觉而习得。因此听觉是学习语言的基本条件。前庭失调的儿童在听觉上可能有问题，影响他听不清别人的发音，加之口腔功能不协调，所以在语言表达上会有问题。

8. 情绪及行为发展

各种不同形式的前庭刺激都有稳定个人情绪，甚至激发愉快心情的功能，带给儿童安全感和兴奋的情绪，但是前庭失调的孩子，因无法有效控制自己的手脚，因而害怕跌倒，自然不敢尝试游乐设施，同时带来恶性循环又影响前庭的正常发展。令他们情绪不稳，影响人际关系及情绪行为。

四、前庭平衡觉的重要性和意义

1. 前庭平衡觉是人类学习的枢纽

前庭平衡觉和大脑之间有非常密切的关系。前庭系统机能正常时，人的一生中，对重力（地心引力）会有持续性的信息输入，这些感觉信息会与其他感觉信息以不断重叠的方式输入大脑，所以这些重力感的讯息，由于相当持久和稳定，在它输入神经系统后，便会成为眼睛及其他身体感觉做判断的依据，头部转动或弯曲时，前庭感觉接受器中的碳酸钙晶体，会离开原来位置，改变前庭神经系统的传输流程，这种现象在跳跃、跑步、摇晃等身体姿态发生显著改变时更为严重，会使三对半规管中的惯性液体发生流动，感觉接受器立刻受到很大的影响。其他像走路、乘船或头部有轻微振动时，前庭感觉也会立刻有反应。

因此，在我们所有感觉器官中，前庭平衡觉是最敏锐的，其信息决定着我们能否顺应环境、肢体能否灵活操作最重要的因素。前庭平衡觉随时在提醒我们头部的位置和身体的方向，我们的视觉信息接收才有了意义，所以前庭功能运作不良的孩子，眼肌肉和颈部神经也运作不良，视觉便很难跟上移动的目标，也很难将双眼由一点移到另外的一点，眼球的移动变得不平稳，常会以跳跃的方式去追踪新目标，必然造成孩子在阅读、写字、画线、涂色和抛接球等方面的困难。

此外，前庭平衡觉会将感觉信息由脊椎体神经体系传达到身体各部位，通知肌肉必须做收缩和运作，以适应环境的需要，同时，也会将肌肉和关节信息传到前庭神经核及小脑，形成身体、神经、大脑功能的互动，是人类探索环境，适应环境的最重要基础。如果这方面功能运作不良，便无法达成感觉统合，孩子便会常常跌倒或撞墙，动作显得笨手笨脚，甚至害怕行动，更会进一步造成感觉信息的严重扭曲，而影响到身体的协调行动能力。

前庭系统中的网状组织，作用在帮助大脑保持清醒和警觉状态，所以当身体快速转动时，前庭系统必须迅速调节，才能让我们保持适度的清醒。如果前庭系统活动量低，调整的作用便会呈现不良，孩子就会出现多动及注意力散漫的现象。

2. 前庭平衡觉的功能正常运作对儿童的正常发展具有重要意义

如果前庭平衡觉发育不成熟，身体便会反映出以下各种现象：

重力平衡的能力不稳定，平衡感明显不良；

运动企划能力差，严重时无法正确、有效操控肢体，会因太靠近人或常无故碰触他人，而造成人际关系的严重不良；

空间感的判断经常失误，对环境的知觉多多少少都有障碍，常无法判断距离和方向，在人多的地方容易迷失方向；

又因为缺乏重力感，很难有空间透视感，因而写字时会常把数字、字体或偏旁部首写反，甚至前后反读；

肢体做交叉动作时有困难，左右手交叉活动时，无法有效地控制，出现双侧分化困难；

视觉统合不足，眼球运动有困难，眼球无法控制视觉移动；

很难双手或双脚合并做相同的动作，如同时举高双手，或双脚并拢前、后跳动有困难；

词汇体系发展不佳，词汇使用经常错误，词句组织短而混淆。

总之，前庭运作不良会造成其他感官的相关异常：

（1）视觉发育不平顺；

（2）听觉识别不足；

（3）平衡失常；

（4）本体运动觉发育受阻；

（5）触觉过度敏感。

多种感官的连带失调，会导致儿童经常有挫败感，容易丧失信心，养成恐惧、伤心、生气、亢奋等不良感觉，无法有效压制及协调，最终使儿童的人格和情绪的健全发展受到严重的阻碍。

有关在日常生活和学业发展中的具体表现，我们集中在下一节展开讨论。

器械上（对掌握重心提出更高要求）的爬行训练

第二节
爬行的原理与重要性

近年来，很多有良知的脑科学和神经生理学专家向全社会发出警告：豪华舒适的婴儿车、婴儿座椅和光滑的木地板剥夺了很多小宝宝练习爬行的机会，这会导致儿童早期的感觉统合失调。

　　英国切斯特神经生理心理学研究所专家萨利·戈达德·布莱斯指出，早期爬行动作的练习对平衡、手眼协调和运动技能至关重要，而这些关乎儿童读写能力的发展。布莱斯说：与 25 年前相比，现在的婴儿趴着的时间越来越少。她表示，一天当中，长时间保持坐姿的婴儿，有不正常完成发育重要阶段的危险，像学习控制头部和发展颈部及上肢力量，这个发育阶段的能力没有达标，但有可能被粗心大意的家长就此跳过。这可能引起在身体平衡、姿势动作和眼动控制方面的问题。她还说：首先靠肚子、然后靠手和膝来爬的动作，有助于推动并强化宝宝平衡感的发育，它还能有效训练孩子视线范围内的手眼协调能力，这对宝宝以后认知活动中读和写意义重大。

　　英国爱丁堡大学的一位前讲师克里斯廷·麦金泰尔也强调了爬行在婴幼儿发育中的重要作用，她表示，多数有写字困难和协调问题的孩子从未爬过。她说：父母们认为孩子直接学会走路在某种程度上是一种超前，其实并不好。抬起一只手和另外一边腿的爬的动作非常重要。但现在，家长们通常把宝宝放进婴儿车里，不准他们乱动。为了不让宝宝磕碰或擦伤，他们铺上木制地板。其实，家长们最需要做的是，把孩子放到地面或草坪上，让他们翻个身趴下，变成蠕爬的姿势。

　　北爱尔兰对 339 名年龄在 5—6 岁的儿童进行的有关基本身体技能的调查发现，48% 的儿童平衡感和协调性较差。

一、爬行的原理

　　目前地球上存活历史比较悠久的动物，都是身体的躯干与地面完全平行，保持着爬行的姿势，比如鳄鱼、蜥蜴、娃娃鱼等，这说明了我们人类在出生之后还不会站、不会走的时候就学会的爬是一个原始动作。

　　有的孩子后天为什么出现明显的前庭失调？就是因为在发育的初期，缺失了"爬行动作"这个重要的阶段。

　　前庭神经中枢是人们借助视听功能感知世界以及大脑接收所有正面传来信息的司令部，如果孩子抢在爬行之前，忙着学会了站、跑、跳，这就造成原始动作没有充分成熟，原始反射无法及时消除，也就有了前庭直接关联的触觉、视觉、听觉和本体运动觉等感官的不良反应。

婴儿从出生到长大动作发展的顺序是：

1. 从整体动作到分化动作；

2. 整体动作逐渐发展到局部化、准确化、专门化；

3. 整体动作由上部动作为主，发展到下部动作；

4. 由大肌肉动作向小肌肉动作；

5. 由身体中央躯干向边缘部分；

6. 由早期的无意动作（吸吮动作、防御动作、定向动作等）向后期的有意动作发展。

我们再来分析一下古老相传的"三翻、六坐、七滚、八爬"。

正常的发育进程是：孩子大约6个月可以坐起，坐起来之后和躺着相比，对周边环境的观察角度发生重大改变，所以就会有新的探索、新的发现，孩子开始更多地调动自己的身体，他发现倒下，接着发生滚动，然后再重复做一遍的时候，他的身体终于实现连续的翻滚。

按常理，3—5个月的孩子基本上可以控制住流口水，如果到了5个月之后，还不由自主地流口水，那就一定是他的前庭系统运作不良，口唇肌等小肌肉所牵连的触觉和头部平衡感觉的发育是有问题的，流口水的孩子的发音系统和口语表达都会有一些不平顺的问题。解决这个问题也要靠爬行训练的不可或缺。

6个月大的孩子，颈背部肌肉的发育已经可以对抗地心引力，腹部力量也已经具备并接近成熟，所以，3个月会翻，6个月会坐，要依靠颈背肌肉的发育来帮助孩子做支撑。孩子满8个月之后，由不自主的跪爬开始，逐步地引导他转为蠕爬，全身的动作发展至此走上正确而完整的轨道，直至站、走和跑的动作。

肌肉力量加骨骼支撑等于自信心，有效的、正确的爬行动作是累积自信心的开始。

爬行的原理是什么？

1. 爬行是典型的原始动作；

2. 爬行是全身动作成熟的标志；

3. 爬行负责制造感官与体位的丰富变化，带来视野与认知的扩大；

4.蠕爬动作可以强力支持前庭平衡系统的发育和运作（本章所提及的与训练相关的"爬"均指"蠕爬"，蠕爬在所有的爬行动作中可以最高效、最全面、最综合地输入必要的、特定的、强烈的感觉刺激）。

二、爬行的重要性

爬行是对孩子身体第一阶段的感官发育与肢体动作发展的一个总结，一个阶段性提高的标志，一个证明他发育正常的依据。

类似于摇篮那样有节律地摆荡，是锻炼新生儿前庭平衡能力的第一步。接下来用趴伏、转头的动作来训练新生儿的俯卧姿势，为学爬做好准备。大人发出指令，通过两耳收听与抬眼视物，以及与抬头动作相配合，不仅促进了婴儿颈部肌肉的发育，也使视、听等感觉与管理肌肉的神经联络更加顺畅。由于婴儿管理身体平衡的前庭功能发育较早，所以视觉和听觉最先与前庭发生统合，并在6个月前起到支撑婴儿躯体和肌肉活动的作用。到了第7—8个月，前庭和小脑的协调使身体活动时有了保持平衡的可能，这时便可进行爬行训练。通过爬行，在手膝、手足爬行和四肢轮流支撑体重的运作中，四肢肌肉耐力和肌肉张力得到锻炼，同时加强了前庭与其他感觉系统的统合，尤其是使本体运动觉更加灵敏。所以，最晚从孩子8—9个月开始，至少用4—6个月的时间，比较集中、比较系统地引导孩子练习爬行，感官的均衡能力才能打好基础。

爬行动作是身体平衡与姿势动作的基础，如果这两项比较差，就说明他小时候没有爬过；如果对这两项加以训练，就会保证感官之间的协调运作进步得比较快，所以，训练爬行，就是在为身体平衡和姿势动作打基础。

爬行的核心元素在于它是前庭与本体的完美融合，一个动作可以练到前庭和本体，与地面的摩擦又可以练到触觉，要求他听指令就可以练到听觉，抬头向前又同时练到了他的视觉和前庭平衡。

四肢与地面垂直，这叫象爬；蹲姿叫鸭爬；采取蹲姿横向移动的叫螃蟹爬；膝盖、手臂支撑向前爬，这叫小狗爬或跪爬。我们要求的是身体与地面完全平行，可以用抬头动作，输入颈部张力，然后通过四肢的运作来调动躯干向前移动，称之为蠕爬。蠕爬是爬行训练最有效的姿势。

感觉统合是一种人体自身的本体感觉，人们平时学到的一切技巧都是凭借本体感觉的，良好的本体感觉归功于大脑中前庭系统有效的统合起视、听、触等其他感官，同时又能灵活地支配身体各部位肌肉的协调活动。

爬行训练对控制和组织眼、手、脚的协调有极大的益处。研究者通过对同龄婴儿的对比观察发现，会爬的婴儿动作灵活、敏捷、情绪愉快、求知欲高，充满活力；而爬得少或不会爬的婴儿，往往显得较为呆板、迟钝，而且易烦躁。爬得好的孩子，走起路来也快，学说话也早，认字和阅读的能力也强。可见爬行训练对婴儿的健康成长至关重要。

爬行的重要性小结：

1. 锻炼颈部肌肉和骨骼，帮助颈背肌肉与颈椎能更有力地支撑头部，进而帮助前庭平衡觉获得有效的进步；

2. 带来头部的有效挺直运作，可以有效传送颅内神经以及血管所产生的信息和营养，为脑组织的工作提供充足的氧气和养料；

3. 有利于氧气和养料的充沛供应，带来清晰、活跃的大脑，支持孩子克服掉脖子发软发酸、双手托举下巴、趴伏课桌和易打瞌睡等失调动作；

4. 爬行体位时，将头部上仰，除了产生源源不断的颈部张力之外，还可以带来更宽广、更新颖的视野，眼球、眼肌受到目标物带来的上下左右的多方向刺激，大约到 3 周岁过后，视觉聚焦能力得以发展（可以有效治疗读书跳行、脱字）；

5. 促进颈背肌肉的活跃，可以向脑干的前庭神经中枢输入更密集的刺激，有利于前庭觉的进步（治疗写反字、左右不分、空间对应能力低下）。

不同的动作对孩子前庭的影响

左图旋转时的小朋友
前庭呈现旋转的状态

右图平衡时的小朋友
前庭呈现倾斜的状态

第三节
前庭平衡觉失调表现

一、前庭平衡觉失调的原因分析

前庭平衡觉失调是由大脑未能有效地处理前庭感觉的信息造成的，大致可分为过敏反应和过弱反应。

过敏反应是不能容忍身体动作，不喜欢甚至抗拒任何身体动作的动态反应，他们对于前后、上下移动的活动，特别是快速的活动都感到抗拒，坐在汽车后座感到晕眩，他们抗拒任何旋转，认为很危险，也不喜欢游乐场的任何设施，包括秋千、滑梯等。每当旋转或摇晃发生后，总会表示晕眩或想呕吐，这样的孩子越逃避动作，他的反应能力便会越差；越缺乏身体协调及动作计划的经验，越会抗拒这类活动。

过弱反应的儿童会不断追求动作方面刺激，才能令前庭系统正常运作，他们特别喜欢旋转而不觉眩晕，之所以如此，是由于脑干和神经中枢前庭通道堵塞，这样的儿童往往多动，专注力很短暂，不过动作运作协调能力可以很强。

前庭平衡失调还有一种类型我们称之为重力不安全症。人类活动与地心引力是息息相关的，前庭平衡觉告诉我们身体和地面的关系，我们与地面所建立的信任就是重力安全感。儿童天生就有一种内在的驱动力去体验地心吸引力，他们喜欢跑、跳、摇晃、翻跟头，如果能有效掌握与地心引力的关系，就能稳定情绪，但感到重力不安的儿童会非常抗拒这些稳定的感觉，这是由于他们与地心引力缺乏这种基本信任，他们很害怕双脚离地，会产生显而易见的紧张和恐惧感。

二、前庭平衡觉失调对儿童认知或学业的影响

前庭功能运作不良会使一名看上去很正常的儿童，在常规的认知行为、学习活动和人际交往中遇到很大的困扰，我们来看一下他们在集体中的不良表现：

1. 上课时分心，爱做小动作，缺乏自制力；

2. 做作业东张西望，磨磨蹭蹭，心不在焉，常写错字、反字；

3. 常把阅读颠倒，做事丢三落四；

4. 任性，好动，黏人，喜欢捉弄人，浮躁又有坏脾气，对同学之间偶然的碰撞难以控制而发生违纪行为，造成人际关系紧张；

5. 难以与人合作同乐，难以与人分享玩具和食物，基本不考虑别人的感受；

6. 反而一遭遇到挫折就丧失信心，容易恐惧、伤心、生气或亢奋等；

7. 有个别儿童可能有语言发展缓慢、说话晚、语言表达困难或不清楚等表现。

儿童在阅读、写字、听课时，既要保持身体、头脑的相对平衡稳定，又要提高眼球运动的自我控制力，平衡能力正常，眼睛追视、检视能力才能达标，获得学习所需的视觉集中性（注意力）；平衡能力不佳，身体和眼球之间的相对稳定能力会不足，就会坐不住、坐不稳、小动作多、缺乏耐心，几乎无法顺利完整地参与各种集体活动或学习活动。

三、学前儿童前庭平衡觉的不良表现

1. 不喜欢或害怕站在高处，怕被举高，不敢爬高，连双手可以抓住栏杆的简单攀登都尽量避免；

2. 容易出现一再反复攀爬、跳跃、自高处跃下等动作，常常坐不住；

3. 不喜欢骑木马、荡秋千、玩跷跷板、转圈等，或特别喜欢上述活动，久转而不觉得晕眩；

4. 害怕跨越水沟或走独木桥，怕搭乘电动扶梯，对站在高处或有跌落危险的情况，表现得非常恐惧；

5. 过马路或在快速移动的人群中多有迟疑，有时会因此摔跤或迷失方向；

6. 登高会觉得头重脚轻，不敢向别处看或走动，会尽量避免从高处跳到低处；

7. 当地面有高低落差时，动作会很缓慢、笨拙，容易被绊倒或自己摔跤；

8. 双脚跳、单脚跳、远跳、跳高等做不好，动作笨重，或学习跳绳有困难；

9. 常以"啊"来回应对方的话，需对方再说一遍，或毫无反应；

10. 听觉记忆差，别人交代的事马上忘记，需不断重复指令；

11. 智力没有问题却很晚才会说话、语音不清晰，组合句子或编组故事有困难；

12. 孩子本身健康、活泼、拥有正常智力，但学习、阅读或算术却特别困难；

13. 眼睛不灵活，眼前的东西不容易找到，追视移动中的物体有困难；

14. 从复杂的背景中分辨出特定图形有困难；

15. 看图建构立体积木有困难，绘画构图差，认字慢；

16. 念书易漏字、跳行或前后字念反，写字容易写反字；

17. 对静态活动缺乏学习兴趣，或只喜欢静态活动，特别不爱动；

18. 做事无次序，组织能力差，条理性差；

19. 动作反应很慢，摔跤时手臂不会做出保护头部的撑地动作；

20. 在眼睛看得见的情况下，常碰撞桌椅、杯子或旁人，常常估算不准自身和身边人事物的距离或方位；

21. 看书眼睛会累，却可以长时间看电视或电影；

22. 不喜欢移动性玩具；

23. 喜欢听故事，不喜欢看书，听的容易记住，看的却容易忘记；

24. 外出容易迷路，方向感和距离感差，对立体空间景物或物品相对位置记忆困难；

25. 蜡笔着色和铅笔写字都操作不良，而且比一般人慢，常超出轮廓或方格之外；

26. 不规则图形的拼图总比别人差，对模型或图样的异同辨别有困难；

27. 不喜欢把头脚倒置，例如，害怕翻筋斗，不喜欢打滚，或不喜欢打斗游戏；

28. 对游乐场的游乐设施又喜又怕，比一般孩子更需要他人的扶助；

29. 对不寻常的移动，例如，上下车、在车中从前座移到后座、走不平的地面或从斜坡上往下冲跑，动作特别缓慢，甚至常常摔跤；

30. 下楼梯比上楼梯慢，且显得很害怕，手会紧紧抓住栏杆；

31. 旋转时，很容易失去平衡，晕车严重，车行进中，会因转弯太快或坡度太陡而受到惊吓；

32. 在桌面上学习打绳结比拿起绳子在手中打结更容易；

33. 很难一眼辨别出不同尺寸的相同物品，例如，同一种类型的积木很难将其按照大小或长短顺序排列整齐；

34. 拍球或接球有困难，投球很难维持固定方向或投中目标物；

35. 对空间距离知觉不准确，方向感不强，左右分不清，鞋子穿颠倒，到人多的地方会迷路；

36. 常会跌倒或撞墙，常打碎东西，身体动作协调能力差，如做跨越箱、跳马等技术性动作显得笨拙，系鞋带、扣纽扣等细致动作较慢。

四、造成上述表现的直接原因

1. 孕期准妈妈活动量不足、饮食不当（尤其是抽烟或喝酒，造成脐带收缩，影响脐带对营养的输送）或长期频繁的负面情绪；

2. 婴幼儿时期摇抱不足、俯趴抬头不足或爬行不足；

3. 家长过度限制幼儿做"冒险"或"危险"动作，导致幼儿钻、爬、跑、跳或攀爬不足；

4. 家长过早要求幼儿从事过量的知识学习或读、写、算活动；

5. 家长无暇或没有精力陪伴幼儿游戏，长时间让幼儿看电视；

6. 家中活动空间不足或不安全，过早并且长时间让幼儿坐学步车或关在婴儿车中。

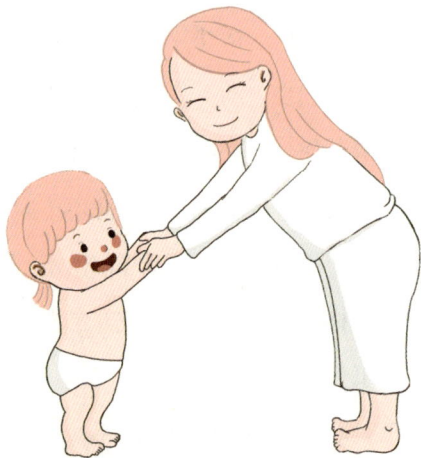

学步的前奏是
掌握好站立的平衡

五、前庭平衡觉失调的学龄期行为表现

1. 不易了解所阅读的文字，或很快对阅读的文章（句子）失去兴趣；

2. 看东西或看文字的时候，容易随着眼睛移动方向而转动头部；

3. 围成圆圈听老师讲话或看老师做动作时，容易把身体转成面向老师；

4. 对图画、单字、标志或物品的相似与差异处感到困惑；

5. 会漏掉文字或数字，阅读或写字会找不到自己读到哪里了；

6. 做学校作业时，写的字大小不一，字跟字的距离忽大忽小，数字也排列不整齐；

7. 在与空间关系有关的精细动作活动上表现很差，例如，拼不规则形的拼图和沿着线剪东西；

8. 画画时，笔动得不顺，或是写字时，整排文字会逐渐往上或往下偏；

9. 会误判环境中物体之间的空间关系，经常会撞到课桌椅或是踩空楼梯；

10. 无法使阅读的内容在脑海中形成画面，难以唤起物体或人的影像，也无法将照片和文字跟真实的物体联结在一起；

11. 对移动的东西或人感到不舒服或不知所措，所以常常逃避需要移动的团体活动；

12. 写作业或抄写时，眼睛或身体很快就感到倦怠；

13. 对稍复杂的文字叙述很难理解，需要重复阅读并拆解句子来帮助理解和记忆；

14. 方向感很差，经常弄不清楚左边和右边，也经常走错方向；

15. 不易了解空间相对位置和方位等概念；

16. 走路、跑跳常碰撞东西，不善于和同伴投球和传球，排队和游戏有困难；

17. 上课容易坐不住，喜欢不断挪动身体或起身走动，甚至喜欢绕圈跑；

18. 穿脱袜子、衣服、扣纽扣、系鞋带等动作，向来迟缓或完不成；

19. 不会自己洗澡，身体很多地方常常没洗到，或洗了很久却洗不干净；

20. 爬格子、单脚跳、跳绳、拍球、接球、前滚翻、荡秋千等都做不好也学不好；

21. 对拿笔写字、剪贴、着色、结绳、坐标对应等做得不好或非常慢；

22. 饭桌上经常弄得很脏，收拾书桌或书包很困难；

23. 做手工、做家务事很笨拙，使用工具时，抓握动作很不顺手；

24. 常惹麻烦，例如，打翻碗盘、撞伤他人、从高处跌落等，需家长特别保护；

25. 常力量使用不当，容易把铅笔用断，把玩具、文具弄坏，或使用后散落四处；

26. 握笔不正确，写字慢，用笔会过度用力或不会用力；

27. 涂色会超出范围，画直线条扭曲，写字歪斜、难看；

28. 无法正确且完整地捕捉到他人说话的重点，对他人话语的含义也常常理解错误；

29. 听别人讲话或上课时，无法专注聆听，因此常有断章取义或听不懂的现象；

30. 专心看书就无法专心听讲，专心听讲就无法专心看书；

31. 常常自顾自地讲话，不理会他人插话的声音或无暇对他人的话做出反应；

32. 常常丢三落四、没头没尾、忘东忘西；

33. 排队时，无法察觉自己没有对齐前面；走路或骑车无法保持靠边走或骑，常不知不觉太靠路中央或太靠旁边的建筑物；

34. 不敢使用蹲式厕所；血压正常却常因身体重心改变而头晕；

35. 学数学有困难，对分数、加减乘除综合运算、代数、多次方、体积变化、绝对值、二进制等较复杂、抽象，需做平面与立体空间转换思考的内容都学得很慢，也学得不好；

36. 容易有恐高症，容易晕车或成为路盲；

37. 肌肉或骨骼较无力，容易累，较无法承担重责。

上述行为表现若未经感觉统合训练加以干预或矫正，大部分行为和能力状态都会持续到成年以后，在身体的神经回路被强化且固化后，身体的不适会逐渐减轻，但心理的挫败感并不会减少，慢慢就形成了我们的惯性行为或惯性反应，以及某些领域难以突破的低弱能力。

前庭平衡觉对我们的大脑影响最大，因为如果前庭平衡觉运作不良，将会使我们的大脑发育不良、脑功能区分化不完全、对身体各部位传来的感觉信息辨识不足，导致大脑无法做出正确的决策、下达正确的指令以及有效地控制肌肉的收放，做出适当的行为。例如，无法通过阅读或书写正确接收讯息或传达讯息；无法和人保持适当距离以表示双方情感的亲疏；无法轻松地操作简单的工具，导致短时间工作即感到非常疲累；无法理解他人的情绪反应和弦外之音，言行举止不知轻重而遭人厌恶等。

脱离地面的平衡练习

第四节
案例解读

一、孩子晕车为哪般？

1. 基本评估

晕车在 2 岁到 12 岁的儿童中属于常见失调现象，属于典型的前庭平衡敏感型失调。

2. 训练建议

（1）前庭平衡觉相关游戏都能起到干预作用；

（2）身体的整体平衡训练；

（3）爬行训练；

（4）身体平面快速旋转练习，注意旋转方向要保持有规律调整；

（5）乘坐机动车在车辆转向时，双眼的视觉指向要与车辆转弯的方向保持一致，转弯结束后双眼的方向选择也恢复正常。

3. 专属教具

（1）圆形跳床；

（2）爬行垫；

（3）圆形小滑车；

（4）红色大陀螺；

（5）飞碟秋千。

二、孩子写反字是怎么回事？

1. 现象列举

有些孩子总是把 6 写成 9，把字母 b 写成了 d。而且在学习方面出现了左右不分的问题，生活中常常把鞋的左右脚穿反，衣服扣错扣子或者干脆不会扣扣子等。

2. 基本认知

写反字，即"镜像书写"现象，顾名思义，"镜像书写"就是孩子写出的字体，是正常字体的镜像对称版本。很多 3—6 岁的孩子，都会出现镜像书写的现象，这属于孩子发育期大脑尚未发育完善阶段很正常的现象，也就是感觉统合失调的一种表现，是由于孩子的视觉、触觉、前庭平衡觉等感官对外界输入的信息不能很好地传达到大脑，大脑对于相对复杂的文字经常会出现"上下左右"的混淆，但它自己认为没有区别。这种镜像书写现象，一般会持续到孩子六七岁。

3. "镜像书写"的由来

意大利文艺复兴时期著名艺术家、工程师、科学家莱昂纳多·达·芬奇可以说是个非同凡响的"奇人"，他在绘画、雕塑、建筑、科学、音乐、数学、工程、文学、解剖学、地质学、天文学、植物学、古生物学和制图学等多个领域都取得了极高的造诣和成就。

这样一个伟大的人物，书写方式也非比寻常。因为达·芬奇是左撇子，所以他一生都用"镜像书写"的方式做笔记，他所有的书稿均是镜像文字（部分内容还是缩写），这也为后人参阅、破译带来了天大的困难。更加奇怪的是，他与别人的书信往来，却一律正常书写。达·芬奇到底为何会采取"镜像书写"的方式记录书稿至今仍是未解之谜。

法国认知神经科学家、科学院院士、梵蒂冈教皇科学院院士斯坦尼斯拉斯·迪昂通过多年科学研究发现：大部分儿童都会经历一个"镜像阶段"，在这一阶段他们会在阅读和书写的时候混淆左右。这一现象在孩子第一次开始学习的年龄阶段短暂地出现一段时间，然后很快就消失了。除非这个现象在8—10岁以后依然存在，否则没有必要担心。

大家明白了吧？完全没有必要为孩子的"镜像书写"而焦虑，因为不是只有你的孩子在这么干。

"镜像书写"虽然是孩子成长过程中常见的阶段性问题，但也需要家长引起重视，如果你的孩子问题比较严重，不仅影响了书写，还影响了正常的阅读，或者超过了专家提出的合理年龄范围，那就必须及时就医。

4. 为什么有的孩子会出现"镜像书写"行为？

（1）跟孩子发育进程有关。

孩子刚学写字的时候处于"具体形象思维"时期，此时的他们主要凭借事物的具体形象或表象来记忆，而不是通过理解事物的概念，判断或推理来进行记忆。所以对于抽象的汉字，孩子只能记住大概的形状，却很难通过逻辑理解记住文字的具体笔顺，因此在书写时就会出错。3—6岁儿童也正处于空间方位认知逐渐完善的过程，由于还没有形成空间概念，所以很容易出现左右不分、颠倒书写的情况。8岁以上的儿童对空间位置的辨别能力往往已经基本发展成熟，就不太会出现"镜像书写"的情况了。

（2）跟大脑的对称性有关。

人类的大脑分为左右两个脑半球，占据左右半球的枕叶区域的视觉地图，其组织是互为镜像的。科学家通过实验证实，我们在出生之前以及在与视觉世界进行任何接触之前，大脑将左右对称性整合成一个基本特征并期待其周围环境具有这些特征，所以人类

平衡训练是
感觉统合的核心项目

可能天生就具备对称性类推的预置机制，在与环境的相互作用中变得更加突出，就像大部分人天生就能看懂镜像字一样，大脑具有对称识别的能力。

（3）视知觉相关能力不足。

写字首先要通过视知觉来观察和获取文字的信息，然后再通过大脑的整合与指挥，才能准确地写出汉字。这个过程就需要孩子用到视觉区辨能力（看清文字之间的差别）、视觉空间感知能力（观察文字的间架结构）、视觉记忆能力（记忆文字笔顺和形状）和手眼协调能力（眼睛看到的同时手能顺利地写出），而这些能力的发展，是随着孩子年龄的增长而不断成熟的，一般到7岁左右，孩子对于图形和字符空间位置的辨别能力已经基本发展成熟，才开始很少犯左右颠倒的错误。

（4）与触觉、本体运动觉和前庭平衡觉的发育与运作不良有关。

（5）过早学习写字容易出现这种情况。

（6）书写量原因。

视知觉能力偏弱的孩子在作业量很大或大量抄写时，由于视觉分辨能力反应不良，就容易写反字。

（7）脑震荡等外伤原因。

脑震荡是指头部遭受外力打击后，即刻发生的短暂的脑功能障碍，可能表现为读写功能障碍，出现小孩写字总是写反的情况。家长可以在医生的指导下给孩子使用谷维素片等药物来治疗，并且注意休息，避免剧烈运动。

（8）智力障碍原因。

智力障碍是由多种原因所致的神经发育障碍性疾病，可以表现为语言发育延迟、读写能力低下等，所以小孩写字总是写反可能是智力障碍导致的。家长可以在专业人士的指导下带孩子参加康复训练。

5. 我们应该怎么做？

（1）在给孩子进行形状启蒙的阶段，让孩子多观察物体的形状，注意形状的方向，多开展一些判断形状、方向类的活动或游戏。

（2）在教孩子认识字母时，重点关注字母的外形，最好能将字母跟某个相似的物品或外形相似的物品相关联，打通视觉系统的腹侧通路。

（3）在让孩子进行书写练习时，可以让孩子先临摹，熟悉并掌握字的左右结构，按照字的笔画顺序，一笔一笔正确书写。

（4）多跟孩子开展一些找不同、涂色、走迷宫、拼图等游戏活动，帮助孩子提高视觉处理能力，提升手眼协调能力。

（5）精准锻炼肌肉：为孩子握笔与写字做好必要准备，开展系纽扣、摆放玩具、开关盒子等用手感知物体的游戏，同时为开始练习写字做好了手部肌肉的准备。

（6）对比练习：将孩子容易写反的字例收集起来，分析这些字的差别，帮助孩子加强记忆，孩子在下一次写这个字的时候，就会朝着正确的方向去书写。

6. 孩子什么时候开始学写字最合适？

虽然孩子在 4 岁以后，手指的灵活度已经初步完成，同时在空间形状上有了辨析的能力，但由于眼部、手部和手臂的大小肌肉发育还没有完全成熟，所以这时开始学习写字有点早，可以在这一时期练习各种正确的握笔和运笔技巧。

真正开始写字最好在孩子满 5 周岁以后，大小肌肉发育与运作较弱的孩子可以更晚。家长可以为孩子布置一面与地面呈 90 度垂直角度的练字板，每次孩子都采取站立姿势，握笔手采用在墙上涂鸦的姿势练习写字，有助于孩子从提高基础力量和基本动作技巧开始走进认识汉字、书写汉字的神圣殿堂。

人生识字糊涂始，刚开始学写字的时候，最好多结合生活场景，把握住常见、易认、能用这三条"初学汉字"原则，注重给孩子创造体验感，不要养成压迫或催促的习惯，给孩子带来不良感受，反而会惧怕或讨厌写字。

第五节
家庭训练建议

一、适宜在家庭中操作的前庭平衡游戏

1. 坐在吊网、吊床内（绝对不要用转椅，含有较为复杂的机械构件，非常危险）左右前后旋转摆动；

2. 仰卧、俯卧在大龙球上滚动，挑战身体的平衡性；

3. 站在平衡装置如圆形跳床、平衡台（确保环境安全情况下）上接抛球或换手倒球；

4. 坐在三脚椅、两脚椅（废弃的、三条腿或两条腿的小板凳）上练习保持身体平衡；

5. 坐在羊角球上原地或向前跳跃；

6. 在平衡台或马路牙子（确保环境安全情况下）上走平衡台或直线行走；

7. 拍球、运球、踢球、互相抛接球结合走或跑的练习；

8. 跳绳，或骑安全的儿童自行车；

9. 荡秋千、攀爬绳架、在草地上翻滚；

10. 玩类似于跳格子、跳皮筋的游戏。

二、前庭平衡（兼顾本体运动觉）的重点时期（6—36个月）训练建议

1.6个月

（1）孩子可以从靠坐到独坐，开始的时候用双手支撑身体。每天需要训练4—5次，

每次5—10分钟，以后逐渐延长时间直至完全不需要双手支撑而独立坐；

（2）训练孩子可以连续翻身打滚，并且可以以腹部为中心打转；

（3）训练手的精细动作，让孩子用手抓取比较小的物件以训练手指的功能；

（4）训练孩子倒手传递玩具；

（5）可将孩子以水平的方式抱起，并且慢慢地上下左右移动然后原地旋转，之后再改换成孩子坐位的姿势上下移动或原地旋转，在做这个动作的时候一定要轻柔，不可剧烈晃动孩子；

（6）如果孩子俯趴或仰躺在保健球上已经适应前后左右摇摆，家长可以用双手托住孩子的腋下，让孩子坐在大球上，前后左右推动，使孩子感觉前后左右失衡的重力状态，并协助他恢复平衡。

2. 7—8 个月

（1）训练独立坐稳，有助于双手和手指动作的发展和协调；

（2）开始训练孩子腹部不离地面匍匐爬行，以后逐渐练习手膝爬行，有助于全身动作协调；

（3）大人扶着孩子的腋下鼓励他直立跳跃，逐渐掌握跳动技巧和增强下肢跳跃的力量；

（4）继续训练孩子有意识地松开手放下东西，进而再训练他把东西放在不同的位置；

（5）学习对击玩具；

（6）继续练习"捏取"动作，从大把抓到拇食指对捏。用拨拉算盘珠、转盘按键练习十指精细动作；

（7）坐在儿童车中可以由快到慢、由慢到快前进和后退。孩子可以坐在摇床、摇椅、座椅、秋千前后、左右，甚至是多方向轻轻摇晃，摇晃幅度不可过大，单次摇晃时间不可过久，也不可让孩子单独处在秋千上，以免发生危险！

3. 9—10 个月

（1）训练从俯卧到坐起；

（2）训练手膝爬行、爬越微小的障碍物；

（3）扶着站立→独立站立，扶着坐下，扶着栏杆迈步，扶着蹲下捡玩具；

（4）训练拇食指对捏；

（5）训练手的控制能力，投物到小的容器或小孔里，翻、看书，双手可以配合玩耍，如双击玩具、对套小桶、开关瓶盖等；

（6）坐或仰卧在滑梯从上滑下，或从下向上逆向爬到滑梯顶；

（7）坐转椅转圈、坐秋千前后荡漾，触觉训练，在海洋球池中找被藏起来的玩具。

4. 11—12 个月

（1）扶着栏杆站起来、蹲下，扶着栏杆或推着助步车行走，个别的孩子已经会独自站立，或由大人牵着手走路；

（2）家长将手放在孩子腋下训练直立跳跃告诉孩子"跳跳"，随着孩子的跳动的节奏给予不同的力度支持；

（3）训练手的动作，如翻书或将物品放在容器中，也可以从容器中取出物体，拇食指对捏更加熟练，喜欢用食指戳小孔，握笔涂抹；

（4）学会搭积木，最多可以搭起 3 层；

（5）在海洋球池中练习站立；

（6）初步学习使用工具，如勺、杯子，触觉训练，可以与他人互相拍打球玩，或者训练孩子踢踢球。

5. 13—15 个月

（1）能训练独立行走、拉着玩具前进；

（2）鼓励孩子侧行和倒退走几步；

（3）可以拉着孩子手上楼梯，虽然孩子掌握不好身体平衡，但是可以感知高和低的概念；

（4）经过训练可以搭积木 3—4 块，插孔玩具、笔插笔筒、拼插画片、穿珠子、钓鱼玩具，可以握笔涂鸦；

（5）学会使用勺将食物放进嘴里、用杯子喝水，触觉训练，玩水、土、沙子，游泳，赤脚走路，和小朋友一起玩需要身体接触的游戏。

6. 16—18 个月

（1）蹲下捡物接着站起来再走，侧着和倒退走；

（2）扶栏杆上、下楼梯，开始学跑；

（3）训练画线条、翻书看书、从小瓶取物，将 4 块积木搭成木塔，然后推倒；

（4）外出游玩坐转椅、座椅式秋千，触觉训练，训练抬脚踢球、抛球、赤脚走路。

7. 19—21 个月

（1）训练孩子可以稳定地倒退走和侧向走，走平衡木，跑步时可以绕开障碍物；

（2）让孩子学习简单的对折纸、拼图、穿珠子，经过培养比较熟练地使用杯子、碗和饭勺自己吃饭喝水；

（3）训练孩子准确画出一笔一横线或竖线。

8. 22—24 个月

（1）经过训练跑得很稳很少摔跤；

（2）能够扶着或者独立上楼；

（3）训练孩子双脚同时离开地面原地跳、蛙跳、兔跳；

（4）帮助孩子学会串珠子等游戏，能打开门闩开门，会折纸和逐页看书，使用笔学会画竖线和圈，可搭起 7—8 层积木或插片。

9. 25—30 个月

（1）训练孩子稳定的、独立的双脚交替上楼，独立下楼梯、单脚站立；

（2）学习骑三轮车；

（3）鼓励孩子在低矮的台阶上往下跳，当动作掌握稳定后，可以适当抬高高度；

（4）可以教孩子画一些简单图形，如直线、水平线、圆等，可以有意识地训练孩子用细绳穿珠子，玩积木和拼插玩具，用积木搭出一些汽车、火车、塔和门楼等；

（5）学习游泳。

10. 31—36 个月

（1）鼓励孩子单脚站立，单脚跳、使用脚尖走路、双脚离开地面原地向上跳跃或者跳远、从台阶向下跳（注意保护孩子的安全）；

（2）下楼梯时使用双脚轮换交替下楼；

（3）跨越障碍物；

（4）骑三轮童车、自行车等；

（5）剪纸、简单画画、逐渐学会穿衣服、扣纽扣；

（6）学习游泳。

本章附录：儿童前庭功能自测表

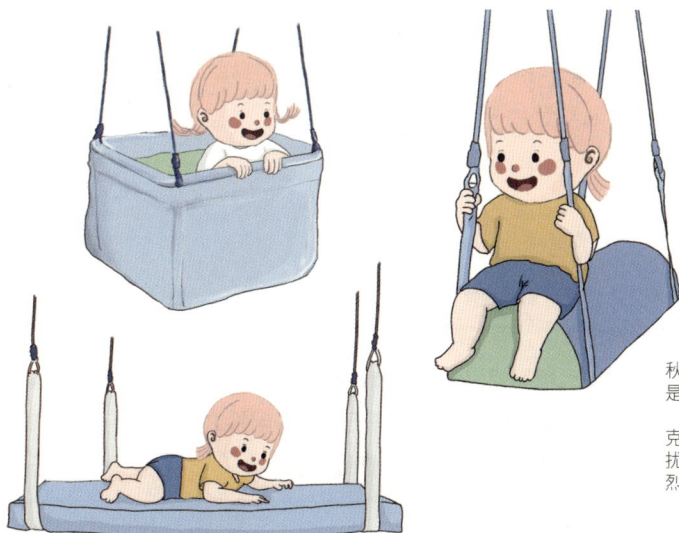

秋千，
是前庭平衡觉训练的核心教具

克服地心引力的缺失和秋千摆荡的扰阻，平衡系统和本体感觉产生强烈的交叉信息

"趴地推球"的预科练习，借助身体
平衡、双手投掷和视觉瞄定来最大限
度地激活颈部张力

表一：前庭反应过度敏感

1. 怕高：对于一般人都可以接受的高度也无法忍受；下楼梯的时候会异常紧张，双手紧握扶手；不敢从有护栏的阳台向外看。

2. 讨厌双脚悬空：不喜欢坐高脚椅或被高高地抱起，总是挣扎着要下来。如果有爸爸妈妈在身边帮忙，有时会愿意配合一下，时间一久还是会吵闹着要回到地面上。

3. 不爱玩游乐场中的大型设施：例如秋千、滑板、攀爬架还有旋转木马等。

4. 警觉性很高、动作慢、耐久坐、不爱冒险。

5. 不喜欢参与体能性的活动：例如跑步、骑脚踏车、滑雪橇或是跳舞等。

6. 排斥感官刺激：对于一般动作所带来的感官刺激产生负面与情绪化的过度反应。

7. 不喜欢头被倒过来：例如洗头时把头弯到水槽的样子。

8. 不喜欢爬楼梯：一上楼梯就觉得不舒服，常常贴着墙走或是紧抓着扶手。

9. 容易觉得晕眩：不管是乘车、坐船、搭火车还是搭飞机，都很容易晕眩。严重一点的，甚至连搭乘手扶梯和电梯也会无法忍受。

10. 看起来很任性、控制欲很强、难妥协或是过于懦弱。

11. 总是喜欢大人牵着他。

12. 无法忍受动作上的改变，因而逃避。

友情提示：如果您的宝宝在日常生活中，有3项或3项以下表现符合以上的自测项目，家长暂时无须太过紧张，只要注意对宝宝增加相应感官刺激，未来几周内认真观察就可以了；如果宝宝的日常表现符合的自测项目超过3个，请家长千万不要等闲视之，应该要马上寻求专业人士或专业机构的帮助，为孩子安排适宜的评估和训练。

表二：前庭反应能力不足

1. 写反字：很容易会把某些字写反，如b与d、6与9、p与q等。

2. 对于强烈、加速以及旋转的动作有很大的需求：例如在有滑轮的椅子上来回摇晃、旋转，在弹跳床上不停地跳，爱坐云霄飞车，喜欢在转弯处追逐竞速，做再多次也不会觉得头晕。

3. 热爱冒险，喜欢找刺激：例如骑车总是越骑越快。

4. 常常喜欢从很高的地方往下跳。

5. 好像需要不停地动来动去，才能够维持身体的运作似的。摇来摇去、荡来荡去、不停旋转、不停抖动身体、摇头、甩手、坐立难安。根本没办法好好地坐下来。

6. 很喜欢被翻转成倒栽葱的姿势，挂在床边晃来晃去，或是趴着被摇来摇去。

7. 平衡感很差，常常跌倒。

8. 常常不小心就撞翻物品或撞上家具。

友情提示： 如果您的宝宝在日常生活中，有3项或3项以下表现符合以上的自测项目，家长暂时无须太过紧张，只要注意对宝宝增加相应感官刺激，未来几周内认真观察就可以了；如果宝宝的日常表现符合的自测项目超过3个，请家长千万不要等闲视之，应该要马上寻求专业人士或专业机构的帮助，为孩子安排适宜的评估和训练。

表三：前庭神经辨别能力不良

1. 容易失去平衡：爬楼梯、骑脚踏车、踮起脚尖往上伸展、跳跃或是单脚站着的时候很容易失去平衡。

2. 动作不协调，甚至可以说是笨拙。

3. 老是为一些鸡毛蒜皮小事而紧张兮兮。

4. 肌肉张力低：看起来一副松松垮垮的样子。

5. 在有相对运动时，搞不清楚是自己在动，还是别人在动：例如坐在火车上，另一部火车从旁边经过时，分不清是自己在动还是另一辆车在动。

6. 有方向辨识上的困难，总是跑错方向。例如叫他往左，他却可能往右。

友情提示： 如果您的宝宝在日常生活中，有3项或3项以下表现符合以上的自测项目，家长暂时无须太过紧张，只要注意对宝宝增加相应感官刺激，未来几周内认真观察就可以了；如果宝宝的日常表现符合的自测项目超过3个，请家长千万不要等闲视之，应该要马上寻求专业人士或专业机构的帮助，为孩子安排适宜的评估和训练。

表四：（前庭系统）大脑双侧分化不良

1. 大动作活动不灵活：一些大的肢体动作（例如，跑、跳、攀爬）做得很笨拙。跟同龄的孩子比较起来，绊倒、摔跤的发生率偏高，有时甚至没办法在快跌倒时，做出试图恢复平衡或保护自己的动作。在运动或是比较激烈的游戏中表现得有点笨拙，总是被笑称有两只左脚。
2. 平衡能力不佳：尝试要将他放在狭窄的平面上，会觉得他动作僵硬而沉重，而且常常紧握家长的手不放。就算家长再三保证他不会有危险，他还是害怕得不得了。当然，平衡能力不佳的小朋友在这类狭窄的平面上也不会走得又快又稳。
3. 肌肉张力差：因为前庭神经的讯号不良，脑部下传到肌肉的神经不稳定，所以肌肉的张力也较差，他们在趴着的时候，无法同时做出抬起头、手臂和腿（小飞机）的动作。
4. 手脚协调不良：他的双手和双脚没办法做出很好的协调动作。家长常会看到孩子同手同脚，或是在学校老师玩带动唱时跟得很辛苦。他们通常也不大会跳弹簧床，没办法从大石头上跳下来，不会玩跳绳，也不会玩传接球。
5. 未发展出优势手：因为左右脑分化不良，导致到了四五岁时，优势手仍没有被发展出来。小宝贝看起来是两只手都会做吃饭、写字的动作，但问题是两只手都无法做得很好。
6. 左右分不清楚：这样的孩子常常会分不清左右边，尤其是在没时间可以细想的时候。
7. 写反字：在学写字的时候，比其他同学更容易把字搞反，例如，b写成d、6写成了9。有时甚至会把字倒过来读，例如saw看成了was。写中文的时候，常会把字的左右边写反，例如，"好"写成了"子女"。
8. 挫折耐受力低：抗压性低，常常有挫败感。动不动就哭，一碰到困难就放弃。
9. 情绪或行为问题：因为长时间连最基本的自己身体左右侧互用都有困难，因此很难觉得自己很棒。而且别的孩子日常生活中轻而易举就可以达成的能力，他们通常要很费力去学习，加上时而挫折，常接收到外界负面评价，有时会出现很明显的情绪或行为问题。
10. 学习障碍：孩子本身看起来很正常，健康情形良好，也有正常的智力，但是在学习阅读与算术的时候发生困难。
11. 爬行经验少，婴儿时期不爱爬行，爬行动作笨拙、有障碍。
12. 身体的知觉能力不佳。
13. 无法流畅的交替使用双手：例如跟着音乐拍手与敲击乐器时，他常会显得动作笨拙或是跟不上节拍。
14. 难以一侧的手脚来辅助另一侧手脚的操作：例如用单脚站立，另一只脚踢球，或是一只手压纸，另一手写字。

15. 精细动作能力不良：在使用工具的时候会出现困难，例如用餐具吃饭、用蜡笔涂颜色、用梳子梳头发等动作不顺畅。

16. 站在画架前要画一道长的横线时，会在中途把画笔换手拿，然后继续画下去。

17. 没办法在游戏中用手摸身体另一侧的肩膀或手肘。

18. 无法流畅地把一行字从左到右读完，中途一定会停顿，眨眨眼然后才重新聚焦。

19. 没办法盯着一个正在移动的物体，常常跟丢了。例如看球赛时常常不知道球跑到哪里去了。

友情提示：如果您的宝宝在日常生活中，有3项或3项以下表现符合以上的自测项目，家长暂时无须太过紧张，只要注意对宝宝增加相应感官刺激，未来几周内认真观察就可以了；如果宝宝的日常表现符合的自测项目超过3个，请家长千万不要等闲视之，应该要马上寻求专业人士或专业机构的帮助，为孩子安排适宜的评估和训练。

平衡秋千训练的一瞬间

Part 7

The Awaken of the Sensory Organs

自信是成功的基石。

——居里夫人（波兰裔法国籍伟大的女物理学家、放射化学家，1903 年

诺贝尔物理学奖、1911 年诺贝尔化学奖获得者）

第七章
本体运动觉：身体指南针，动作奠基石

2022 年的卡塔尔世界杯，我不用具体说性别、项目名称、年龄，只要说"世界杯"，全球就有大概 35 亿人知道我说的是"成年男子足球世界级锦标赛"。

是时候谈谈"运动"了。

几乎从来不运动的人们（据说全球有超过 30 亿的足球迷平时不怎么运动）也该至少激动上一个月了。

据说足球起源于中国战国时代的蹴鞠游戏，但人类历史上的第一个"球王"出生于 1940 年 10 月 23 日，1958 年 6 月 29 日，他在瑞典拉素达球场举行的第六届世界杯决赛中，代表巴西队两次攻破瑞典队的球门，辅佐巴西队夺得世界冠军，那一天他还不满 18 岁。

他就是球王贝利，他在足球领域展现了人类通过练习所能具备的极其复杂精巧的运动能力。

任何人通过不懈的努力和刻苦的训练都有可能具备强大的运动能力，但要成为全人类的佼佼者，不好意思，那还需要非常特别、非常强大的遗传基因来帮忙。

这样的人不算多，例如，迈克尔·乔丹、科比·布莱恩特、卡尔·刘易斯、尤塞恩·博尔特、谢尔盖·布勃卡、迈克尔·菲尔普斯、李宁、邓亚萍、伏明霞、姚明、李娜、刘翔等等。他们全都是本体运动觉的巅峰表达者。

我也是一个不怎么运动的足球迷，而且是不可救药的那个级别，如果不是让卡塔尔世界杯闹的，这本书可能还要过很长时间才能写完。

我心目中的唯一的"神"，是阿根廷人迭戈·马拉多纳。

前英格兰超级球星、1986 世界杯最佳射手加里·莱因克尔的年龄正好比马拉多纳小一个月，他曾经这样描述马拉多纳：在比赛前的热身活动时，全场有很多人从不同位置把球踢向马拉多纳，然后每个球都像从来没有离开过一样那么乖巧地被马拉多纳停在脚下，那一刻，他就是降落凡间的神。

没有人探究过马拉多纳的本体运动能力到底有多强大，反正我认为贝利、大罗、梅西和 C 罗是无法与之相比的，他是人球合一的化身，他才是真正的足球之王。

本体运动觉就是这样神奇。

它可以助你称神，也可以让你显得笨拙无比；它可以让你当车神，也可能是你"路痴"的原因；它可能使你成为不世出的天才画家，也有可能让你提笔就是歪歪扭扭的一手烂字。

我当年学骑自行车，右腿一跨，蹬上就走，只用了 30 秒，陪在我身边的父亲连一句话都没来得及说。我们班几乎一大半男生都是这个调调。我们班有三个女生据说结伴练了一个暑假，最后只学会了"推"和"溜"，没有一个人敢骑车上路。

是的，本体运动觉是有那么点"性别歧视"的，女性的功能先天弱于男性，这跟人类的先祖主要是由男性来承担觅食、打猎等体力活动有关，也跟男孩子没那么矜持，运动量比较大有关，这是不是给了我们一个很明显的启发：本体运动觉的培养与提高，让孩子多运动就对了。

是的，发育期的孩子，全身上下大部分的骨骼、关节和肌肉都还没有发育成熟，怎样使之渐熟、成熟、圆熟、纯熟？就是保持一定的活动量，活动量就是感觉刺激的保障，就是"感觉统合"的来源和呈现。

问大家一个问题：你认识的那些体育明星或杰出的运动员，他们有什么共同点？

我来告诉你唯一的答案：是自信。

本体运动觉，在你的大脑当中充当"指南针"，告诉你该往哪走、该怎么做；还能指引你把每一个动作做得扎实、准确、安全、高效，非如此，你的自信心是建立不起来的。

难道心理上的自信是源自本体运动觉的强大吗？

你说对了。

至少在我们生命的前六七年是这样的。

第一节
"多元智能"与"身体运动智能"

一、多元智能

智能是人类大脑中文化知识的积累，它是一种生理和心理的潜能，这种潜能在个人经验、文化和动机的影响下，在一定程度上得以实现。

人类进入 20 世纪以来，全球很多教育学家、心理学家对人类的智能进行了积极的探索与深入的研究。

20 世纪中叶，苏联的人造地球卫星率先登上太空震惊了全世界，这一划时代的事件所形成的冲击波，引发了美国人对美式教育的深刻反思。在此背景下，美国哈佛大学开展了人的智力潜能及其开发的课题研究——"零点项目"。

1983 年，作为"零点项目"中创造力研究的引领者霍华德·加德纳博士，通过大量的心理学研究证据获知，人类思维和认识世界的方式是多重的，进而提出了一种旨在认识独立个体所具有的不同认识类型和能力的多元理论思想，他称之为"多元智能理论"。

他借助此理论对人的概念做出了全新的定义。苏格拉底说人是有理智的动物。加德纳说人类是有一定智力的动物，这些智力不同于其他动物和机器的智能。

前平衡觉和本体运动觉在训练中的综合体现

　　由于加德纳的多元智能理论大大地拓展了人类智力的内涵，受到了人们的广泛认同，因而在世界各国教育领域产生了巨大的影响，也给美国乃至全球的教育事业带来了重大的推动作用。

　　按照皮亚杰认知理论以及传统的智力观，智力是以语言能力和数理——逻辑能力为核心的、以整合的方式存在的一种能力。加德纳认为，"这种固定的观念强调了脑力的存在与重要性——这是一种能力，这种能力有各种不同的称呼：理性、智力或大脑的运用"。但这种传统的智力理论过于狭隘，它忽略了对人的发展具有同等重要的其他方面，如音乐、空间感知、肢体动作及人际交往等方面。以传统的智力观为基础的智力测试和考试，也主要集中在语言表达和数理推断方面，不能全面反映学生的能力。这种考试对学生的学习成绩有较好的预测性，但对预测学生毕业以后的情况，乃至今后的潜力和表现则无能为力。因而，传统的智力理论的覆盖面远不如实践世界中所真正表现的那些智能来得广泛。

加德纳通过研究认识到，智力并不是某种神奇的、可以通过测验来衡量的东西，也不是只有少数人拥有。相反，智力是每个人都不同程度地拥有并表现在生活各个方面的能力。其实，在他看来，智力可能意味着其他的一切能力。所以，能够在特定的情境中解决问题，并能有所创造，这就是智力。

由此，加德纳将智力定义为："智力是在某种社会或文化环境的价值标准下，个体用以解决自己遇到的真正难题或生产及创造出有效产品所需要的能力。"加德纳的这一定义，特别强调了智力是个体解决实际问题或生产及创造出社会需要的产品的能力。这意味着，智力并不是像传统的智力定义那样以语言能力和抽象逻辑思维能力为核心和衡量水平高低的标准，而是以能否解决现实生活中的实际问题或生产及创造出社会需要的产品的能力为核心和衡量水平高低的标准，即智力一方面是解决实际问题的能力，另一方面还是生产及创造出社会需要的产品的能力。

加德纳通过数年时间分析人脑和人脑对教育的影响，他在大量心理学实验数据和实例的观察分析的基础上，认识到大脑中至少有着多个不同的智力中心，因而，人类思维和认识方式是多元的，即存在着多元智能。他认为，我们每个人至少有八种不同类型的智能，其中两种在传统教育中受到了高度的重视。我们以往的所谓智力测试基本上都是集中在这两种智力上，全世界很多学校教育也集中在这两种能力上。但加德纳指出，这使我们对我们的学习潜力产生了一种不正常的、有限的看法。尽管传统的两种能力有助于你"进入名牌大学"，但你未来的生活质量则依赖于"你对其他形式的智力拥有和使用的程度"。

二、多元智能之"身体运动智能"

1. 智力不再是一种能力

多元智能理论对智力的定义和认识与传统的智力观是不同的。美国伟大的教育学家、心理学家霍华德·加德纳认为，智力是在某种社会和文化环境的价值标准下，个体用以解决自己遇到的真正难题或生产及创造出某种产品所需要的能力。智力不是一种能力而是一组能力，智力不是以整合的方式存在而是以相互独立的方式存在的。

2. 身体运动智能的概念

霍华德·加德纳创立的多元智能理论包括八大智能：

（1）语言智能；

（2）数理智能；

（3）空间智能；

（4）音乐智能；

（5）身体运动智能；

（6）人际沟通智能；

（7）内省智能；

（8）自然观察智能。

本章我们讨论的话题是"本体运动觉"，它是"身体运动智能"的生理基础和承载平台，是指人的身体的协调、平衡能力和运动的力量、速度、灵活性等，突出特征为利用身体交流和解决问题，能熟练地进行物体操作以及胜任那些需要良好动作技能的活动。

身体运动智能是指一个人善于运用整个身体来表达自己的想法和感觉，以及运用双手灵巧地去创造出或改造出一些事物的能力。换言之，也就是指运用整个身体或身体的一部分解决问题或制造产品的能力。

3. 强大的身体运动智能

身体运动智能主要由中枢神经系统支配身体肌肉活动中的生理表现，如身体表现出来的速度、力量、耐力、柔韧、灵巧、协调、平衡、敏捷等一些应具备的身体素质，也包括一些由触觉引发的一些能力，如跑、跳、投、攀、爬等。

身体运动智能强大的人，善于动手动脑，喜欢娱乐和运动，尤其是户外活动，如打球、游泳、攀岩、跑步等；他们非常喜欢触摸环境中各种物品，加深体验；并且喜欢与人交往，与人谈话时，常常是以手势或其他肢体语言来强调自己所要阐述的意思。代表人群有：舞蹈家、演员、运动员、工匠、外科医生，以及需要动手操作的科学家、技师等。

身体运动智能是多元智能的重要组成部分，在孩子成长过程中更是不可缺少的一环。我们常常看到一些孩子身体运动能力很强，具体表现为：

活泼好动，动作灵活、协调、平衡能力很强；

喜欢从高处跳下；

喜欢立定跳远；

喜欢攀登；

喜欢走狭窄的地方；

长时间坐在一个地方会敲打物体、扭动身体、精神烦躁不安；

善于模仿他人的语言、动作；

喜欢拆装物品；

对于陌生的物体，喜欢用手触摸。

身体运动智能的发展将会使儿童的身体素质得到一定的提高，促使儿童身体正常生长发育，动作全面发展，智力得到开发，性格得到陶冶，使孩子成长得聪明、活泼、健壮；他们在人类生活中应具有的各种基本活动能力得到充分发展，在肢体活动中发展他们的多元智能，能够为将来参加社会竞争打下良好的基础。

身体运动智能的培养和训练主要体现在大运动训练和精细动作两方面。其中大运动训练涉及幼儿走、跑、跳、平衡力、协调性、灵活敏捷性、跨越障碍物、钻、投掷力的训练；精细动作训练则涉及幼儿捡、折、穿、撕、粘、贴、剪、捏、画、写、涂、拼等动作的训练。

第二节
本体运动觉的基本概念

一、基本概念

本体运动觉是运用及整合来自人体骨骼、关节、肌肉和肌腱等运动器官本身在不同状态（运动或静止）时产生的感觉。因为属于较为深层组织的感觉，又称深感觉。此外，在本体运动觉的传导通路中，还能传导皮肤的精细触觉（如辨别两点之间的距离和物体的纹理粗细等）。

本体运动觉可以帮助孩子进行模仿、执行、协调肢体动作等活动，并得以学习构音、表达需求、人际沟通，依照顺序、游刃有余地解开衣服扣子、穿脱衣裤、拆卸与组合玩具。

本体运动觉对于感觉统合最大的功用是维持肌肉正常的收缩、使关节能够自由活动，因为动作是促进感觉统合发展最主要的途径，它可以影响神经系统的兴奋状态，增加本体运动感觉的输入，有助于情绪的正常化。另外，本体运动觉会影响个体视觉知觉及身体空间概念的发展，进而影响个体计划活动的能力。同时，因为本体运动觉本身有抑制性作用，我们可以利用一些有阻力的本体运动觉活动，使活动量过高的孩子安静下来。

本体运动觉的处理能力会协助孩子在探索过程中，控制肢体或动作的前后顺序、力道大小、速度快慢，不但对控制自己的动作有信心，并且据此发展出适当的自信心或是自尊心，因此影响孩子可以对所处的物理环境、人际互动协调产生信心，也会对高度平稳的情绪扮演举足轻重的影响。

二、本体运动觉的运作原理

1. 本体运动觉的分级

本体运动觉可分为三个等级。

一级：肌肉、肌腱、韧带及关节的位置感觉、运动感觉、负重感觉。

二级：前庭的平衡感觉和小脑的运动协调感觉。

三级：大脑皮质综合运动感觉。

根据运动功能再获得规律：感觉信息输入（外力协助）→本体运动觉输入（无外力协助）→ 运动模式标准固定 →多次或超量标准重复运动 →在大脑皮质建立运动功能区→运动功能再获得。我们可以得知：没有本体运动感觉输入，就没有运动功能的再获得。

2. 本体运动觉运作原理

对身体位置及动作计划上，由于本体运动觉将借助肌肉等运动器官和组织的信息传到脑、手 (通过脊髓) 及小脑，再经统合做出反应。而对于一些新的动作变化要通过大脑来控制，做出反应，借助这种重复及回馈的学习过程，信息会储存在大脑，变为本体记忆，以便做出更高层次的动作组织及计划。

本体运动觉能够提供大量的信息帮助儿童协调大小肌肉，保持姿势的稳定，姿势的稳定与平衡又是课堂学习的前提条件、运动训练的基本架构。

本体运动觉帮助我们将动作力度的控制分为不同等级。比如手臂伸直以及用手去拎篮子，同样可以感知篮子中有无物体、是什么样的质地的物体、估计要用多大力气才能达到拎起的目的。估计不足或估计过剩都是本体运动觉不良的表现。

本体运动觉决定着人的空间知觉能力。空间知觉包括了大小知觉、距离知觉、方位知觉、时间知觉、空间知觉等等，学龄儿童如果本体运动觉不良，会直接造成空间知觉能力低下，造成学生的数学计算、推理逻辑思维、空间想象等能力较弱，对今后学科学习中的数学、物理、历史、地理影响较大；在动作行为上的表现为：反应较慢、动作迟缓、口齿不清等。

第三节
本体运动觉与学习能力

有些家长总是搞不明白，为什么孩子动作特别慢？做事拖拖拉拉，写作业边写边玩，给人感觉自觉性、自制力特别差。实际上这些问题不是思想意识和学习态度问题，而是学习能力问题，与孩子的本体运动觉发展障碍关联甚大，所以，解决问题，要从对"感觉统合"理论与操作的深入了解和科学运用入手。

我们不用对着镜子，也能在吃饭时把筷子、勺子准确无误地送进嘴巴里；我们可以不经过大脑判断就能根据环境需要做出必要的动作，比如，上下楼梯、跨水沟、扶栏杆，还有开车时踩油门的脚随时可以换成踩刹车而无须大脑专门发布转换命令，等等，这就是本体运动觉的作用。

本体运动觉在医学上又被称为人体的"深感觉"，是指正常的骨骼、关节及肌肉张力感觉的输入使人能够保持正常的站姿、坐姿及全身的灵活运动。

本体感觉在英语中的说法是：Bodymap，也就是身体地图，有人称为身体形象，好像我们大脑中有一张自己身体的地图，所以不用重新看，大脑可以随时掌控身体的任何部位。

本体运动觉是一种高度复杂化的神经应变能力，也是大脑可充分掌握自己身体的能力。本体运动觉的成熟较晚，除非前庭平衡觉及触觉功能都正常发展，本体运动觉才可能正常。从简单的穿衣、吃饭、写字到骑车、游泳和体操等复杂动作的胜任，都需要本体运动觉的功能。

本体运动觉是指人对自己身体的感觉，例如，对大、小肌肉的控制，手—眼协调，手—耳协调，身—脑协调，动作灵活和灵巧等等。如果大脑对手指肌肉控制不好，孩子做事当然会动作慢，写字歪歪扭扭，还容易出格；手—眼不协调的，看到的和写出来的就会不同，常出现抄错数、写反字等问题；手—耳不协调的，听到的与写出的不一致，听写就容易出问题；身—脑不协调的，大脑对身体控制不良，上课、写作业时身体老转来转去，不安地乱动，小动作多等。

本体运动觉发育不良的孩子，通常看上去都站无站相、坐无坐相，手脚笨拙，动作缓慢拖拉消极，缺少上进心、自信心和创造力，脾气暴躁，粗心大意且常有挫败感。他们常常被误认为是故意破坏、有意捣蛋。这样的孩子在从事握笔着色、写字等活动时会感到很痛苦，不但速度慢、容易累，连一鼓作气完成都有困难，因此，完成需要运笔的作业对这样的孩子来说，会是一件苦差事。家长也会发现有这类问题的孩子喜欢从事偏静态的活动，例如阅读、自己玩、天马行空的思考、高谈阔论等。另外，因为控制小肌肉和手—脑协调的脑神经与控制舌头、嘴唇肌肉、呼吸和声带的神经是相同的，所以本体运动觉发育不良的孩子，大脑对舌头、嘴唇、声带的控制不灵活，容易造成语言障碍，如语言发育迟缓，发音不清，大舌头、口吃等。

本体运动觉不是天生具备的，需要后天的训练。例如婴儿期的翻身、滚翻、爬行训练；幼儿期的拍球、滑梯、平衡等训练；儿童期的跳绳、踢毽子、游泳、打羽毛球等训练对孩子本体运动觉的发育都是非常重要的。但是，不少家长怕孩子摔着，不让孩子到处爬；或过早使用学步车，没让孩子爬就直接走路；老抱着孩子，而不让他自己活动；让孩子看电视、看书、学琴、学画多，运动少，结果阻碍了孩子本体运动觉的发展，最终影响的是学习能力。

前庭与本体的协作：在平衡训练的过程中做出身体姿势动作

第四节
本体运动觉失调表现

我们出生的那一刹那，除了皮肤触觉神经体系的强烈刺激外，更重要的是大小关节信息和大脑皮质层及中枢神经的联系。关节信息会带动大小肌肉的活动，让我们不靠视觉也可以了解身体各部分的活动方式，因而了解身体和周围环境的关系，并做出正常的反应。剖宫产的胎儿由于缺少了这个关节信息的学习过程，如果再伴以出生以后缺乏活动的话，就会显得特别笨手笨脚、胆小、怕事。

本节将集中列举本体运动觉在不同维度的失调表现，其中"重力不安全症"源自身体与地心引力的关系出现问题，"动作计划不良"源自粗大动作的协调运作功能落后，"精细动作运作不良"源自小肌肉的发育存在一些问题障碍，而"大脑双侧（分化）协调（左右脑专职化）不良"则源自大脑发育两侧专职化的发展障碍，这四个维度的失调表现从基本概念上看，与平衡功能失调相关，原本应属于"前庭平衡"的概念范畴，此次专门列入"本体运动觉"范畴，一是由于"前庭平衡觉"本身就牵连甚广，为使读者对"平衡"概念有较为集中的理解与研究，特意将"前庭"失调现象集中单列；二是由于上述四者均与人体自身的功能运作更为密切相关，且有利于加深对"运动"概念理解，所以做如下处理，特此说明。

一、本体运动觉失调典型表现

上小学前的常见表现：

1. 拼音困难口齿不清。

2. 说话常用代替音、扭曲音、省略音及过重的鼻音。

3. 字音韵律异常、说话不顺畅、口吃。

4. 发声异常（音调、音量、音频）。

5. 语言符号表达异常。

6. 常有打人、咬人动作。

7. 情绪不稳定。

8. 语句的次序或文法常出错，如"一会我回家跑"。

9. 说话字数少，使用不正确字数。

10. 方向感很差，空间感知力不足，容易迷路。

11. 不能很好地协调身体的动作，动作笨拙，因而常会无缘无故摔倒。

12. 速度控制较差，跑起路来难以按指示停止。

13. 过分怕黑，站无站姿，坐无坐相。

14. 做事条理不强，语言容易出现障碍等等。

15. 眼睛看不到东西时，几乎无法做出正确的动作。

16. 身体的无意识行动自律失常，随时处在焦虑和紧张中。

17. 环境适应困难，经常会重复错误的学习。

18. 笨手笨脚，经常碰伤或撞伤。

19. 爬楼梯常常会特别紧张。

20. 小肌肉的操作经常受阻，无法完成精确性动作，拿笔、拿筷子困难。

21. 固有感觉和听觉处理常有障碍，造成方向和情报来源判断严重错误。

上小学后有可能的表现：

1. 拼音困难、表达能力差。

2. 跟不上学习进度、排斥学习。

3. 较没自信心。

4. 交朋友较难、人际关系受影响。

5. 无法专注学习。

6. 解释所看东西有困难。

7. 说话声音小、不敢大声说话。

8. 在同伴中常是被欺负的对象。

9. 想表达心中的话但常词不达意。

10. 不敢表达，会丧失许多交友机会。

二、重力不安全症

上小学前的常见表现：

1. 较畏缩，凡事都会害怕。

2. 较不敢尝试新事物。

3. 容易紧张焦虑。

4. 抱高时立即呈现极度紧张状态，身体成弓形动作僵硬。

5. 易晕车。

6. 不喜欢倒立的游戏。

7. 不喜欢让人横抱（面朝上）。

8. 到高处或悬空时会较害怕。

上小学后有可能的表现：

1. 缺乏安全感所以不敢尝试新事物。

2. 走不平坦的路面有困难。

3. 旋转时会失去平衡。

4. 学习上下楼梯较慢。

5. 惧怕移动的东西，不敢做前庭运动。

6. 仰躺时做任何动作都有困难（手不过中线）。

7. 过于保护自己而表现出过度小心。

8. 不喜欢玩游戏。

9. 肌肉张力不足。

10. 胆小较依赖家人。

11. 对游乐设施不感兴趣因而会失去很多学习的机会。

三、动作计划不良

上小学前的常见表现：

1. 做事缺乏计划性行事粗糙。

2. 不喜欢或较容易拒绝新事物的学习。

3. 笨手笨脚。

4. 生活自理能力差。

5. 内驱力不佳，拖拖拉拉。

6. 动作拖拉，叫一句才会做一下。

7. 常忘记东西放在哪里。

8. 时常要他人做提醒才能进行动作。

上小学后有可能的表现：

1. 容易受挫折而轻易放弃学习的机会。

2. 自信心较低。

3. 做事不主动。

4. 畏缩、容易焦虑紧张。

5. 自信心不够常引发情绪不安。

6. 跟不上周围的活动常给人带来不协调的感觉。

7. 整体学习较慢与分辨能力弱。

8. 父母常为他处理问题或担心。

9. 常要父母帮他处理日常事务。

10. 对自己的事情没有规划性。

四、精细动作不良

上小学前的常见表现：

1. 转头、翻身、坐、爬、站、走、跑发展较慢。

2. 丢东西、挪动物品有困难。

3. 踢球有困难。

4. 不会两手交换作用工具。

5. 移动物体准确性较低。

6. 仿写能力差。

7. 抓握力差。

8. 拿东西不稳。

9. 使用筷子、剪刀等工具较困难。

10. 生活自理能力较差。

11. 让人觉得笨手笨脚的。

上小学后有可能的表现：

1. 跳高、跳远能力不佳。

2. 上下楼梯有困难、踮脚尖走路。

3. 较不喜欢操作方面的游戏。

4. 较不会骑三轮车及反接球。

5. 端水容易溢出。

6. 初级反射未消失，整合能力不良（脑干成熟不足）。

7. 不会绑鞋带，穿脱衣服有困难。

8. 写字、画圆容易超出格子。

9. 常左右不分。

10. 常打翻东西。

11. 运动能力不良。

12. 不喜欢运动及运动能力差。

五、大脑双侧（分化）协调（左右脑专职化）不良

上小学前的常见表现：

1. 鞋子会常穿反。

2. 对同时要用到两手的游戏活动或操作性动作会反应较慢、不灵巧。

3. 生活自理动作的学习很慢、依赖感重。

4. 常打翻东西或掉东西。

5. 拿筷子、拿剪刀写字均有困难或学习较慢。

6. 穿脱衣服、裤子、鞋子时会不爱做或做得不好。

7. 会跌跌撞撞容易受伤。

8. 反应迟缓，会经常摔跤或碰伤自己。

9. 接球踢球有困难，不太会骑脚踏车。

10. 拿东西会常掉到地上。

上小学后有可能的表现：

1. 不喜欢做家务或收拾东西。

2. 不喜欢敲鼓、跳舞。

3. 不喜欢学钢琴或学习起来较辛苦的东西。

4. 学习电脑时双手会不协调。

5. 运动、律动做不好。

6. 因动作不灵巧引发情绪不好。

7. 不喜欢加入同伴中的游戏。

8. 因动作笨拙常使他惹火。

9. 玩几何图形或积木有困难。

10. 左、右两边搞不清楚。

11. 认字常认错或写字常写错。

第五节
本体运动觉失调的干预与训练

一、小肌肉训练与语言能力

口腔肌肉的训练与语言能力有关。家长不要一听到孩子哭就把孩子抱起来，可以适当地让孩子哭一哭，让孩子感受自己不同的音调、音量，使大脑神经与声带肌肉联系起来。如果是人工喂养，孩子的奶嘴上挖孔不要太大，让孩子通过喝、吸、咬等动作训练口腔肌肉。小孩子都爱吃手，一开始吃自己的拳头，后来是手指，从 4 个手指吃到 1 个手指，这是孩子对自己身体感觉的分化，家长不要盲目限制。

同时为孩子提供适宜的语言环境，多和孩子交谈，讲故事，鼓励孩子表达自身的需要和感受，逐渐学会确实描述身边的事物，善于表达自己的看法，家长要尊重孩子的想法，用欣赏的眼光去发现孩子细小的进步，进行表扬，培养孩子的自信心。

二、生活自理能力培养

1. 让孩子生活自理

鼓励孩子尽早学习使用筷子、自己洗脸洗手、系鞋带等。有的家长看孩子手笨，老让孩子用勺子吃饭，穿不用系鞋带的鞋子，替孩子擦屁股等等，更不让孩子做家务。家长往往认为这些与学习没有关系，其实会严重影响孩子心理能力的发展。越是手笨、动作慢的孩子，越应多锻炼。大脑指挥双手干活的过程与大脑指挥双手写字的原理和过程是一样的，手笨、协调性差的孩子，写字就会很慢。

2. 让孩子做家务

适当地让孩子参加家务劳动是培养意志力、责任心、自信心，养成良好生活习惯的有效途径。4 岁左右的孩子就会产生参与家务劳动的兴趣和愿望，家长要抓住时机，耐心地支持、指导孩子从事各项力所能及的家务劳动，不能因为孩子小或害怕他做不好就剥夺了孩子参与和练习的权利，过多包办代替只会导致孩子笨拙、懒惰、意志力差、缺乏责任心和自信心。

三、专项训练

1. 肌肉收缩练习

小滑车是提高孩子本体运动觉的优质教具，相关游戏可以通过较强的肌肉收缩为脑干部统合提供感觉输入。持续的肌肉收缩能够增进肌缩机能，肌缩产生的感觉输入往往导入小脑，可能对脑干部的统合功能起到促进作用。此外，本体运动觉是意识到关节运动或位置的感觉，关节接收器没有其他感受本体信息的接收器那么敏感，这就需要通过关节挤压或牵拉提供额外的运动刺激。

另外游泳、摔跤、拔河、爬绳、搬运货物、骑车等项目也是较佳的使肌肉良性紧张、收缩的运动。

左图　本体运动觉游戏：自主收纳

右图　本体运动觉游戏：自主攀爬

2. 球类运动

球类运动对小肌肉、大肌肉协调及反应速度灵活性都有很大的帮助。3岁左右的孩子可以开始学习拍球，要求左右手交替拍，随着年龄增长，孩子可以参与一些羽毛球或乒乓球的分解游戏，由简单的分解动作开始练习，对注意力、手眼协调能力以及学习能力都有益处。

3. 触觉的辅助作用

触觉是本体运动觉的基础，洗澡时多刷身体、抓痒、对口腔唇肌的触摸刺激以及舌头运作游戏，都是可选的触觉训练项目。触觉器官制造的触、压、温、冷等固有感觉的强化复苏，对身体形象概念的塑造和人际关系的改善有显著的促进作用。

四、居家训练建议

（一）本体运动觉活动（训练）的规划

1. 活动内容要顾及进行高速活动时的平衡能力，以及与原始反射相关的感觉统合，以促进身体和地心引力的正确协调，以及长时间保持安定姿势的能力，让幼儿在动作训练上能够自动有效地掌握动静之间的身体运作，并增强对身体各部位的认知；

2. 多做文字、图形的模仿以及翻筋斗、转身跳等，可以促使筋肉在高度紧张和放松间变化动作；

3. 开展模仿动物或他人的动作、躲避球、捉迷藏等童年游戏，有助于身体形象和运动企划能力的形成；

4. 开展拼图、接龙、连点线成形的游戏，有助于空间视觉的健全发展；

5. 重点开展趴地推球、投篮、在跳床上投接球或大滑板配合投掷球，或推开障碍物游戏，对视觉空间和运动企划的协调帮助很大；

6. 重视骑车、抛接球、踢球、托漂浮的气球、跳皮筋、跳绳、拍球、打（玩）羽毛球和乒乓球等各种球类活动。

（二）居家练习的核心动作

1. 转身、爬行、翻滚、蹦跳动作；

2. 两脚屈曲、分开、并拢、交叉；

3. 手脚、身体尽量曲缩或伸展；

4. 头部左右转动、上下弯曲、伸缩；

5. 四肢弯曲、伸展、左右摆动、上下摆动；

6. 关节按压；

7. 拉单杠、倒立摇晃；

8. 攀爬；

9. 翻跟斗；

10. 伸展扩胸。

（三）本体运动的专项练习

1. 举起、提起、背起重物行走或上下楼梯；

2. 俯卧撑以及抓住双手，拉起身体；

3. 脚踏车或小滑板游戏及小滑板前冲运动；

4. 抛接球，趴地推球；

5. 圆形跳床跳跃或单脚跳、兔子跳、单脚站立；

6. 辨别自己身体的上下、左右、前后方位；

7. 闭眼触摸，指认身体的不同部位；

8. 多与同伴进行捉迷藏的游戏等等；

9. 推小车（抓着孩子的脚，让孩子用手撑着在地上爬）；

10. 推、拉重物（保证孩子力所能及，不可过度）。

表一： 本体运动觉不良

1. 常常摔跤或是被绊倒，甚至撞到桌椅或人。
2. 肌肉耐力不佳，很容易感到疲累。
3. 不会保持人和人之间的适宜距离，常让别人有被侵犯的感觉。
4. 如果不用眼睛看，可能会连平常做惯了的事都做不好，例如穿衣服、裤子等。
5. 没办法灵巧地操作发夹、日常用品、文具用品等，常把东西搞坏。
6. 总是会出一些小意外，比如吃早餐时常常会不小心撞倒牛奶，洒得到处都是。
7. 总是做可以提供自己的身体大量刺激反馈的动作，例如，拖着脚步走路、喜欢跪坐着、动不动就做用力伸展手脚的动作、戳自己的脸颊、拉自己的手指、把关节弄得咔啦咔啦地响等。
友情提示：如果您的宝宝在日常生活中，有2项或2项以下表现符合以上的自测项目，家长暂时无须太过紧张，只要注意对宝宝增加相应感官刺激，未来几周内认真观察就可以了；如果宝宝的日常表现符合的自测项目超过2个，请家长千万不要等闲视之，应该要马上寻求专业人士或专业机构的帮助，为孩子安排适宜的评估和训练。

表二： 动作计划能力不良

1. 动作僵硬、不协调，甚至有些笨拙。
2. 对于不熟悉而且复杂的动作有学习操作上的困难，例如第一次荡秋千。
3. 在律动时动作常常慢一拍或记不得动作。
4. 在玩球类活动时，无法准确地接住弹跳的球，或是容易被球打到。
5. 过马路的时候会感到恐惧而不敢过去，或抓不住正确的时间通过而让人特别担心。
6. 自主的能力很差，没办法由自己主动开始做事，需要他人的协助才能进入状况。
7. 对于大人的决定经常顽固不配合，因为他的神经系统没办法快速适应改变，所以他老是希望所有的事都按照他的方式进行。
友情提示：如果您的宝宝在日常生活中，有2项或2项以下表现符合以上的自测项目，家长暂时无须太过紧张，只要注意对宝宝增加相应感官刺激，未来几周内认真观察就可以了；如果宝宝的日常表现符合的自测项目超过2个，请家长千万不要等闲视之，应该要马上寻求专业人士或专业机构的帮助，为孩子安排适宜的评估和训练。

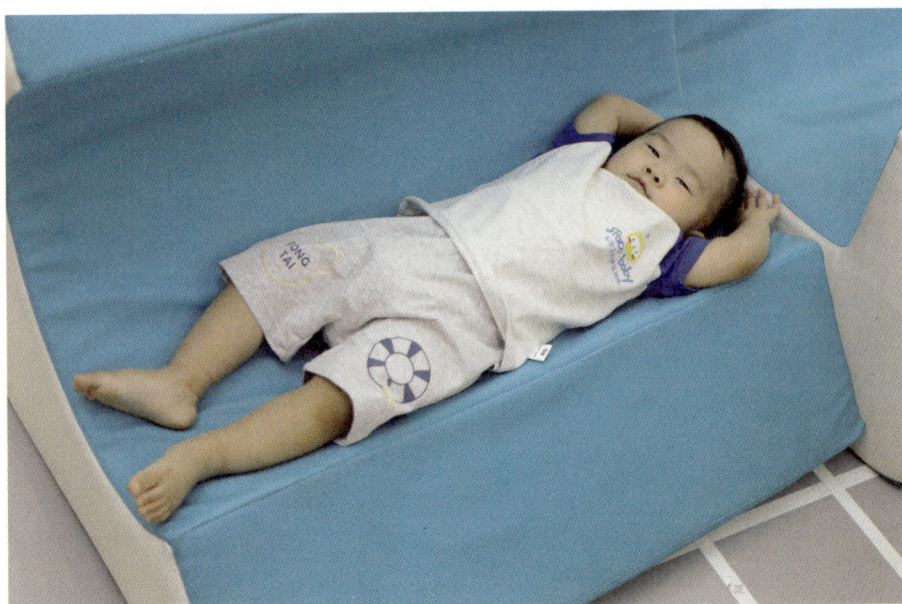

本体运动觉
控制我们的身体
发出准备跳跃指令

控制好身体跳跃
我的平衡觉在
不断发力

图为跳袋教具

协调小朋友的跳跃，是本体训
练的一个重要组成部分

将心中的温暖
化作有形的
动作 游戏

将规范的理性
融化成爱的
感性 表达

感觉在末梢
自由 自在
默契 相合

孩子依心性
忘情 忘我
觉察 天地

——2016.02.25

Part 8

The Awaken of the Sensory Organs

五色令人目盲；五音令人耳聋；五味令人口爽；驰骋畋猎，令人心发狂；难得之货，令人行妨。是以圣人为腹不为目，故去彼取此。

——李耳（世人尊称为"老子"，春秋末期思想家、哲学家、文学家和史学家，相传为道家学派创始人）

第八章
视听一体

你看，画中人身穿一袭典雅庄重的黑色服装，显示出高贵典雅的气质。一头浓密的黑色长发垂至双肩，如流泻山间的黑色瀑布，双肩悠闲舒缓地交叉在身前，右手轻轻搭在左手上。她面部神情怡然，紧抿双唇，略带微笑。她那恬静、淡雅的微笑，有时让人觉得温柔舒畅，有时让人感到略含忧伤；有时让人觉得十分亲切，有时又让人觉得有点矜持。这"神秘的微笑"是那样耐人寻味，难以捉摸……

我描述的是意大利文艺复兴的代表人物、伟大的画家达·芬奇，凭借他的天才想象和神奇的画笔，使画中人蒙娜丽莎转瞬即逝的面部表情，成了永恒的美的象征，而这幅《蒙娜丽莎》，也成为人类视觉艺术史上不朽的杰作。

你听，这首乐曲的序章是在一段弦乐震音背景下由圆号吹奏的，钢琴发出颤音，一片低沉呜呜，由慢变快，由弱渐强，是全曲最具情感张力的段落。它象征着黎明的曙光，唤醒了沉睡大地，我们仿佛听到清晨在潺潺的水声中刚刚苏醒。雾气消散的河面上，辉映出朝阳的绚丽光斑，圆号声像一道霞光穿透冬雾，呼唤着春天。很快，呼唤音调响彻整个管弦乐队；在晨光照耀下，这条美丽的蓝色的母亲河，扬起欢乐的波涛。

乐曲中段是五支小圆舞曲，整个旋律由开始的低沉一下变得轻松、明快，给人的感觉都是爽朗、活泼，层层推进直到准备迎来最后的高潮。

乐曲尾声部分呈现出热情奔放、生机盎然的景象，仿佛掀起了狂风骤雨般的狂欢，仿佛在激励听众们要奋进，未来有希望，明天更美好！

1866 年的奥地利帝国刚刚经历了战争的失败，首都维也纳的民众陷于沉闷的情绪之中。伟大的作曲家小约翰·施特劳斯为了摆脱这种情绪，接受维也纳男声合唱协会指挥赫贝克的委托，创作了这首"象征维也纳生命活力"的《蓝色多瑙河圆舞曲》。

乐曲开篇的旋律与节奏，是施特劳斯刻意表现的整个国家正处于悲伤之中，所以我们听到的是呜咽般低沉的旋律，而到了乐曲的结尾，施特劳斯希望奥地利人民要尽快走出悲伤与沮丧，忘掉过去，振作起来，因此又在旋律中展现出明快欢乐的节奏。

直至今日，这首音乐史上最伟大的圆舞曲仍然深受世界人民的喜爱，在每年元旦举行的维也纳新年音乐会上，它已经成了传统的保留曲目，固定在新年的午夜刚过时分隆重上演。

我想表达的是视觉和听觉能带给我们的艺术享受和心灵震撼，我的文字不足以描摹出感官所能接收到的艺术魅力，视觉与听觉的美好感受，还是要靠自己去慢慢欣赏、慢慢体会。

视觉和听觉又被称为"高级感官"，因为尽管嗅觉和味觉这两种感觉都依赖于高度进化的、能对化学刺激产生相关反应的感觉器官，但相对于参与形成视觉和听觉的器官来说，它们的工作机制还是较为简单的。

我们的眼睛和耳朵是高度进化的精密结构，它总能带给我们几乎无法言表的感受。同样，我们的视觉大脑皮质和听觉大脑皮质也非常精密且复杂，它足以支撑我们去达成这些感受。从发育学的角度来看，听觉比视觉更早一些发育成熟。但是在听觉系统发育成熟后不久，视觉系统也紧接着发育成熟。在宝宝 1 周岁前后，其视力就已经和成人相仿了。

由于与视觉高度相关，大脑皮质的发育在很大程度上依赖于外界信息的刺激。因此在婴幼儿早期发生的与眼睛有关的疾病，例如先天性白内障、斜视等，如果未能得到及时的治疗和纠正，将会对视觉的发育造成长远的影响。

当视觉系统和听觉系统发育完成之后，我们的双眼可以协同工作，为我们呈现出三维立体的影像。左右两侧的耳朵也可以协同工作，使我们感受到立体的声音。

第一节
认识视觉：感受空间与解析光影的心灵之窗

一、视觉的定义

视觉就是我们用眼睛所看到外界周围的事物。当光作用于视觉器官，使其感受细胞兴奋，其信息经视觉神经系统加工后便产生视觉。通过视觉，人和动物感知外界物体的大小、明暗、颜色、动静，获得对机体生存具有重要意义的各种信息，至少有 80% 以上的外界信息经视觉获得，视觉是人和动物最重要的感觉。

在人的所有感官当中，视觉是最高级的能力。而且与其他动物相比，人也是通过这个感官完成了一些最高级的功能。我们能看见许多不同的颜色，我们也可以很好地估算距离。不管是在光线微弱的拂晓，还是光线耀眼的正午，我们都能把周围的环境看得很清楚。

眼睛的视觉信息有一部分在大脑里交叉进入左右脑。与触觉信息一样，视觉信息也要通过三组依次排列的神经细胞到达大脑皮层。

第一组神经细胞完全位于眼睛的内壁上。第二组神经细胞的传导凸起离开眼睛，并通过视神经一直延伸到大脑里面的一个专为视觉服务的转换点上。触觉信息的转换点就在它的附近。第三组神经元突起，从这个位置出发，延伸到大脑皮层上一个不到手掌大小的区域，这个区域位于头部耳后稍高于耳朵的位置。

第二组神经细胞的神经元突起，有一半儿会在大脑里交叉，分别进入对面儿的脑半球，另一半则留在原来的脑半球上。其结果就是，每一只眼睛的视觉信息都被分配给左、右脑半球。也就是以这样的方式，在平时的情况下，我们身体右边的视觉被左脑处理，而我们在身体左侧看到的东西则是由右脑来处理，也就是说，左脑往右看，右脑往左看。

二、视力与视知觉

俗话说，百闻不如一见。视觉是人体最高的信息收集者，华盛顿大学神经学家艾森认为整个大脑皮层的1/4，即大脑皱褶的表层用于视觉的要远远多于其他感觉。

对于整个视觉功能来说，视力是指视觉接收器官构造是否发育良好、传导路径是否有缺陷，从光线通过眼球，运用眼睛周边的小肌肉转动眼睛并控制水晶体聚焦，接着通过视觉信道，传达到视神经、大脑相关皮质等一连串的接收过程。

除了要能看得清楚、眼睛能跟着物品转动，更需要将光线明暗、物品颜色形状准确的接收、双眼并用产生良好视野及立体感。

孩子眼中的世界和我们一样吗？是和我们看到的一样缤纷多彩，还是模糊不清呢？

一般来说，婴儿在出生1周左右就能注意到约0.25厘米的黑白相间线条，并且对人的兴趣远大于物品；因为视神经刚开始发育，传导讯息的速度不够快，因此动作反应也比较慢。8个月至1岁的宝宝的视力约为0.2，已经可以媲美近视却没戴眼镜的成人。但同样的由于眼球内的锥状细胞以及大脑的视觉皮质并未完全成熟，因此在颜色、深度判断上则不如成人敏锐。一般来说，儿童要到快5岁的时候才能达到标准视力的1.0。

视知觉则是更进一步地从眼球接收器官到视觉刺激后，一路传导到大脑接收和辨识的过程，包含视觉刺激撷取、组织视觉讯息，最后做出适当的反应。因此，视知觉包含了视觉接收的基本要素，也包含了视觉认知两大部分。简单来说，看见了、察觉到了光和物体的存在，是与视觉接收好不好有关；但了解看到的东西是什么、有没有意义、大脑怎么做解释，是属于较高层的视觉认知的部分。

三、视知觉的分类

1. 视觉接收

动眼系统：视觉接收是视知觉最底层的能力，也是影响视力最基本的要素，包含眼球动作、视野和视力三个元素。眼球动作能让眼珠上下左右移动、旋转看不同方向的物品；视野是指眼睛直视前方所能看到的范围；视力是能看清楚物品的能力。

2. 视觉认知

（1）视觉注意力。

视觉注意力包含了几个层面：

A. 东西出现在眼前，能不能注意到；

B. 注意到之后，能不能持续的注意，还是一下子就分散；

C. 如果眼前不止一个东西，要选择注意哪一个，忽略不相关的；

D. 必须同时注意两个事物以上的时候，能够妥善分配及应用。

注意力的不足常是多重障碍儿童、自闭儿童、智能不足儿童最常见的困扰之一。

（2）视觉记忆。

把现在看到的东西和以前的经验做比较，加以分类、整合再储存在大脑中，即所谓视觉记忆。例如，妈妈一开始指着"狗"告诉孩子这是"狗狗"，孩子看到"狗"有四只脚的特征，日后只要看到四只脚的就会说这是"狗"。直到记忆累积越来越多，分类越来越细，就能进一步发展出分辨各种东西的能力。

（3）图形分辨。

能认出物品之间特征的异同点，接着进行配对。例如，孩子从经验中知道不只是狗有四只脚，猫、狮子、长颈鹿都有，会正确地区分彼此的不同。另外还包括辨认东西的颜色、质地、大小、粗细，对于形状大小、位置、环境改变，也可以认得出。例如，一只杯子被东西挡住一半，或是翻倒在桌上，虽然形状不完整，或放的位置不对，还是认得出那是谁的杯子。

（4）视觉想象。

能不用看到物品，大脑就能想象出具体的样子，比，老师说"画一棵树"，能够听到话之后想出树的样子，最后画出正确的东西。

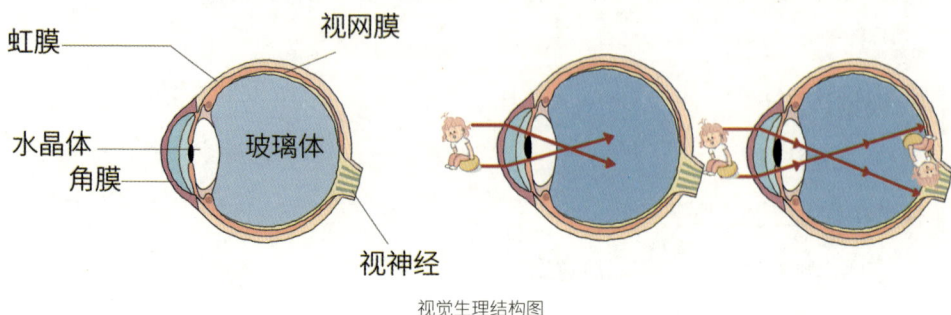

视觉生理结构图

四、视觉的发展过程

刚出生的婴儿，视觉近似盲人，只能接受单纯和强烈的光线和颜色，例如黑色、白色、大色块或简单的线条及图形。因此有人认为婴儿只能看到黑、白两色，甚至将婴儿房和玩具都布置成黑、白色系为主，这反而会对视觉发展造成阻碍，因为接下来的视觉发展对丰富性的要求会与日俱增。

婴幼儿所有的感官和神经系统，都在快速成长中，用不了3周的时间，他们对颜色和光线的变化已有很大进展了。大约1个月，他们已能辨识红、黄、蓝三原色，到了3个月左右，中间色也没太大问题了，虽然他无法认识颜色的名称，但对光线的反应及辨识能力已经相当不错了。

婴儿在形状方面的学习也由开始简单到复杂，他们3个月左右就可以辨认客人五官的变化，大人面部表情所传递的情绪内涵，婴儿也开始有所体会了。

但在3岁之前，孩子的视力尚未发育成熟，虽然他已经认识大部分的图形、颜色甚至文字，但视觉的清晰度仍远不如成人。这是因为两眼焦距的成熟度还不够。人类有两只眼睛，所以视域的中间是重叠区，成为"中心视"，也就是所谓的焦距。两旁则成为"周边视"，是两眼视觉不重叠的地方。

焦距的稳定性来自双眼视觉神经及视觉肌肉的成熟。焦距稳定后，孩子的注意力才能比较集中，也才开始具备阅读的能力。通常焦距的稳定在3—4岁，在这之前，孩子的"中心视"无法完全协调成一个影像，所以，给孩子看的东西最好比较大型、比较简单。

　　出于对孩子视觉发展的自信和对认知发展的焦虑，有家长试图训练2岁多的孩子认识汉字，其实，教孩子识字并不困难，只是他无法理解文字的意义而已。而且很多图画书上的字号实在太小，不适合4岁以前的孩子阅读。我曾经提醒过很多家长：字太小了，看得太吃力，会损伤孩子的视觉。家长认为可以"把书拿近一点"，而实际上问题的关键不在于远和近，而在于视觉发育过程中焦距是否成熟。

　　正因为正前方的"中心视"看不清楚，旁边的"周边视"特别有吸引力。3岁以前的孩子会喜欢东张西望，只要身旁有东西移动，视觉便被吸引，有的家长因此而提醒或批评孩子注意力不集中。其实婴幼儿非常需要东张西望，它不但可以促使幼儿颈部肌肉及神经体系发展成熟，还有助于视、听觉肌肉及神经稳定发展，因此深深影响着他们的视觉焦距及倾听能力的成长。静的时候，东张西望；自主爬行或肢体在活动的时候，能同步观察环境，都是非常有意义的视觉发展过程。

紧紧盯住飘落的丝巾并接住它，是非常好的视觉追踪训练

人体通过神经系统传送的讯息，必须经过颈部才能到达大脑，所以颈部的神经结构最为复杂，而影响人类学习能力最大的前庭平衡觉的神经中枢也位于颈部。婴儿的爬行阶段是发展他们的平衡感及视觉空间最重要的时期。爬行中，颈部运动的积极运作有助于颈部神经结构的完整发展，因此在婴幼儿的成长过程中，是绝对不能缺少爬行的。

视觉肌肉及视觉神经由眼皮及眼眶附近开始，顺着眼尾，通过天灵盖附近，在耳朵上方，顺着后耳连接听觉肌肉及听觉神经，由耳下方倾斜向后颈部，左右两个系统交接后颈头盖下面的前庭神经核，再传至后脑的视觉区及听觉区。

所以，如果颈部肌肉和颈部神经发育不成熟，连带影响视觉肌肉及神经的发展，造成孩子的焦距不稳定，看书时容易跳字、跳行，眼睛也容易疲劳，手眼协调及小肌肉的使用也显得不灵活。

在过去的大家庭中，一位监护人常常同时照护多个孩子，屋内经常只能铺设通铺，孩子们因此有机会东张西望、到处乱爬，颈部运动能正常发展。现代小家庭因构造复杂、空间狭小、孩子少，经常是一对一照护，特别是全职妈妈养育孩子，经常因为怕脏而较少让孩子爬行；孩子稍微有点东张西望，家长多半会立刻制止，反而使孩子的颈部感觉刺激严重不足，视、听觉均无法健全发展。这类孩子4岁以后，因对不准焦距，所以一直喜欢东张西望，这时家长反而又会怪孩子注意力不集中了。

造物主的巧妙设计一定有他的道理，养儿育女者自作聪明的干涉，通常都只会带来失落和灾难而已。

第二节
视觉失调表现

视觉统合失调：

1. 即使常看到的东西都会让他害怕；

2. 喜欢看手发呆；

3. 对特定的颜色、形状、文字特别感兴趣甚至固执（如广告纸、报纸）；

4. 喜欢将物件排队；

5. 喜欢斜眼看东西；

6. 喜欢躲在较阴暗的角落；

7. 喜欢看色彩鲜艳、画面变换较快的广告；

8. 喜欢看风扇或转动的东西；

9. 喜欢坐车，对窗外景色变化非常着迷；

10. 看书时容易漏字、掉字，写字时偏旁部首容易写错；

11. 不会做算术、学了就忘、抄错题，甚至不认识字。

第三节
认识听觉：品味细微与领悟节律的心灵之门

一、听觉

听觉是声波作用于听觉器官，使其感受细胞兴奋并引起听神经的冲动发放传入信息，经各级听觉中枢分析后引起的感觉。人的听觉由耳、听神经和大脑皮层的听觉中枢共同参与形成。

二、音辨能力来自触觉

听觉区的讯息能够深入大脑的潜能记忆区中，因此听觉的音辨能力，对人类的潜意识影响很大，在心理上也产生很大的作用。

眼睛可以闭起来，耳朵却无法封闭起来。听觉的讯息更属于潜意识领域。听觉区的讯息深入大脑的潜能记忆区中，因此听觉的音辨能力，对人类的潜意识影响很大，在心理上也产生很大的作用，但音辨能力却来自触觉。

正常分娩的婴儿，出生那一刻的强烈挤压，使得大脑记忆区受到强大的冲击。胎位变化的感觉漫长而缓慢，逐渐对大脑平衡神经产生左右的分野。出生时的挤压则短而强烈，记忆区立刻形成对感觉的接收架构，音辨能力也因此产生，对一个人终生的乐感能力都有影响。

特别是发音上的练习。人类练习发音，大约在出生 7 个月，音辨逐渐成熟，婴儿开始操作自己的唇舌、声带、鼻音共鸣，大约经过一年的牙牙学语期，逐渐学会掌握这些发音的小肌肉，而发出较清晰的声音，发音要明显成熟在 4 岁左右。剖宫产的孩子触觉发育起点低，记忆区接收感觉层次的架构不良，而影响孩子发音的正确性。

发现孩子喜欢听的声音，并利用它们，引导他对声音及环境关系加以认知。例如声音的大小、长短、高低、音源、动物声、自然声等的分辨及了解，便可养成孩子对声音的敏锐度及关注度，对孩子长大后的倾听能力也有较大的帮助。通常孩子最喜欢敲击声：像拍手、打桌子、用东西敲打，而这恰好也是大人最讨厌、最想制止的。

其实，胎儿从母体怀孕 5 个月起就有了听觉，他们必须在子宫内听满 5 个月的心脏搏动及血液的流动声，胎内环境宁静、温暖、安全，这些声音特质在人类的潜意识里，具有安心愉悦的功效。若能有效地加以应用，孩子的听觉发展将会有意外的成果。我们

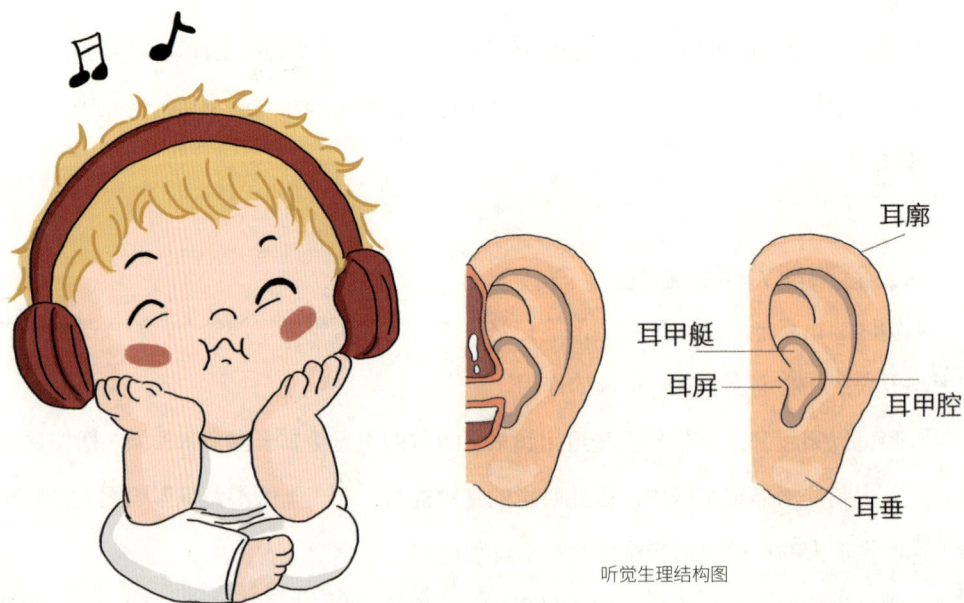

听觉生理结构图

常常见到，有些人在垂暮之年，常用敲木鱼的手段来排遣孤寂，寻求内心的平静，这也是听觉独特性的体现。

三、听觉的发展进程

人类的听觉是很神奇的。听觉对于人类而言是一个非常重要的感官，因为语言是与人之间的主要交流工具。有人跟我们说话的时候，同时我们还可以听见别人说话的声音，还有小鸟在歌唱，或者听到另外的音乐声，因为我们的耳朵可以把空气所有的振动都能记录下来。

听觉主要是由大脑特殊部位的工作来确定的，这几个部位的任务是翻译听觉信息，编码特别重要的听觉信息，与周围环境的噪声区分开。所以假如我们在一个晚会上，不仅知道放的是什么音乐，还知道我们身边是哪些人、在聊什么；不管孩子的哭声有多小，甚至小到压根儿不会打扰其他人的程度，但这种哭声却能在第一时间惊动他的妈妈。

我们所感受到的声音都是空气的振动，空气的振动最终转化为神经细胞内释放出来的电压脉冲，换句话来说，也就是释放出一条大脑可以处理的信息。声音的延续是由电压脉冲产生的时间来决定的，声音的音墙也会转化为一定数量的电压脉冲，也就是说，声音越大，神经细胞内就会产生越多的电压脉冲。

第四节
听觉失调

一、听觉统合失调的现象

1. 常会掩耳朵或按压耳朵；

2. 对尖锐或突然升高的声音一点也不讨厌，甚至喜欢；

3. 有时对很小的声音感兴趣；

4. 在教室里对外界的声音很敏感；

5. 常会听到某种声音而发呆；

6. 对某些特定的音乐固执地喜爱；

7. 特别害怕听某些声音；

8. 对巨响反应较差，甚至无反应；

9. 喜欢无端尖叫或自言自语；

10. 对别人说的话听而不见、丢三落四，经常忘记当下听觉接收的信息。

二、出现听觉失调的主要原因

1. 婴儿期爬行不足；

2. 在婴幼儿期间，听觉对大脑的成长影响最大，早年的幼儿听觉较弱，所以受不了太高、太大的声音；

3. 祖父母代养，环境噪音太多；

4. 父母脾气急躁，经常大声呵斥孩子，都会造成幼儿为了保护声音对大脑的刺激便在听觉上形成一层自我保护膜，养成拒绝听别人讲话的习惯。

第五节
家庭训练建议

一、视觉刺激活动

1. 捂眼（没看见，看见了）；

2. 躲猫猫；

3. 照镜子（看镜中人、物）；

4. 玩陀螺；

5. 辨认、看清楚并触摸物体边缘；

6. 观看彩色旋转球；

7. 用放大镜看东西；

8. 暗室内看手电筒的照射并追踪；

9. 戴太阳眼镜对室外环境做全面观察；

10. 吹气泡游戏；

11. 夜晚／暗室与明亮处的区别以及用荧光笔作画；

12. 暗室内开关灯泡。

二、听觉刺激活动

1. 耳语；

2. 掩耳游戏；

3. 拿塑胶锤击打不同质地或表层物体；

4. 搜集、收听各种音乐盒、闹钟等有声音的物品并找寻声音的源头；

5. 辨认多种电话铃声；

6. 听辨各种实体乐器和声音素材中乐器的声音；

7. 用耳机听音乐或自己说话的录音带；

8. 敲打各种空置或扣在头上的各种盒、桶、盖儿等；

9. 坐在能撒气的物体上；

10. 听唱或念的各种儿歌入眠；

11. 听口哨声；

12. 听音乐盒；

13. 浴缸内唱歌沐浴；

14. 用听诊器听心跳声；

15. 听辨熟人的说话声和脚步声。

三、听觉集中训练

1. 读一组数字，读完后让孩子快速倒序复述。如 32543，让孩子倒过来说 34523。

2. 读一个词组或句子，读完后让孩子快速的正序、倒序复述。

3. 收听游戏：把电视机或收音机的音量调到刚好能听到的大小，让孩子仔细听一两分钟，说出刚才听到的内容。可以选孩子比较感兴趣的内容听。

4. 给孩子读一篇文章，读完后问孩子共听到文章中有多少个相同的某字或某数字。

5. 给孩子听一组数字，按要求找出需要找的数字共有几个。如读一组数字，读完后要求孩子找出 30—0 之间的某数有几个，50—0 之间的某数有几个。

6. 分别给孩子读两段短文，读完后问孩子两段短文中有什么不同的地方。

本章附录：视听功能自测表

与小朋友玩捉迷藏游戏，通过声音吸引他的注意力，
让他来寻找你，既是平衡训练，也是非常好的视听训练

表一： 视觉功能自测表

1. 移动视线的过程有困难：从一个焦点移动到另一个焦点有困难，如无法从盯着黑板的状态把视线移动到自己的课本上；跨页阅读的时候，必须转动头部或是歪着头看。

2. 喜欢眯着眼睛看东西：因为脑部无法快速过滤掉不重要的视觉讯息，因此看东西时常常眯着眼睛来帮忙减少不必要的视觉输入，经常习惯于闭上或是遮住一只眼睛。

3. 容易看到重叠的影像：因为视觉统合不良，所以聚焦功能偏弱，容易看到重叠的影像。

4. 视觉范围窄：无法使用余光做高效观察，一定要转动头部或身体去看。

5. 无法盯住正在移动中的物体。

6. 无法顺着一个方向移动视线：很难从头到尾把一行字读完，常常跳字、漏字、串行、跳行。

7. 不喜欢阅读：比较排斥常规阅读，很快就失去耐性。

8. 视觉分辨不良：通常看不出视觉目标物之间较小的差异，找不出两张图的不同之处。两个相似的符号也常会让他搞混。

9. 写字漏东漏西：写字时常常会漏掉笔画，写一串数字时也会少掉几个。

10. 写字不整齐：学校如果有要求区分字体大小且对齐书写距离的作业，通常都无法胜任。很难把一行字写整齐，不是越写越高就是越写越低，有时写着写着就拐到格子外头去。

11. 精细动作操作不良：在操作与视觉有关的精细动作时，例如拼图或剪纸等活动会有困难。

12. 经常撞到东西：常误判周围环境中物品的相对距离，所以常常会不小心碰撞家具。

13. 容易迷路：方向感很差，常会迷路。

14. 想象力差：在阅读的时候，没办法想象出他正在读的东西的形象，有时无法把语言和实体联想在一起。

15. 视觉输入混乱：受不了眼前有东西或是人一直不停移动，所以热闹的人群会让他觉得很不舒服。

16. 耐力差：在学校里看黑板上课时，很容易就感到疲累。

17. 排斥活动：逃避参与集体活动，特别是那种需要速度感的团体游戏。

友情提示： 如果您的宝宝在日常生活中，有3项或3项以下表现符合以上的自测项目，家长暂时无须太过紧张，只要注意对宝宝增加相应感官刺激，未来几周内认真观察就可以了；如果宝宝的日常表现符合的自测项目超过3个，请家长千万不要等闲视之，应该要马上寻求专业人士或专业机构的帮助，为孩子安排适宜的评估和训练。

表二：听觉功能自测表

1. 声音来源分辨困难：好像没办法单纯用听觉来辨识声音的来源与方向，总是要转头到处看来看去，才能找出声音来源。

2. 声音内容分辨困难：在分辨声音的内容上有困难。

3. 难以专注：无法专注于聆听某个声音，总是会被其他声响干扰。

4. 声音耐受力低：常苦于噪音的困扰，突然的巨大声响、金属敲击的声音、高频率的噪音等，以及某些不会对一般人造成影响的声音，如旁边人的不相干的谈话声，也会感到苦恼。

5. 听觉理解力差：没办法了解或记忆所听到的讯息，可能会常常误解别人所讲的内容，以至于常常要求对方重新说。通常一次只能执行一个或两个连续的指令，多了就会记不过来。

6. 自信心不足：对自己听到的内容没有把握，因此在回答别人或做反应前会先看看别人的反应。

7. 表达想法困难：对于将自己的想法说出来有困难。

8. 抓不住谈话主题：无法有效介入或感受他人谈话的重点。

9. 回答不切题：和别人谈话时，无法针对别人的问题做出适当的反应，常常答非所问。

10. 正确表达困难：没办法把自己所叙述的内容再加以修正，以便让别人听得懂。

11. 语言学习不良：掌握词汇量偏低，有时没办法使用正确的语法、句子和词汇。

12. 朗读困难：特别排斥需要出声朗读的活动。

13. 音调不良：节奏感和音感都偏弱，很难跟得上节奏与旋律。

14. 构音不良：讲话不清楚，没办法正确地发音咬字。

友情提示：如果您的宝宝在日常生活中，有3项或3项以下表现符合以上的自测项目，家长暂时无须太过紧张，只要注意对宝宝增加相应感官刺激，未来几周内认真观察就可以了；如果宝宝的日常表现符合的自测项目超过3个，请家长千万不要等闲视之，应该要马上寻求专业人士或专业机构的帮助，为孩子安排适宜的评估和训练。

我不要像你 拥温柔的风
我只要做我 下任性的雨
你总是闪躲 淅淅和沥沥
我却穿梭于 淋淋又漓漓

这样一个欲拒还迎的季节
扑面而来未必是春的气息
我那向来充满渴望的内心
呼风唤雨磨炼蠢动的肌体

——2017.07.02

Part 9

The Awaken of the Sensory Organs

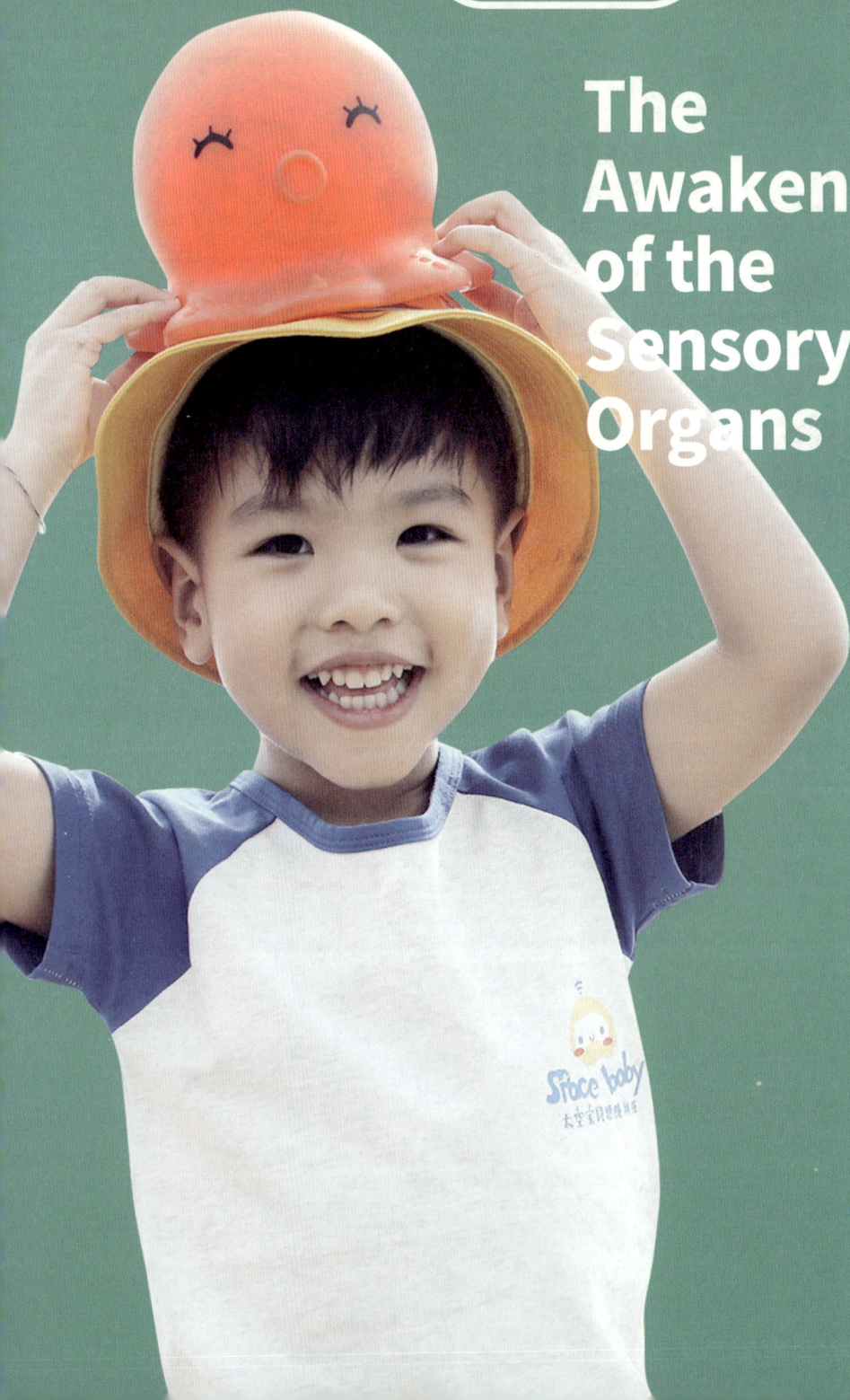

今之养生者，谷肉菜果，顺其自欲。唯恐儿之饥也，儿不知节，必至饱方足。宝贵之儿，脾胃之病，多上饮食也。

——扁鹊（春秋战国时期名医）

第九章
嗅味昭彰

不知道你是否还记得，曾经有一个夏末秋初的清晨，你走在街上，闻到几乎满城的桂花香。因为你只是路过长沙，所以，多年以后，你依然能清晰地回想起来桂花那种独特的甜蜜的香味。

能够准确辨别自然界中的各种气味，是人类的本能。以嗅觉而论，人类的水平在所有动物当中大约算是中上游；但如果要说到味觉，那可是我们人类大显身手的领域，当然，动物的味觉到底有什么表现和机理，也是我们完全搞不明白的盲区之一。

人类在运用直觉来评估所处环境中是否有危险或可疑因素时，味觉和嗅觉，这对强大的组合能发挥宝贵的作用。如同触觉一样，人类刚在出生时就已经拥有了发育得相当完善的味觉和嗅觉，两者在确保我们的生命安全和获取足够的营养方面发挥着至关重要的作用。

早期能够接触到更多不同味道刺激的婴幼儿，长大后能比一般人闻出或尝出更多的味道，这是大脑的环境适应能力的一个明证。

新生儿可以准确识别自己妈妈身上散发出的气味，而且天生就对妈妈的气味有强烈的好感，他能从妈妈的奶水中察觉妈妈吃过的食物的味道。在味觉的产生上，鼻子的重要性不亚于舌头：当我们感冒并出现严重鼻塞时，就会发现自己几乎已经食不甘味了，实验结果显示，当嗅觉消失后，我们几乎分辨不出苹果和生洋葱的味道。

除了影响食欲和味觉，嗅觉还在人与人之间的感情维系和相互吸引中发挥着非常关键的作用。年龄稍大一点的孩子，能够准确分辨哪些是自己穿过的衣服。

嗅觉和味觉，将会以捆绑的方式出现在这一章，因为在实际生活中，它们总是昭然若揭、相得益彰、彼此守望的。它们是如此坦白和直接，坦白是指所有气味和味道之间泾渭分明、秋毫无犯；直接是指它们从来都是毫不掩饰自己的立场，好闻就是好闻，好吃就是好吃，君子各有所好，谁也管不着谁。

嗅味原本昭彰，我们研究的目标是孩子，他们嗅觉和味觉的功能牵连着大脑的发育和运作，我们决不能掉以轻心，先了解，再思考，轻评判，重行动，这是我的真诚建议。

第一节
认识嗅觉：遥知不是风闻，似有暗香袭人

如果你欠缺相对灵敏的嗅觉，那是危险且痛苦的，所有的东西闻起来都好像是一个味或者没什么味，岂不是要让我们生无可恋了？

我坚持认为，女人的嗅觉比男人要灵敏一些，不然她们为什么如此无法抗拒鲜花和香水的诱惑？虽然具体原因可能是出于对美的渴望，但男人们对各种花香和香水的无感却又是显而易见的。

举个反例，一个觉得自己还算气味清新的男人，在某些挑剔的女人眼（鼻子）里，他几乎是臭烘烘的，这其中的道理还真的让人难以捉摸。

为了替男人的嗅觉正名，我郑重向读者推荐两部与香味有关的经典影片：阿尔·帕西诺主演的《闻香识女人》（1992），本·威士肖（他饰演过新一代007影片中的Q博士）和达斯汀·霍夫曼主演的《香水》（2006）。两部影片都非常精彩。

世界上有一批比较执着的科学家，一直在推进着人类对于嗅觉的研究和认知，在人类基因组计划初步完成之后，他们每天都在苦思冥想：进化是如何塑造我们的嗅觉的呢？为什么人类有着大致相同的嗅觉好恶？有些嗅觉基因的突变是否在进化史上改变了我们的饮食习惯？

关于嗅觉，耳鼻喉科教科书上说："人类的嗅觉，已经没有低等动物的重要，常只作为取悦享受之用。"精神科教科书也这样写："嗅觉对以视觉导向而有思想的人类，已没有以前重要。"而且当人类开始直立行走，能四处观望时，嗅觉的价值已经渐渐减少。这些说法，代表着科学的昨天，除了误导我们对嗅觉的轻视之外，它们一无是处。

2004 年 10 月 4 日，诺贝尔基金会宣布把当年度的诺贝尔生理学或医学奖颁发给美国科学家理查德·阿克塞尔和琳达·巴克，以表彰他们在研究人类嗅觉方面的贡献。两位科学家的主要成就在于他们揭示了人类嗅觉系统的奥秘，他们的获奖理由是"发现了气味受体和嗅觉系统的组织方式"。

诺贝尔生理学或医学奖评审委员会在介绍两位美国科学家的成就时说，他们揭示了人类嗅觉系统的奥秘，告诉世界"我们是如何能够辨认和记得 1 万种左右的气味"的。两位获奖者发现了一个由将近 1000 种不同基因组成的基因大家族，它们制造了种类同样繁多的气味受体。这些气味受体位于鼻上皮上部的气味受体细胞里，并在那里辨别人类吸进去的不同气味分子。

嗅觉感受器——人类的特征

嗅觉感受器是感受被嗅物的化学刺激再将之转换成嗅神经冲动信息的细胞。它与味感受器不一样，主要是它具有远距离感受器的功能。人类嗅觉感受器的嗅细胞存在于鼻腔的最上端、淡黄色的嗅上皮内，它们所处的位置不是呼吸气体流通的通路，而是为鼻甲的隆起掩护着。

嗅觉感受器是我们的嗅觉系统的核心组成部分。

嗅觉系统组成的显著特点是：其所属的神经直接进入大脑，而不须经过传导而到达中枢神经再传至大脑。能够察觉易挥发性的低分子量的有机化合物分子的感觉细胞是嗅觉感受器。人体中的嗅觉感受器位于鼻腔中一个相当小的区域（$2.5cm^2$）称为嗅上皮。

人的嗅觉十分灵敏。人与动物对气味的敏感程度称作嗅敏度。当每毫升空气含有107分子的丁硫醇时即能引起人的感觉，大约每次吸气时只要有8个分子便可达到阈值。某些动物的嗅觉更灵敏，例如狗对醋酸的敏感度比人高1000万倍。

嗅觉是怎样产生的

气味——也就是嗅觉的产物，与视觉、听觉、味觉、触觉一起，构成了人类五种主要的感知外部世界的方式。

嗅觉往往能给人留下久久难忘印象：独特的花香也许会唤起我们的美好回忆，但一种难闻的气味也会让人对源头唯恐避之不及。嗅觉不仅让人的感受更加细致入微，而且对很多动物感知周围环境，以至于更好地生存也起着重要作用。

那么嗅觉是怎样产生的呢？

人类对气味的思考与关注，至少可以追溯到公元前4世纪的古希腊时代。当时著名的学者亚里士多德认为，气味是有气味的物质发出的辐射。而另一位希腊学者伊壁鸠鲁，则在德谟克利特原子论的基础上来解释嗅觉。他认为是不同形状的原子让鼻子感觉到不同的味道。他曾经天真地设想，引起甜味嗅觉的是光滑、圆圆的原子，而酸味则是由尖的原子产生的。后来的研究表明，不同的气味确实是由不同结构的物质引起的，但是并不是什么圆的或者尖的"原子"。

这里起到主要作用的是气味受体和"气味受体码"。嗅觉感受器位于鼻腔后上部的嗅上皮内，嗅细胞的数量约为500万个。嗅细胞是一种双极神经元，它的中央轴突穿过筛板进入嗅球，而周围轴突则突出于上皮表面，其顶端有数条纤毛，气味受体就存在于这些嗅毛上。

人类含有900余种气味受体基因，但由于人类在进化过程中越来越多地依赖于视觉和听觉，因而一半以上的气味受体基因发生了突变而导致人类的气味受体数量大约有350种。

气味受体需要通过不同的排列组合模式来识别不同的气味。大多数气味都是由多种气味分子组成的，每一种气味分子又能激活数种气味受体，因而每一种气味的识别需依赖于唯一组合模式的受体群，相当于每一种气味都拥有各自的"气味受体码"。不同的气味受体也需组合在一起才能识别不同的气味。成百上千种气味受体经过组合可以产生数量庞大的受体码，这也就是人类能够识别和记忆1万余种不同气味的基础。物质结构几乎完全相同，可气味却千差万别，正是由于气味受体码不同的缘故。

那么，神经系统如何获得气味信号？如何处理和传递？如何产生不同的嗅觉？

我们的鼻上皮层的每一个嗅细胞都只表达某一种特定的气味受体，因此，气味受体有多少种，嗅细胞的种类也就有多少种。在鼻上皮层中，表达相同气味受体的嗅细胞呈分散排列（细胞局域阵列），表达不同气味受体的嗅细胞散置其中，因而气味信号呈高度分散式分布。

一种气味的代码是数个分散存在的嗅细胞的总和，其中每个嗅细胞都表达其气味受体码的一个组分。当气味信号从鼻上皮传递至嗅球后，便呈现出另一种分布模式：表达相同气味受体的嗅细胞的轴突都汇聚于同一个嗅小球上，因而气味信号呈精确的空间立体分布。

一种气味的代码是数个特定嗅小球的立体组合，而且在不同的个体中都一样。嗅小球不但与嗅细胞之间存在特异性联系，而且与上一级神经元——僧帽细胞也是特定的一对一联系。每一个僧帽细胞只能被一个嗅小球激活。这种联系方式维持了信息传递过程的特异性。在每个嗅小球中，表达相同气味受体的嗅细胞的轴突与僧帽细胞的树突形成若干突触，这种结构使哺乳动物具备了识别环境中极低浓度化学物质的能力。

嗅细胞寿命很短，更新很快，但气味信号在嗅球中的传入模式却总保持不变，这就保证了某种特定气味的神经代码不会随时间改变，这也是气味可以被长久记忆的基础。

气味信号在从嗅球传递至嗅皮质的过程中同样存在着精确的传入模式，而且在不同个体中也都一样。僧帽细胞将每一种气味信号定向传至特定区域的皮质神经元，经整合嗅觉便产生了。气味信号可以被传递至与情绪相关的大脑边缘系统，嗅觉可引起情绪和食欲等生理变化。

嗅觉学习

嗅觉是潜在的智能基础。

嗅觉是人类感觉神经中最多最复杂的器官。

现实生活中，对嗅觉的认知和训练，常常被边缘化，而实际上嗅觉是所有感觉中最为敏锐的。嗅觉细胞最多元化也最复杂，因此对周围的判断能力比视听觉要强。

我们人类的远祖，就是靠着嗅觉来寻找水源、食物，并避开可能的危险。嗅觉能协助我们灵敏地认识环境，进而保护自己。一般来说，鼻子灵的人，大多是判断力及敏锐性较强，比较能适应环境变化的人。

动物方面，狗的鼻子最灵，最远可以嗅出 1.5 公里处的味道；蚂蚁的触角可以嗅出空气中的含水量，从而做出判断会不会下雨，甚至可以事先知道水灾的程度。蚂蚁在下雨前搬家，经常能准确地搬到淹水线的上方。这些能力均来自嗅觉。

嗅觉又是如何练成的呢？

人类的嗅觉其实比一般动物更敏锐。由于人类本身大脑的接收层次较复杂，以人类鼻子内嗅觉神经组织的多元性，嗅觉的潜在能力是相当惊人的。史前文明的人类，大多可以用嗅觉闻出水和食物的所在；起火或其他危险，嗅觉也可以有所感应。特别是因为我们的平衡系统位于中耳，所以嗅觉好的动物，平衡感也特别好；嗅觉强的动物，通常自我保护的意识和技能也比较强。

人类的嗅觉其实相当好用，譬如我们感冒时，经常没有食欲，而舌头并没有生病，味觉应该不受影响，原来只要鼻子塞住了，连饭都变得不好吃了，由此可见嗅觉对人类生活品质的影响。

嗅觉的基础是臭味，狗对臭味就特别敏

重口味食物对嗅觉和味觉的发展有很大的帮助
（并不是真的要让孩子去吃臭豆腐）

锐，所以嗅觉也特别发达。臭味代表危险，所以对臭味够敏锐，自我保护力也较强。婴儿喜欢臭味，可见人类天生嗅觉发达，但社会生活的语境中人们对臭味是具备心理上的厌恶和排斥的，这完全背离了感觉神经的正常反应，所以也抑制了嗅觉的发展，人类应对危险的防范能力也自然大幅下降。

家长应当随时提醒孩子：用鼻子闻一闻，你闻到了什么？孩子用鼻子来警觉、发现周围的味道：植物的花香，食物的饭香，空气中飘来的各种好闻不好闻的气味……

孩子对气味的警醒度高，除了预示未来他的嗅觉有机会发挥独特作用之外，也说明他大脑功能的发展走在一条正确的道路上。

人类的嗅觉末梢神经细胞，虽分布在鼻"内"的嗅觉上皮，却直接暴露在空气中。不像耳朵或眼睛的神经细胞。耳朵的听觉神经细胞，有淋巴液、卵圆窗及耳膜，与外界分开。眼睛的视神经细胞，有玻璃状液、水晶体及角膜，隔离外界。而且嗅觉神经细胞能持续替换它们自己，称为"复制现象"。但是视网膜或内耳神经细胞，几乎无法修补它们的损伤。这是嗅觉神经与其他两者，最大的差别。

嗅觉上皮的嗅腺，不断分泌黏液，一方面溶解气味分子，一方面防范嗅觉神经细胞长期接受刺激而失去作用。唯其如此，才能确保嗅觉的灵敏度，否则我们就会遭遇《孔子家语·六本》中的那两句话"入芝兰之室，久而不闻其香"和"入鲍鱼之肆，久而不闻其臭"了。

第二节
嗅觉失调

只要是正常的感官，就会存在"失调"的风险。除了生活中我们的培养不得力，孩子比较任性、散漫所造成的心因性的嗅觉（味觉）失调以外，我们应当格外注意防范中枢性的嗅觉障碍。如果我们的鼻黏膜、嗅球、嗅丝或中枢神经系统连接部损伤，可能影响嗅觉。临床表现为嗅觉减退、嗅觉丧失、嗅觉缺失、嗅觉倒错、幻嗅和嗅觉刺激敏感性增加。

这就出现了一个有意思的话题：请保护好你的鼻子！

那么，我们应当如何保护鼻子（嗅觉）呢?

1. 尽量防止鼻子受到外力打击。尤其要特别注意婴幼儿鼻子的防护，婴幼儿鼻子脆弱，受到外力轻微撞击就可能造成鼻骨变形，鼻腔变窄，如不治疗纠正会造成一生的影响。从事相对危险的工作、体育运动时要采取合理的防护措施，如佩戴保护面具、头盔等。

2. 尽量不要挖鼻孔。人类鼻孔里有丰富的神经末梢，经常挖鼻孔能够刺激这些神经末梢，久而久之可以提高智力并预防老年痴呆，但要在合适的场合采用正确的挖鼻孔方式。最好不要在公众场合下挖鼻孔，相关手指的指甲经常修剪清理，挖的时候不要太用力，以按摩的方式为主。挖出来的东西用纸包好妥善处理。

3. 经常清洗鼻腔能够保护鼻子和增加嗅觉灵敏度。挖鼻孔只能清理到鼻腔前部，鼻腔的中后部需要用生理盐水或比生理盐水稍浓的盐水清洗。可以采用洗鼻器，也可以采用难度稍高的鼻子直接吸水的方式进行清洗。这也是当下我们帮助孩子预防各种传染病的有效手段之一。

4. 经常接触有害气体也是人们嗅觉下降的主要原因，所以我们应当减少吸入汽车尾气、装修产生的甲醛气体，减少暴露在严重的雾霾天气里。在环境不适宜的情况下，选择佩戴适当防护级别的口罩应该成为常态。

5. 按摩鼻中隔软骨、鼻根、迎香穴、印堂穴，用拇指食指按摩这些位置，可以增加鼻子的血液循环，提高抵抗力，预防鼻炎、呼吸道疾病等。

第三节
认识味觉：尝尽人间百味，体会别样酸辛

大约成书于 2400 年前的《吕氏春秋》有云："周鼎著饕餮，有首无身，食人未咽，害及其身，以言报更也。"这里说"饕餮"是一种凶猛的野兽。明末清初文学家、戏剧家李渔的作品《奈何天》中有"终不然闯席的任情饕餮"一句，"饕餮"已经变身为好吃、贪吃、美食、盛宴的代名词了。

这都是"味道"惹的祸。

人类对"吃"的热衷，不就是对味道的追求吗？所以汉语中才有了那么多相应的美妙词汇，例如有实写的：玉盘珍馐、八珍玉食、三牲五鼎、龙肝凤胆；有虚写的：津津有味、食指大动、唇齿留香、回味无穷；还有纯想象的：五味俱全、秀色可餐、脍炙人口、垂涎欲滴，等等。

说到我们对吃的描摹刻画，那真是不厌其烦。早在《论语·乡党》之中，就已经有了这样的说法："食不厌精，脍不厌细。"

味觉生理学

味觉，也称味感，是可溶性呈味物质溶解在口腔中对味感受体进行刺激后产生的反应。从实验角度讲，纯粹的味感应该是堵塞鼻腔后，将接近体温的试样送入口腔内而获得的感觉。通常，味感往往是味觉、嗅觉、温度觉和痛觉等几种感觉在嘴内的综合反应。

味道并不是单一感官的产物，我们对味道的感知来自复杂的多感官间的交互作用，听觉、视觉，甚至触觉（体感）都能影响食物的味道。

口腔内感受味觉的主要是味蕾，其次是自由神经末梢。味蕾主要分布在舌背和舌缘的舌乳头中，口咽部黏膜亦含有散在的味蕾。味蕾由味细胞、支持细胞和基底细胞组成。味细胞 10—14 天更换一次，味细胞的顶端有纤毛，称味毛，是味觉感受的关键部位。

食物的丰富性和层次感，是味觉发展的要素

婴儿有 10000 个味蕾，成人 5000 多个，味蕾数量随年龄的增大而减少，对物质的敏感性也降低。

口腔内舌头上隆起的部分——乳头是最重要的味感受器。在乳头上分布有味蕾。味蕾是味的受体，它的形状就像一个膨大的上面开孔的纺锤。舌表面的味蕾乳头分布不均匀，且对不同味道所引起刺激的乳头数目不相同，因此造成舌头各个部位感觉味道的灵敏度有差别。在舌尖容易感觉甜味和咸味，苦味则在舌后部，感觉较为灵敏，酸味在舌两侧感觉较灵敏。

那味觉是如何产生的呢?

味觉物质进入口腔，到达味蕾的味孔，味觉物质中的离子或分子与味毛膜上的味觉受体接触，产生吸附反应，使味细胞的静息电位发生变化，产生感受器电位，味细胞释放化学递质，使味神经纤维产生冲动，冲动沿神经通路进入中枢神经系统，产生味觉。

进食时，味觉的产生，包括了食物的颜色对视觉的刺激，气味对嗅觉的刺激，以及口腔黏膜的感觉，都可以影响味觉的产生。

在各级味觉神经元中，能单纯将某种特定性质的味觉刺激传递至大脑皮层的神经元数目非常少，大多数神经元能传递两种以上味觉性质的信息。因此，味觉识别的发生机制仍不清楚。

味觉一点不单纯

味觉的重心在舌头, 舌头处理味觉的具体部位也各有不同: 甜味在舌尖, 苦味在舌中, 酸辣在舌侧, 但彼此平行发挥作用, 才能体会出味觉, 可见味觉的形成是 0 和 1 的数位神经系统。因此, 味觉的敏锐度, 会影响大脑神经的感应能力。

味道的发生和辨别不是味觉器官的单独任务, 而是多感官联动的结果。

当我们吃进食物时, 总会有一点气味传入口腔后面的气管。鼻腔里的气味受体可以从中识别出数千种挥发性的化学物质, 这便增加了味觉的层次。

你的大脑能够判断出嗅觉信号是来自鼻孔还是口腔, 如果是后者, 大脑就会将这些嗅觉信号与来自味蕾的信号混合在一起, 变成了一种新的感觉——它不能单独归类于嗅觉或味觉, 这一混合体便是我们所说的"味道"。

研究表明, 嗅觉才是影响食物"味道"的最主要因素, 80%—90% 食物"尝起来什么样"的信息都来自我们的鼻子。

"味道"与味觉和嗅觉都有关, 所以我们常常能用"水果味的""肉味的""香草味的"这样的词语来描绘它们。

荷兰化学家莫伊尔在 1936 年的论文中就指出: 简单改变食物的颜色, 就能影响人们对其味道的感受。

早在 60 多年前, 人们就注意到听觉和味道的关系了。到 2008 年, 搞笑诺贝尔奖中就有一项获奖研究表明, 人们对薯条脆度和新鲜度的感知, 可以通过变化咀嚼声音而被改变。

餐厅的背景乐也会影响用餐体验。我们的大脑似乎会把一些食物的味道和一些节奏的音乐"配对": 大多数人都会把"甜"和"高音"以及"钢琴"联系在一起, 而把"苦"和"低音"以及"铜管乐器"联系在一起。

食材的触觉感受也会影响口感——摸起来越软, 感觉越不新鲜(难吃)。不管是舌头还是手的触碰, 其实都在很大程度上影响着我们对食物味道、品质和满足感的体验。

　　我们的口味偏好需要用一生的时间来形成，甚至当我们还在子宫里的时候就已经开始。婴儿通常与母亲的口味更相近，这种进化的理由再简单不过：妈妈会吃的东西一定是安全的。相比之下，孩子是难被说服的，他们平均要尝试 9 次之后才会开始喜欢不熟悉的味道。无数的家长也可以证明，孩子最后对某种食物的喜好程度很大程度上依赖于父母怎样"描述"它。

　　味觉只是人的一种感官，想要构建或者品尝到美味，还要依赖其他感官。除了生理状态、信息准备和进食环境之外，其他感官也发挥着很重要的作用。

　　味觉本身决定着味道的具体感知，而嗅觉呢？它负责辨识香不香或气味如何，同样也会引发残留在记忆深处的很多感受。例如记得过去尝到过的某一种味道，这也会成为引起食欲的主要原因之一。还有视觉因素，儿童会本能地偏好暖色系的食物，许多孩子对于颜色相当执着，例如喜欢白色食物，讨厌绿色食物。另外，食物的形状、光泽、透明度等也都会成为构成美味度的要素之一。

　　此外，还有触觉和听觉的作用。有的孩子会排斥过冷或过热等极端的温度。美味度也会受到入口时的软硬度、口感、黏稠度所影响，咀嚼时的声音，甚至也会左右一个人的喜好程度。孩子在刚长牙或身体状况不佳时，甚至特别疲劳或遭到责骂时，吃东西就会感觉不美味。

　　总之，味觉体验来自口腔，来自受助于鼻后嗅觉或肠道里的味觉细胞。同时，我们对美味的体验也来自母亲的影响、童年的记忆、进食的固定场所、常用的餐具以及一起吃饭的陪伴者。此时味觉所带来的已经不仅仅是单纯的生理体验了，已经上升到情感体验和精神享受的层次。

五味杂陈

　　人类的基本味觉是指酸、甜、咸、苦这四种基本味道，另外还有"鲜味"也是人类很容易通过味觉感知到的一种味道，合起来就是我们通常所说的"五味"。

　　基本味是味感直接刺激味感受体的不同部位或不同成分所接收，然后又由不同的神经纤维所传递。这里要特别说明的是，"辣味"主要是由食物中的辣椒素引起的，辣椒素是常见的生物碱之一，能刺激口腔黏膜、鼻腔黏膜、皮肤和三叉神经而引起烧灼或疼痛感，所以辣味事实上是一种痛觉；"涩味"是食物成分刺激口腔，使蛋白质凝固时产生一种收敛感觉。

基本味觉当中，咸味反应时间最短，甜味和酸味次之，苦味反应时间最长。如果你用心体验，你会发现，在不同的舌头部位上，味觉感受程度是大不相同的。

舌尖对甜味最敏感，舌根对苦味最敏感，而形成味觉的敏感部位在舌尖及其两侧。酸味的敏感部位则在舌的两侧。不同的味道一旦送到嘴里，不同部位的味蕾随即开展工作，传达着各种味道信息。据测试，咸味的传导速度最快，它一旦与味蕾相遇，马上就能引起反应。甜味和酸味则不急不慢。苦味占据的时间最长，反应最强烈。平时，我们都有这样的经验，一旦误尝苦味，很难除尽。

味觉的基本作用是：

1. 促进食欲；

2. 促进唾液分泌，增进咀嚼、吞咽功能；

3. 维持体液平衡；

4. 防御作用。

影响味觉的因素有：

1. 温度：四种基本味中，甜味和酸味的最佳感觉温度在35℃—50℃，咸味的最适感觉温度为18℃—50℃，而苦味则是10℃。

2. 介质：味觉受呈味物质所处介质的影响，是因为呈味物质只有在溶解状态下才能扩散至味感受体进而产生味觉。介质的黏度会影响可溶性呈味物质向味感受体的扩散，介质的性质会降低呈味物质的可溶性或抑制呈味物质有效成分的释放。辨别味道的难易程度随呈味物质所处介质的黏度而变化，通常，黏度增加味道辨别能力降低。

3. 身体状态：身体患某些疾病或异常时，会导致失味、味觉迟钝或变味。由于疾病而引起的味觉变化有些是暂时性的，待病恢复后味觉可以恢复正常，有些则是永久性的变化。在患某些疾病时，味觉会发生变化。从某种意义讲，味觉的敏感性取决于身体的需求状况。体内某些营养物质的缺乏也会造成对某些味道的喜好发生变化，在体内缺乏维生素 A 时，会显现对苦味的厌恶甚至拒绝食用带有苦味的食物，若这种维生素 A 缺乏症持续下去，则对咸味也拒绝接受。

4. 饥饿和睡眠：人处在饥饿状态下会提高味觉敏感性。饥饿对味觉敏感性有一定影响，但是对于喜好性却几乎没有影响。缺乏睡眠对咸味和甜味阈值不会产生影响，但是能明显提高酸味的阈值。

5. 年龄和性别：年龄对味觉敏感性是有影响的，这种影响主要发生在 60 岁以上的人群中。有实验证实，60 岁以下的人味觉敏感性没有明显变化，而年龄超过 60 岁的人则对咸、酸、苦、甜四种基本味的敏感性会显著降低。

味觉学习

孩子在婴幼儿时期摄取的食物将形成将来味道的基础。

孩子在 3 岁前会充分运用大脑所累积的味觉记忆，想要培养儿童优良的味觉，关键在于断乳期至幼儿期这段时间如何去灌输对食物美味度的认知。

这个原因将从大脑的构造方面来说。大脑分成动物与生俱来的"原始大脑区块"，以及在进化过程中所获得的"新生大脑区块"。位于原始大脑区块的海马回是掌控记忆的结构，食物的资讯也会汇集在此。将资讯灌输进海马回之后，就会形成对食物的偏好。这部分的原始大脑区块会在 3 岁前形成，在这之前，主要都是使用原始大脑区块。由此可见，在 0—3 岁，味觉认知是相当重要的一件事儿。接下来，原始大脑区块才会与新生大脑区块一起产生联动，最终形成食物好不好吃的判断和认知。

刚出生的婴儿味觉十分敏感，比较排斥母乳及牛奶以外的味道，但一旦开始接触副食品后，原本敏感的味觉就会开始逐步退化，也就开始接受更丰富的食材。断乳期是帮助孩子品尝多种食材的原始味道的好时机，等到一日三餐形成机制、顺利进食了，特别是到 1 岁半左右长出第一轮乳牙，就可以正式推出幼儿期的饮食清单。到 2 岁左右，再用心设计、调整食谱，以便让孩子开始学着习惯大人的调味和饮食方式。

总之，从出生后5—6个月，到2周岁左右，这段时间对味道的正确引领可以得到孩子大多数味道都能接受的结果，这之后就会开始出现偏食、挑食的状况了，所以，这段时间是味觉学习的最佳时期。

某调查研究结果指出，大约有三成儿童无法正确辨识味道。很多家长因此担心自己的孩子不能正确地区分咸味和苦味，或者吃不出酸味来，这会不会延伸到大脑有问题呢？

孩子在断乳期、幼儿期吃过的食物，对于味觉的拓展有重大的影响。此外，除了味觉方面，孩子在这段时期，如果能非常享受饮食的过程，几乎可以左右他长大后对未来饮食能否保持正向的态度。

培养或训练儿童味觉的目的，就是让孩子了解各种味道的美好。我们要尽量帮助孩子学习，接受大人们能承受的味道。

常有人问，儿童的味觉是从什么时候开始发展的呢？事实上，孩子在出生后就已经具备了味觉。尤其是咸味，在出生后3个月就可以清晰地感知了。他们此时的味觉十分单纯，换句话说，他们会感觉到甜、鲜、咸这类生存所必需的，同时内心又会有很美味或者酸味以及苦味很难吃，或者很危险的感受，但大人对于这些味道感觉却完全不同：大人会觉得青椒及苦瓜内的苦味很美，也会乐于品尝各种充满怪味的土特产，啤酒或葡萄酒的酸苦更加称得上是令人流连忘返的美味。由此可见，成年人的味觉似乎更有助于品尝各种食物的味道及口感。因此，我认为，培养孩子的味觉，就是让孩子跨出单一纯粹味道的限制，乐于接受各式各样的味道，逐步发展到像成年人那样的丰富的味觉。

味觉是没有办法在发育成长过程当中自然养成的，绝大多数都是靠后天学习或者体验得来的。例如，孩子会觉得甜味的食物，或油腻的食品都算美味，但偶然品尝过成年人常吃的凉拌菜、麻辣菜之后，也会感觉到好吃，这就是味觉的学习过程。只有借助生活中的大量体验的机会，味觉的接受度才能逐渐被拓展，从而变得更加丰富。

最有条件帮助孩子学习味觉的人，是每天准备食物的人，我想，大部分的妈妈们都已经做好准备了。我们应当主动帮助孩子培养出更精彩、更多元的味觉，避免让孩子吃东西有偏好，或者味觉可以发挥的食物内容太单调。

孩子在很小的时候，舔到甜味会面带微笑，舔到酸味或苦味后会皱眉噘嘴，这是因为他在出生后已经具备了辨识味道的能力。孩子在出生后马上就能辨识的就是生存所必需的五种味觉。对于孩子来说，大脑对每种味道给出的信号也各不相同，甜味、适度的咸味和鲜味，发出身体好吃、必需的正向信号；尝到苦味及酸味，发出的就是有害身体的负面信号。小宝宝天生排斥苦味和酸味，孩子为了保护自己，会做出本能的判断，苦味的标签是有毒，酸味的标签是腐败。

孩子的美味

孩子眼中的美味一定要兼具色与香吗？

实际上，孩子对美味度的感知，受到状态与气氛影响最大。虽然孩子能感到美味的食物，基本上都是身体所必需的味道。但是，美味也会被味觉以外的因素所左右。

例如，同样的食物，在家里吃与在户外野餐和与小伙伴一起吃，味道就会各不相同。包括闻起来香不香、咀嚼时的口感如何，都会影响食物的美味度。此外，食物造型的可爱也会令孩子感到好吃。再者，孩子累了或想睡觉时，几乎任何美食都会变得没有吸引力了。我要特别强调一点：一直催促快点儿吃的时候，孩子无法平心静气地品尝味道，自然也就会食不知味。孩子在进食一刻的状态，以及过去所接收到的关于该食品的口碑，以及时间、场所、氛围等环境条件，都是构成美味度的要素。当我们责备孩子偏食、挑食的时候，有没有想到会与情绪和环境因素有关呢？

第四节
味觉失调

味觉是婴幼儿期非常重要的一种学习能力。舌头的味觉分化相当复杂，前面甜、中段苦，两侧酸辣，这必须得让食物留在嘴里较长时间，才能感觉出各种味道，味觉训练需要相当的耐心和时间。

婴幼儿嘴巴小、牙齿少，吃东西比较慢，所以不要赶时间，一口一口慢慢咀嚼，不但有助于消化，也比较容易养成好的饮食习惯。尽量不要喂他，14—15个月，让孩子自己吃，即使吃得满脸满地都是也无所谓，这反而能锻炼孩子大小肌肉及手眼的协调。

味觉训练不但可以培养孩子的独立性，也可避免挑食、偏食、厌食等不良习惯。

任何的学习都必须尊重身体的自然智能，否则常适得其反。学习走路是最难的，要撑住倒三角形的身体，不但要有高度的平衡能力，双脚也要有成熟的协调能力。尽管如此却从没有人会去教孩子所谓走路的技术动作，诸如眼睛怎么看、手臂如何摆、双脚如何迈，如果真的这样练，孩子有可能彻底学不会走路了。又如刚开始学讲话的孩子，都是牙牙学语，从来没有大人会要求他们发音正确，如果真的按照词汇和语法的规范来教，一定会毁掉孩子的早期语言发展。现实中比较令人遗憾的是，中式家长对孩子吃饭历来是管得多、管得严，一般都是政令迭出：别乱动、别讲话、坐好了、拿好碗、握好勺、吃这个、塞那个、大口吃、大口咽、再来一口等，不一而足。我们静下心来回想一下，是不是孩子6岁前经受的责骂，一多半来自吃饭这件事？

支持、引导孩子独立自主进食，允许他慢慢自理。吃饭较慢的孩子，大多是腭关节、唇边、牙周神经发育较弱的，可以通过按摩来予以加强，不但可以提高他的正常进食速度，而且还能有效改善吃饭吃得满脸满地都是的毛病，当然，这一切都要通过练习来完成感觉经验的累积才能实现。

原来，味觉失调，或者说偏食挑食，是被我们给管出来的，或者惯出来的。

至于生理上的味觉障碍，倒不是很常见，一旦发现必须马上去看医生。

了解一下：

1. 味觉感受性低下或亢进包括味觉减退症、无味症、孤立性或单侧性无味症和味觉过敏症。

2. 味觉异常包括突发性味觉异常、错味症、异味症和恶味。

3. 味觉嗜好性变异如癖食非食用性物质（纸、土、虫等），或癖食具强刺激性味觉的物品，表现出异常的食欲。

第五节
家庭嗅觉味觉训练建议

本章结尾我给大家推荐一些结合日常生活的有助于孩子深入体验嗅觉、味觉内涵的游戏思路，大家望文生义，只要带过孩子的家长朋友，都足可胜任，唯一要注意的一点是：每个游戏都要事先充分考虑孩子的年龄和能力，谨记安全第一就可以了。

1. 闻花香： 准备香味比较明显的花若干种，如玫瑰花、百合花等。要先介绍花的外形、颜色等特征，然后再闻花香。

2. 醋不同： 分别把少量的陈醋、米醋、果醋倒入碗中，先不看颜色，只尝味道，让孩子加以辨别。也可以装进玻璃瓶，观察它们的颜色各有什么不同。

3. 尝一尝： 用上述游戏相同的玩法，区分醋、酱油、黄酒，或是葱、姜、蒜等等。

4. 辨蛋游戏： 准备煮熟的鹌鹑蛋、鸡蛋、咸鸭蛋各一个，分别放在三个盘中，先向孩子介绍每种蛋的名称，然后分别剥开三种蛋进行品尝，感知蛋的味道；最后把三种蛋切碎混放，请孩子品尝后说出蛋的名称。

5. 认饼干：准备钙奶饼干、苏打饼干、巧克力饼干、咸味饼干各一盘，玩法同上。

6. 找牙膏：准备牙膏、润肤霜、洗发水的瓶盖各一个，眼罩一个，让孩子蒙住眼睛，通过嗅觉，能在几种物品中找出牙膏。

7. 分果果：准备常见水果如菠萝、苹果、桃、橙子等的果肉若干，果盘四个，玩法同上，只不过这次考察的是味觉。

8. 人间百味：准备常见调料如大料、花椒、姜（切片）、蒜（去皮），纱布袋若干。先把调料出示，引导孩子逐一闻味，并记住其名称。然后把以上四种调料分别放入纱布袋中，逐一让孩子闻，通过嗅觉辨认并说出名称。可以变换调料种类，反复练习。

本章附录：嗅、味觉功能自测表
表一

1. 排斥某些味道或食物：对某些味道反应过度敏感，可能会讨厌某些特定种类、味道或温度的食物。
2. 容易作呕：在吃东西的时候，比一般小朋友容易有作呕的状况发生。
3. 追求错误的嗅味觉刺激：常会去闻、去舔或是尝某些不能吃的东西，例如泥巴或黏土。
4. 重口味：可能会很喜欢特别辣或是口味特别重的食物。
5. 对气味反应不足，例如一些明显的臭味也不在意。
6. 顽固地偏食、挑食。
7. 经常拿起不能吃的东西用鼻子闻或用嘴舔或咬，例如塑胶制品、仿真玩具、彩色橡皮泥、拖布、垃圾等。
友情提示：如果您的宝宝在日常生活中，有3项或3项以下表现符合以上的自测项目，家长暂时无须太过紧张，只要注意对宝宝增加相应感官刺激，未来几周内认真观察就可以了；如果宝宝的日常表现符合的自测项目超过3个，请家长千万不要等闲视之，应该要马上寻求专业人士或专业机构的帮助，为孩子安排适宜的评估和训练。

感官的觉醒（下册）

李彤 著

新 华 出 版 社

图书在版编目（CIP）数据

感官的觉醒．下册／李彤著．-- 北京：新华出版社，2023.1
ISBN 978-7-5166-6709-5

Ⅰ．①感… Ⅱ．①李… Ⅲ．①儿童－感觉统合失调－训练－教材
Ⅳ．① B844.12

中国国家版本馆 CIP 数据核字 (2023) 第 017294 号

感官的觉醒（下册）
作　　者：李　彤

责任编辑：丁　勇　　　　　　　　封面设计：刘眲眲

出版发行：新华出版社
地　　址：北京石景山区京原路 8 号　　邮　　编：100040
网　　址：http://www.xinhuapub.com
经　　销：新华书店、新华出版社天猫旗舰店、京东旗舰店及各大网店
购书热线：010-63077122　　中国新闻书店购书热线：010-63072012

照　　排：青岛太空宝贝教育科技有限公司
印　　刷：青岛时代色彩文化发展股份有限公司

成品尺寸：180mm×250mm
印　　张：13.5　　　　　　　字　　数：110 千字
版　　次：2023 年 1 月第一版　　印　　次：2023 年 1 月第一次印刷

书　　号：ISBN 978-7-5166-6709-5
定　　价：260.00 元（上下册）

目录
感官的觉醒（下册）

第三部分
育儿实践篇

The Awaken of the Sensory Organs

在一间有爱的教室里
你可以
释放恐惧
宣泄愤怒
委屈地哭
快乐地笑
还可以
飞奔 打滚 蹦高
大喊大叫

Part 10

The Awaken of the Sensory Organs

人刚生下来时都一样，仅仅由于环境，特别是幼小时期所处的环境不同，有的人可能成为天才或英才，有的人则变成了凡夫俗子甚至蠢材。即使是普通的孩子，只要教育得法，也会成为不平凡的人。

——克洛德·阿德里安·爱尔维修（法国启蒙思想家，唯物主义哲学家）

第十章
零的焦点

中国人的传统观念，一直对培养下一代寄予很高的期望，自然也伴随着很大的焦虑。很多家庭都认同：孕育一个生命，是大事，准妈妈和新生儿太重要，这几乎成了家庭生活中的一个焦点，所以本章的题目是借自日本杰出的推理小说家松本清张的经典作品：《零的焦点》。

小说讲的是旧世界与新世界用生命去交战的一个案件，而我想隐喻的是，中式家庭对孩子的出生和成长的重视程度在全世界是独占鳌头的，比方说"保胎"和"坐月子"这两个概念，在西方人的眼中就有点非主流。

第一节
感官发育始于宫内

本书旨在普及感觉统合的观念，支持 0—7 岁的小朋友家长掌握一些高效的、科学的、精准的育儿策略。很多家长了解到感觉统合的概念之后，往往会把关注的焦点放在孩子具体可感的、近在眼前的发育成长和优劣表现上，会在上了幼儿园之后才开始推动孩子参与一些相关的训练，而我国 20 年来感统训练的发展进程中，坊间同行普遍主张，孩子 4 岁之前尽量少练感统，原因在于 4 岁之前孩子感统失调的现象还不是很明显，所以就形成了一些认知上的误区。

那么，感官发育以及感觉统合的进程到底是从什么时候开始的呢？

实际上稍微掌握一点脑科学和神经生理学的常识就可知，孩子的感官发育从受精卵分裂成胚胎那一刻就开始了。下面我们根据胎儿在宫内的发育进程，列出主要感官的"发育简史"。

感觉统合始于宫内，通俗地说：是娘胎里带来的。

听觉

准妈妈怀孕 6 周后，胎宝宝的听觉开始形成，此后两三周，小手、小脚以及面部器官开始出现雏形，此时胎宝宝的大部分的感官功能还未形成。

孕期 8 周左右，胎宝宝的耳朵大致成形，含有耳膜等的中耳部分也会形成。9—10 周的胎儿就能对细而尖的声音刺激产生反应。

从孕期第 3 个月开始，外耳、中耳、内耳依次形成。

孕期 16—20 周，胎宝宝开始能感受到声音的刺激，并且很快（至迟在约第 20 周）就能听到妈妈血液流动和心跳的声音了，他的听觉开始越来越发达，听到不喜欢的声音会皱眉；准妈妈会经常感觉到胎动，胎宝宝也会对准妈妈的触摸做出收缩反应。

孕期24周，胎宝宝大致可以区分妈妈的声音和其他的声音。

孕期27—28周，胎宝宝脑部发育的速度已经非常快，能感知节奏和旋律，有时还会用胎动对各种声音做出回应；同时还能感觉光线的明暗，对外界的刺激也越来越敏感。

孕期28周后，胎宝宝的听力会进一步发展，而且能够通过妈妈的腹壁，听到外面的声音。虽然因为有羊水包围，听到的声音不太清楚，但已经能够辨认声调、感受声音了。

孕期32周，大脑变得更发达，胎宝宝能感受声音的高低和强弱了。

视觉

胎宝宝在子宫里，很早就已经能感受到外界的光线。他的眼睛的形状在怀孕4—5周时已经逐渐成形，第8周视网膜形成，到了第22—23周，一直紧闭的眼睛会稍微打开，到25—26周便会开始眨眼。

孕期16—20周，透过妈妈的腹壁，胎宝宝对外来的光线开始有反应。24周，胎宝宝的眼睛能够睁开或闭上；30周左右，血管会发育伸展到视网膜；到34—35周的时候，胎宝宝的眼睛已经具备了与新生儿差不多的视力。

孕期36周，胎宝宝几乎能对任何光线产生反应，眼睛能灵活地眨动，开始能看见物体了。随着宫内空间大部分被自己的身体所占据，胎动开始没那么频繁，不过此时他的感官发育已和新生儿很接近了。

触觉

胎宝宝触觉的出现甚至早于感官发育中最发达的听觉。

孕期第8周，胎宝宝的皮肤开始有感觉，随着神经元的增多，如果用手触碰腹部，胎儿就会蠕动起来。由于视力的发育初期受到限制，所以胎宝宝的触觉与听觉就更为发达。

孕期3个月起，能够感受到外部的刺激，皮肤感觉开始全面发育。

孕期4—5个月时，胎宝宝的上唇或舌头就能够产生嘴的开闭活动，好像是吮吸的样子，发育迅猛的胎宝宝已经可以吸吮手指了。胎宝宝偶尔会用双脚推压妈妈的子宫壁，这也是刺激脑部发展的重要动作。

孕期25周，胎宝宝会感觉到仰睡的温暖；大约26周，还会开始有"痛楚"的感觉。

孕期32周开始，有节奏的子宫收缩运动，可以给胎宝宝带来愉悦的皮肤刺激，大约再过一个月，对直接的外部刺激开始有反应。

嗅觉、味觉

宝宝在刚出生的时候，就已经有喜欢和讨厌的味道了。

孕期第7周，胎宝宝的嘴巴已经逐渐形成，大约第8周，鼻子的形状也出来了。孕期第11—12周，味蕾开始发育，此时已经可以感觉到酸、甜等多种滋味。

孕期第16周，能接收嗅觉信号的大脑功能区开始形成。

到孕期第20周，胎宝宝的舌头和口腔感觉已经开始发育，能够感受到味道，大约到第24周，已经具备了嗅东西的能力，并且能把对气味的接收很快传递到大脑。

到孕期28周左右，胎宝宝懂得分辨甜味和苦味，也会有了"甜东西好吃"的概念。

孕期32周，胎宝宝就已经大致可以记住妈妈的味道了。

孕期36周，胎宝宝对于味道已经能有喜欢或厌恶的情感区分了。

脑的发育

从孕期12周起，在胎宝宝的身体比例中，脑袋显得最大，大脑已经发育得非常复杂；孕期15—16周，脑部迅速发达起来，但脑的表面还很平滑，没出现沟回；20周以后，感觉器官开始按照区域迅速地发展，味觉、嗅觉、触觉、视觉、听觉会在大脑中专门的区域里发育，神经元之间的连接开始增加；孕期27—28周时，胎宝宝的脑细胞在迅速增殖分化，神经系统开始迅猛发育，能感知节奏和旋律，有时还会用胎动对声音做出回应，同时还能感觉光线的明暗，对外界的刺激也越来越敏感；孕期35—36周，胎宝宝脑的功能已经比较发达了。

平衡感官

孕期 18—20 周，胎动（典型的平衡动作）开始较为明显地出现，这个时候如果有外力触碰孕妇的腹部，胎宝宝会用收缩动作来回应你。此后，胎宝宝会用双脚推压妈妈的子宫壁，这也是刺激脑部发展并推动平衡能力向前发展的重要动作和标志。胎宝宝的平衡感官（运动平衡能力）高度依赖于肌肉、肌腱和关节的发育速度。临近分娩，平衡感官的整体发育也临近基本完成，所以才能够做到自主进行胎位调整（人类演化的奇迹，花了 26 亿—30 亿年的时间才做到，你没有看错，时间计量单位的确是"亿"），顺利的情况下，胎宝宝将以头位参与分娩，来到世界上与我们见面。

胎儿在宫内的发育是人的整个生理发育过程的初始环节和重要阶段，具有以下特点

1. 总体生长发育速度快

胎儿的身长，呈线性生长，速度在孕期 15 周时达到峰值，这样的生长速度在出生之后不会再次出现。

2. 体重增长高峰出现晚

胎儿体重增长速度在孕期的 32—34 周达到峰值。

3. 感官发育速度不均匀

胎儿的七大感官，在生长过程中的发育是不均衡的，其中肌肉组织较慢，与神经系统相关的感官最快。

第二节
孰是孰非剖宫产

在我国千家万户对生孩子这件事的重视就不用说了，怎样生孩子最科学？改革开放

40 多年，关于这个问题的讨论有点像过山车一样，迄今为止，也没有放之四海而皆准的标准答案。

一开始我们的医疗技术没有达到当下的水准，普罗大众的生活条件决定了对新生儿的重视程度也做不到像现在那么高，比方说 20 世纪八九十年代，万不得已才会采取剖宫产，大部分的孩子都是顺产出来的，甚至于那个时候一些早产、难产的现象，遇到水平很高或者动手能力很强的产科医生，准妈妈的家属都奔走赞颂：这个大夫接生孩子，一生一个准。

后来随着独生子女政策成为国策，孩子在家庭当中显得越来越金贵，人们越来越讲究出生时的一些附加概念，剖宫产也就开始大行其道。最流行的时候，我曾经调查过的某省会城市，剖宫产的比例已经倒挂成了 3∶1。根据感觉统合的基础理论，未经产道挤压，也就是非正常分娩的孩子，他在先天的感官发育上是存在明显缺失的。出生，是生命得以呈现的起点，当然就是宫内发育的终点，孩子出生的初始阶段是从宫内出发的，从孕育过程，到出生方式，如果不能形成一个闭环，孩子感官发育的顺畅度和完整度必然受到干扰。

如果以 20 世纪八九十年代为起点，以新世纪之交为轴心，随着我们国家的医疗水平和生活质量的提高，最近 20 年，"剖"与"顺"的争论又进入了一个新的阶段。过去是以剖宫产为主，大部分的医生也倾向于孩子家长"说了算"，因为这牵扯到医院某些"经营"利益，也会关联到有些新妈妈爱美的诉求和对产后恢复的焦虑，所以会主动放弃顺产，选择用开刀的方式来"尊重"个性需求。不尊重科学，就不会有好结果，于是剖宫产宝宝的出生比例越来越高，已经形成了一定的特殊现象。特殊在哪？最显而易见的就是剖宫产宝宝会与生俱来地出现一些感统失调（尤其是触觉失调）的发育隐患，长大后会更明显。于是，近几年我们又回归科学审慎判断，原则上不主张随意甚至开始明确限制剖宫产了。

这是一个进步，但的确是用一定的代价换来的。

那么，过山车的现象揭示出怎样的科学原理呢？

我们用正常分娩来印证：孩子经过产道挤压，从宫缩开始，对孩子的全身骨骼、关节和肌肉进行剧烈地收缩、挤压，这对他先天的本体运动能力是有非常好的筑基作用的。孩子在出生之前，他在宫内的胎位，又进行基于先天本能的自我调节，最终是要调节到头位，有利于顺利来到外面的世界。如果不是头位，那就是胎位不正，但有经验的妇产科医生是可以将它进行调节的，它一定是有道理的，胎位运转到头位，说明胎儿头部可以正常地通过产道先出来，因为头的个头最大。经产道挤压的孩子头位分娩，刚出来的时候，他的脑袋是枣核形的，实际上就是真的被压扁了，因为它太软，但出生一周左右，脑袋的形状就慢慢地恢复正常了，又回到遗传基因的预设上。更不要说孩子在产道分娩的过程中，在向外进军的过程中，全身的皮肤经过产道的大面积摩擦，形成了标准的、不可复制的原始触觉训练。

我们来总结一下：先是宫缩对孩子进行挤压，对骨骼、关节和肌肉，以及肺部吸入的羊水的气泡都进行最大限度的挤压，使之一个个被击破，为将来降低得肺炎的概率做了铺垫，这是典型的本体运动觉练习。然后是胎位正常、分娩过程也正常，孩子的平衡得到了有效的锻炼，对前庭平衡觉的基础发育是一个大大的促进，再加上后面说的触觉训练，相当于三大基础感官借助分娩这个关口进行了一次非常有效的基础训练，这就远比上帝造人所没有预设的那种方式：在肚子上开刀要好得多。因为剖宫产不是单纯把肚皮打开取出孩子的，它是越过肚皮及层层组织和脏器，把人的子宫打开然后取出孩子，这种方式可以说是反人道的，除了人以外的哺乳动物都不会这样做，反其道而行之，一定会对孩子正常的生长发育造成一定的干扰或者是阻碍，会留下后遗症。

说到后遗症，剖宫产的代价是：

第一个就是刚才说的，孩子先天的三大基础感官训练在分娩那一刻的缺失，孩子相当于翘课了，翘的是触觉、前庭、本体这三堂课。

第二个后遗症是影响了孩子向母亲分泌催产素，导致母子的亲密关系没有达到一个完美的和谐。

第三个后遗症是妈妈的身心由本来是一个很正常的分娩术，变成了一个外科手术，按照中医的理论，这是伤了人的元气，而且还在身体上留下了疤痕。有的人因疤痕体质会愈合不到位，有的因为手术过程当中的不确定因素，还会殃及体内另外的脏器。

小结一下，剖宫产的宝宝没有经过强烈而持久的挤压，皮肤、肌肉、关节缺少必要的感觉学习，从感觉统合的专业理论角度，其不良影响如下：

1. 触觉防御过度：相当于触觉学习不足；

2. 触觉防御不足：对疼痛过度不敏感、味觉迟钝；

3. 小肌肉运动不灵活，发音不佳、语言发育迟缓，大脑学习分辨能力弱；

4. 辨别性触觉感受不良：认识事物的物理性质（质感、触感、软硬度）反应不敏锐；

5. 本体运动觉发育不良：做事效率低下，自信心不足，身体协调性、灵活性差、动作能力落后。

综上所述，我认为女性生孩子，还是尽量采用上帝造人一代一代流传下来的、经过进化而相对固化的方式，就是顺产。

第三节
三翻六坐七滚八爬

我们中国人的老祖宗真的是很神奇，他们做好事不留名，留下了一大批经典的谚语，让我们的生命历程充满着发展的逻辑和神圣的哲理。其中"三翻、六坐、七滚、八爬"这一句，就比较生动而又科学地体现了孩子从刚出生不久到 1 周岁之前，这个发育过程中动作发展的四大关键点。

孩子刚出生以后，他的发育速度是非常快的，因为肌肉组织及其相关器官的发育是受到宫内狭窄环境的限制的，所以在宫内唱主角的是神经系统和视、听、嗅、味、触几大细部感官，而生出来之后，从重量和长度来讲，孩子的发展速度几乎是肉眼可见的。于是我们的祖先经过经验总结，提出了三翻、六坐、七滚、八爬。

感觉统合的理论起源于 20 世纪 70 年代的美国，但我们的祖先在感官发育方面的真知灼见绝对是不遑多让，这句话说得很有道理。

这是四个依次发生的标志性动作。

翻，是孩子整个躯干的比较大的位移动作和能力，是里程碑式的进步；坐，是身体向上折叠，形成坐姿；滚，是指孩子连续翻身，形成了一个连贯的滚动动作；爬呢？在滚的过程中，孩子偶尔会转变成脸朝下，这个时候再加上自己的努力以及孩子所处环境中某些物品的辅助，就出现了爬的动作。

这里有一个东西方育儿观念上的差异，西方相当一部分新生儿的家长喜欢让孩子趴着睡，而中式育儿喜欢让孩子仰面朝天，从感官发育的角度来看，仰卧不如俯卧那么有利于孩子的动作发展。

这四个动作一定是按照上述顺序发生并发展的，出现意外的情况非常少见。实际上这是一个对孩子动作发展的基本要求，这里并不是告诉年轻的父母，可以静待花开，到了时间节点相应的动作能力就一定会出现，而是鼓励大家在接近时间节点的时候，对孩子动作发展的趋势进行推动，要主动地去帮助孩子尽早地、平顺地实现这四个动作：

大约在 3 个月的时候，孩子应当具备翻身的动作能力；

在 6 个月的时候，能够坐起来；

在 7 个月的时候，孩子能够在自己的小床上左右或者仅能向一侧滚动；

在 8 个月的时候，能够用各种姿态带动自己的躯体向正前方移动，学会基本的爬行。

有的孩子动作标志发生的时间会晚一些出现，为什么一时半会儿做不到？可能跟他在宫内的发育不充分，肌肉力量不足，或者家长给他的感官刺激不够有很大的关联，这是非常值得年轻的父母加以重视的。在孩子刚出生两三个月的时候，就要主动地牵拉他的四肢，来刺激他的肌肉、肌腱和关节的发展，提高他在学习新的动作、增长新的能力这方面的主动性。这时候的孩子是几乎没有主动性的，要靠大人适当的挖掘和推动。

三翻、六坐、七滚、八爬，孩子用 4 个动作表达了自己在刚出生的第 1 年，动作发展的顺序和趋势，原则上各项能力是按照由弱到强、由低向高、由断续转连贯、由简单变复杂的节奏来发展的。

第四节
0—1 岁育儿指南

主要介绍 0—1 周岁儿童成长过程中遇到的情况以及解决方案，其中包含自测表、家庭感统游戏方案及指导建议等。

Spacebaby
1—2个月儿童

他是这样的：

这个阶段的宝宝刚刚出生不久，
他的视力并未发育完全，看东西都是模糊的。
而且他的动作笨拙，身体也不协调，
最喜欢的事就是把小手指放进嘴巴里，
每天要睡眠十几个小时，
爸爸妈妈们请耐心一点，
我们的宝贝正在茁壮地成长。

看看镜中的自己

抓握练习

制造一些声音
吸引小宝宝的注意力

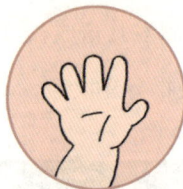

柔软的雪球
来做触觉训练

请您这样做：

初为人父母的大家想必还有些手足无措，
面对一个可爱的新生儿，我们的确应该好好思考一下未来应该如何去教养他。

感觉统合小贴士：
宝宝的眼睛已经有追视的意识了，给他个大号的、醒目的物体看，要离眼睛稍微近一点……

1—2个月宝宝能力自检表：	结果记录
1. 趴在床上，能抬头45度左右	
2. 眼睛能随着物体的左右移动而追视超过45度角	
3. 躺在床上，脖子可以左右活动超过45度	
4. 两个月时有了一定的语言需求，会咿咿呀呀地笑着	
5. 宝宝能够分辨声音或喜欢听温柔熟悉的声音（如妈妈的声音）	
6. 妈妈近距离地面对宝宝时，能够注视妈妈	
7. 听到父母说话产生反应	
8. 能较为有力地抓握父母手指	
9. 宝宝能被逗笑	

家庭感统游戏方案（1—2个月）

1　抚触按摩游戏

● 准备道具
婴儿油+大浴巾

● 游戏效果
促进血液循环，促进消化吸收以及让宝宝增进对身体各部位触觉的感知。

● 游戏方法
在宝宝洗完澡后，保证室温的情况下，让他躺好，妈妈双手沾好婴儿油后，从上至下，从头到脚，轻柔地抚触宝宝的身体。
头部、手脚心、腋下、脖颈、后背、屁股等地方皆需轻轻抚触，妈妈也可轻声哼唱歌曲，与宝宝进行互动，安抚宝宝情绪。

多与孩子进行互动
增进孩子对游戏的兴趣。

2 俯卧抬头游戏

● 准备道具

吸引宝宝注意力的小玩偶

● 游戏效果

2个月的宝宝适当趴俯有助于强化
颈部、肩部等位置的肌肉力量，为
下一个阶段的翻身、爬行等打好一个坚实的基础。

● 游戏方法

确保周围无杂物后，让宝宝腹部朝下，俯卧在床垫上，爸爸或妈妈趴俯到宝宝
视线高度，与他互动对话，或者用手中的小玩偶，发出声音吸引宝宝的注意力。
同时，可以左右晃动玩偶，观察宝宝对物体的视觉追踪情况，也可左右发出声
音，观察宝宝是否寻找声源。根据宝宝具体情况累了就翻过身来休息，每天练
习一两分钟，根据能力慢慢增加时间。

3 推积木游戏

● 准备道具

能够堆高的积木或者纸杯

● 游戏效果

练习俯卧时候的肌肉力量，培养宝宝的手眼协调能力。
通过推倒积木这种方式，让宝宝了解到自身的行为会对一件事物产生影响。

● 游戏方法

宝宝趴俯在床垫上，爸妈将积木堆高成塔，放在他触手可及的地方，
引导着孩子用手将积木推倒。
重复这个推倒的过程，家长可以多多给予宝宝鼓励，让宝宝感受到
家长的情绪。

《游戏百宝囊》(1—2个月)

1.《摸摸看》

训练准备： 玩具、毛绒玩偶、纱巾等物品

训练内容： 家长牵起宝宝的小手，引导宝宝抚摸玩具、毛绒玩具、纱巾等物品，甚至可以牵起小手抚摸爸爸妈妈的脸庞，家长作为引导者带领宝宝体验这个世界。

训练目的： 宝宝感受触觉信息的输入。

训练提示： 游戏过程中家长要和宝宝有语言与眼神的交流。

2.《睡前按摩》

训练内容： 调暗灯光，并确保房间温度适宜。家长双手搓热，也可配合宝宝专用抚触油，缓慢轻柔的从宝宝的额头开始划圈按摩，然后向下到面部、下巴，慢慢移动到脖子和肩膀、手臂、小手；随后将宝宝轻轻翻身，轻柔划圈按摩宝宝后脑，缓慢移动到背部、臀部、大腿、小腿、脚和脚趾。

训练目的： 放松身体肌肉，镇静宝宝情绪，改善睡眠。

训练提示： 按摩时时刻关注宝宝，当宝宝有烦躁不安或其他不舒服的表现，可停下来。按摩过程中，可播放柔和音乐，并用舒缓的声音与宝宝交谈。

3.《感受声音》

训练准备： 一些家庭和自然环境中的声音

训练内容： 抱起宝宝，靠近声音的音源，让宝宝感受身边各种声音的细节。可以听自然的声音，比如风吹过树叶、流水流淌。可以听动物的声音，比如鸟鸣、昆虫鸣叫、猫狗叫。可以听家庭的声音，比如冰箱的运转、空调的开关机、电视播放新闻等。注意音量不要太大，以免惊吓到宝宝。

训练目的： 既促进了宝宝听觉的发展，还可以让宝宝熟悉更多的声音，减少对未知声音的恐惧。

Spacebaby
3—4个月儿童

他是这样的：

3—4个月的生长阶段，
正是孩子翻身的黄金时间，也是身体协调性、手部力量、
腰部力量以及身体平衡发展的重要时期。
这时候的宝宝智力开始发展，他们好奇地探索着世界，
观察力与探索欲提高的同时，也开始与爸爸妈妈积极地互动。

请您这样做：

这个阶段是孩子学习翻身的时期，爸爸妈妈可以帮助孩子
多多练习，早日掌握翻身技能。

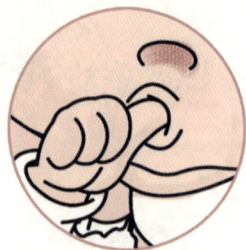

注意宝宝口欲期

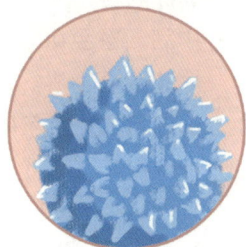

颗粒按摩球促进触觉发育

它是陀螺平衡训练仪

感觉统合小贴士：
宝宝头颈部发育趋于稳定了，爸爸妈妈每天都要多跟
宝宝进行真实的谈话。

3—4个月宝宝能力自检表：	结果记录
1. 趴在床上，能够抬头90度左右	
2. 可以自己吸吮手指头	
3. 躺在或者趴在床上时可以自己翻身	
4. 听到亲人的声音突然安静下来并寻找声音来源	
5. 在宝宝身边呼唤宝宝的名字，宝宝会转过头来	
6. 面对家长时，会咿呀呀朝着家长笑	
7. 躺在床上时，眼睛喜欢观察周围环境	
8. 家长拿着玩具逗引宝宝时，会被吸引	
9. 能连续发出两个不同的声音，如啊哦、咿呀等	

家庭感统游戏方案（3—4个月）

① 抓抓手游戏

● 准备道具
无

● 游戏效果
锻炼小宝宝手部肌肉张力及反射动作，刺激触觉发展。

● 游戏方法
爸爸妈妈用手指轻轻触碰宝宝的手心，让宝宝握住手指，这时候你会发现，
宝宝抓得会很用力，当握住一段时间后，可以轻轻摇晃让宝宝抓得更紧一些，
当宝宝松开手指后，可以用同样的方法继续刺激他的手心，让他重新抓握手指。
如此每日重复训练即可。

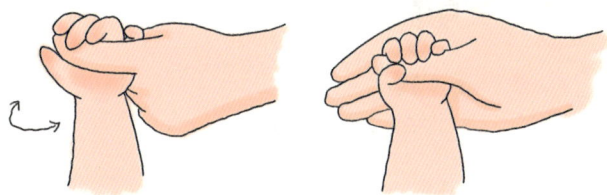

此时的肌肉训练将对
未来发育产生很大影响。

② 踩蹬游戏

● **准备道具**
大浴巾或小毯子

● **游戏效果**
踩蹬游戏可以有效地训练孩子腿部的肌肉力量，
为之后的翻身、爬行、走路打好坚实的基础。

● **游戏方法**
在宝宝的身下铺好毯子，让他平躺在上面，妈妈双手分别抓住宝宝的左右腿，
交替做出踩单车的动作。
20次为一组，之后可以选择稍稍抬高双腿，继续重复踩单车运动。
等宝宝熟悉以后可以让宝宝慢慢试着使用自己的力量来做出踩蹬的动作。

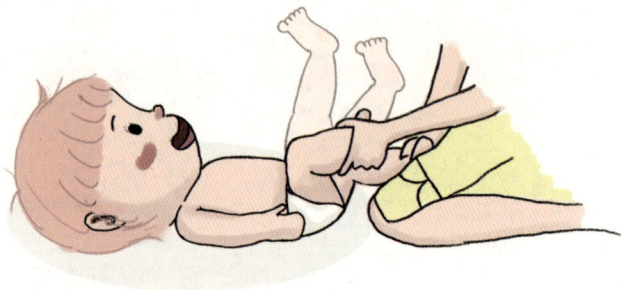

③ 翻身练习

● **准备道具**
能吸引宝宝注意力的玩具

● **游戏效果**
有助于宝宝颈部与胸部肌肉力量发展

● **游戏方法**
让宝宝侧躺，背后垫着枕头，家长拿着摇铃或者玩具再宝宝面前晃动，
宝宝这时候会将身体上侧的腿交叉朝身前落地，慢慢地重复几次后，
宝宝就会学会自主去翻身。

《游戏百宝囊》(3—4个月)

1.《小手拍拍拍》

训练内容：家长倚靠在床头或者沙发上，双腿弯曲，脚掌贴于地面，让宝宝坐在家长肚子上，和家长面对面，背部可以倚靠在家长的大腿上，家长牵起宝宝的小手，一边唱童谣，一边玩拍手游戏。

训练目的：锻炼宝宝颈背部肌肉力量。

训练提示：游戏过程中动作幅度不宜过大，时刻注意宝宝安全。

2.《小飞侠》

训练准备：柔软的床单

训练内容：爸妈扯住床单的两端，让宝宝躺在床单里面，家长轻轻的左右晃动，观察宝宝的反应后，可以适当加快一点摆荡的速度。

训练目的：刺激前庭觉的发展。

训练提示：训练过程中妈妈可以唱一首歌，有助于安抚宝宝的心情。如果宝宝哭闹反抗则要更长时间的安抚。

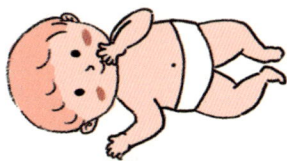

俯卧时练习抬头，仰卧时可以练习翻身。

第3个月的宝宝俯趴时，能够把头和肩膀抬起来，同时可以自如地转头，一些发展比较好的孩子，已经开始翻身了。

前3个月就是要让孩子多练习抬头，增加颈肩肌肉力量，为孩子下一个阶段的发育打好基础。

Spacebaby
5—6个月儿童

他是这样的：

5—6个月的宝宝熟练掌握翻身后已经可以坐下了，
随着手部力量的增强，他开始尝试去探索世界，
你会发现他可以独自玩玩具了。
宝宝的表情在这个时间段也变得丰富起来，
高兴、大笑、生气等等都可以表达出来，
6个月的时候通常要开始添加辅食了。
请注意，顽皮的他马上就要出现了。

请您这样做：

这个阶段的宝宝已经可以坐稳，但也要注意坐的时间不要太久，
请根据宝宝的具体情况来决定。
同时请注意小颗粒的物体，切莫让宝宝误食。

小宝宝的手部力量得到了很大的提升
可以尝试让他抓取一些小玩具

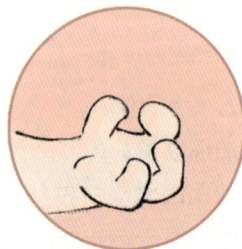

小宝宝手指力量的训练
需要长时间坚持

感觉统合小贴士：
换尿不湿的时候要借机多碰触宝宝的身体，轻轻按压或者缓慢抚摸，还要跟他保持语言交流。

5—6个月宝宝能力自检表：	结果记录
1. 躺在床上可以自己熟练翻身	
2. 可以伸手拿到身旁的物品	
3. 玩玩具时会拍打床或者桌子	
4. 能够自己独坐在床上保持一定时间	
5. 能够趴在床上向前匍匐挪动	
6. 可以坐着用手按压物品，但不会控制力度	

宝宝辅食添加表

满6个月	初期可以米粉加奶开始，起初不要太稠，以后逐渐增加苹果、梨、香蕉等水果泥和蔬菜泥。如果怕营养单一，可以考虑用配方奶来调配米粉，就像酸奶一样，上下午各吃一顿。后来，逐渐增加了米粉＋果泥和米粉＋蔬菜泥。
7—9个月	8—9个月时就可以开始给宝宝一些用手拿着吃的煮熟的蔬菜和水果，最开始可以煮白薯、土豆、胡萝卜、菜花、苹果和梨等。可以将宝宝的米粉、菜泥和果泥制作得更稠一些，还可以增加一些小果粒。食物的品种也可以更丰富。
10—12个月	这个阶段的宝宝可以开始自己用手抓饭吃，增加用手吃的食物，可以吃一些带小块的食物，不再用全部打成泥。可以开始吃小吃米饼和一些专给宝宝提供的小吃，可以开始用杯子和吸管儿喝水。在上一阶段的基础上可以增加猪肉、羊肉、牛肉、鸡蛋黄、奶酪、豆腐、豆类食品、菠菜、豌豆和燕麦等食品。
1—2岁	这个时候的宝宝就已经可以吃家里正常的饭菜，只是开始时还需要将饭菜切碎或压碎，宝宝应该已经可以自己用勺子吃饭，但开始会吃得少，撒得多。可以开始喝全脂牛奶吃整个的鸡蛋，基本上能吃所有的食品。
2岁以上	宝宝可以吃家里的所有的饭，但要注意少加盐，在我们吃的那部分再加一些盐和调料。观察宝宝的挑食情况，注意宝宝餐食营养均衡。

注：6个月时要加辅食，由稀到稠，再慢慢开始添加小块食物，最后到营养均衡。

> **宝宝多多练习双手力量是本阶段的关键。**

家庭感统游戏方案（5—6个月）

① 我的小脚丫

- **准备道具**

  无

- **游戏效果**

  通过观察宝宝自己的脚和腿，发展对于身体组成部位的认知。
  宝宝会逐渐认识并习惯自己脚丫和腿部的活动。

- **游戏方法**

  确保周围无杂物后，让宝宝背部着地平躺，这时家长们可以协助宝宝将腿向上抬往胸口方向。
  动一动宝宝的身体让他可以清楚地看见自己的腿和脚趾。最后我们的宝宝就可以自己用手抓住自己的小脚丫啦。

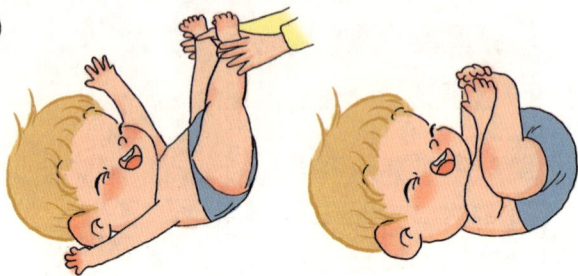

② 抓住小玩具

- **准备道具**

  玩具车、毛绒玩具、积木等玩具

- **游戏效果**

  增加宝宝的触觉刺激。
  训练宝宝的手臂力量及精细动作发展。

- **游戏方法**

  家长将准备好的各类玩具摆放在宝宝面前，让宝宝自主选择想要的玩具，当宝宝抓握或轻触玩具的时候，他的触觉系统以及手臂肌肉力量，精细动作都会得到有效的加强。

《游戏百宝囊》(5—6个月)

1.《一起摇摆》

训练内容：家长平躺在地垫或者床上，让宝宝趴在家长胸前，并稳稳地抱住宝宝。家长左右摇摆自己的身体，并带动宝宝一起摇摆。

训练目的：刺激本体运动觉的发展，增强亲子关系。

训练提示：游戏过程中家长要和宝宝多说话或唱歌。

2.《抬高高》

训练内容：家长倚靠在床头或者沙发上，双腿弯曲，脚掌贴于地面，让宝宝坐在家长肚子上，和家长面对面，仰卧在家长的大腿上。保持这个姿势玩耍一会后，家长一边说"抬高，抬高，我们坐起来"，一边拉住宝宝双手使其身体离开家长的大腿，呈独立坐姿，保持一会。然后一边说"变低，变低，我们靠一靠"，一边慢慢地让宝宝仰卧在家长的大腿上。

训练目的：提高宝宝的抓握能力，增强身体的稳定性。

训练提示：游戏过程中家长的腿部姿势保持不变。

3.《讨厌的纱巾》

训练准备：一块柔软轻薄的纱巾

训练内容：让宝宝平躺在床上，家长先和宝宝玩一会，然后将纱巾轻轻地覆盖在宝宝的脸上，观察宝宝反应，看宝宝是否能用小手将纱巾拨开。

训练目的：刺激宝宝前庭发展，为宝宝输入触觉刺激。

训练提示：游戏过程中家长时刻观察宝宝反应，若宝宝出现烦躁不安等情况，家长可取下纱巾跟宝宝互动，进行安抚。

4.《骑大马》

训练准备：软垫

训练内容：宝宝骑在爸爸身上，妈妈扶好宝宝以防摔倒，爸爸向前爬行。

训练目的：增强宝宝对空间的感知。

训练提示：宝宝从小就很喜欢那种颠簸的感觉，爸爸妈妈可以边唱歌，边与宝宝互动，增进亲子关系。

Spacebaby
7—8个月儿童

买一些毛绒类的小球
增进触觉的同时训练手臂力量

他是这样的：

7—8个月的宝宝，爬行能力开始了爆发性增长，
有条件的家长可以购买一些围栏，务必注意宝宝安全。
爬行是成长环节中至关重要的一环，是宝宝视觉、
听觉、空间感、位置感、平衡、协调发育的基础。
宝宝的手指也开始变得灵活，对自己的名字有所认知，
6—10个月期间宝宝会开始长牙，也需要注意保护。

请您这样做：

爬行对于宝宝的发展至关重要，家长要让宝宝
多多练习爬行，不要急于让宝宝直立行走。

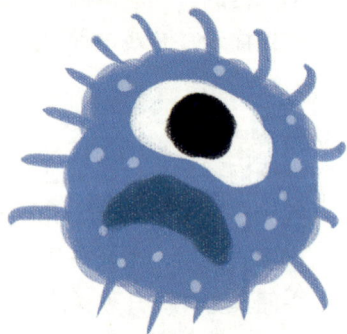

这个年龄段的孩子要注意卫生
增强自身抵抗力

感觉统合小贴士：
爬行训练+应该已经熟练掌握使用吸管了。

7—8个月宝宝能力自检表：	结果记录
1. 能够自己独坐在床上双手把玩玩具	
2. 愉快的时候，可以发出声音	
3. 宝宝主动与妈妈玩常玩的游戏（捂脸、拍拍手等）	
4. 两手各拿着一个物品同时拍打碰撞	
5. 可以用手掌和膝盖支撑住自己的身体，并向前爬行	
6. 用纱巾把玩具藏起来露出一部分，宝宝能够找到	
7. 听到音乐时会随节拍有身体或手的动作	

乳牙出牙参考表

中切牙（门牙）
侧切牙
尖牙（犬齿）
第一磨牙（臼齿）
第二磨牙
上牙

第二磨牙
第一磨牙（臼齿）
尖牙（犬齿）
侧切牙
中切牙（门牙）
下牙

上牙	出牙时间	换牙时间
中切牙	8—12个月	6—7岁
侧切牙	9—13个月	7—8岁
尖牙	16—22个月	10—12岁
第一磨牙	13—19个月	9—11岁
第二磨牙	25—33个月	10—12岁
下牙	出牙时间	换牙时间
中切牙	6—10个月	6—7岁
侧切牙	10—16个月	7—8岁
尖牙	17—23个月	9—12岁
第一磨牙	14—18个月	9—11岁
第二磨牙	23—31个月	10—12岁

通常情况下，先长下门齿，随后上门齿，紧接着左右侧齿，以大约每月1颗的速度，到3岁时长齐20颗乳牙。

不要忽视出牙后牙齿的清洁~

让小宝宝多爬一爬
充分感受自己的身体。

家庭感统游戏方案（7—8个月）

1 泡泡浴游戏

● **准备道具**

儿童浴缸、水、泡泡浴盐

● **游戏效果**

有利于丰富宝宝的触觉体验，降低触觉防御，调节宝宝的心理情绪，
同时增进父母与宝宝之间的感情。

● **游戏方法**

将适量的泡泡浴盐撒到儿童浴缸里，用水冲出大量泡泡，均匀搅拌
浴缸里的泡泡，使泡泡变得细腻温和。
让宝宝坐在浴缸里自由玩耍，用身体感受泡沫。
（使用泡泡浴盐要注意是否安全，以免伤到宝宝的皮肤，泡澡时间不宜
过长，家长应全程陪护，避免误食泡泡）

2 软硬对比游戏

● **准备道具**

颗粒按摩球、苹果、毛巾等不同软硬度的物品

● **游戏效果**

增强宝宝的触觉敏感度、培养宝宝的手眼协调能力。
通过触摸不同材质的物品方式，让宝宝建立软硬的概念。

● **游戏方法**

将大量软硬各异的物品摆放在宝宝面前，并分别让宝宝感受软硬
的不同触感，在这期间妈妈要告诉宝宝硬的与软的不同。
当宝宝年龄增大一些之后，可以让宝宝在一堆物品中找出软的物品
与硬的物品。

《游戏百宝囊》(7—8个月)

1.《玩具捉迷藏》

训练准备： 宝宝喜欢的摇铃

训练内容： 宝宝和家长面对面坐好，家长拿摇铃和宝宝做游戏，玩一会之后，家长一边藏摇铃一边摇晃发出声音，并将摇铃藏到身后，露出一部分，然后问宝宝："摇铃去哪了？"随后鼓励宝宝伸手把摇铃拿回来，完成后说："哇！在这里！"

训练目的： 锻炼宝宝的探索欲望，锻炼宝宝的思维能力。

2.《聊聊天》

训练内容： 家长和宝宝面对面，家长拿出不同物品，并用完整的句子向宝宝做介绍，如"看，这是可爱的摇铃"或"哇，这是一只粉色的小猪"，并鼓励宝宝用手摸一摸介绍的物品。也可以随意跟宝宝聊聊天，说一说这一天都发生了什么事情等。

训练目的： 促进宝宝语言的发展。

训练提示： 与宝宝游戏时，心情要愉悦，表情要柔和。

3.《认识自己》

训练准备： 穿衣镜（或类似平面镜）

训练内容： 家长将宝宝抱到镜子前，通过做鬼脸或夸张的肢体动作和语言吸引宝宝看向镜子，使他对镜子发生兴趣。当宝宝对镜子里的影像发生兴趣时，可一边照镜子，一边指向身体各部位，一边向宝宝介绍，例如，"妈妈在摸你的鼻子"。

训练目的： 帮助宝宝建立身体认知，鼓励宝宝观察、探索。

训练提示： 确认镜子结实并摆放安全，以免伤到宝宝。镜子正对着的背景最好是一面墙，以免太多影像分散宝宝注意力。

Spacebaby
9—10个月儿童

他是这样的：

此时的宝宝正处于两个非常重要的节点，
第一个节点是宝宝进入了语言的萌芽期，宝宝非常喜欢
模仿妈妈的语言，所以妈妈要多与宝宝交流，培养他的语言能力。
第二个节点是宝宝扶着沙发或者其他物体可以站立了，
当然宝宝的站立根据情况，如果他有明确的站立需要，
我们可以适当协助，若没有也无须刻意训练，
因为爬行是大运动发育的基础，孩子多爬对发育是有帮助的。

请您这样做：

虽然宝宝此时正处于语言萌芽期与学习站立期，
但是家长切莫着急，多爬爬，多与孩子沟通交
流是非常必要的。

可以训练宝宝用手指精细地
捏起物品

平日可以多读一些绘本书籍

妈——呀——
啊——

感觉统合小贴士：
开始玩堆叠积木、螺丝积木；翻阅布书、洞洞书。

9—10个月宝宝能力自检表：	结果记录
1. 会模仿家长发出简单的单音，如一、爸、丫	
2. 可以扶着床边站立几秒	
3. 宝宝坐在床上，可以拉着家长的手站起来	
4. 拿着小盒子翻过来翻过去	
5. 在家长的引导下会做"挥手"的动作表示再见	
6. 喜欢看图片、图画	
7. 手指能按东西或放进小洞里；会用拇指和食指捏小物品	

10个月宝宝语言发育期概述

　　10个月的宝宝理解能力进一步增强，对声音变得更加敏感，比如我们说"手""脚"等词语的时候，他们会用手指着自己的手脚，长期的对话训练，让宝宝对语言有了自己的认知。

　　宝宝在8—10个月的时候，基本上可以说一两个单词，听得懂的单词20个左右；到了18个月的时候，词汇量可以增加至50多个，听得懂的单词在100个左右。

　　当然每个孩子之间的差异很大，有的孩子1岁半还不会说话，也有的孩子语言能力很好，能讲200多个单词，1周岁是宝宝理解语句的激增期，此后一月为表达性语句的激增期。

宝宝常用词汇检索表							
妈妈	玩	爷爷奶奶	鼻子	汪汪	给我	鞋子	那个
爸爸	狗狗	姥姥姥爷	脏	拜拜	花	书	这里
饭	猫咪	吼（狮子）	疼	哞	便便	奶	来
好/嗯	吃吃	哥哥姐姐	烫	不要	尿尿	车子	走
水	抱抱	弟弟妹妹	亲亲	球	要	这个	家

多与宝宝进行互动
增进宝宝对游戏的兴趣。

家庭感统游戏方案（9—10个月）

1 再见小游戏

拜拜~

● 准备道具

无

● 游戏效果

让宝宝学着去理解指令、读懂指令，
增强他的模仿能力。

● 游戏方法

再见这个动作很简单吧？但对9个月的宝宝来说却还是有一定挑战的，他需要去模仿大人的动作，并通过不断地积累，了解到这个动作的含义，家庭成员离开时，引导宝宝说再见。

哈哈~

2 家居大作战

● 准备道具

枕头、沙发垫等

● 游戏效果

可以增强宝宝的肌肉耐受力、培养宝宝的手眼协调能力。
通过攀爬游戏，可以训练宝宝的灵巧度和平衡感。

● 游戏方法

将准备好的沙发垫和枕头摆放成一道障碍物，高高低低的就像一座能爬上爬下的小山。让宝宝从一头开始，不停地翻越障碍物，这时家长们可以在一旁进行口头指导并给予鼓励，让宝宝对游戏产生兴趣哦。

《游戏百宝囊》(9—10个月)

1.《上上下下,动一动》

训练内容: 家长坐在沙发上或者座椅上,宝宝和家长面对面坐在家长双腿上,家长扶住宝宝腋下,伴随音乐的旋律或者家长的哼唱,上下晃动,还可以在游戏过程中增加左右晃动。

训练目的: 提高宝宝的平衡能力和肌肉控制能力。

训练提示: 游戏过程中家长可以有丰富的表情变化,并跟宝宝有眼神互动。

2.《翻翻相册》

训练准备: 一本家庭相册

训练内容: 家长和宝宝一起翻看家庭相册,刚开始时家长用完整的句子向宝宝介绍相片中的家庭成员,慢慢询问" 这是爸爸吗 ",再引导宝宝说出爸爸、妈妈等词汇。在翻阅的过程中,还可以给宝宝一点指引帮助他进行翻页。

训练目的: 促进宝宝语言发展,锻炼宝宝精细动作。

3.《撕纸游戏》

训练准备: 纸巾

训练内容: 家长将一张纸放在宝宝手中,并让他抓住纸的两边,观察他的反应。当宝宝顺利将纸撕破时,我们可以提供更多纸巾让宝宝练习。如果宝宝不知所措,家长可辅助宝宝做撕纸动作,或者让宝宝看家长撕纸的慢动作。

训练目的: 促进宝宝精细动作发展,锻炼宝宝观察力与模仿力。

训练提示: 游戏过程中时刻关注宝宝,谨防宝宝将纸巾放入口中。

4.《猜猜我在哪》

训练内容: 捉迷藏的另一种形式,爸爸藏起来,大声呼喊宝宝的姓名,宝宝听到声音后,循着声音寻找爸爸在哪里。

训练目的: 促进宝宝的听觉发展以及空间感。

训练提示: 尽量不要躲得太远,减少难度。

Spacebaby
11—12个月儿童

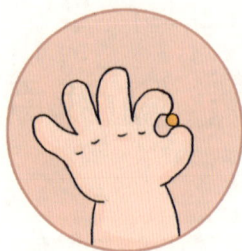

捡豆豆（但要防止误吞）

他是这样的：

这两个月可以说是宝宝大运动发展的分水岭，
这时候的宝宝基本上已经不再满足于翻身和爬行了，
他们拥有了站立、下蹲、弯腰等新技能，
但凡有机会他们就会想要尝试走路。
这个时间段的宝爸宝妈们请多付出耐心，注意安全，
帮助宝宝平稳度过大运动发展时期。

请您这样做：

想要追求宝宝的均衡发展，既要关注宝宝的大运动发展，
又不要忽视宝宝的精细动作与语言的发展。

适当播放一些音乐
宝宝的心情会更加愉悦

感觉统合小贴士：
开展大量模拟对话练习，要有来言去语；
录一些宝宝的语音给他（她）听，
并认真观察他（她）的反应。

11—12个月宝宝能力自检表：	结果记录
1. 可以站的稳定，并且走几步	
2. 能用手指捏起豆豆放进碗里	
3. 会手握勺子，做舀东西的动作	
4. 可以说单个字，如抱、不、是	
5. 喊宝宝名字后，宝宝会走到或爬到面前	
6. 有意识的反转东西，观察东西的背面	
7. 把奶瓶给宝宝，可以自己拿奶瓶喝奶	

宝宝大运动发展过程

翻	坐	爬	扶站	走	跑
3—4个月	5—6个月	7—9个月	10—12个月	1岁以上	1.5岁

　　大运动是全身大肌肉群的活动，它是对身体的平衡、协调性、灵活性以及颈部、躯干、四肢的自主控制。1岁以内的宝宝主要是趴、抬头、翻身、坐、爬、站着这几个运动，宝宝在完成这些动作时会形成：颈前曲、胸后曲、腰前曲、骶后曲这四个生理弯曲。这些生理弯曲按照从上到下的顺序慢慢形成，当它们形成后宝宝才能站得稳，今后才能更好地发展走、跑、跳这些大运动。

　　带娃期间不哭闹的情况下要少抱孩子，要让他多趴一会。抬头是宝宝出生以后的第一个大运动，而这个运动是从趴着中慢慢学会的。宝宝在趴着的过程中为了支撑自己的小身体，微微握拳的小手会慢慢张开，这样精细动作也可以得到发展。

手眼协调是孩子
进步发展的阶梯。

可以把梨给
妈妈咬一口吗？

呀呀~

家庭感统游戏方案（11—12个月）

1 分享小游戏

● 准备道具

水果、玩具等

● 游戏效果

锻炼儿童的思维能力，同时抓握转移物品的动作，
让孩子从小学会分享的意识。

● 游戏方法

孩子面前放许多小玩具让孩子抓握，妈妈引导孩子抓握，"宝贝，把你手中
的梨给妈妈咬一口可以吗？"慢慢地让孩子学会分享手中的物品。
后期还可以增加难度，比如，"宝贝，苹果在哪里？把它给奶奶，把小汽车给
爸爸，把小花给爷爷。"

2 捏取小物体

● 准备道具

入口即化的小溶豆
或吞不下去的球也可以

● 游戏效果

可以锻炼宝宝的手指灵活度。
捏取物品的方式也可以提高双手的配合能力。

● 游戏方法

刚开始的时候先用大一点的球，熟练后可以只用小溶豆。但是家长要注意
孩子别误吞卡到嗓子。将小球或小溶豆放在孩子身前，让孩子用拇指和食
指对捏的方式捡起小球，然后反复练习。把孩子喜欢的玩具从近至远摆放
在周围，鼓励孩子伸手或爬过去拿起他喜欢的玩具。（注意：防误吞）

《游戏百宝囊》(11—12个月)

1.《踢踢小皮球》

训练准备： 皮球

训练内容： 把皮球放在宝宝的脚边，家长用夸张的语言吸引宝宝对皮球的关注，并引导让宝宝伸腿去踢球。开始时，家长可以扶着宝宝的脚，帮助他做出踢的动作。当宝宝明白了是他的脚让球移动，他就会主动做踢这个动作了。

训练目的： 训练宝宝脑的平衡功能，促进眼、足、脑的协调发展，帮助宝宝理解"球形物体"能滚动的事实。

2.《大球真好玩》

训练准备： 瑜伽球 / 健身球

训练内容： 让宝宝稳稳地坐在球上，家长站在宝宝背后，双手放在宝宝腋下，或者托住宝宝臀部，慢慢地前后左右滚动，也可以弹动往上离开球面一定距离，再坐回到球上。

训练目的： 增强宝宝身体的平衡性和稳定性。

训练提示： 游戏过程中时刻关注宝宝反应，始终保护宝宝安全。

3.《它在这！》

训练准备： 手电筒

训练内容： 在宝宝睡觉前，家长将房间的灯关闭，或者把灯光调暗，打开手电筒照射出光束，引起宝宝的关注。开始时，可以将光束上下左右移动，引导宝宝视觉追踪。随后，可以照在不同物品上，并对宝宝说："看，这有一本书。"然后关闭手电筒，问宝宝："书去哪了？"再把手电筒打开照在书上，并对宝宝说："呀，它在这！"

训练目的： 提高宝宝追视能力，促进宝宝语言发展。

Part 11

The Awaken of the Sensory Organs

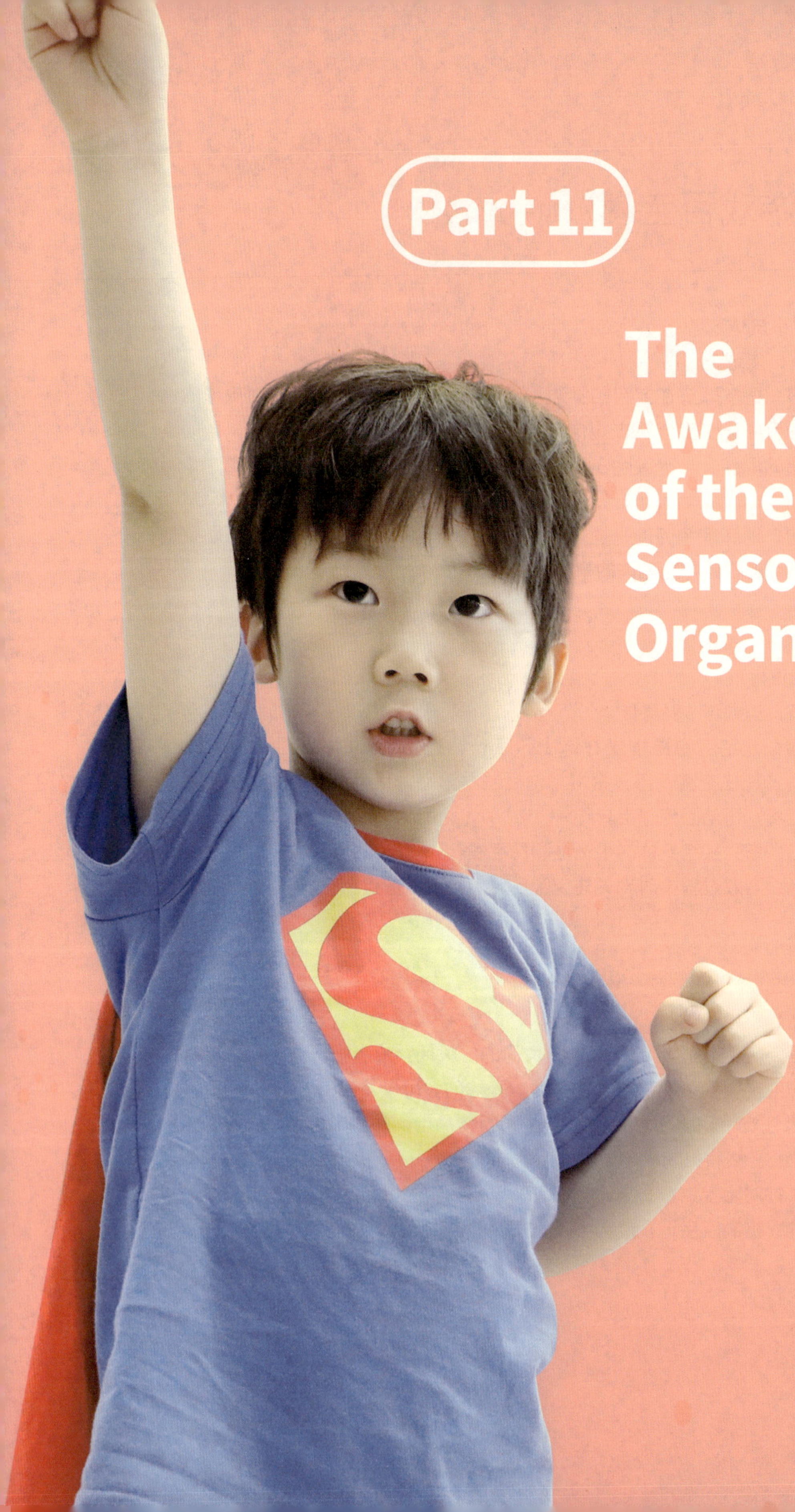

"世界如一面镜子，皱眉视之，它也皱眉看你；笑着对它，它也笑着看你。"
　　——塞缪尔·L. 杰克逊（美国著名影视演员、制片人）

第十一章
抓周之惑

　　刚出生的孩子，在长大的过程中会有很多标志性的时间节点，中式家庭据此会附加很多仪式，比如说出生 30 天要喝满月酒，100 天要过百日，或者干脆叫"百岁宴"，肯定都是要广发"英雄"帖的，这些对外"宣传"为主的活动，已经成了中国社会民众间常见的人情往来。

　　从有独生子女政策开始，孩子的地位逐渐晋升为"小皇帝"，家庭内部越来越重视孩子过生日，尤其是第一个生日，对每一个家庭来讲都是一件大事，标准动作都是阖家相与、共同操办孩子 1 周岁的盛大庆典。

　　在孩子 1 周岁生日的宴会上，大部分的中式家庭都有一个很有意思的环节，叫作"抓周"。

　　孩子满 1 周岁的当天，让孩子面对着（多数情况下孩子采取跪姿，爬向目标）提前摆好的、预示着他人生发展方向的一些特别的物件，比如笔、墨、书、纸，也会有金银珠宝，以及手表、纸钞、计算器，各种模型和用品，让孩子随机去抓，高潮是孩子率先抓到的第一个物件，它好重要，因为它似乎代表着孩子未来的发展方向。

　　"抓周"最早的记载见于南北朝时期，民间盛行婴儿出生满 1 年，全家人不仅要庆贺，而且还要举行隆重的抓周仪式。"抓周"起初的名称叫作"试儿"，《颜氏家训》中记载："儿生一期（满1周岁），为制新衣，盥浴装饰，男则用弓、矢、纸、笔，女则用刀、尺、针、缕，并加饮食之物及珍宝服玩，置之儿前，观其发意所取，以验贪廉愚智，名之为拭儿。"

"抓周"当然是没有科学依据的。

孩子是一张白纸，做出了一个无意识的抓握动作，更像是玩一个游戏，但对于一些观念比较保守的家庭，往往孩子在抓周的时候出现的那个选择又不知不觉地形成了很强的心理暗示：抓到笔的孩子大概率学习好；抓了玩具的，有的家长沮丧，有的则达观；抓到针线盒、小汽车或者手机模型的，大江南北，莫衷一是，这可让我们的宝宝该如何是好？

《红楼梦》里也曾写到过"抓周"这个仪式，贾宝玉在周岁那天抓的是胭脂钗环，贾府上下，是不是有点尴尬呢？

喜欢建立自我心理暗示，是中式家庭的一个特色。更重要的是，这一习俗的生命力非常顽强，绵延千年，流传至今。由此我想到，中式家庭对孩子的控制心态和焦虑心绪，早在"抓周"的那一刻，就已经如火如荼地登场了，孩子的成长又怎能轻松愉快呢？

第一节
学话趁早，学步宜迟

　　孩子已经过完了1周岁生日了，这时候已经由咿咿呀呀的学语阶段，开始进入到学一些有明确的意义和音节的词汇的阶段。比方说，大部分中国的孩子都先学会叫"爸爸"，然后才叫"妈妈"，虽然这让天下所有的母亲很郁闷，但没办法，他是跟孩子的语言器官的发育特性相关的，甚至于全世界的孩子都最容易先发出"爸爸"的音，最主要的原因是"爸爸"这个音节对孩子来说更简单，而"妈妈"这个音节相对孩子来说更加复杂一些，所以孩子在最初学说话的时候，发出的第一个音节通常是"爸爸"。全世界很多的语种都是这样，这是人类学语言的一个开端。

　　另外，在孩子1周岁左右，很多家长会比较积极主动地去训练孩子学走路的本领。根据孩子感官发育的特征及规律，我要特别提醒大家，还有机会再经历孩子1周岁到2周岁养育过程的家庭，我的建议是：学说话可以早一点，但学走路千万不要太着急。

为什么"学话要早"？

　　孩子在1岁的时候，他的骨骼、关节、肌肉和肌腱的发育还属于初级阶段，无法马上起到支撑躯干、保持平衡的作用，但他的视觉和听觉与环境的互动已经达到了较为成熟的水平，甚至已经会模仿环境当中的很多声音，会向有意义的人或物发出他自己"表情达意"的声音。比如看见爸爸，并不是他天生就该先会叫爸爸，而是在这几个月当中（半岁到1岁），孩子身边的人经常性地鼓励他叫爸爸，或者提到爸爸在与不在，至少妈妈肯定训练得最起劲儿、最频繁。

　　这个时期孩子与环境的互动在大幅度增加，他自身一些情感和意志的表达已经到了不吐不快的程度，起初往往都是借助于动作，或者一些"咿咿呀呀"的无意义的声音，身边的监护人要靠体悟并累积而得到相对确定的判断。所以这一时期，孩子在听觉的训练上是最重要的。听觉本身就是最早发育、最晚成熟的感官，所以我们就借此机会，利用两代人之间亲密互动较多的机会，训练他收听并模拟各种各样常见的声音，从"爸爸""妈妈"开始，逐步增加一些新鲜词汇的刺激。这时切记要做到发音标准，尽量用普通话的发音训练孩子，争取早一点呈现口语的萌芽，打开口语的大门。

早说话的孩子，有了跟环境和监护人进行交互的新工具，可以把自己情感意志的表达逐步推进，对夯实孩子自主思维的根基，提高结合生活的基础认知有很大的帮助。所以，在孩子别的各项能力还不一定完全具备的情况下，可以作为一个训练手段，7～9个月，就可以开始进行大量的、密集的训练。如果我们从语言发育迟缓来反推，很多孩子到了一定的年龄还不会说话的原因，实际上就是练得少了，刺激得不够，或者周围的口语信息、方言口音过于复杂，让孩子接收到的语言符号很难统一，就影响了他后天口语能力的建构，而有的家长觉得训练孩子学说话是烦琐的，比较操心受累，但领着孩子扶着家具练走，或者扶着他的腋下站、走比较轻松，因而就不知不觉地放松了口语训练。还有一种原因是，孩子自身在某个时间节点比较积极主动，此时原本应当趁热打铁，结果有的家长事后解释说，是因为孩子已经出现了口语的萌芽才放松训练的，结果等到想让他说话的时候，反而遇到了困难。

为什么学步宜迟？

孩子学会了"站"以后，就会急不可耐地想学"走"，在他的意识当中，因为已经做到了翻、坐、滚和爬，下一个动作是"站起"，站起之后，不管他是不是想迈步、能迈步，当他控制住基本的平衡之后，都会做出一个迈步的动作，所以大人就以为他该学走路了。

的确，很多大人都认为：1岁走路很OK呀，可是大部分的孩子这时期的骨骼发育还不成熟，肌肉力量不够，你让他学走，要么给他充分的扶持，要么就找一些工具来帮忙，比如说学步车、学步带，这些东西看似给了孩子一定的安全保障，实际上严重破坏了孩子依靠自己体内的平衡机制来构建自主平衡能力的训练路径。所以当他还很吃力、感觉离成功还有一点差距的时候，先不要急于教他去学走路，学会走路应当至少发生于学会说话之后，甚至要给他3—6个月的空窗期，让他先学说话，然后利用日常的活动多练爬，把爬行练到充分积累、足够熟练的状态，再让他站起来学走路，就相对比较容易成功。

千万不要给孩子那么多其他外力的"拐棍式"的扶持，会让孩子先从身体上进而从心理上产生一种依赖。特别是较早、长期使用学步车，更是危害巨大，主要是破坏了孩子平衡感觉的自然构建，让孩子的前庭神经系统做出误判：平衡是短促、紧急发生的，此后的很多动作指令自然是有偏差的。三四岁的时候跑起来踮脚尖的这些孩子，大部分都是用过学步车的，因为他没有踏踏实实地创建并掌握身体的平衡。

为什么有的孩子刚刚能够胜任一点点"走"的动作，突然之间就会"跑"了？而且还跑得挺快、挺稳？从前庭平衡觉的角度来分析，这恰恰说明了"走"是一个比"跑"要复杂很多的平衡动作：走，是双脚与躯干乃至双臂、头颈、肩背的配合，属于多点平衡，不能依靠速度和惯性，全身的动作必须重心平稳、肢体协调才能走好；跑，是双脚与躯干的整体配合，属于单点平衡，高度依赖速度和惯性，只要脚下不"拌蒜"，加速前冲，就算是跑。

从感觉统合的理论出发，"学话趁早，学步宜迟"是有利于孩子的感官及动作按规律发育发展的。

第二节
大人、孩子谁该断奶？

中国成年女性的劳动就业率是全世界之冠，大部分的妈妈也不愿意因为生孩子、看孩子而放弃职业生涯，最多是中断而已。有的因为职业前景看好，有机会从事一份非常稳定、很有前途的工作，导致要急于回到工作岗位上；有的是为了生活需要，那么这就需要提前甚至尽快给孩子断奶，以减轻家长因照护孩子而带来的精力的牵扯。

有关孩子什么时间断奶比较合适，一直有很多争论，主流说法一个是倾向于1周岁，还有一个就是能不断就不断，尽量多喂，这都是围绕着"母乳对孩子的是否有重大意义"这一命题来讨论的。我认为1岁断奶是有点残酷的，我主张断奶应当尽量发生于孩子上幼儿园的前期或者初期，我建议孩子上幼儿园之前半年左右，或者上了幼儿园适应一段时间以后，可以考虑断奶，当然这种主张在很大层面上还得看妈妈的身体状态、生活规划和就业安排。

在这里我注意到了另外一个值得探讨的话题。

孩子断奶是一方面，我比较关心的是妈妈在养护孩子方面的精神属性和依赖程度。中国的大部分职业女性都有这样一个观念：我生了孩子，我的人生就进入了下一个阶段，家庭三角结构中的老公（重点是互动属性和亲密关系）似乎变得不那么重要了。

要不要因此把生活的焦点都转移到孩子身上？我要对这样的新手妈妈建一言：她们才最应该率先在心理上"断奶"。包括重如产后抑郁、轻如焦虑症等，都跟"断奶"不及时、不彻底所带来的心境趋于紊乱或者心态调节失败有关。

我在为一些孩子做测评的时候，跟很多妈妈有过深入的交流，涉及本节的话题，相当比例的妈妈对我的观点会表示认同，在面咨的当下，有的妈妈还处于全身心的情感偏离状态：眼里只有孩子。其中有一位生了二胎后不到 3 个月就被迫断奶的妈妈，她的陈述中就充满了遗憾：孩子长到 3 岁时已经明显表现出跟妈妈的亲密关系比较薄弱的发展趋势，自己却每每在夜深人静的时候，带着悔恨去怀念短短的授乳期中跟孩子的那种肌肤相亲、彼此依恋的情感状态。

本书的话题焦点是孩子，由此涉及的家庭情感结构就一定至少是三角形（或者四边形）的，决不能随意发展到母亲 vs 孩子的单纯二元结构，像"丧偶式育儿"这样的调侃言论，现象的确存在，但是不是有很多妈妈的育儿观念过于"独断专行"呢？就本书的主题"感觉统合"而言，如果一直保持父母双方的"混合双打"和家庭内部的多方协作，孩子的感官发育状况以及越来越稀缺的雄性气概一定要远远好于妈妈单方面的严防死守和殚精竭虑。

孩子慢慢长大了，妈妈可以有自己的工作，"断奶"事宜只要别过于激进，而且尽量避免运用母子隔离的手段，原则上家家可以去"念"自己的"经"，我想强调的是，晋升为妈妈的女生们，一定要充分调动"爸爸"们义不容辞的育儿积极性和角色感，而做到这一点，妈妈就应当在相应的时间节点，先启动自身心理层面的"断奶"。

第三节
1—2 岁育儿指南

　　主要介绍 1—2 周岁儿童成长过程中遇到的情况以及解决方案，其中包含自测表、家庭感统游戏方案及指导建议等。

感统也是滚筒，滚筒就是感统

Spacebaby
13—14个月儿童

他是这样的:

这个时间段的孩子基本上开始熟练掌握
站立与坐下等动作了。
大脑也开始逐步思考吸收各种复杂的知识，
对各类形容词的掌握开始增多，手部的精
细动作也得到了充分发展。
只不过，千万不要因为孩子的进步而有
一丝松懈，也不要因为孩子的某种能力
没有达到预期而焦虑，
循序渐进是最好的教育方式。

请您这样做:

孩子对词语的理解有了很大的提升，
家长可以多一些时间与耐心对形容
词多做一些训练。

小朋友认识
这些生活用品吗?

放大镜

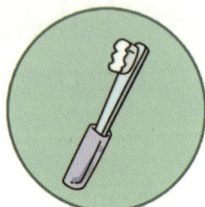

牙刷

望远镜

牙膏

感觉统合小贴士：
练习并学会使用勺子，并坚持用"嚼一嚼，
咽下去，哎，对了……"这样的句式引导宝宝正确进食。

11—12个月宝宝能力自检表：	结果记录
1. 可以自己坐在地上站起来，再坐下来	
2. 会搂抱和亲亲妈妈	
3. 给宝宝穿袜子或裤子时会抬腿	
4. 会双手托球，向上抛出	
5. 在听到家长问五官等部位时，能够指出1个以上的五官	
6. 把宝宝固定住，宝宝知道挣扎，并且有情绪反应	
7. 不能满足需求的时候会产生不满的情绪	

1岁内孩子手部精细动作发展对照表：	结果记录
1—4周　宝宝会攥紧两个拳头，你触摸他手心时会用小手抓握你的手指	
5—8周　握拳开始松开，手指开始伸展	
9—16周　喜欢抚摸物品并对自己的小手充满兴趣，不停玩弄	
17—24周　能随意抓取周围的东西，手指开始变得不再那么笨拙	
25—32周　抓握玩具，敲打桌面，手指变得有力	
33—40周　拇指与食指可以捏物，有能力翻箱倒柜了	
41—48周　两只手活动自如，指尖更加灵巧，甚至可以抓握铅笔画画	

训练手部精细动作的小玩具：

1. 积木：积木不仅颜色漂亮，而且可以搭建出各种形状，还可以有效地训练宝宝的手部力量与精细动作。（注意：小年龄段的宝宝务必选择大颗粒的积木，以防止误食，并且父母需要陪同玩耍。）

2. 童书：选择针对小月龄宝宝的童书，让孩子进行翻书训练。

3. 叠叠乐：这类玩具一般需要宝宝稍大一些才能玩，宝宝将圆环逐个套入，这个过程就是对宝宝精细动作与大脑思考能力的一种有效训练。

4. 其他：球类、串珠类玩具、套圈类玩具等等都可以训练宝宝的手部精细动作，但是千万要注意安全。

> 多陪宝宝看看书，
> 从小养成阅读的习惯。

家庭感统游戏方案（13—14个月）

1 哄小熊入睡

● **准备道具**

宝宝平常最喜欢的毛绒玩具

● **游戏效果**

锻炼宝宝的思维与模仿能力，
同时可以促进孩子独自入睡能力。

● **游戏方法**

妈妈播放一首轻柔的曲子，让宝宝学着妈妈的样子，抱着小熊摇一摇，哄小熊去入睡。同时，妈妈也可以把宝宝抱起来，让宝宝在怀中，轻轻地摇一摇，让宝宝也渐渐入睡。这样可以培养宝宝逐步适应独自入睡。

2 小刷子游戏

嘻嘻～

脸

手

肚子

脚

● **准备道具**

一把软毛刷、一把硬毛刷

● **游戏效果**

增强触觉刺激，
刷子不断摩擦身体也可以减少宝宝的触觉防御。

● **游戏方法**

针对一些触觉比较敏感的宝宝，我们可以准备几把小刷子，先用软毛刷从容易引起宝宝注意的部位开始（如手指），然后过渡到手心。再刷脚的部位，先刷脚趾、脚跟，然后渐渐过渡到脚心部位。如果宝宝抗拒，可每次只刷一下，反复尝试，直至宝宝习惯为止。然后以相同的力道换成硬毛刷，一次刷3—5分钟。最后用软毛刷和硬毛刷交替，让宝宝加深印象。

《游戏百宝囊》(13—14个月)

1.《捏捏小海绵》

训练准备： 便于宝宝抓握的不同形状的海绵

训练内容： 当宝宝在浴盆中洗澡时，家长可以将不同形状的海绵放进浴盆中，家长给宝宝展示怎么将海绵沉到水里吸满水，然后拿出来捏一捏、挤一挤把海绵里的水挤出来，引导宝宝捏捏小海绵。

训练目的： 锻炼宝宝手部的肌肉力量。

2.《卷寿司》

训练准备： 大浴巾

训练内容： 家长用浴巾像卷寿司一样将宝宝卷起来，然后拉动浴巾，让宝宝从浴巾中翻滚出来。

训练目的： 让宝宝体会以身体为轴翻转的感觉，加强本体运动觉的发展。

训练提示： 游戏过程中根据宝宝反应调整翻滚速度。

3.《身体游戏》

训练内容： 家长扶住宝宝腋下，伴随音乐节奏，将宝宝向上举高、向下落下，向左摆动、向右摆动，还可以跟家长一起转个圈，家长要让宝宝感受不同的速度和方向变化。

训练目的： 加强宝宝身体平衡感。

训练提示： 游戏过程中时刻关注宝宝反应，注意控制速度，观察宝宝有害怕的神情时随时停下。

伟大的跨越

1 岁左右的宝宝开始经历扶站、自行站立、走路、跑步等等几个小阶段，第 14—15 个月以后，他的大动作发展第一个大阶段宣告结束。

孩子自此完成了从爬行到直立行走再到跑几步的跨越。

但也不要放松警惕，孩子的成长是循序渐进的，后边一旦松懈就会止步不前，教育之路任重道远，让我们开启下一个阶段吧。

Spacebaby
15—16个月儿童

他是这样的：

这个阶段的孩子基本长出十颗左右的乳牙，囟门基本闭合，
但体重增长开始放缓，同时有宝宝产生厌食的情况。
对家长依赖很强，害怕陌生人及陌生环境，对别的孩子
开始表示亲近，对"我"这个意识更加强烈起来，
能够记住东西放在哪，能认出常见物品。
走路变得轻快起来，手指也更加有力气，
好像孩子长成"小大人"了。

请您这样做：

这个年龄段的孩子就是"皮"，一刻也闲不住，在关注孩子
发育发展的同时，千万要注意安全。

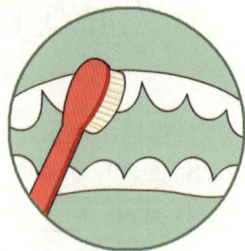

尝试培养孩子
独立刷牙

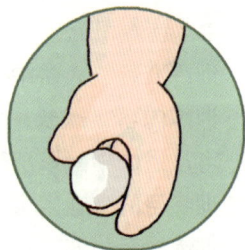

手部基本可以
完成拧这个动作了

感觉统合小贴士：
学会：站起来、向前走；练习正确的上下楼梯（会扶扶手，双脚同层）；把一件小的物品投进容器内。练习撕纸。

15—16个月宝宝能力自检表：	结果记录
1. 能了解常见物品的用途，会扭瓶盖玩具	
2. 能听懂家长发出的简单指令并做到	
3. 知道刷牙的动作，并在大人指导下刷牙	
4. 可以平稳的走上25度至30度坡	
5. 会自己摘帽子、扯掉半脱下的袜子和手套	
6. 学会使用简单工具	
7. 可以模仿常见的动物或者汽车发出的声音	

养成好的睡眠习惯

儿童睡眠时间对照表

新生儿	2个月	4个月	8个月	1岁	2—3岁	3岁以上
20—22小时	16—18小时	15—16小时	14—15小时	13—14小时	11—12小时	10—11小时

如何养成一个良好的睡眠习惯？

为了让孩子及大人能有一个非常好的休息环境，我们应该在孩子 3 个月以前就开始注意培养他的睡眠习惯了。

（1）首先要给孩子养成一个良好的睡眠日程，因此需要妈妈们注意定时、定量喂养的习惯。白天与夜晚最好时间固定，一般情况下可以"晚八睡，早八醒"。白天可以睡两到三次短觉，晚上通常起来喂一到两次奶，若夜间宝宝不醒不必因喂奶而特意叫醒他。

（2）其次要给孩子养成，睡觉就上床躺好。避免给他建立不良的睡眠习惯，比如摇睡、口含奶头入睡、抱着入睡等等有安抚情况下才能入睡。

（3）最后给孩子培养入睡准备意识，比如拉好窗帘使房间内的光线变暗就要准备睡觉了。再比如当妈妈给宝宝唱歌后，就要让他意识到要开始入睡了，等等。

伴随音乐节拍运动，
掌握律动感。

家庭感统游戏方案（15—16个月）

1 特快拉拉车

● **准备道具**

较大的纸盒或塑料盒

● **游戏效果**

让宝宝感受速度的快慢变化，
增强他的平衡感与空间概念。

● **游戏方法**

首先找一个纸箱，用胶带将它缠好，之后用一根绳子固定在纸箱周围，将
小宝宝放进去后，爸爸妈妈就可以拉着小车到处跑啦，家里如果有塑料收
纳箱更好，切记注意安全。

2 捉迷藏游戏

● **准备道具**

无

● **游戏效果**

增强宝宝的思维能力以及空间感。

藏好了吗？

● **游戏方法**

捉迷藏大家一定不陌生，其实这个年龄段的孩子很喜欢与大人玩捉迷藏的，
爸爸妈妈们也请多一点耐心，多与孩子互动一下。但也请注意提醒孩子不要
去危险的地方藏匿，因为本游戏的重点是互动，而不是谁能不能找到谁。

《游戏百宝囊》(15—16个月)

1.《推球游戏》

训练准备： 皮球

训练内容： 准备一个大一点的球，家长和宝宝距离 1 米以上的距离，面对面坐好，家长轻轻地将球推给宝宝，宝宝接到球以后将球再推回去。

训练目的： 锻炼宝宝的手眼协调能力。

2.《拔河比赛》

训练准备： 毛巾1条

训练内容： 宝宝和妈妈坐在地垫或床的一侧，爸爸坐在另一侧，各抓住毛巾的一端，爸爸对宝宝说："拉一拉，扯一扯，看谁的力气大。"爸爸轻轻地往后拉毛巾，同时妈妈与宝宝也往后拉，然后爸爸突然松手，让宝宝自然往后仰，倒在妈妈怀里。爸爸可以在游戏的过程中假装摔跤，增强游戏的趣味性。

训练目的： 锻炼宝宝上肢肌肉力量，增强身体稳定性。

3.《飞机游戏》

训练内容： 家长躺在地垫或床上，双腿抬起并屈膝，让宝宝趴在家长小腿的平面上，家长双手扶住宝宝腋下，同时轻微活动臀部，伸展弯曲膝关节，让宝宝像小飞机一样在空中起落，也可以双腿左右晃动，带动宝宝左右飞行。

训练目的： 锻炼宝宝身体的平衡能力，促进亲子之间的关系。

训练提示： 和宝宝玩这个游戏时，家长的动作幅度一定要小，动作要缓慢，同时一定要抓紧宝宝。

4.《数节拍》

训练准备： 小鼓（或能敲响的盆、铃铛）

训练内容： 家长和宝宝坐在一边，用手机播放一些著名的儿歌，根据儿歌的节拍，家长敲小鼓，宝宝跟随敲鼓的节奏拍手。

训练目的： 提高宝宝的听觉能力，培养基础的节奏感。

Spacebaby
17—18个月儿童

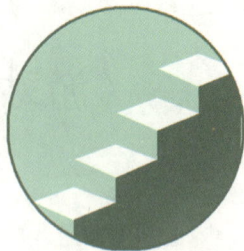

保证安全的情况下
尝试去上下楼梯

他是这样的：

这时候的宝宝有了自己的小情绪，他的哭是一种发泄。他不满的时候，
就让孩子哭一会儿吧，毕竟这是他唯一的发泄手段。
同时这时间段孩子看到别的孩子手中玩具可能会去抢夺，其实这并
不能算是自私，因为分享这个概念基本还需要一年左右才会掌握。
孩子大动作的发育体现在能跑上几步，能跟着音乐跳一跳，
精细动作方面，他喜欢把东西都集中到一起，或者不停地去拿
很多东西，翻来覆去放在一堆。还喜欢自言自语，发出一些
模糊的词句来，对自己的身体部位也有了一定的认知。

让孩子学习着
自己用勺子吃饭

请您这样做：

在孩子身体条件允许的情况下，可以让他多参与一些上下楼梯挑战，
还可以增加四肢的力量训练。

感觉统合小贴士：
可以练习"踮脚尖""下蹲向前走（鸭爬）""下蹲横向走（蟹爬）"和"前滚翻（要求不必过严）"了……

17—18个月宝宝能力自检表：	结果记录
1. 可以拉着大人的手上下楼梯	
2. 可以模仿他人动作	
3. 自己可以用勺子吃饭	
4. 喜欢翻箱倒柜、开抽屉	
5. 能将硬币拿起来放进储钱罐里	
6. 被表扬时会表示出开心的样子，如大笑、拍手等	
7. 能学大人说1—2个字或词	

认识自己的器官

　　这个年龄段的孩子已经可以认识自己的身体部位了，爸爸妈妈可以多与孩子交流沟通，让孩子对自己的身体有一个准确的认知，让孩子从小产生对自己的保护意识。

　　请妈妈带领着孩子们认识认识下面的身体部位名称吧。

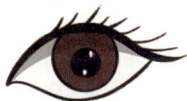

眼睛

嘴巴

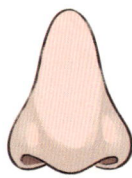

鼻子

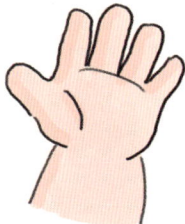

手

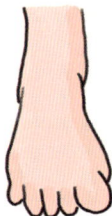

脚

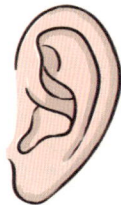

耳朵

下午三点到五点
正是学习玩耍的黄金时段。

家庭感统游戏方案（17—18个月）

1   看看你在哪

● 准备道具
　无

● 游戏效果
　有利于锻炼孩子的肌耐力和平衡感。
　增强孩子身体的柔软度，培养空间感知能力与身体认知能力。

● 游戏方法
　家长与孩子背对，从腿的空隙中找到对方，当与孩子对视后要说"我发现你啦"。
　在这里家长朋友们要注意的是，在游戏中为了培养身体的柔软度，要尽可能地
　告诉孩子要把腿打直，这样才能起到更好的效果。

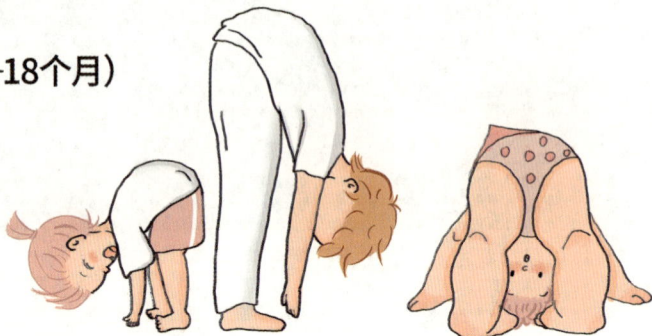

2   吊单杠游戏

● 准备道具
　无

● 游戏效果
　可以加强肌肉的耐受程度。
　增强孩子的平衡感，培养孩子空间认知能力。

● 游戏方法
　此项游戏进行时，家长们要牢牢地抓住孩子两边的手腕，再将孩子拉离地面或让孩
　子吊挂在半空中（注意不要太用力，防止脱臼）。
　爸爸和妈妈都在场时，让孩子在中间，爸妈分别拉一只手将他拉离地面，孩子们会
　感觉很开心，可以很好地增强亲子关系。

《游戏百宝囊》(17—18个月)

1.《小小不倒翁》

"说你呆、你不呆 | 胡子一把 样子像小孩 | 说你呆、你不呆 | 推你倒下 你又站起来"

训练内容： 妈妈盘腿坐在软垫上，双脚脚心相对，双手握住双脚脚腕，宝宝坐在妈妈的双腿中间。妈妈边唱儿歌边带动宝宝随妈妈摇摆身体。

注意： 妈妈摇摆身体时要用双臂将宝宝揽在怀里，确保宝宝安全。

训练目的： 被动感受重心的变化，提升宝宝身体平衡能力。

2.《踏步一二一》

训练内容： 跟着妈妈的口令一会快、一会慢、一会用力、一会松力，有张有弛，单腿站立再换腿。刚刚开始玩时，妈妈要做好保护，还要加上语言鼓励："对啦！就这样！"也可以加口号帮助孩子增加游戏兴趣，比如"一二三四……"

训练目的： 单腿站立承受全身重量对于此阶段宝宝是有较大挑战的，经过反复训练，宝宝可以轻松掌握平衡。

3.《找找它在哪》

训练内容： 家长和宝宝面对面站。家长发指令："摸摸头，抬起脚，拍拍手，抬起一条腿，放下一条腿……"如果宝宝做得很熟练了，家长可以稍微加快速度。

训练目的： 锻炼宝宝观察力、模仿能力以及对自身平衡能力的掌控，加强本体运动觉的发展。

4.《坐飞机》

训练内容： 爸爸或妈妈仰躺在地面，腿弯曲。然后让宝宝趴在爸爸或妈妈的小腿上，可以上上下下、左右摇晃几下，让宝宝感受坐飞机的快乐。宝宝适应后，可较大幅度地晃动。

训练目标： 增加头颈部肌肉张力，给予前庭刺激，提升警醒度。

Spacebaby
19—20个月儿童

他是这样的：

这个月龄的孩子是认知发展的重要初始阶段，孩子大脑产生的思考、想象力发展、理解图案、认识颜色等都有了明显的提升。

至于身体发展方面，孩子走得很稳、能慢跑、扶着上一两阶楼梯，慢慢可以多上几阶，同时要小心家里的墙面了，涂鸦小能手也开始上线了。

这时期孩子的注意力时间还很短，七八分钟，家长也无须担心，继续保持，切莫揠苗助长。

请您这样做：

这个时间段的孩子可能对地上的小物品很感兴趣、小蚂蚁、小线头、面包屑，这是进入了孩子细微观察的敏感期，家长要理解这个行为，在保证安全的情况下，尽量给与他们一定的自由，去多亲近大自然。

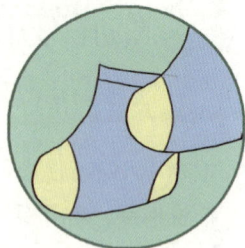

让孩子自行脱下袜子吧

这阶段的孩子
精细动作可以实现拍手

感觉统合小贴士：
学会：走向高一点的椅子（成人座椅），转身、坐下，再站起；正确地跑；仰卧时运用自己的身体（向一侧滚）站起来。

19—20个月宝宝能力自检表：	结果记录
1. 可以自己扶着栏杆上楼梯，3个阶梯以上	
2. 能表现出对某个东西的执着	
3. 可以随时跑起来	
4. 可以表现出自己的情绪感受	
5. 能听懂三四个常见形容词，如漂亮、很大、很重等	
6. 能听懂1个以上表达时间的词语，如等等、等一会、等一下	
7. 喜欢拿笔在纸上乱画	

让我们一起认识图形

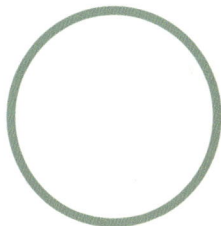   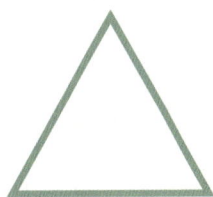

| 圆形 | 正方形 | 长方形 | 三角形 |

孩子认识世界基本上是通过颜色、声音、图形等来感知的。大约从10个月起，孩子具备了对图形的初步认知，当然从具备到掌握可能是一个相对比较漫长的过程。

生活中的任何物品基本都是由图形来构成的，孩子对图形的了解就等于让他学会用形状来认识这个世界。爸妈们可以从这个年龄段开始，尝试着让孩子认识一下什么是方形、圆形、三角形吧。

生活中还可以通过食物的形状来让孩子了解什么是图形，或者带孩子去超市，去看看各种蔬菜、水果、商品等，以及大自然中的各种树木、花草，马路上的汽车等都可以拆分开让孩子了解这些都是由各种图形拼合而成的。

通过对图形的认知，让孩子从小养成一种思考的能力，对孩子的大脑发育都是非常好的提升。

透过游戏掌握
运动技巧并培养运动能力。

家庭感统游戏方案（19—20个月）

1   飞天游戏

● 准备道具
软球

● 游戏效果
有利于锻炼孩子的四肢力量与肌耐力。

● 游戏方法
爸妈抓紧孩子的双手，轻轻提起，让孩子双腿夹紧小球过障碍，其中方形障碍物要跃起，圆形障碍物需要落下。游戏过程中请家长注意安全，若孩子的上臂力量比较差，也可以抱住他的腋下，只让孩子练习双腿的灵活性与力量。

2   吹个小泡泡

● 准备道具
泡泡

● 游戏效果
训练孩子的口腔肌肉，
为语言发展打好基础。

● 游戏方法
孩子嘟起小嘴吹几个泡泡吧，这个游戏看起来很容易，但孩子真正完成起来其实还是比较复杂的，孩子必须有一定的口腔肌肉力量才能完成嘟起嘴吹气这个流程，发达的口腔肌肉也有助于孩子语言的发展，所以让我们一起吹泡泡吧。

《游戏百宝囊》(19—20个月)

1. 童谣《向上够天空》

" 向上够天空，向下摸草地，向上够天空，向下摸草地，再转一个圈，砰，然后倒下去。"

训练内容： 家长和宝宝面对面站好，宝宝和家长一起做伸展身体的动作（举高双手、弯腰双手摸地、自转一圈、手臂撑地趴在地上）。

训练目的： 肢体动作变柔韧，促进本体及前庭觉的发展。

2.《传声筒游戏》

训练准备： 一次性纸杯

训练内容： 家长和宝宝围坐在一起，家长先利用传声筒对着宝宝的耳朵轻轻地说一句话或哼一段旋律，再让孩子对着传声筒发出声音。

训练目的： 锻炼宝宝听觉专注力，促进好奇心及探索欲望的发展。

3.《翻滚吧宝贝！》

训练准备： 爬行地垫

训练内容： 让宝宝躺到地面上面进行侧滚翻，如果室内气温允许，建议裸着皮肤进行此游戏。

训练目的： 刺激宝宝全身皮肤触觉，促进神经元的发展。

4.《小脚丫来涂鸦》

训练准备： 大幅画纸、可食用颜料、调色盘

训练内容： 将可食用颜料挤到调色盘里，家长和宝宝一起用手用脚沾颜料，在画纸上作画，可踩出、按出不同的图画。

注意：脚踩颜料时脚底容易打滑，要注意宝宝的安全。

训练目的： 刺激宝宝全身触觉，激发宝宝无限想象力。

Spacebaby
21—22个月儿童

他是这样的：

全蹲、半蹲、弯腰对于这个年龄段的孩子来说已经不是什么难题了。
孩子也能掌握积木搭高，也已经有了对颜色、图形的认知，
基本上这个月龄段的孩子，可以掌握150个左右的词汇量了，
一小半的孩子可以说出完整的句子了。
你会发现孩子居然可以凭借经验去做事了，他更加喜欢思考了。
他开始试着学习一些简单的歌曲，
手指运用得更加灵活，会用纸折出各种形状。

请您这样做：

要注意多训练一下孩子的逻辑思维能力，
兼顾语言能力的发展。

爸爸妈妈与孩子一起玩一下七巧板吧
认识一下分别都是由什么图形组成的

感觉统合小贴士：
能接受关灯睡觉；
身体伴随音乐节奏做动作，听读绘本。

21—22个月宝宝能力自检表：	结果记录
1. 有跳跃的意识和姿态动作，可以跳不好	
2. 能理解"上面"和"下面"的概念	
3. 理解命令句"开始""停下"和疑问句"想玩吗？""想吃吗？"	
4. 可以说出大人指出的物品名称	
5. 听懂五六个字以上句子的意思	
6. 能记得不久前玩具摆放的地方	
7. 能指出红色的东西	

宝宝语言的爆发期

　　2岁的孩子，语言会有一个大幅度的进步，我们通常称之为语言爆发期。

　　这个阶段开始飞快掌握造句的能力，并且可以唱出一些熟悉简单的歌曲。然后个人情绪也开始显现，会表达自己的喜欢和不喜欢。

　　这个阶段的孩子，整天叽叽喳喳地想要跟你沟通表达，请耐心一点，多与孩子交流，可以多与孩子做一些语言上的互动。比如帮妈妈拿一下筷子，帮妈妈拿一包纸，孩子不仅听得懂，还会帮你去拿来，并且会非常乐意完成这样的任务。常听的一些歌曲、诗词，他们会慢慢记住并表达出来。

　　构建一些情景对话，多一些耐心，让孩子多表达一些自己的内容，虽然常常会出现很多词语上的错误，但是不要打击他，慢慢纠正即可。

语言发展与感统的关系

　　我们常说语言能力其实并不仅仅指的是说话，语言能力系统是由听、说、读、写这四方面协力来构成的。

　　1. "说话"，顾名思义，说话表达是我们对一个人语言能力感受最深的地方，说话是大脑对喉、舌、唇、膈肌等器官的控制。孩子想要做出说话这种复杂的动作，就必须让这些器官平衡发展。

　　2. "听"，听觉是七大觉类之一，是一个人接收信息的重要途径之一，听力发展不好的孩子，百分百是会影响他的语言表达能力。

　　3. "读"，阅读是为了获取信息，而这个行为需要眼睛与大脑的互相配合，眼睛的追视能力，眼球运动的速度都是与之息息相关的。

　　4. "写"，最后的书写，则与运动相关，握笔需要掌握力度，书写的速度、准确度等都需要手部的精细动作支撑。

　　因此语言能力是个复杂的大工程，语言的爆发是一个持续积累的过程，爸妈们切莫着急啊。

保持良好的生活规律
养成乐观向上的心态。

倒退走~

家庭感统游戏方案（21—22个月）

1 倒退走路小游戏

● 准备道具
　无

● 游戏效果
　有效刺激孩子的前庭平衡觉，
　增强孩子的身体协调能力。

● 游戏方法
　向前走对孩子来说很容易，但是向后走却并没有想象中的简单。家长起初可以双手扶
　着孩子，让他一步一步向后走。等孩子熟练流程后，家长可以放开手，让孩子独自去
　走几步，直到他完全掌握为止。

我跳

2 跳高高游戏

● 准备道具
　羽绒枕头或小软垫

● 游戏效果
　增强孩子肌肉的耐受程度，
　锻炼身体的平衡感并尝试
　练习双脚跳跃。

● 游戏方法
　此游戏的目的是让孩子开始学习双脚跳跃。
　请家长轻轻抓住孩子的双手，辅助孩子保持平衡。而孩子需要在枕头上跳跃。家长也请
　注意好孩子的安全，不要让孩子崴到脚。

Space baby

《游戏百宝囊》(21—22个月)

1.《无尾熊》

训练内容： 宝宝以无尾熊的姿势，攀爬在爸爸或妈妈身上，爸爸妈妈站立不动，犹如树干。

训练目标： 全身弯曲时肌肉群同时收缩，是最丰富的本体运动觉刺激，增加维持姿势的能力。

2.《踩高跷》

训练内容： 宝宝可以面向或背向家长，双脚踩在爸爸或妈妈的脚背上，让爸爸妈妈带着走路。

训练目标： 刺激前庭觉，增加平衡能力。

钻与跨越的组合训练

能力强一些的宝宝 22 个月左右的时候已经可以完成跨越这个动作了。

与之生活相匹配的就是上楼梯，可能刚开始的时候孩子还无法做到两只脚左右交替上楼梯，这是非常正常的，只需要继续保持训练，慢慢的孩子就会掌握这项能力。

跨越这个动作，需要孩子腿部肌肉力量，达到一个比较高的水平，足以单脚支撑整个身体完成跨越的动作。在此期间，前庭平衡觉控制孩子的平衡，本体运动觉控制孩子的核心身体力量，同时双手双腿的协同运作，保证了孩子能够完成这个动作。

Spacebaby
23—24个月儿童

他是这样的：

孩子2周岁了，身体、语言、认知、人际社会等能力都将
要迈入一个新的阶段。

他们的语言开始进入爆发期，每天都能学习三四个新词，
想象力也开始得到发展，对图形与颜色也越来越感兴趣。
上下楼梯越来越熟练，大动作与精细动作都已基本掌握。
对自己与这个社会开始拥有独立的想法。

尝试练习单脚站立

请您这样做：

这个时期的大运动就是跳跃（双脚跳），家长朋友们可以
有目的性地带孩子多做一些跳跃类运动。

叠叠乐

感觉统合小贴士：
试着收听或接触各种乐器；
可以开始接触简单的拼图了。

23—24个月宝宝能力自检表：	结果记录
1. 可以单脚站立1秒左右	
2. 可以说出自己的需求，如我要喝水、我要尿尿、我要……	
3. 能理解"前面"和"后面"的意思	
4. 问宝宝选择哪一个，宝宝可以说出自己要的东西	
5. 会用"我的东西""妈妈的东西"等类似的词语，出现自我意识	
6. 可以抬脚跨越高15厘米的障碍物	
7. 可以搭5个以上的积木	

认识一些基本颜色吧

红色　　　　　蓝色　　　　　绿色　　　　　黄色　　　　　橙色

紫色　　　　　黑色　　　　　白色　　　　　青色　　　　　咖啡色

　　孩子其实从很小就开始注意各种颜色了，比如新生儿特别喜欢红色。既然如此，那我们应该怎么去训练孩子对颜色的认知呢？

　　0—3个月可以给孩子多看一些黑白卡，爸妈缓慢移动，可以训练孩子的视觉追踪。

　　4—6个月可以用亮色闪卡对孩子进行颜色的训练。

　　1岁前后可以给孩子用颜色艳丽的童书、绘本、玩具等对孩子进行训练。

　　2岁左右的时候，孩子的语言、认知有了一定的基础，可以开始尝试教他认识各种颜色了。

每天抽出20分钟以上，
和孩子快乐玩游戏。

家庭感统游戏方案（23—24个月）

1　金鸡独立游戏

● **准备道具**

小球或小沙袋

● **游戏效果**

促进本体运动觉与
前庭平衡觉的发育，
增强孩子的身体协调能力。

● **游戏方法**

游戏初期家长可以扶着孩子的双手，让他单脚站立。熟练后，可以让他自行打开双臂，
尝试着单脚站立。当能力再进一步的时候，可以让孩子双手举过头顶拿着小沙袋或小
球单脚站立，最后还可以单脚站立抛接球等。
这项游戏可以让孩子的腿部肌肉更加发达，只要在旁边扶着，他就可以学会单脚站立。
一开始孩子们都会左摇右晃的站不稳，这是正常现象，但习惯后，就能够保持平衡了。

2　空中独轮车

● **准备道具**

太空接龙教具或呼啦圈

● **游戏效果**

有效增强孩子的前庭平衡觉，
同时对孩子手眼的协调能力有很好的帮助。

● **游戏方法**

爸爸抱稳孩子后，让孩子双手推着呼啦圈（或太空接龙教具）向前滚动，前方可以放一些小玩
具或小水果，前进的过程中不可以碰触小玩具，看看小朋友能不能很好地完成游戏吧。

《游戏百宝囊》(23—24个月)

1.《管道迷宫》

训练准备： 大纸箱两个或多个

训练内容： 大纸箱侧放在地上，开口朝宝宝喊："咔嚓，咔嚓，小火车过山洞咯。"家长边说边引导宝宝从纸箱里爬出来。

注意： 一开始可以使用一个大纸箱，等宝宝熟悉后再增加多个及变换管道走向。

训练目的： 培养宝宝身体协调性及钻爬能力，同时可以感受空间大小、明暗、里外的变化。

2.《穿越火线》

训练准备： 绳子

训练内容： 找两个凳子或找到牢固的物体，把绳子两端固定好。家长引导宝宝用各种姿势从绳子底下通过，但不能碰到绳子。

训练目的： 协助平衡感及身体各部位操作的协调。

训练提示： 家长根据宝宝的状况，可逐次把绳子的高度降低。

3.《踩影子》

训练内容： 选择户外比较空旷的场地，踩对方的影子，或互相追逐。

训练目的： 帮助宝宝培养基础的动作能力。

4.《疯狂的三轮车》

训练准备： 儿童三轮车

训练内容： 让宝宝尝试着交替双脚踩踏三轮车吧，我想他一定会爱上这项运动并为它疯狂的。

训练目的： 锻炼宝宝的肢体协调与平衡能力。

Part 12

The Awaken of the Sensory Organs

体育是培养学生品格的良好场所，体育可以批评错误，鼓励高尚，陶冶情操，激励品质。

——马约翰（中国近代著名体育教育家）

第十二章
两小无"猜"

中国有一个成语叫作"青梅竹马，两小无猜"，它出自唐代伟大的诗人李白所写的《长干行》："郎骑竹马来，绕床弄青梅。同居长干里，两小无嫌猜。"

从文学角度理解，它说的是人们在孩提时代就愉快的结伴玩耍了，青梅偏重于女孩子，竹马偏重于男孩子，两小无猜是指的不同性别的小朋友在一块，能自由融合，玩得很开心。而在我们感觉统合的语境中，所谓青梅，跟人的嗅觉、味觉、视觉、触觉有关；所谓竹马，跟人的触觉、前庭平衡觉和本体运动觉有关。"青梅竹马"，就是民间古老相传的与生活息息相关的典故，对"感觉统合"的一个精妙的注解。

我在这里借用了一下"两小无猜"，就是我认为孩子到 2 岁的时候，他对身边很多的环境信息，以及各种不同的人、事、物，会产生很浓厚的兴趣。因为他的各类感官在这个时候属于超强外放状态，他非常希望能跟环境甚至整个世界进行主动的、深度的、密切的交互。所以他的表现就是：几乎一刻不停地说，而且要动、要吃、要玩、要闹，频繁闹着走出家门到外面去，如果还不会说话，那就很激动地用手势或肢体动作来表达；他要挣脱当下你对他的控制，马上去做自己想做的事情；他对环境信息的渴求度非常非常高，但有时候受制于口语表达能力，表达不出他的真实意思，他不会轻而易举地去猜你在干什么、想什么，但身边的监护人、成年人要很费脑筋地去猜他在干什么。

从小到大一路陪伴他成长的亲密监护人，可能会猜得准一点，但家里边除了爸爸妈妈，可能还有祖母系、外祖母系的一些亲人，在临时照看孩子的时候就猜不到，那怎么办？所以我用了两小无"猜"的"猜"字，如果我们对孩子的生活梳理得井井有条，给予他科学的养护，并且注重感官与动作的开发，他有很合理的表达个人情感意志的机制与途径，或者直接就开始提早教他说话，我们就不用猜得那么辛苦了。

第一节
口语发展的危险期

上文我提到，如果尽早地打破口语的限制，让未满 2 周岁的孩子会说话，自然他就把对环境信息的诸多渴求，以及他心里的想法，用他能运用的词汇或者策略，表述给身边的监护者，这就形成了互动，形成了思想和情感的交流，不但有助于孩子加速自己提高自己的基本认知，而且还有助于增进两代人之间的亲密关系。所以前面我讲过"学话要趁早"，到了 2 岁，按照常理来讲，孩子应该会说话了，但现实往往非常令人失望，如今的孩子们大部分在 2 周岁还不会开口说话，也就不能恰如其分地表达自己的喜怒哀乐，而更可怕的是，这种现象已经司空见惯，被家长们接受了。

在这里我要特别提醒全天下适龄的父母：2 岁不会说话，再有 6 个月，也就是孩子在 30 月龄的时候，就进入了"口语发展危险期"，此时再不具备自如的口语表达，就会走到口语障碍的方向上，甚至连孩子整体的认知、各类感觉器官的发展，都会受到很大的影响。一个不争的事实是：口语表达是孩子认识世界、打开与环境互动的大门的钥匙。

既然说到了危险期，那什么样的表现叫不危险？或者说达到了一个什么样的标准孩子才算在危险期来临之前，符合了我们所说的孩子已经有了自如的、自主的口语表达呢？

我根据多年的经验，为孩子口语能力的初步具备设定了三个标准：

第一是能够说两个字以上的句子。就是他从嘴里说出来的话，要多于两个字，字数越多越好，也就是句子越长越好。这代表着单字或者两个字以上的词，在他的脑海当中已经被连缀成了句子，他们之间是用意义连接的。除了刻意地言简意赅，像周星驰电影

《大话西游》里边结尾出现的师傅唐僧一样，能用一个字表达绝不用两个字，能用两个字绝不用三个字，汉语的最小单位一直就是三个字，比如说"我爱你"，这是最小的句子。所以我们以这三个字为单位，在孩子嘴里边能够说出来多于两个字的句子，这是第一个标准。

第二个标准是孩子跟大人的对话要有合理性和意义性。不能像他几乎已经背过的动画片里边的台词，而是有合理的来言去语，不是鹦鹉学舌，这叫作跟外界环境、跟大人对话的逻辑性，你有问我有答，对得上号的，而不是答非所问，不知所云。第一个标准叫作言语的延展性和连贯性。第二个标准叫作言语的逻辑性和意义性。

第三个标准是他能够在没有得到提醒的前提下，自主地对环境中的一些常见的人、事、物给予精准地唱名。比如说"爸爸班班了"。我小的时候的语言就是"爸爸班了"，上班也是"爸爸班了"，下班也是"爸爸班了"。现在我们应当坚持教给孩子："爸爸上班了""爸爸下班了""爸爸到家了"。

这是我给出的三个评估和训练标准，用以帮助孩子渡过口语的危险期。

第二节
自理请从两岁始

在常见的中式家庭中，2岁的孩子走路也就是歪歪扭扭，而且刚学会走路时他还要忍不住地想跑起来，活动量比较大，活动半径无限延展，另外这个时候的孩子大部分还都不会说话，所以这一时期家长对孩子基本上都是看护加包办，不会让他去做一些他力所能及的事情。

这个时候就算他做不到，我们也应该把他生活自理的范畴内，所有的人、事、物的名称，应该做的这些事情，用一个合理的方法告诉给孩子，也就是说大约从年满2周岁，我们家长就要尽量开始逐步减少对孩子的包办代替，而要让孩子开始学着自己做一些事情，比方说抓握、传递一些东西，能听懂大人的指令，给出一个回应，哪怕不是语言的回应。

"自理请从两岁始"的理由，首先是先让孩子跟大人增加语言交流的密度，这是对孩子的理解能力也就是脑功能的开发是一个很大的促进，这是第一；第二，让他从较低的年龄，就开始熟悉生活当中必须要自己独立完成的一些必要环节，这里边也穿插了很多认知的内容，他可以借此加强对很多事物的认知；第三，这也是培养一种从小就自己打理自己、自己的事情自己做、力所能及的事情要完成好的责任心。如果从 2 岁起家长就有意识培养孩子的自理能力，长大了以后做事一定是有条不紊的，而且也基本确定会是一个有责任心的孩子。

"自理请从两岁始"还有一个很重要的理由，这也是对家长在教育孩子当中如何给孩子安排合理的互动内容和发展方略的一个科学的规划，一个高级的挖掘。

自理请从两岁始，在这个话题之下给孩子提供的训练，一开始可以侧重于"听"，后来再引导他去"看"，听清楚你说的话，看明白你指的事物，最后再力所能及地去"做"。这样的串联也是一个很好的居家感统训练。由此可以增加大量的感觉信息输入到孩子体内，也为他将来能在专业的感统教室里上集体课做了很好的铺垫。在上集体课之前，如果他很善于调用视觉、听觉观察及采集信息，用身体的运作给出积极的回应，将来在集体课上，他就能表现得特别自如。实际上这也是一种接收、理解、适应和协调能力的训练。

自理的意识或者能力的培养很难做到比 2 岁更早了，而且这对家长的耐心和判断力要求很高，早慧的孩子也最好是自然而然发生，但过了 2 周岁，这就成了对家长提出的一个必须要提上日程的底线式的要求。更早开始，那就祝贺你，但我觉得我的作用更应该是提醒你。

第三节
鼓励孩子走进人群中

爸爸妈妈的工作时间一般是周一到周五，很多满 2 周岁的孩子这一时期还都是由祖父母或外祖父母帮忙看护的，有的是会聘用专职（与"专业"有很大区别）的保姆。在非双休日，如果有外出的条件，不管孩子会不会走路，他的这一天一般都是坐在儿童车里开始的：坐儿童车到达某处，然后有可能偶尔下地溜达一下。

我注意到大部分的监护人会带着孩子去到老人和孩子扎堆的地方，但孩子受到他的语言表达和身体运作的限制，监护人很难做到有意识地让孩子们互动，孩子都是各玩各的，这就造成大把的时间被浪费在儿童车内，那么你猜，2 岁的孩子会不会感到无聊？实际上这相当于是出去晒晒太阳、磨磨时间，捎带着让孩子出去换换气，没有适时给孩子制造群体互动的科学安排。

所以我想给出的建议是：到了 2 岁以后，要鼓励孩子走进人群中，这个"走"可以是大人帮助他进去，有可能他还不会走或者环境不够安全妥帖，那也一定要让他在一个相对安全的区域内自由移动，释放身体，孩子们有的会走，有的会爬，有的还会跑；有的会撕，有的会咬，有的还会突然大小便；有的会说，有的不会说，有的还会哭和闹，总之，就是要让尽可能多的、年龄接近的孩子们"混"在一起。

因为这个年龄段的孩子如果没有送去正规的托育中心，在家里的状态就是一个字：独。所以我主张一定要让孩子去跟孩子接触，去跟自己相似度非常高的这种"小动物"来互动，比如说 2 岁上下的孩子就会有机会跟 1 岁半到 3 岁之间的任意一个小朋友碰撞、玩耍。如果现实条件不一定能找到那么多年龄一样大的，也要让孩子进入到一个以孩子为主的人群中。

在群体当中，孩子会获得很多我们家长无法给予他的多项感官的刺激，也可以看到孩子的适应、协调、处理人际关系的能力表现，不要单纯的就是为了把孩子安全地看护好，而是要放心大胆地把他"投放"到一个孩子扎堆的人群中。

我观察过我的外孙女小核桃，学会走路之后，家长就带着她去过很多游乐场，但如果没有大人的推动，她也不大跟别的孩子互动；如果有人推动或者鼓励，她也能跟陌生小朋友很快打成一片。现在这一代孩子，2岁左右都是习惯或者擅长自己跟自己玩，没有那种主动去靠近别的孩子的意识，实际上哪怕抢夺、推搡、闹别扭，或者仅仅是养成打招呼、说再见的习惯，也都是很好的训练。有的读者认为是受制于孩子的表达能力比较低弱，但我觉得家长的意识最重要。家长不能认为孩子现在什么也不懂，推动他去互动意义不大，应该是先实现扎堆，然后给孩子们设计、推送、辅导一些适宜的游戏，比方说我们常见的宝宝爬行大赛，参赛选手一般都是1岁左右，实际上2—3岁更应该参加这样的比赛，比赛内容可以很丰富，什么搬重物、折返跑以及各种爬行动作。从感统训练的角度来讲，最起码可以让家长在向教练做陈述的时候，有丰富的素材，进而可以做到早筛查、早发现。

较早地、积极地让孩子进入人群中，可以较早展露孩子自身的一些特质，这对他后期的发育和发展可以起到很积极的推动作用。

第四节
2—3岁育儿指南

主要介绍2—3周岁儿童成长过程中遇到的情况以及解决方案，其中包含自测表、家庭感统游戏方案及指导建议等。

上图：　器械的平衡源自身体的平衡，身体的平衡是感觉统合的目标

下图：　大量实践表明，各色球类是最适合孩子的训练器械

Spacebaby
25—27个月儿童

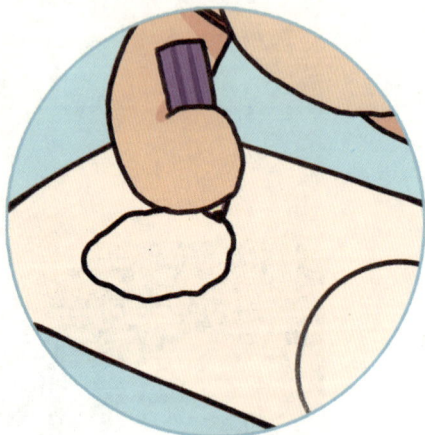

他是这样的：

宝宝躯体和四肢开始快速发育，主要是为了支持身体重量和独立行走。
正常情况下这个月龄，会萌出16颗左右的乳牙了。
平衡能力增强、身体更加协调，同时也更加顽皮，一刻也闲不住。
词汇量爆发式增长，语言学习能力很快。
也更喜欢和不同的小朋友交流玩耍，
对自己的东西与别人的东西有了明确的分辨。

请您这样做：

这个年龄段的孩子，应该多进行一些平衡方面的练习，
比如独木桥、秋千等都是非常好的训练方式。

学习画圆形

感觉统合小贴士：
已经知道自己是男（女）宝宝了。

25—27个月宝宝能力自检表：	结果记录
1. 能够独自走在路边石上，并且双脚交替	
2. 能够用辅助筷子夹起食物	
3. 家长唱一句歌，孩子能对出下几句歌	
4. 会独自上楼梯，可以不需帮助	
5. 可以自如地坐椅子和站起来	
6. 可以说出自己的名字、年龄、性别	
7. 每天都很活泼，喜欢到处走动，翻弄	

浅谈游戏对儿童发展的重要性

通常来说，幼儿比成人更加好动、更坐不住，爱玩是孩子的一个天性，但是近些年来，电视、手机、游戏机的出现及普及，令孩子的活动量已根本达不到标准。

太空宝贝感统训练一直倡导的就是拒绝让孩子接触这些电子设备。因为活动量的不足，导致的结果就是儿童的肥胖比率急速增加，孩子感统失调的比例开始变大，一些我们小时候根本不会发生的问题纷纷涌现出来。

过多接触电子设备，导致的问题非常多。比如：

（1）很多三四岁的小朋友都开始进行视力矫正了，纷纷戴上了小眼镜。

（2）过多地观看动画片，孩子会去模仿动漫角色的行为，可能造成很多严重后果。

（3）看电视过度，因运动量不足而导致的四肢无力、动手能力差、注意力不集中、表达能力差将会慢慢体现出来。

（4）当孩子沉迷这些设备的时候，你会发现，孩子"不好管"了。

当然，可能会有家长说，我就是看电视长大的，我怎么也没事呢？在此我不多做表达，只希望不要拿偶然事件去做赌博，因为我们真的"输不起"。

我们的课程一直是强调从游戏出发，让孩子在游戏中得到成长，每日的游戏运动时间应该在3—4个小时。

游戏运动应该遵从由易到难、由简至繁的原则，同时要根据孩子具体能力来制定，切莫揠苗助长，强行让孩子去完成本阶段做不到的游戏。

最后我们推荐一些比较简单的游戏吧：

小时候可以在爸妈帮助下做一些上下楼梯、爬行、四处行走等，稍大一些的时候，可以练习单脚跳、双脚跳。

再大一些时候，可以到户外骑滑板车、学习游泳、跟爸爸玩抛接球等。

当孩子能力足够时，让他去踢足球、打篮球都是很好的运动方式。

最后在完成运动量的同时也不要忘记素质教育，只有全面发展才是最棒的宝宝。

让孩子在游戏中，
控制自己的身体和大脑！

兔子

螃蟹

汪汪

家庭感统游戏方案（25—27个月）

1 动物模仿秀

● 准备道具

无

● 游戏效果

促进本体运动觉的发育，
增强孩子对指令的理解，
增强他的模仿能力，提高孩子的思维能力。

● 游戏方法

在游戏开始之前，家长们先坐在地上，张开双脚，此时让孩子面对面站立在我们的对面，
这时要撑住孩子的腋下，然后喊"小白兔蹦蹦跳喽"的口号，顺势将孩子往上抬。
我们要抓住孩子蹦跳的节奏感，配合孩子伸脚的时间点往上抬，做出跳跃的动作。
在孩子熟悉了游戏难度后，我们可以加大难度让孩子在我们两腿之间左右横跳。

哈哈

啦啦啦

2 变身小飞机

● 准备道具

有条件的可以用悬吊器械

机构可用悬吊器械
进行前庭训练游戏

● 游戏效果

有利于锻炼儿童的肌耐力和平衡感，
增强孩子的身体协调能力，
提升身体的空间感。

家庭中爸爸妈妈保证安全的情况下
也可以徒手进行游戏

● 游戏方法

家长双手抱稳孩子的身体，随后可以前后、上下、左右进行摇晃，让孩子感受空间变化带来的
刺激，有条件的家长也可以用悬吊器械进行游戏，效果会更佳，游戏期间请注意安全。

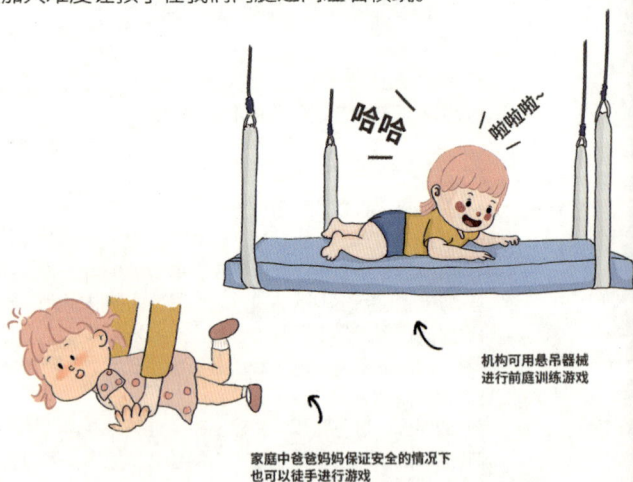

《游戏百宝囊》(25—27个月)

1.《飞机起飞》

训练准备： 宝宝喜爱的逗引玩具、爬行地垫

训练内容： 家长让宝宝俯卧在垫子上，引导宝宝双手及双脚腾空举高，用胸腹部为支点支撑起身体，引导宝宝将头部仰起。

注意： 一开始宝宝若抬不起四肢，家长可以给予辅助，采用循序渐进方式，让宝宝多练习几次。

训练目的： 锻炼四肢的力量、身体的平衡能力、颈部肌肉力量及本体感。

2.《旋转木马》

训练内容： 宝宝自然站立，全身放松，然后家长抓住宝宝的手臂，将宝宝的身体提起离地后紧接着旋转一圈，然后将宝宝放下。宝宝适应后，可多玩几次。

注意： 每次只可转一圈，停下后，根据宝宝适应情况，再适当重复。

训练目的： 强化平衡能力及上肢支撑能力，刺激前庭觉的发展。

3.《剥鸡蛋》

训练准备： 煮好的鸡蛋一枚、盘子、垃圾桶

游戏过程： 让宝宝剥鸡蛋，然后把鸡蛋皮放进垃圾桶，剥好的鸡蛋放进碟子里。

注意： 鸡蛋凉水入锅，水开后煮 5 分钟，关火等待 4 分钟，然后放入凉水里，不烫了之后擦干净递给宝宝，这样的鸡蛋比较好剥。

训练目的： 练习剥的动作，增强手指的灵活性。

4.《妈妈，请喝水》

训练准备： 水杯

训练内容： 设好起点和终点，妈妈坐在客厅一端，宝宝双手端住半杯水，从客厅另一端出发，将水递给妈妈，请妈妈喝水。

训练目的： 视觉定位，触觉、本体运动觉的联合运作，锻炼宝宝肢体平衡力，培养爱心。

Spacebaby
28—30个月儿童

他是这样的：

小朋友足部肌肉快速发育，见到什么都想踢一脚，
家长们可以释放孩子的天性，就带着他去草地上踢踢球吧。
还可以学习去踩脚踏车，注意控制好方向，家长要注意安全，
这时期的孩子喜欢画画，学习画横线、竖线、圆圈，
同时还喜欢给画好的作品涂色。
宝宝的注意力开始增长，不要轻易打断他，请耐心去引导。

请您这样做：

天气暖和的情况下，不妨带孩子多出去走一走，户外其实是
最好的感统教室。

买个小足球
外出运动一下

买一盒彩笔，让小朋友去
学习涂鸦吧

感觉统合小贴士：
练习：在平衡木上向前走、向后走；
向两侧横向跳跃。

28—30个月宝宝能力自检表：	结果记录
1. 会倒着走路，可以不是直线	
2. 会侧着向左或者向右跳跃	
3. 能使用安全剪刀把纸剪开	
4. 能向上搭建7块左右的积木	
5. 原地能把球踢出去	
6. 能够指出8幅以上的图片，如动物、日用品、水果等图	
7. 会用蜡笔在纸上涂色	

了解我们的左右脑

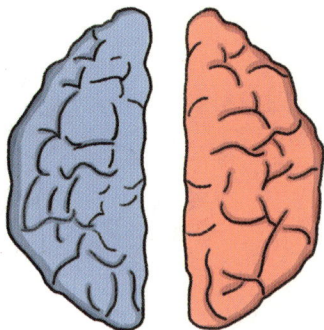

左脑为
逻辑脑 抽象脑

负责处理
思维、语言、数学
文字、推理、分析

右脑为
艺术脑 创造脑

负责处理
图画、音乐、韵律
情感、想象、创造

左脑　　右脑

　　我们人体的各种行为都是由大脑来发出指令的，而我们的大脑又分为左右脑，分别着重处理不同的事物，但又互相协同调控，帮助我们完成复杂的事物。

　　左脑发达的人通常是属于比较理性的人，在数学、逻辑、分析等方面比较突出，想要锻炼左脑可以多锻炼右手，多拍球、弹琴等。多读、多思考，激发孩子的想象力与逻辑思维能力是非常好的训练方式。

　　右脑发达的人通常是属于比较感性的人，在艺术、文学、创新、想象等方面比较突出。抛开经验，让孩子充分发挥他的想象力，就是对右脑最好的训练方式。

　　最后，左右脑是缺一不可、互相配合的，只有均衡发展，才能真正达到相辅相成，发挥更大的优势。

练习攀登的游戏，
让肌肉强度达到新高度！

家庭感统游戏方案（28—30个月）

1 小猴子爬树

爬树

● **准备道具**

牢牢固定好的绳子一根

● **游戏效果**

可增强孩子双臂的肌肉力量，
有助于孩子培养敏捷性与爆发力。

● **游戏方法**

将绳子牢牢固定好后，让孩子尝试着像小猴子爬树一般沿着绳索向上攀爬，切记家长的双手不能离开孩子的身体，要时刻保护好孩子的安全，同时本游戏具有一定的危险性，若双臂力量还不够的孩子建议暂时不要尝试。

2 摇摆投篮王

我投

● **准备道具**

小球+塑料筐一个

● **游戏效果**

俯冲对孩子的前庭平衡觉
有非常好的训练效果。
俯冲后投篮，可以增加孩子的注意力，以及手眼协调能力。

● **游戏方法**

此项游戏进行前，家长朋友们要首先对自己的力气进行估量，像有些力气小的妈妈们，在进行这项游戏时，我们可以换力气大的爸爸们来进行。（千万注意安全，量力而行）首先扶住孩子的胸部与大腿，再慢慢地将孩子往上抬，随后前后摆荡，当离近塑料筐时，可以让孩子将手中的球投出，每进一个球积一分，看看多久能够积够十分。

《游戏百宝囊》(28—30个月)

1.《小小画家》

训练准备： 不用的纸张打开用胶带粘好，做成巨大的画布，画布能贴到墙上更佳。

训练内容： 给宝宝蜡笔或粉笔，请宝宝在画纸上自由的画画。

注意： 营造轻松自在的小画家时间，家长不要干预太多。

训练目的： 训练观察能力、提高审美能力，手部触觉的发展和力量的控制能力。

2.《跨越障碍物》

训练准备： 长绳

训练内容： 绳子的两端分别固定在桌子或椅子上，离地大概 15 厘米高，让宝宝双脚轮流先抬高跨过绳子。

注意： 家长可以先示范，必要时可以给予宝宝一定的协助，也可先降低高度降低难度。家长要保护好宝宝注意脚下的绳子，避免绊倒。

训练目标： 这是一个单脚站立及移动时，腿部力量的转移和平衡控制力的练习。

3.《载物过障碍》

训练准备： 椅子、桶、饮料瓶等

游戏玩法： 家长拿一些玩具，按不同的位置、距离放置于地面上，让宝宝空手或抱着玩具绕过障碍物，但不能碰倒玩具。

训练目的： 视动结合的精准控制力。

4.《投篮》

训练准备： 儿童篮筐、儿童篮球

训练内容： 教宝宝投篮的动作，例如，伸直手臂、眼睛注视篮筐和运球动作；当球掉落后引导宝宝跑向球落处捡球。

注意： 家长可根据宝宝的表现调整篮筐高度、调节难度。

训练目的： 宝宝在练习过程中学会投篮、弯腰、蹲下及站立等一系列动作，可以训练宝宝的肌耐力。

Spacebaby
31—33个月儿童

他是这样的：

这个时期，宝宝基本上已经长齐20颗乳牙，
宝宝现在有了思维能力和解决问题的能力，
这是幼儿发育上的里程碑。
宝宝现在对大人的标准和行为已经有了基本的意识。
认知方面，宝宝可以分辨五种以上颜色了，
我们在进行游戏的时候，可以适当加入颜色方面的小游戏啦。

请您这样做：

这个时期的宝宝是时候可以准备入园的工作了，
有的孩子可能会产生"分离焦虑症"，难以适
应幼儿园的生活，因此我们家长要多注意。

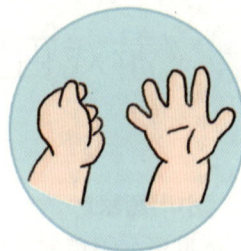

这时期的宝宝可以确立惯用手了
父母们要多注意了

三轮脚踏车可以增强孩子
腿部肌肉力量与对身体的控制力

感觉统合小贴士：
准确指认并念出8种基本色。
练习骑行三轮脚踏车。

31—33个月宝宝能力自检表：	结果记录
1. 会独自下楼，不需要辅助	
2. 开始确定惯用手	
3. 宝宝开始喜欢用语言表达自己的意愿，肢体语言减少	
4. 认识红、黄、蓝三种颜色	
5. 可以搭建9块左右的积木	

孩子色彩敏感期

色彩敏感期出现在3—4岁。这时候的孩子会主动寻找不同的色彩并确认色彩的名称，此时可以适当引导孩子多接触不同的色彩，引导孩子去联想、熟悉更多的颜色。

同时，我们教孩子认知颜色的时候，要遵循一次只教一个颜色的原则。这个时间段的孩子，由于感官输入与信息处理的能力尚未成熟，就很容易造成孩子的混淆，而有可能让孩子误把所有颜色都当成红色或蓝色。

家长应该在某一段时间内只教他认一种颜色，同时在生活中，多让孩子认识，联想这类颜色的物品。比如，这周只教他红色，让他找出跟"红色"一样的东西，像是积木、小汽车等，不断地用语言去强化他，加深听觉与视觉的记忆。

最后分享一个太空宝贝专属教具的小游戏：楼兰雾是十几条五颜六色的丝巾，当孩子对颜色有了初步认知后，家长可以将三四条丝巾扔向天空，随后喊出，比如红色，这时候小朋友需要从空中找出红色，并接住它，就是游戏完成。

这个游戏不仅可以训练孩子对颜色的认知，同时可以对他的手眼协调能力、专注力等进行有效的训练。

动一动、扭一扭，
头脑活动身体棒棒！

家庭感统游戏方案（31—33个月）

耶耶~

我用沙子
做一个小城堡吧~

小城堡

1 陪我堆沙子

● 准备道具
一片小沙地

● 游戏效果
可以有效地锻炼儿童的听觉能力。
增加孩子对指令的理解。

● 游戏方法
游戏开始之前我们先与宝宝面对面站好，保持一定的距离，并跟孩子说："过来这边哦。"
等到孩子跑到我们身边后，家长们张开双臂去拥抱孩子。
这项游戏可以很好地培养宝宝的空间感知能力，注意的是在游戏过程中我们一定与孩子
有眼神方面的交汇，直线跑完成后，能力高的孩子也可以进行障碍跑哦。

接住

2 抛接小皮球

● 准备道具
皮球

● 游戏效果
接抛球可以有效地提高孩子的视觉追踪能力，
同时对孩子上肢的控制力有明显的提高。

● 游戏方法
此项游戏进行前，先选择一个尽可能轻一点大一点的球。在一片空地上家长们与宝宝
打开双腿面对面坐定，然后就可以邀请小球出场啦。
游戏开始时，把球递给孩子，让孩子先尝试去抛球，多尝试几次，熟练后让孩子尝试
去接球，等他可以熟练地掌握抛接球后，就可以与家长一起玩啦。孩子也可以双手高
举过头抛球，还可以胸前发力抛球，当然也可以从下至上发力进行抛球游戏。

《游戏百宝囊》(31—33个月)

1.《踩圆圈》

训练准备：将纸壳剪成3个圆形

训练内容：爸爸妈妈和宝宝手拉手围成大圆圈，把 3 个纸壳圆形放在脚前面，边听音乐边转圈，家长说停下的时候赶紧站到圆圈上。再次开始游戏。

训练目的：听觉专注力、听动结合的反应能力，发展身体平衡能力及与成人合作的意识。

2.《手指作画》

训练准备：各色可食用颜料、图画纸

训练内容：家长将颜料分别放好，将图画纸铺好，在图画纸下垫上一层纸壳，让宝宝用手指蘸各色的颜料任意地在图画纸上印手指印。

训练目的：促进大小肌肉及手眼协调的成熟，强化宝宝触觉分辨能力及关节运作感觉。

训练提示：完成后，需立即洗手，勿让宝贝将手放入口中。

3.《山路十八弯》

训练准备：长绳子若干（或毛线）

训练内容：绳子呈直线状、曲线状、不规则路线等粘到地面上，宝宝踩着绳子往前走，走到另一端再转头走回来，走另一条路线。在走的过程中需注意不要走到绳子外。熟悉后，可以在头上顶一个豆袋，练习载物行走的平衡控制力。

训练目的：锻炼宝宝在转换方向时身体的平衡控制能力，让宝宝能够保持平衡地踩在绳子上前进。

4.《足球风暴》

训练准备：足球

训练内容：带领宝宝到户外足球场踢一踢足球吧，让宝宝带球跑几圈，并练习传球、停球和射门。

训练目的：锻炼宝宝对身体的控制力。

Spacebaby
34—36个月儿童

在家可以让孩子练一下
顶球的游戏

他是这样的：

这时期的宝宝走、跑、跳、爬、滚、翻越障碍等等无所不能……
他可能看起来很调皮，但他其实是在游戏中学习，在学习中游戏。
语言方面，已完全掌握了日常交流的能力，并尝试着说复合句子了，
并且在说话时能够离开具体情境表达一些意思了。
孩子对性别意识，开始有了初步的建立。
并且与身边的朋友开始建立友谊，当然也可能会产生冲突。
家长朋友们要注意引导好孩子。

请您这样做：

这个时期的孩子属于语言爆发期，
父母应该重视这个阶段，
同时 3 岁属于入幼儿园的时期，
需要注意好孩子进入新环境的心理问题。

拍球对孩子的身体协调能力
有非常大的助益

感觉统合小贴士：
熟练掌握双脚交替（扶扶手）下楼梯。练习攀爬方格架子或梯子。跑动时能沿着拐角急转弯。接住直径大于双手手掌的球。用9块或更多的积木建塔。

34—36个月宝宝能力自检表：	结果记录
1. 会独自进行前滚翻	
2. 听到"冷、累、饿"知道怎么回答	
3. 可拼出简单4格的拼图	
4. 换脚单脚站，能够较为稳定地保持5秒钟	
5. 可以把球举过头顶，向前抛出	
6. 可以独自双脚交替自如上下楼梯	
7. 喜欢在家里自己爬上爬下家具、床椅等	

学习用剪刀的重要性

（注：幼儿请使用安全剪刀）

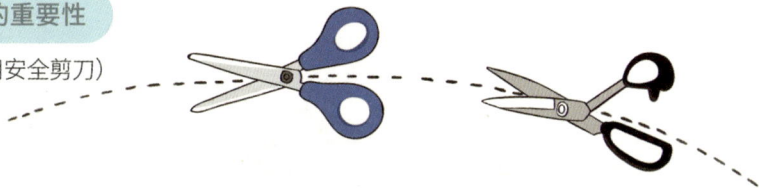

幼儿一般会在2岁半到3岁开始学习使用剪刀。可能很多家长觉得剪刀很尖锐，容易受伤，通常不让孩子去碰，但其实让孩子学习使用剪刀是非常好的一种精细动作训练。当然这一切都需要在家长保证安全，保证孩子不会拿着剪刀做破坏的情况下进行。

用过剪刀的我们都知道，使用剪刀需要反复握紧、张开手掌的动作，这个过程可以有效地刺激手掌细微肌肉的发展。而这些动作将影响孩子以后使用牙刷、画笔、筷子等动作的进行。

其次，使用剪刀可以提升孩子的手眼协调能力以及专注力，因为在孩子使用剪刀的时候，必须时刻盯住物品，然后另一只手去使用剪刀，这是一个高度集中的过程，同时对以后的接发球、拉拉链都有很好的帮助。

最后，对孩子双手协同的能力也有很大的帮助，对以后扭盖子、操作键盘鼠标等需要双手同时完成的工作有很好的帮助。

其实读、写字、说话、姿态等一切沟通技巧，都是以动作为基础的。写字需要运用到精细动作技巧，而这种技巧直接取决所有感觉功能（尤其是精细动作技巧）是否正常发展。

所以，我们家长朋友千万不要忽略了孩子对各种动作的发展问题。

> 在互动中认识自我，
> 提高社会交际能力。

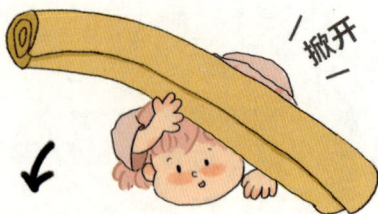

家庭感统游戏方案（34—36个月）

① 钻山洞

● **准备道具**

毛毯

● **游戏效果**

有利于锻炼儿童的肌耐力和灵巧度。
增强孩子的身体协调能力，培养空间意识。

● **游戏方法**

家长把小毛毯卷成条，让孩子自己掀开毛毯钻过去，紧接着下一关需要家长双腿弓起，自然下压，让孩子面朝上，仰卧着从腿下爬过去，在这期间，家长可以轻轻地下压双腿，给孩子一定的重量压力，为他增加难度。

② 我能推动大山峰

● **准备道具**

圆筒与小障碍物

● **游戏效果**

可以加强孩子肌肉力量与爆发力、持久度。
同时可以培养孩子身体的协调性与感知能力。

● **游戏方法**

有条件的家长朋友可以前往太空宝贝教室，用太空接龙的圆筒与太空丝路的两面砖就可以进行游戏，铺设好游戏路径之后，让孩子推着过去即可。
在家庭中，障碍物可以用纸巾盒来代替，圆筒可以让妈妈卷一床厚被子，用扎带绑好让小朋友进行游戏即可。

《游戏百宝囊》(34—36个月)

1.《看谁最快》

训练准备： 小鱼抄网、乒乓球、桶

训练内容： 家长设好起点与终点，中间可摆放水瓶、垃圾桶等障碍物，起点处放小鱼抄网及乒乓球，在终点处放一个桶，让宝宝从起点处用小鱼抄网舀起一个乒乓球越过障碍物走到终点，把乒乓球放进桶里。若球在途中掉下，需要从起点处重新出发。熟悉后，家长可以与宝宝玩竞赛游戏。

训练目的： 强化手眼协调能力、手对力量的掌控，锻炼宝宝身体平衡能力及翻越障碍能力。

2.《剪纸条》

训练准备： 彩色 A4 纸若干张、两把剪刀

训练内容： 家长和宝宝一起剪纸，然后再将剪好的纸条粘到另外一张纸上，可以拼出图形。

注意：剪刀选择适合宝宝使用的款式，不要受伤。

训练目的： 练习剪的动作，锻炼手指的灵活性，双手的配合能力，同时锻炼左右脑的协调发展。

3.《走怪步》

训练内容： 家长在前面，宝宝在后面，宝宝跟着家长学家长的动作。一开始爸爸妈妈可以正常行走，然后上下蹿动、扭来扭去，变化各种姿态行走，宝宝会觉得非常有趣，跟在爸爸妈妈身后模仿。后期可以让宝宝走在前面，家长在身后学宝宝的动作。

注意：表情也可以有变化哦。

训练目标： 观察区辨能力、模仿能力，培养幽默感。

4.《身体折叠》

训练准备： 地垫

训练内容： 家长和孩子面对面坐在地垫上。两人腿伸直，脚心对脚心，然后四手相握，前后拉动。

注意：在伸展筋骨时，勿过分勉强，避免造成运动伤害。

训练目的： 伸展四肢及全身肌肉，加强亲子之间的配合能力。

Part 13

The Awaken of the Sensory Organs

有人说，孩子是真正的哲学家，他们的好奇心无穷无尽，什么都想知道得一清二楚。

——里夏德·达维德·普雷西特（德国教育家）

第十三章
三岁看大

现代教育理论认为，孩子 3 岁和 7 岁的时候，是成长发育过程中的两个相对比较重要的时间节点。意大利著名儿童教育家玛丽亚·蒙特梭利说："人生的头三年胜过以后发展的各个阶段，胜过 3 岁直到死亡的总和。"

"三岁看大"是我国民间流传的一句古老的谚语，它概括了幼儿身心发展的一般规律，即从儿童 3 周岁时的心理特点、个性倾向就能大致预见到他长大后的发展概况。孩子从出生到 3 岁的发育发展阶段一般被称为婴儿期，是儿童生理发育、心理发展最迅速的时期。在这个阶段，父母的期望、行为和一些生活标准及观念会被婴儿内化为自己的期望和规则系统。

第一节
何为"三岁看大"？

实际上这是我们老祖宗流传下来的一句谚语的前半句（后半句"七岁看老"的相关论述请参看本书第十六章），我把它用在 3 岁这个部分，是在强调 3 岁的重要性。

孩子的 3 周岁，单纯从科学育儿的角度来看，可以称得上是意义非凡。0—3 岁是儿童发展阶段的一个划分方式，3 岁既是上一个阶段的结束，也是下一个阶段的开始，这是从婴儿向幼儿跨越的分界线。另外我国大部分的幼儿园招生起始年龄，也是 3 周岁。

老祖宗说的"看大"有它独特的内涵，这里的"大"指的是从 3 岁这个时间节点开始，可以大致对未来几年做出一个基本的预判，就是说根据孩子 3 岁的样子，就可以基本预判他未来三四年的发展走势，可以提前推演出他六七岁的时候开始长"大"的样子。

为什么 3 岁的状态就可以预判孩子未来三四年的发展走势呢？

从美国著名发展心理学家和精神分析学家埃里克·埃里克森的"心理社会发展理论"来看，儿童在 3 岁左右的时候便开始形成自己的行为习惯，习惯一旦养成，后期修正难度很大。我们常说"养大"一个孩子不容易，而"养好"一个孩子就更不容易，因为孩子在这一时期的心理变化可以说是非常复杂而又奇妙的。

根据心理学原理，0—3 岁是婴幼儿建立对世界的初步感知以及与他人关系的时期，婴幼儿与最初客体（母亲）的关系是未来自主意识、自我发展与日后人际关系的原型。

从神经生理学角度来讲，3 岁的脑发育实际上已经过半了，孩子已经表现出了在多个方向上的一些基础，比如说运动能力、神经系统、语言表达、情绪控制等，包括一些基础的智力水平，在 3 周岁的时候已经能让监护人和观察者基本了解了。

如果在这一阶段，孩子能与一个好的客体有良性的互动，每当他有需要的时候，监护客体（一般是妈妈）能够及时回应并满足他，特别是在他有愤怒、焦虑、恐惧等不良情绪的时候能温和地接纳他、安抚他，那么孩子就能建立起对他人的基本信任，并且形成世界是"温暖的、友好的、安全的、可信的"初步感知。这样的孩子内心安全感比较充足，能够有勇气去对周遭的世界进行探索，在和环境中的其他人相处时也不会轻易胆怯、焦虑，能够保持自然、闲适、放松甚至喜悦的状态。因此，如果孩子 3 岁时呈现出这样的状态，我们基本可以预见，他在接下来的幼儿期（至少在 7 岁之前）会相对稳定地延续这种态势。

所以大家由此来预测 3 岁孩子在未来三四年的发展走势，依据历史经验以及相关的科学研究得知，大部分孩子到六七岁的时候，只要整体发展路径是正常的，跟他 3 岁的时候相比，在人群当中所处的位置是很接近的，也就是说孩子3岁时在同龄人当中的排名，到了六七岁时原则上变化是不大的。所以我们说的"3岁看大"，实际上是指的用3岁时孩子的生理、心理状态来预判他未来三四年的发展状况和初步结果。

那么在这里我想鼓励年轻的父母应当勇于打破这样的一个预判，3岁的时候孩子也许是个"良"的水平，了解到了这一点，当孩子进入到集体生活环境中（上幼儿园），我们带着对孩子更透彻的了解，主动利用各种环境因素、专业老师的帮助以及持续的努力，让孩子多进行自我潜在能量的挖掘（这方面没有任何训练能比得上专业的、系统的而且能保持频率和强度的"感觉统合训练"），反而能让孩子跃升他在3岁时人群中的排名，进步速度变得越来越快，这样到了六七岁的时候就会超越3岁时比自己强的那一批宝宝，完美实现弯道超车。

我说的"3岁看大"，它既是一个古老相传的道理，也是一个相对精准的科学论断，同时还应该是对家长朋友在3周岁的时间节点用心培养孩子的一个激励：孩子3岁时，我们应该非常非常努力、非常非常认真地去研究并促进他的成长发育与显性进步。

第二节
平稳度过"第一反抗期"

有些孩子到了临近3周岁的当口，会突然变得不听话，暴露出叛逆、自私、焦躁、磨蹭等一些不良表现，本来温顺的孩子，一到这个时期就变得不好管了，比如妈妈提醒"吃饭不要边吃边玩"，孩子仿佛充耳不闻；家里来客人了，妈妈让他跟客人打招呼，他好像视若无睹，直接不理不睬。孩子毫无征兆、突如其来的执拗、任性往往会激怒家长，挨骂挨揍也说不定。

专业型的家长应该能想到，这是迎来了孩子心理发展的"第一反抗期"。

3岁左右的孩子因为在生理、心理发育上有了比较多的自主的意识，想要自己掌控一些事物的发展进程，对有些事情有了自己的意志和判断。这个时候家长如果还在对孩子进行很多的包办代替，给予无微不至的呵护，而孩子已经开始有他自己的想法和情绪了，身体对环境的探索更多，行为举止变皮了，身体力量变足了，口语表达也比较赶趟了，跟家长的固有观念和养护惯性会形成一些冲突，孩子就会以逆反的姿态把自己的意志呈现出来。这个时期在心理学上称为"第一反抗期"。

心理学经验表明：幼儿3岁左右（时间可能会提前，因孩子的情况而定），由于自由活动能力大大增强，各方面知识不断增多，就表现出独立的愿望，虽然能力不强也要动手自己干，变得不太听话。这是一种自我意志的体现，心理学上称为"第一反抗期"。

从孩子生理和心理发展的角度看，这种"反抗期"的表现是一种正常的现象。随着幼儿活动能力的增强，知识的不断丰富，孩子心理变化急剧，特别是孩子的需要发生了很大的变化，而成人往往还是用老眼光去看待孩子、要求孩子，因而引起孩子的种种反抗行为。但是，从另一个方面看，如果孩子的个性得不到发展，反倒会影响他今后的成长。所以说经历"反抗期"是孩子正常发育的必然阶段。

2—3岁儿童的心理特点

"第一反抗期"不是没来由发生的，就像潜伏期一样，大约从2岁半起，孩子很多反抗的迹象就已经有苗头了，所以，我们要先了解一下2—3岁孩子的心理发展特点。

2—3岁是儿童心理发展的一个重要转折期，不少父母也感到孩子最早从2岁多就开始不听话、不服管、脾气变大，其根源来自这时期儿童心理的两个主要特点：

第一，认知能力发展迅速

至迟从2岁半开始，孩子的头脑中开始涌现清晰的心理活动，大脑开始具备表象、想象等初级能力，这也是高级认知活动的萌芽和起点，也就带来了他整个心理发展的转折。就拿哄孩子来举例，原来（半年到1年前）孩子离开妈妈时虽然会哭，但比较好哄，因为他的表象能力比较低弱，过一会儿就把具体的事件和人物给忘掉了；长大到2岁半的孩子就不同了，随着孩子大脑的表象和回忆功能的发展和运作，他很快会在头脑中回忆起妈妈，或者看到与妈妈相关的场景和物品也会想起妈妈，于是哄来哄去也收效甚微，他会断断续续甚至持续地哭，对孩子的心理变化还没有做好思想准备的家长情急之下就会认定或者责备孩子不好哄、太任性。3岁之前的孩子，思维发展还处于初级阶段，直觉思维依然会主要支配着他的意识，但相当比例的孩子会出现探索和求知的萌芽，随着生活经验的增加和生活场景的丰富，他们开始在头脑中形成自己的认知和判断标准，最显著的特征就是喜欢说"不"，所以，父母不能把这看成是孩子的反抗。

第二，自我意识大大加强

孩子最早在 2 岁多就开始出现自我意识的萌芽。自我意识是指对自己的认识，就是一种使自己既成为主体，又成为客体的心理活动。孩子开始寻求让自己与外部环境有所区分，开始理解自己和外界的关系，特别是自己和"他人"的关系，这已经是比较高级的心理活动了，主要标志是学会并频繁使用第一人称代词"我"。

这一时期，随着自身动作能力和认知水平的显著进步，孩子的探索欲望和自我主张会越来越强烈，独立性和自主性也相应突显出来。孩子会越来越多地认识到：作为个体的"我"以及"我"的力量。但他们的诉求常常遭到父母的阻挠和限制，孩子必然用反抗和拒绝行为来表明自己的立场，他们不仅拒绝成人的命令和要求，甚至拒绝成人的帮助，摆出一副事事都要"自己来"和"我可以"的姿态。

而随着自我意识的进一步发展，孩子还会出现更高级的情感和意志，如自豪感、自尊心、同情心、羞耻感等，整体状态会变得更加"阴晴"不定或"桀骜不驯"，大部分的家长往往会用单纯的镇压或彻底的无视来面对，只会使反抗更加激烈。

各位家长，我们需要冷静，置身局内、措手不及的我们，如果能运用专业知识来领会孩子的变化，我们会发现：这些不正是个体发展的必由之路吗？

3 岁的孩子既保留着之前的某些心理特征，又开始出现新的心理发展趋势，新旧交替必然导致行为突变和认知冲突，父母可以不了解这一年龄阶段的心理发展特点，但切记不可大惊小怪或者应对失措，我们是家长，是指挥官和裁判员，只要策略得当，孩子的第一反抗期就一定能够平稳度过。

家长策略得当，孩子平稳发展。

我认为家长应当采取的核心战略是因势利导、顺势而为。

所谓因势利导，就是根据孩子的表现做出恰如其分的引导，不要一味地进行压制，总以为他这样不对，属于有所偏差，所以要进行纠正。

所谓顺势而为，是指按照孩子现阶段的表现，多陪伴，多配合，多按照孩子的先天禀赋，对他展开细致入微的观察和引导，观察是指要主动看到孩子到底在想什么、做什么、表达什么；引导是指要主动给他必要的支持，让他能够在短时间内获得更快的、更长足的多项能力的发展和进步。

具体建议如下

1. 耐心地说服教育是关键

就当是为孩子长大以后更多的思想沟通做预演了。父母要摒弃不问是非、不看事实的主观态度，要接受孩子的"反抗"行为是促进他们向全面能力发展的内在驱动力。父母反而应当抓住这一时机对孩子的一些正面行为给予鼓励、负面行为给予纠正，以促进孩子自我意识的形成和身体运作能力（要减少对孩子身心主动探索外部世界也就是乱说乱动的限制）的发展。

2. 善于主动倾诉，培养孩子的同理心

生活中我们一定不要抓住一件事就喋喋不休，讲得多却抓不住重点，孩子总是不明白自己到底该做什么。在特定的某一时刻，孩子的心心念念只会聚焦在他最想做的事情上面，如果这件事恰好是捋了你的虎须的那件事呢？所以，要么不交流，只要想跟他交流，一定要引发他的关注，否则就是浪费时间。如何引发关注？当然要采取倾诉的方式，尽量用简洁明白的话语，跟孩子眼对眼、口对口、心对心地交谈，必须要随时接收到他的关注和回应。

当遇到充耳不闻或者视而不见时，他一定是正专注于自己最想做的事情，完全无法分心去领会你在表达什么，家长也就没必要再碎碎念了。如果不着急，那还不如走近他，试着参与他的"业务"；如果很着急，那也可以走近他，语气和蔼、明白无误对孩子说出你的需求，此刻的互动是最好的同理心训练。请牢记：严禁用命令的语言和语气。

3. 追求效率要靠家庭规则解决问题

生活总是很琐碎，自然也会很忙碌，但无论如何都不能忽略了家庭规则的制定，老祖宗说的"无规矩不成方圆"绝对是至理名言，更是科学育儿的制胜法宝。当然，一旦"立法"，必须全家总动员，人人都合规。另外还有一个过度执行的问题，也就是守规矩的反面，家庭成员以孩子为焦点，实施过度关注，也会影响孩子构建稳定的情绪表达和行

为表现。以吃饭、睡觉这样的常规动作为例：只要孩子有了幼儿园的生活经历，无论什么样的节假日、纪念日，家庭内部必须严格执行跟幼儿园一样的作息制度，良好的作息时间安排，对孩子的一生都会带来非常正面、非常积极的影响。

4. 复杂局面要及时转移孩子的注意力

3 岁左右的孩子具有单向思维的特点，他经常会很执着地去犯一些我们认为很可笑的错误，因为生活中的一切新鲜事物都会对他产生莫大的吸引，他的好奇心会爆棚式地增长和释放，比如，我们经常看到孩子往嘴里塞任何东西，实际上他是想通过"用嘴尝一尝"这个动作来做判断，如果拿不到明确的结论，他接下来就会用肢体的抓、握、抛、摔、砸、踏等动作进一步探索。这时大人如果不分青红皂白，用抢夺的方式来排除危险、以正视听，教育效果基本等于零，而且还武断地扑灭了孩子的好奇心、观察力和想象力的火花。类似的包含危险因素的状况，最好是提前准备，事先进行合理的安全教育，同时还要为孩子积极创造探究世界的适宜环境和必要条件，让孩子在这一时期反而能够充分发挥他的探究（破坏）力和创造（试错）力。所以，遇到上述情境的正解就是：用另外的可以吸引孩子的事物来转移的注意力，说不定还会有意外的惊喜。

第三节
孩子眼中的"大小"和"远近"

满 3 周岁的孩子，他的身体对环境的探索能力越来越强，家长也会跟 2 岁的时候采取不同的养育方法。一个是他上幼儿园了，开始有了小伙伴、交朋友和集体的概念；另外还有一个就是到了 3 岁，孩子更好地融入一群孩子或大人当中的主动性和完成度也会越来越高。

这个时候孩子会有这样的表现：特别在意自己的东西，不愿意让别人碰，有时候显得好像有点小气，但又对个别小伙伴过于大方，特别是对那些在人际环境中有点强势地位的孩子，这里的"大"和"小"还上升不到人的思想层面，也不是孩子未来格局的一个前兆，这就是特定的年龄阶段必然产生的心理特征。这个阶段的孩子刚刚开始懂得哪些物品是我自己的、哪些是别人的，开始有了自主掌控事物的意识，所以他有可能对很多东西看得比较紧。再加上现在都是小家庭化、少子化，所以说孩子这个时候显得有点小气，实际上是很正常的，我们不能把孩子的这种很常见的、很正常的表现随便定义为格局不够大，这是成年人的思维，我们不能用成年人的思维来给孩子做出"大"或"小"的标签式的评判。在孩子眼中，他喜欢的东西，就是不想让任何人碰。

还有一组概念："远"和"近"

比如说祖母、外祖母的身份认同有时候就是对立的，有的孩子总是跟一部分亲人显得比较亲密无间，但对有些亲人，包括身边的一些有亲缘关系的叔叔、阿姨和小朋友，他会把远近分得很清楚。这是什么原因呢？跟对方的状态和态度有很大的关系。

一般来说，孩子愿意亲近的、比较喜爱的人群都是亲和力比较足的，面容、语气比较和蔼的，经常给一些小恩小惠的，或者跟孩子能"打"成一片的；有些人可能跟他亲缘关系很近，但他跟孩子的互动不是儿童式的，不是孩子想要的，自然孩子就跟他亲近不起来。

同理，放到别人家的孩子也是这样：当孩子觉得跟有的孩子无法产生有效的关联和互动，在自己的感觉器官的判断和支配下，他是不接受的，所以就跟他亲热不起来，就算家长之间关系很好也于事无补。而有的可能是陌生人，或者是出于某种不可预知的原因，他又跟一些孩子没道理地特别亲近。就是说大人和孩子这两个群体，对 3 周岁的孩子产生的吸引力，从感官运作的角度来讲是不一样的。大人对孩子产生吸引力的要素一定是宽容无度、和蔼有加、多付出、多陪伴，而孩子对孩子产生吸引力有可能是靠：性格强势、孔武有力，甚至动手动脚，例如有的孩子被打哭了，第二天还主动找打人者玩。原因何在？孩子与孩子之间联系比较紧密的原因是什么？实际上是他们之间的感官交互比较深切，不是说互动得多，而是互动得有强度，或者说有一方孩子个性突出，与众不同，有点像"男孩不坏女孩不爱"这样一个有点无厘头的心理预判。简单地理解，对谁都特别友好的孩子，他不一定受欢迎，反而是嚣张跋扈、横冲直撞的小霸王式的孩子，特别容易受欢迎。也就是说，这个时候的孩子面对同龄人，他是崇尚力量和个性的。

第四节
入园攻略

3 岁时父母最大的纠结应该是"入园问题"。咱们国家早期教育和幼儿教育有一大流派，即"爱和自由"派。我不是很信服"正面管教"，请问：有资格"管教"孩子的人能否永远、随时可以找到可资教育孩子的他自身的正面？你做事、做人、说话，足够正面，才勉强称得上"正面管教"，而不是一味地追求运用很多策略，但我非常认同"管教"二字，我主张生活中可以有"严父慈母"或者"严母慈父"；我反对"棍棒底下出孝子"，但我信奉"严师出高徒"，我想说的是：孩子越早送幼儿园越好，真正的"爱"是与所谓的"自由"无缘的，先让他进入集体生活再说，真正的"自由"在内心深处，只有将孩子置身于人群之中，他才能找到内心的自由。

（早）入园的好处

让孩子去上幼儿园吧，早去早开心，早去早成长。

幼儿园能帮助孩子认识生活的本质（在规则的限制内完成生活内容）和生命的状态（与无亲缘关系的人朝夕相处），这是发展的开端，每天重复的动作有：吃、喝、拉、撒、睡、穿、脱、迎、送、你、我、他、动、玩、说。

幼儿园可以帮助孩子开始正式的基本认知，这是发展的基础，他需要主动或者被动掌握的认知内容有：颜色、大小、多少、有无。尤其是色彩认知，这是孩子思维能力发展的开端，颜色既不是单一的，也不是对立的，它是要进行平行辨别的，入门功夫就是3 岁的孩子要能够熟练、精准辨别红、橙、黄、绿、蓝、紫、黑、白这 8 种主色。

幼儿园还可以带领孩子进入人际关系的环境。基本社交的体验是后天发展的登云梯，孩子借以懂得：好坏、正误、对错、美丑。好坏，要用事物的变化来判断；正误，不是对立的，"正"就是完成了正确的，"误"就是出现了偏差，或者完成得不好；对错当然是对立的，对就是对，错就是错；美丑，3 岁左右的孩子，只关注他的老师目光是否柔和，老师的目光如果努力散发出友好和善意，哪怕是刻意的表演，你对着孩子的3分钟，孩子是可以感受到的。孩子是最敏感的，几乎可以瞬间感知你对他的爱与不爱，所以，美指的就是规律、匀称、完整、和谐，与之对立的就是丑。

选择什么样的幼儿园？

以下我的一家之言，仅供参考。

首先是伙食。所有的孩子刚上幼儿园，不管他是几岁，什么东西可以打消他一切的障碍和不适应，就是定时、定点、健康、清洁、可口且符合孩子特点的三餐以及水果和点心。

其次是生活环境。生活环境无须向五星级酒店靠拢，要的是整洁、干净、有序、环保、清新、自然。

再就是教师的素养。教师的素养不在于五官的俊美和身材的超群，更不在于学历多高。比方说如果有人声称"我们幼儿园的老师全都是本科以上的学历云云"，那么，我倒担心了，因为他们受教育时间很长，自然实践经验就相对欠缺，俯下身子融入孩子内心的意识和姿态也不会那么心甘情愿。实际上，幼儿教师最有爱的阶段就是刚毕业的前3年，家长千万不要嫌弃老师太年轻，只需要关注老师的表情是否柔和，目光里有没有自然流露的爱意，用彬彬有礼来伪装是很难持久的。谈吐之间，他的焦点是否在孩子的身上？任何事情是不是喜欢找理由？能不能做到真诚直面孩子的表现？对家长要不卑不亢、彬彬有礼，既不能趾高气扬，也不能刻意谄媚，这是教师素养的首要原则。

还要看园所的生均投入、教育观念和教学理念。

师生融合速度也是衡量好园所、好老师的重要标准：老师是不是用最短的时间，就跟你的孩子成了好朋友；你要注意听孩子回家用多短的时间第一个反复提到的那个老师是谁，这就证明老师在情感融合方面下功夫了。师生情感融合快，说明老师真正心中有爱；学历不高，甚至非科班都不要紧，孩子刚入园的第一学期，最需要老师给他"有原则"的爱，因为一些所谓的高端园所，对孩子的爱是无原则的，这不是爱，这是坑害。

坚决不做糊涂家长

幼儿的基础认知、知识训练和早期成长要靠直接感知、实际操作和亲身体验。美国加州大学的研究报告揭示了幼儿学习的吸收率指标：文字学习占10%，听觉认知占30%，看别人操作占50%，自己操作占70%，有实物的（自主）操作学习占95%。所以幼儿教育的本质是：取材生活化，教学活动化，课程整合化。

那么，如何做好入园准备？

精神方面家长们要统一思想；物质方面生活自理很重要，入园之前，尽量提前训练孩子达到独立吃、喝、拉、撒、穿、脱的水平。

孩子状态起伏怎么办？所谓的"起"就是好，反之，"伏"就是不好。孩子的哭、闹、黏、逃、躁、饿、病都是常态，要用平常心来对待。至于哭得厉害，哭的时间长的孩子，一定要用具体的实物、声音、夸张的表情、游戏的内容来转移他的负面注意。

新生父母的心态可以参考四个关键词

放松：帮助自己和孩子找到"最喜小儿无赖，溪头卧剥莲蓬"的感觉。

放空：爹妈必须有如"江天一色无纤尘，皎皎空中孤月轮"般的一颗大心脏。

放手：既知三岁看大，何不趁早放手？孩子的发展永远是坏的不来好的来，坏的不如好的多。我们应当多去体会被朝廷放逐二十三年的刘禹锡还能吟出"沉舟侧畔千帆过，病树前头万木春"这样的豪情壮志，他的良好心态就来自对"沉舟"和"病树"的放手。

放眼：诗仙云："长风破浪会有时，直挂云帆济沧海。"孩子一定会找到他的节奏和方向，我们只需放眼为他做合理的规划；孩子早晚要长大，他99%会成为一个平常的人，像你我一样的普通人，我们何必奢求他一定要活得那么不普通呢？

第五节
3—4岁育儿指南

主要介绍3—4周岁儿童成长过程中遇到的情况以及解决方案，其中包含自测表、家庭感统游戏方案及指导建议等。

Spacebaby
37—39个月儿童

让宝宝尝试着
自己翻书吧

他是这样的：

这时的宝宝顺利度过了幼儿期，恭喜他进入了学龄前期，
不论是体格还是智力发展，都已经像一个大孩子了。
宝宝的情绪可能容易产生较大波动，
不稳定，但是家长不要烦躁，需要给予更加耐心的引导。
宝宝的词汇量急剧增加，
语法也进步了不少，他的表达越来越准确，
他甚至能说一些包含3个，甚至更多词的长句子了。

请您这样做：

现阶段仍处于语言爆发期内，对于词语的积累不要松懈，可以多和
孩子读一些绘本，看一些认知类书籍。

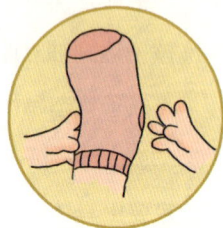

让宝宝自己穿上袜子吧

感觉统合小贴士：
会单脚站立，会手扶臀部单脚站立；能推或拉独轮小车前进；熟练掌握不用扶手双脚交替下楼梯。

37—39个月孩子能力自检表：	结果记录
1. 看绘本时能有意识地一页一页地翻绘本	
2. 可以助跑两步踢球	
3. 可以双脚同步跳过8厘米以上的障碍物	
4. 会绕着摆好的物品呈"S"形绕着跑	
5. 可以自己穿脱袜子、鞋子、短裤等简单的衣物	
6. 可以双脚同时踮起脚尖站立一会	
7. 知道危险的地方不能去，危险的物品不能摸	

孩子们也存在逆反期

咱们都知道孩子成长过程中，有一个青春期，孩子会比较叛逆。但您知道吗？其实小孩子也存在一个逆反期。

不知道您看到过这样的孩子没有，就是非常的固执，不想听大人的指令，还有一些不实现他想法就大哭大闹的，让孩子吃饭他就非要去玩玩具等，这些现象都在指向孩子可能进入了逆反期。

为什么小孩子会逆反呢？随着他们认知的提升，思考能力不断加强，当他的行为受到约束限制、自尊心受到伤害后，就可能会出现逆反心理，来表达自己心中的对抗与不满。

想要克服这个问题，家长首先要查清楚孩子逆反的原因究竟是什么，同时不要动不动就发脾气呵斥孩子，这样往往会起到反作用，这时候可以先冷却一会，对他的任性选择无视。即便他哭了，也可以让他哭一阵，等他平静下来以后再教育。

父母要学会尊重、关怀、鼓励孩子，耐心沟通，做他的朋友。一旦发现他有细小的进步，就及时给予肯定和鼓励。要学会引导孩子做正确的事情，多鼓励他，激发孩子的自强意识。

孩子的认知是片面的，因而更加容易走向逆反，家长应该帮助孩子增强认知的丰富，培养良好情感和锻炼意志，增强自我控制能力，促进孩子的心理健康发展。

喜

怒

哀

不愿合作，不懂配合，就是本体运动觉表现不良啦。

家庭感统游戏方案（37—39个月）

1　小推车找水果

把所有红色的水果捡起来

苹果

樱桃

● **准备道具**
各种水果（或水果玩具）

● **游戏效果**
可以有效地增强孩子的四肢肌肉力量。
提升孩子的身体协调能力与平衡感。

● **游戏方法**
妈妈抓住孩子的双腿，让孩子双臂支撑地面，在孩子前方两三米的地方摆放上各种颜色的水果，妈妈喊："宝贝，把所有的红色水果找出来。"随后，孩子双手撑地向前爬行，将前方所有的红色水果抓住放到一边。
随着孩子能力提升，家长还可以放其他的玩具，比如黄色的、毛茸茸的请找出来，孩子就可以去找小猫咪玩偶等等，进一步增加孩子的认知力。

2　抽纸平衡桥

平衡

软软的~

● **准备道具**
方形纸巾包若干

● **游戏效果**
可以提升平衡感、肌耐力以及身体灵巧度。
培养身体感知能力与空间感知能力。

● **游戏方法**
将若干的纸巾根据孩子的步幅长短进行罗列，让孩子双手打开，踩着每一个纸巾包前进，因为纸巾是软的，会破坏孩子的平衡感，平衡感差一些的孩子可能会摔倒，家长要做好安全的防范。
当孩子的能力有所提升后，还可以把纸巾顺序打乱排列，也可以加入跳跃的动作等。

《游戏百宝囊》(37—39个月)

Space baby

1.《火箭弹发射器》

训练准备： 两个小桶、软球若干（重量大小不限）

训练内容： 将两个小桶间隔一定距离摆放，把软球放进其中一个小桶里。孩子在小桶中拿起小球，模拟火箭弹发射的场景。投掷到另一个小桶中。每次投中，家长和孩子一起喊"火箭弹命中目标"。

训练目的： 孩子抓握不同重量大小的软球，可以刺激孩子的触觉发展。通过投掷不同重量的软球，提升孩子对手的力量的掌控能力。

2.《沙漠绿洲》

训练准备： 白色或黄色橡皮泥、绿色橡皮泥、棕色橡皮泥

训练内容： 使用白色或黄色橡皮泥，捏成大大的薄薄的一个圆盘。在圆盘上面，粘贴上绿色的橡皮泥作为草地。在棕色橡皮泥上粘贴绿色橡皮泥，作为树木。

训练目的： 刺激孩子的触觉发展，揉捏橡皮泥动作可以增强孩子小肌肉的控制能力。

3.《翻山越岭》

训练准备： 枕头或抱枕 5 个、小玩具 6 个

训练内容： 使用枕头或抱枕，在家中地板或爬行垫上作为障碍物任意间隔摆放，间隔中摆放布偶。孩子双手分别拿着两个玩具，在障碍物间行走，每翻越一个障碍物，就放下一只手的玩具，并捡起地上的另一个玩具。

训练目的： 加强孩子身体的平衡感，并锻炼孩子左右手的协调能力。

4.《超市小买家》

训练准备： 小桶（篮子或小盆），小玩具若干

训练内容： 家庭团聚时，每位家庭成员在家的不同区域，各拿着一个小玩具。孩子手拿小桶或其他容器作为购物篮，走到每位家庭成员面前打招呼，询问玩具的名称和价格，并选择喜欢的玩具模拟购买过程，购买后把玩具放入到购物篮中。购物完成后，拿着小桶向妈妈汇报购买了哪些玩具。

训练目的： 凝聚家庭成员间的亲和力，促进孩子的语言表达能力。

Spacebaby
40—42个月儿童

他是这样的：

活动量的增加，让孩子褪去婴儿肥，形体更加匀称了。
能力强的孩子已经可以单腿向前跳了，
而且孩子慢慢地喜欢开口打招呼了，
在语言发展方面，孩子的对话开始加入更多的表情与
语气了，当他向你叙述与同伴发生的事情时，会模仿
着当时的情景，进行角色扮演。

让孩子学习一下拧瓶盖吧

请您这样做：

这个时期的孩子基本上
已经有很强的运动能力
了，许多家长关注点往
往开始向孩子其他方面
倾斜，再次特别提醒，
无论哪个时期，孩子的
运动都是至关重要的。

跨越障碍走曲线
非常考验孩子的本体觉

感觉统合小贴士：
学会骑三轮脚踏车绕过障碍物、转弯、启动和刹车。

40—42个月孩子能力自检表：	结果记录
1. 可以单脚跳跃	
2. 会玩剪刀、石头、布的游戏	
3. 能在见面时打招呼，离开时说再见	
4. 知道干燥和湿润的感受	
5. 能分辨出更多物品的形状	
6. 理解对方说的句子的意思	

电子读物与纸质绘本

　　随着社会的发展，市面上开始出现各类型的电子设备，电子词典、电子绘本、学习机层出不穷，极大地丰富了幼儿的阅读渠道，但高兴之余我们不禁想问一下，电子设备对孩子真的是有益的吗？

　　电子设备将声音、图画集成到了一个电子设备中，孩子只需要不停地点击屏幕，声音与画面就会不断地变化，而我们传统的纸质绘本，则需要父母、老师用嘴巴讲出来。

　　我暂不评论电子设备的好坏，单以纸质读物来说，首先妈妈与孩子讲绘本的时候，孩子可以提问，妈妈可以回答，这样做可以增进母子之间的感情，同时可以增强孩子的表达能力与思维能力。而妈妈的语气、表情都是孩子语言发展路上最好的老师。

　　过多使用电子设备，对孩子视力、思维、想象力都有一定的阻碍，当然事无绝对，任何物品的使用都应该适度。

读一本好书
小朋友们也会非常开心的

> 想要动作大升级，
> 只能靠多做亲子游戏。

请把5颗红色珠子 + 8颗黄色珠子 +
6颗白色珠子 + 6颗绿色珠子串到一起吧

6颗 8颗 5颗 6颗

家庭感统游戏方案（40—42个月）

① 一起串珠子

● **准备道具**

各种颜色的珠子、绳子

● **游戏效果**

可以增强孩子对颜色的辨别能力，
培养对数字的认知，训练手部精细动作，
增强手眼协调能力。

绿色

● **游戏方法**

若孩子对数字不是很敏感，可以先从数字开始，比如让孩子找出三颗珠子并串起来，若孩子
对颜色认知不是很好，也可以让孩子将同一种颜色的珠子串在一起，如果孩子能力比较强，
可以增加难度，让孩子将三颗黄色的、五颗白色的串在一起等等。

② 呼啦圈拔河

● **准备道具**

呼啦圈、平衡球

嘿嘿

保护

注意安全

平衡

● **游戏效果**

可以加强四肢力量，
增强孩子的平衡感，培养支撑身体的感觉及持久力。

● **游戏方法**

爸爸抓住呼啦圈的一端，孩子踩着凸起的平衡球，双手抓住呼啦圈的另一端，与爸爸进行
一场呼啦圈拔河比赛吧，妈妈要时刻注意孩子安全，双手放在其身后，以防孩子脱力摔倒。
其实这个游戏小孩子也是可以玩的，只不过小年龄段的孩子四肢力量发育还不够完全，因
此不必在其脚下放置破坏平衡的教具，让孩子与爸爸进行一场力量的对决吧！

《游戏百宝囊》(40—42个月)

1.《小小搜查员》

训练准备： 手电筒一个，玩具若干

训练内容： 夜晚时把玩具提前摆放在家中不同区域，关上所有的灯，家长和孩子一同手牵手，孩子手拿手电筒，模拟夜间搜索的场景，探索并寻找玩具。

训练目的： 孩子使用手电筒，照亮要寻找的区域，锻炼孩子手眼协调能力。

2.《发牌小能手》

训练准备： 扑克牌一副

训练内容： 家庭聚会时，家长们围坐在桌前打扑克，孩子负责收集打出的扑克牌并洗牌。在每局扑克开始前，孩子给每位家庭成员发牌一张。在打扑克的过程中，教孩子认识扑克牌的数字、字母与花色。

训练目的： 锻炼孩子手部动作能力，并了解简单的数字与大小。

3.《拼数字》

训练准备： 牙签若干

训练内容： 将一把牙签摊在桌子上，家长和孩子一起，使用牙签拼出 1—10 数字，对于有能力的孩子，可以拼出 1—20 数字。拼完阿拉伯数字后，还可以拼汉字一到十。

训练目的： 提高孩子手部精细动作的能力，并提升孩子对数字和形状的基本认知。

训练提示： 牙签拼完后注意妥善保管，不要扎到孩子。

4.《撕蔬菜》

训练准备： 大头菜一棵（或其他适合的蔬菜）

训练内容： 在饭前准备食材时，家长拿出一棵大头菜，给孩子演示把大头菜叶一片一片撕下，再撕开成 2—3 平方厘米不大不小的片。把撕好的菜片放入盆中。孩子完成清洗蔬菜片后，就可以烹饪成干炒大头菜一道菜肴，与孩子一起享受烹饪的菜肴。

训练目的： 锻炼孩子上肢动作企划能力。

Spacebaby
43—45个月儿童

他是这样的：

孩子关注的范围越来越大，能逐步注意到周围更多的人和更多的事物。
记忆力也开始不断增强，能记住更多的事情。
孩子还有可能会撒个小谎，比如打翻了物品，他可能会说不是自己，
这时候家长需要比平常更加耐心的引导。
家长可以买一些找不同的书籍，让孩子去玩，
在游戏中让他进步。

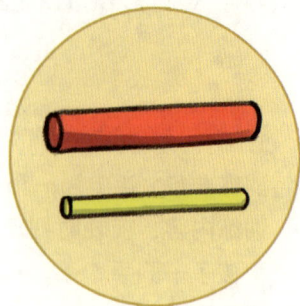

可以着手让孩子认知长短、粗细
还可以加入颜色增加难度

请您这样做：

这个阶段的孩子，情感还不稳定，非常容易受周围人的情感、情绪的感染和影响。
父母平时需要多注意一些。

感觉统合小贴士：

学会：跑动中不用停下就可以变换方向；解扣子、扣扣子。

知道用完毛巾再原样挂好或放置到指定位置。

43—45个月孩子能力自检表：	结果记录
1. 可以不用停下，边跑边换方向	
2. 可以马上融入3个人以上的集体中进行游戏	
3. 知道长与短、粗与细的物品	
4. 能表达出自己的姓名、性别、年龄等自我介绍的语句	
5. 会使用名词和指示词（如这只狗、这辆车）	
6. 会按照顺序放置图片	

动作发展｜成长期（43—45）个月

一起找不同游戏

　　孩子在这个年龄段，思维已经有了极大地提升，我们可以尝试让他们去做一些找不同的游戏。

　　这样做可以提升孩子的专注力与耐心，同时对孩子的思维能力也是非常大的帮助。当然，爸爸妈妈们也可以与孩子做互动，当游戏过于困难的时候，爸妈可以给予一些小提示。

请找出图中两处不同

不妨让我们从小培养
孩子热爱表达的习惯。

从前 　 有座山

家庭感统游戏方案（43—45个月）

1　给妈妈讲故事

● **准备道具**
小舞台或小圆垫

● **游戏效果**
锻炼孩子的思维能力与叙述能力，
增强孩子的表达欲和表达能力。

● **游戏方法**
把家中的图书找出来，将爸爸妈妈、爷爷奶奶都叫到一起，把舞台留给孩子，
让孩子为大家讲一个他最喜欢的故事。
也可以组织附近的孩子互相上台讲故事。

2　抓到你的小尾巴~

保护好小
纱巾

● **准备道具**
各色的小纱巾

● **游戏效果**
可以加强肌肉的爆发力。
增强孩子身体的敏捷度，以及动作的灵巧度。

● **游戏方法**
此项游戏进行时，孩子与妈妈在自己的后腰上塞一根纱巾，两人面对面，
看看谁能先抓到对方身上的小纱巾，那就算谁获胜。

《游戏百宝囊》(43—45个月)

1.《车轱辘》

训练准备： 呼啦圈

训练内容： 单手推呼啦圈向前滚动。熟练后可以一只手一个呼啦圈，同时向前推动。

训练目的： 锻炼手指的精细动作发展，提升身体的控制能力及协调能力。

帮助给予： 初始的时候先从一个呼啦圈开始，注意不要摔倒磕碰，要时刻提醒孩子集中注意目视前方。

2.《勇敢跨栏》

训练准备： 有一定高度的障碍物

训练内容： 把障碍物堆到能让孩子稍微费点力气跳过去的高度，间距大概为半米，孩子需要跨越几组障碍物后到达终点。

训练目的： 加强腿部运动能力，提高身体平衡控制能力。

3.《爱环保爱回收》

训练准备： 快递盒、纸壳、包装盒、塑料瓶等可回收物

训练内容： 收集家中的可回收物，孩子找一个大纸盒作为容器，其余的纸壳拆开，摆放平整，压扁或踩扁。把纸盒折叠成大小适中的尺寸，放入大纸盒中。把塑料瓶捏扁，也放入到大纸盒中。家长与孩子一起，把大纸箱内的回收物，放入小区回收机或废品回收站中，并教导孩子哪些物品可以收集回收，重复利用，保护环境。

训练目的： 加强动作企划与协调能力，并培养孩子环保思维。

4.《滑雪王子 / 公主》

训练准备： 纸、彩笔

训练内容： 孩子在两张纸上，用彩笔画出的滑雪靴的样子，然后再用不同颜色的彩笔，装点滑雪靴。画完后，孩子单脚或双脚踩着纸，在光滑的地面上滑动，滑动的过程中，可以模仿滑雪运动员的动作和姿势。

训练目的： 锻炼孩子身体协调肢体动作和平衡能力。

Spacebaby
46—48个月儿童

他是这样的：

这个时间段的孩子对任何事情都充满了兴趣，活脱脱一个好奇宝宝。
他对任何事情都要问一句为什么？对所有事情都要找一个答案，
家长们要给予正确的回答，激发孩子的想象力。
而且孩子的语言发展速度极强，对语言表达的希望与要求也非常高。
这时的孩子对好坏、美丑也有了初步的评价，家长也要多多培养
孩子集中注意力。

剪出来正方形、三角形

请您这样做：

这时候可以尝试去发现孩子的兴趣点，并对其倾斜一些时间与资源，
希望将这个兴趣一直延续到未来的人生中。

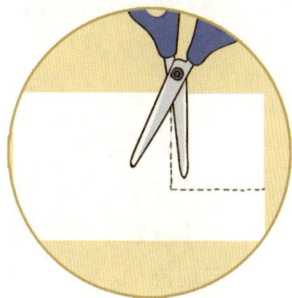

感觉统合小贴士：
练习用手而不用眼睛，感知、辨认不同软硬质地或
粗细表面的常用物品。

46—48个月孩子能力自检表：	结果记录
1. 会使用肥皂洗手、洗脸	
2. 表达一件事情的时候会有音调的变化	
3. 能把点与点之间用线连起来	
4. 会说5—10首儿歌	
5. 想上厕所时自己就会去厕所	

连线小游戏

这个年龄段的孩子，思维能力呈现跳跃式发展，父母们可以为他们多找一些思维类的游戏玩耍。
孩子们会非常乐意接受这种类型的游戏，当然父母们也请多与孩子互动，让他们在这种游戏中收获成就感。

小朋友们快来连线一下，
看看这4个数字最后会到哪里？

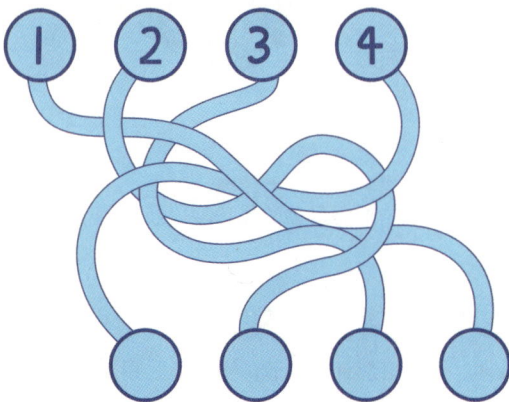

成长过程中孩子所需睡眠时间，至少要10小时哦！

家庭感统游戏方案（46—48个月）

1　剪刀石头布游戏

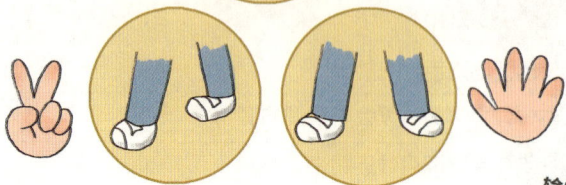

- 准备道具

  无

- 游戏效果

  有利于锻炼孩子的肌耐力和爆发力。

  增强孩子的身体协调能力，提升身体敏捷度与灵巧度。

- 游戏方法

  双脚一前一后是剪刀，双脚并拢是石头，双脚分开是布，孩子与妈妈对立而站，用双腿来进行剪刀石头布的游戏，输掉的人需要接受惩罚（可以唱一首歌给赢家听），熟悉后也可以增加难度，比如妈妈用双手，孩子用双腿进行剪刀石头布的游戏，也可以反过来进行。

2　智勇大闯关

- 准备道具

  小球

- 游戏效果

  可以在游戏中锻炼孩子的爆发力。

  提升孩子的韵律感，增强身体的灵巧度以及协调性。

- 游戏方法

  此项游戏共有三关，第一关需要孩子从妈妈的腿上跳过去，第二关则是推着小球匍匐向前爬行，第三关则需要单脚跳回起点。

  进行游戏时，可以增加计时环节，也可以三圈为一轮进行游戏，让孩子去挑战自己的速度极限。

《游戏百宝囊》(46—48个月)

1.《接住小球》

训练准备： 布制软球

训练内容： 爸爸将软球高高抛起，孩子需要紧紧盯住小球，看到他的落点提前跑过去，稳稳接住方为胜利。

训练目的： 加强孩子四肢运动能力及力量，提高手眼协调能力。

帮助给予： 开始时如果孩子接不到球爸爸可以先抛低给孩子练习一下，就像传接球的高度那样，等熟悉后再慢慢增加高度，或者两个球同时进行。

2.《跳绳大挑战》

训练准备： 跳绳

训练内容： 爸爸妈妈各抓住绳子的一端进行摇绳，孩子站在中间跳跃，看看一分钟内能跳几个吧！

训练目的： 锻炼孩子身体的平衡能力、节奏感以及注意力。

帮助给予：（1）可以喊来爷爷奶奶摇绳，先给孩子做一下示范。（2）初始时爸爸妈妈可以先慢一点，让孩子适应一下，跳一个停一下，再跳一个。（3）若是还难以快速进行游戏，可以让孩子先练习一下双脚跳。

3.《挑战呼啦圈》

训练准备： 小型呼啦圈

训练内容： 爸爸手持小型呼啦圈，孩子需要弯腰钻过去。

训练目的： 锻炼孩子身体的协调能力及平衡能力。

难度设置： 初始的时候呼啦圈可以低一点，让孩子爬着过去，或者钻过去，后期可以尝试着提升高度，增加难度。当这个游戏熟练掌握后，还可以增加几个呼啦圈，让妈妈也一起来手持呼啦圈，让孩子进行连续跨越的游戏。

帮助给予： 保证安全的前提下，尽量让孩子独立完成，若是难以进行下去，可以扶住孩子的身体，保持他的平衡，依旧让他自己抬脚跨过去。

Part 14

The Awaken of the Sensory Organs

重中之重的艺术是生活的艺术，靠生活而不是靠学习获得。

　　——马尔库斯·图利乌斯·西塞罗（古罗马著名政治家、哲学家、演说家和法学家）

第十四章
四体不勤

《论语·微子》中有这样一段话：

丈人曰：“四体不勤，五谷不分，孰为夫子？”植其杖而芸。

老人家训斥的是孔子门下最年长的弟子仲由，世人所知的子路。

子路很听话，遭到老人家的训斥后也不敢顶撞，毕恭毕敬地在路边站到天黑。

“四体不勤”和“五谷不分”一般情况下是连在一起说的。“四体”就是感觉统合范畴中的“四肢协调”，又称“粗大动作”；“四体”如果“不勤”，在感官表达上就一定是“感统失调”了。今天我们一般用以指人的行为比较被动、懒惰，对生活的认知也比较欠缺，这是一个比较负面的评价。我借用“四体不勤”的说法，是想在本章跟读者强调生活中常见的、与感觉统合息息相关的四种现象所蕴含的是非观念。

我比较关注以下四个现象

1. 坐沙发，会影响到前庭平衡觉的发育；

2. 不分床（不能独自睡眠），影响到的是触觉＋本体运动觉；

3. 流口水以及啃指甲，链接到的是触觉、前庭平衡和本体运动觉失调；

4. 混时间，指的是缺乏时间观念，一定会干扰到孩子的空间感知、时间管理和自信心的正常发展。

我认为4岁时比较容易出现的这四个现象，是阻碍孩子健康发展又特别容易被家长忽略的生活中的寻常事，久而不觉察且不求改变，孩子后来的感统失调有可能加深、加重。

第一节
"勤快"请从四岁始

先谈"勤快"二字。既然前面我们批判了"不勤"，我就来说一下"勤"的重要。

从孩子的发育进程来看，1岁时他还不会走，对人的依赖度很高，无从观察勤与懒；在他学会走路之初，生活各方面看上去特别积极主动，包括到了2周岁以后，他很愿意用自己的行走，甚至于奔跑，扩大自己的生活范围，用这种身体机能的提高来表现他对世界的探索与掌控，或者说孩子开始意识到自己的世界扩大了，去过的地方现在都算是自己的地盘，这时期大部分的孩子都相对比较愿意动一动；等到过了3周岁，孩子们进入集体生活，在幼儿园基本上是听老师的指挥，回家后的作息相对也是比较有规律的，正常情况下，家长都比较懂得赶时间、列计划、带节奏，怎么解决孩子因年龄关系所造成的延误拖沓呢？所以家长的包办就不断增加，家长包办代替造成的最糟糕的就是：从此你将很难培养出一个长大了我们可以用"勤快"二字来表扬的孩子了。

我为什么强调"勤快"要从4岁开始？因为4岁正好是一个上了幼儿园以后，孩子的整体认知水平和交流能力大幅度提高，貌似管理难度（"第一反抗期"也是有时效的）也下降了，姥姥也疼，舅舅也爱，时间也很有规律，反而到了周六、周日要大放松、大放纵，这样的节奏会造成孩子开始变得被动，事事都等待大人安排，反而拖拖拉拉的毛病不好改，为什么？训练强度不够，也就是感官的刺激不足，无法形成肌肉记忆和主动意识。表面上我们看到的都与时间的利用率有关，实际上就是一种"勤快"的反应。孩子长大以后，特别是青春期到来，在思想上跟家长交锋比较激烈的时候，对一件事的看法往往都是跟家长对立的，针尖对麦芒是常态。中式家庭的管理权威不容亵渎，孩子的内心却是各种不服，究其本源，一个"勤"字即可化解大部分矛盾（很多所谓矛盾根本就算不得矛盾）。小时候对孩子的勤力训练一味包办或放纵，上学后迫于学业发展、老师督促（家长压力山大是头号因素）的压力，陡然变成了非常严谨甚至苛刻。到那个时候你在稍微清醒的某一时刻，想要一个勤快的孩子，那就太难了。那么，4岁开始做培养"勤快孩子"的准备，你觉得还仅算是我的一家之言吗？

下面讨论一下"勤快"的内涵。"勤"是指做事比较连贯、密集、积极、主动，很多事情不需要别人提醒，主动就做了。所谓眼里有活，手脚不慢，所以它才跟"快"连在一起。对现代人来说，"勤快"这两个字已经成了比较稀缺的品质了，假设一个单位里有三四十个同事，大家都能很快从里面挑出那么三四个公认的勤快人，这就是反证。说"勤"是态度，而"快"是表象，就是生活节奏不拖沓，做事绝不慢吞吞，说话、走路、做事都有比较鲜明的节奏，给人感觉风风火火就把事情做完了，完成质量先往后放一放。"勤快"的要素就是，首先要抓住"快"字，孩子的磨磨蹭蹭往往都跟节奏慢有关，如果你让他去买个冰激凌、打一会儿游戏、有偿跑个腿、传个话，只要是他愿意干的事，或者在班级中被老师特召办事，孩子的表现一定那叫一个勤快，所以说实际上还是主观意志的问题，如果让"勤快"上升为行为习惯，就得尽早开始培养。孩子的勤快的意识和品质，对他将来主动融入社会与人交往、做人做事会有很大的推动，勤快利索跟落落大方一定是连在一起的，你没见过一个特别勤快利索的人，他做人扭扭捏捏、做事糊里糊涂、遇上生人他就躲。

当下的中国社会，"70后""80后"的人群是顶梁柱，他们刚刚进入社会的时候大部分人是没有晚睡晚起的习惯的，而且在都市化的生活中，至少那时候的窗帘没有现在市场上卖得那么厚、那么高端，所以大部分人只要天光稍微一亮，也就都起床开工了，但我们看"90后""00后"似乎更适应晚睡晚起的生物节律，习惯了黑白颠倒，就很难有勤奋的概念，个别的勤奋表现也都是逼出来的，账单和老板联合逼出来的。

再讲点大道理。北宋哲学家邵雍对"勤"的看法是这样的：

治生之道，莫尚乎勤。故邵子云："一日之计在于晨，一岁之计在于春，一生之计在于勤。"言虽近而旨则远。

综上所述，我认为勤快的素养、品行、观念应该从4周岁就开始着力培养。从感觉统合的专业角度来分析，按我的经验，勤快的孩子连失调的比例和程度都要低一些。

第二节
生活有界限：孩子能不能坐沙发？

从这一节开始，我们来讨论影响 4 岁（本节列举的现象一般会在 4 岁左右集中出现，但此类消极影响不一定明确按年龄呈现）孩子感觉统合发展的四个关键点。第一个就是以"坐沙发"为例，从两个角度来进行解读。

首先，坐沙发坐得多了，会导致孩子的形体发育走偏，肌体的平衡能力和运动机能也会因此落后，呼应上一节的话题，喜欢深陷沙发的孩子一定不勤快，生活中养成坐硬板凳的习惯，他就会趋向于勤快、利索，这是第一个角度。

其次，坐沙发还引发了我们关于小家庭的一个很重要的话题、一个概念的讨论，就是生活中的界限。什么叫生活中的界限？下一节会讲到情感上的界限，这一节讲生活。我先说一下坐沙发引发感统失调的原因。孩子这个时候的骨骼、关节和肌肉都在高速地发育，孩子的运动量也要比成年人一天的运动量要大，因为他首先要消耗能量才能形成一个良好的感官的刺激，以及神经系统的良性发展，孩子一天的这种活动量如果不够的话，是影响他的发育和发展的。所以在家里边安静的休息时间，他坐在一个特别能让全身放松下来的松软的沙发上，对他的骨骼发育和身形结构来讲都是有干扰的。家里边从小就坐沙发的孩子，到了 4 周岁开始就要适当的远离，如果不注意的话，未来五六年坚持坐沙发，就会严重影响孩子的平衡和本体运作能力的建立，这属于专业论断，见仁见智，我就不多说了。那么我再说一下在生活内容上的界限。在我们目前的三口、四口的小家庭当中，我们已经在物质生活上有了非常非常大的发展，大家也把它视为是一个生活水平提高、社会进步的一个标志。但这里边有一点大家可能忽略了，就是孩子在生活当中用的很多东西是不能跟家里的大人混为一谈。家里起居室的坐具目前都是以沙发为主，我认为要跟孩子有所区分，最起码要有一个相对比较硬、比较挺拔、利于他身形发育的一个儿童沙发。实际上最好是不要沙发，因为它过于松软、舒适，影响孩子的身体、脊椎、骨骼、肌肉朝着正常方向发育。由此我们还要注意生活用品方面，大人和孩子尽量不共用，比方说毛巾、洗漱用具、寝具等，还有一些吃饭用的餐具、学习用的桌子。以"坐沙发"为一个话题的起点，我们认为有的家庭可能认为给孩子准备单独的座椅，是浪费钱或者挤占家庭的空间，但实际上孩子的发育是以0—3岁、3—7岁、7—10岁和10—14岁各为一个阶段，14岁以后大概就跟成年人差不多了。在14周岁之前的这四个阶段，孩子用的生活用品跟大人是要有区分的，而以坐沙发为例，再坐就是十年以后了。坐在沙发上，孩子会打滚、翻滚、跳，会对家具造成伤害，在上面吃东西会撒到身上、脸上、沙发上，造成各种各样脏乎乎的场面。孩子会在沙发上展开各种玩具大作战，乱七八糟的，严重地影响他的整洁和勤勉。

第三节
亲情有尺度：最晚几岁分床合适？

上一节讲到的是生活内容、生活用品的界限，而实际上在三四口之家当中，两代人之间、父母和孩子之间最重的界限是亲密关系或者亲子关系方面。我可以列举中式家庭中很多这样的现象，比方说孩子总是不接受大人的一些建议、一些比较直白的规劝甚至于限制，反过来，大人对孩子的生活当中的很多事情事事都要了解，孩子也会拿大人的一些言行举止来作为自己发起反抗的理由。对家庭事务有一些事情分得不太清楚，不该让孩子参与的事情让孩子参与了，这样的话会影响到孩子自己长大成人，自己组建家庭，容易继续把一些错误观念代代相传。其主要原因就是中式家庭总是在走极端：就是宽的时候特别宽，不分彼此；严的时候特别严，不容商量。实际上用"界限"二字就可以基本上医治大部分的这种难题，也就是说父母跟孩子之间要从大约4周岁开始就要有意识地建立一种距离，保持一种界限，不能够没大没小，亲情走极端，过于两极化，不能"敌我"不分，因为父母要想把孩子教育得特别像样，有的时候一生当中都是"敌"对的，都是"斗"智"斗"勇的。所以我借着分床的话题来谈一下，在亲密关系上如何树立界限。

我们都市化的生活环境中，一般来说三口之家有了第一个宝宝，分床都是比较晚的，一开始是妈妈看孩子，爸爸靠边站，后来孩子长大了会走路了，好像尝试着有点自己的空间了，爸爸可以回归妈妈的阵营，回到夫妻的状态下，但是等到孩子上了幼儿园，最新产生分离焦虑等各种不良情绪，再加上认知水平的提高，孩子大部分都是比较黏妈妈的。所以常见的中式家庭中，妈妈和孩子是一组，到了晚上最亲密的私人空间，爸爸反而要被边缘化，到另外的地方去，这种情况很多见，实际上是很糟糕的，这让家庭的亲密关系界限不分，长大了以后孩子也是站一派、打一派，父母有的时候一个唱红脸、一个唱白脸，对孩子的教育实际上反而拿不到答案，找不到方向。实际上三口之家，最不能破坏的就是夫妇一体。妈妈是有老公的，爸爸是有老婆的，爸爸妈妈是两口子，夫妻二人在一天当中也要有自己的私密空间，这个时候跟孩子分床就显得比较重要了。

西方家庭教育的做法比较激进，是孩子能多小分床就多小分床，有的是从孩子会走路、会说话开始就有独立卧室，有的是以两三岁为界限，大致从上幼儿园开始。

实际上我不是很赞成上幼儿园（3岁左右）开始分床的，因为这时候孩子至少处于三大焦虑之中：

第一个是分离焦虑。白天跟妈妈一整天不在一起，晚上回家就特别渴望跟妈妈在一起，有的回到家就抓着不松手，一直到晚上睡觉，恨不得妈妈洗澡都得跟着。

第二个是社交焦虑。这个时候的孩子还要面对上了幼儿园以后结识新朋友带来的人际关系的冲击。

第三个是认知焦虑。入园以来，小伙伴们彼此的认知差异已经开始显露，很多孩子也会背上"不明白"和"不如人"的压力。

这三大焦虑交并之下，再给他加上一个分床，四种焦虑情绪同时出现，对孩子的情绪会带来很大的困扰。所以刚上幼儿园的时候，尽量不要规划分床。如果是3周岁入园，分床可以稍微缓一缓，缓到春季开学的时候，孩子已经基本上比较适应幼儿园的生活了，这个时候完全可以分床，就是不分屋，至少也要给孩子提供一张专属的床，晚上睡觉开始有了独立空间。接下来慢慢过渡到各自一个卧室，睡前安抚、睡前故事可以有，调暗的灯光也可以有，而且睡前故事最好是爸爸妈妈都参与，制造一个睡前的亲子融合时间，这对他顺利完成分床是很有好处的。而且爸爸妈妈一块去告别，又一块离开，回到自己的房间去，这就给孩子一个积极信号：爸爸妈妈也是一组，你不能过来打扰我们。

以上是我对早分床的建议。比较稳妥的时间是 4 周岁到入小学之间，尽早选一个重大的时间节点，如生日、纪念日、节假日，或者当孩子有一个重大的心愿提出来，家长可以借机告诉他，如果我满足你的心愿，我们就要像以前商量好的，你要在自己的卧室里睡觉。我比较反对一步到位的打法，多管齐下也不好，最好是分割成小目标，一个一个依次实现。因为孩子的大脑忘性很大，容纳量有限，你要一次性给他大脑注入很多目标，就会顾此失彼。

第四节
怎样克服流口水和啃指甲？

孩子在上了幼儿园 1 年以后，原来有的一些失调现象就自动消退了，就是随着他的身体的发育和发展自愈了，大脑和感官齐心协力把它给过滤掉了。那么到 4 周岁还保留的一些问题，有可能会成为长期存在的失调表现，比较严重的就是触觉失调的两个现象：流口水和啃指甲。

流口水，是由于面部小肌肉的控制力比较弱，导致口腔在工作的时候，产生了大量的口水却没有力量把它兜住，一边运作口腔肌肉，一边口水就不受控制地流出去了，这说明除了他的小肌肉运作能力比较弱以外，整体感官的感知能力也比较不敏感，所以他特别容易滴滴答答地流口水。流口水是孩子口语表达能力比较低下的明显标志。

而啃指甲则是由于他整个身体触觉功能的感知和运作是不完备的，孩子就要用一种自我补足的方式来寻求触觉上的补偿和安定。所以流口水牵扯到口腔肌肉发育、小肌肉精细动作，而啃指甲牵扯到触觉上的不足、不安、不完善，这两者都把问题指向了触觉失调。

流口水的干预训练就是练习开合：张着嘴和闭着嘴交替进行。孩子在生活中醒着的状态下，嘴巴要有意识地把它闭上。再一个就是当孩子感觉到自己的口水已经累积得差不多了，先把它咽下去，然后再做下一个动作，不要等到跟说话或其他用到口腔整体运作的事情一块儿做，尤其是一说话，噼里啪啦、滴滴答答的口水就跟着出来了。而啃指甲的问题，就是属于触觉上的自我补足行为，再一个就是当孩子感到紧张不安的时候，用这种方式来调集自己的精神集中度，来缓解自己内心的不安。这是一些感官上的代偿行为。人的感官发育过程中的代偿行为就是东边不亮西方亮，拆东墙补西墙，其他表现还有拉着妈妈的手，摸着妈妈的发梢、衣角，啃咬自己的衣角，不肯放弃自己好多年以来"相依为命"的那个玩具或小被子、小毛巾被之类的寄托物，这些现象都是源自于触觉失调。

最好的解决之道当然是到专业教室去参加感觉统合训练中的触觉训练，居家能做的是按摩（轻型触觉练习）和推拿（重型触觉练习），以及让孩子多接触陌生环境，多出去锻炼他的可以因触觉而引发的感知与适应能力，合并起来就会得到对流口水和啃指甲较为初级的抑制。

进阶训练手段：爱流口水的孩子要增加一些调度口腔肌肉比较激烈的训练，比如学说绕口令或者唱歌；而啃指甲就是用圆形跳床。用感统的专业理论来做分析，圆形跳床对足底比较密集的穴位也就是神经组织的刺激比较集中，这样新的、较强的触觉信息集中输入，然后快速把集中于指端的触觉信息弥漫到全身，感官的指向开始转移，啃咬行为受到抑制，指甲就会长长，没有多久孩子就要求剪指甲了。

还有很多孩子集中在3岁之后、4岁之前，阶段性或间歇性地出现挠头、眨眼、面部肌肉抽搐、耸鼻子、清喉咙、耸肩膀、抠手、抠肚脐等异常的动作行为，当然这些也都属于触觉失调，实际上都是因为孩子在有限的空间内（室内时间长＋居所空间小），身体的整个感官系统受到了较多限制，于是孩子自己只能自我发动局部突破，如果孩子的生活和游戏都是很放松的，躺着、滚着、跑着、跳着，少有外界干涉，各自鲜活自洽，那些乱七八糟的小毛病就会少很多。更深层次的原因是，大环境和监护人，瞄准自有心性和身体运作，集中发力对孩子进行所谓保护（限制），反而造成感官运作的敏感或不足，而孩子是天造地设的先天之体，他一定会出于本能自我补足的。

第五节
分秒有感知：尽早培养时间观念

　　我的意图是想建议家长朋友尽早开始培养孩子的时间观念。4 岁开始最合适。

　　时间感知是贯穿终生的一种能力，从现在开始往后数，上了小学，如果你对孩子时间观念的培养不到位，上学第一年你就会特别失望，特别是早晨时段，全家人就跟打仗似的，感觉到马上就要天下大乱，而实际上也就是独缺那三五分钟。还有那些乘坐校车或距离学校有一定车程的孩子更加要有时间观念。然后，小学生在校读书，如果时间观念不到位，初期会遇到考试答不完卷、写不完作业、不会分配整个课堂 40 分钟大块时间等等这样的烦恼；中期会遇到自由支配时间的失灵，不是头重脚轻，就是浪费了大把时间，抓不住重点。等到快升初中的时候，又会遇到阶段学习时间分配不合理，所谓的磨洋工或瞎琢磨问题。上了初中和高中，我们知道中国的孩子学业压力是非常大的，就要具备时间规划能力。所以既然将来他处处离不开时间感知能力的运用和优化，那就不如早一点开始培养。

　　幼儿园也上了一年了，孩子肯定会有很多方面的进步，家长不能总是各种表扬和奖励，满意和随意，还要借机对孩子提出要求，适时地推出对时间观念进行渗透的策略。

　　第一就是要让孩子感知 3 分钟或者 5 分钟大概有多长，进而升级到去感知半个小时、一个小时，然后结合生活细节去训练他的井井有条和耐心细致。家长让孩子等 5 分钟，有的孩子 1 分钟问一次，就是因为时间观念不清晰，5 分钟的时长实际上是个契约关系，家长要规定孩子每次只能问一次，要么等闹钟响，要么加强个人的感知力。这就是让他感知时间的最小颗粒，掌握或感受时间的进程，对时间有感觉，起初是把握 5 分钟大概可以干什么，然后具体分配：5 分钟可以刷完牙洗完脸，也可以穿好衣服、穿好鞋子；三个 5 分钟大概可以做好吃饭的准备，30 分钟大概可以吃完一顿饭。上学去和放学回的路上，大概用时多少，一定要对孩子进行说明和训练，这些都是时间观念的培养策略。

　　第二就是用约定时间的方法来保证任务的完成。做一件事一开始可以给的时间宽一点，后期慢慢地让他的时间分配和组织效率转向合理。

第三就是把半天以上的大块时间尝试着交给孩子自己去规划，或者让孩子参与规划，比如全家今天出去玩，先去哪，后去哪，去是多长时间，回来是多长时间，等等，让孩子介入家庭的大块时间规划。

第四就是在生活中要大量地投放计时器，比如沙漏、秒表、闹钟、挂钟、日历，这些都能让孩子加强对时间的感觉。然后慢慢地把时间观念从一天扩大到一周，从一周扩大到一个月。一个早早就能感知到"年"的概念的孩子，这样的人将来他是能做大事的。

第六节
4—5 岁育儿指南

主要介绍 4—5 周岁儿童成长过程中遇到的情况以及解决方案，其中包含自测表、家庭感统游戏方案及指导建议等。

每分每秒都有发现，都有对神秘的打破

每时每刻都会发生对未知的探索，是孩子们的兴趣所在

Spacebaby
49—54个月儿童

他是这样的：

本阶段孩子在奔跑、跳跃等方面的能力应当已经发展完善。
平衡能力也得到很好的发展。
孩子对色彩有了更鲜明的认知，不妨带着他走进大自然，
充分感受一下外界绚丽的色彩。
这时期的孩子口语能力进步很快，开始有了是非、善恶
观念。记忆能力也开始有了增强。

请您这样做：

4岁的孩子应该多参与一些集体活动，让孩子建立良好的
团队意识与合作互助意识。

感觉统合小贴士：
练习：仰卧时直接站起而不失去平衡；
向前跳跃式地跑。用餐时能自如地用餐巾纸擦嘴巴。
能准确说出自己的出生年、月、日。
能跟小朋友协商一件事。

动作发展｜成熟期 [49—54] 个月

结果返回大脑
并对动作标准作出判断

结果返回大脑并对动作标准
做出修正后继续发出指令

在互动中认识自我，
提高社会交际能力。

家庭感统游戏方案（49—54个月）

1 我是蜘蛛人

● **准备道具**

公园攀爬网或者太空宝贝攀爬系列

● **游戏效果**

有利于锻炼孩子的肌耐力和平衡感。
增强孩子的身体协调能力，稳定情绪及延长专注力。

● **游戏方法**

有条件的情况下，家长朋友可以带孩子到公园或家附近的攀爬网架进行玩耍（也可去太空宝贝的感统教室进行），游戏进行中家长朋友们一定要给予孩子充分的鼓励，陪伴在旁保护好孩子的同时给孩子增加信心。

我们一定不要忽视语言的力量哦，鼓励的话语可以增强孩子们的自我形象，加强重复练习动力。但要注意的是一定不要一直提醒孩子要小心或者慢慢走，保护过度或者干预太多，都会减低孩子的学习动机，让孩子不敢尝试。

2 我来猜猜看

圆的　光滑的　是苹果~

告诉妈妈
它有什么特点？

● **准备道具**

大葱、玉米、苹果、梨、土豆等常见的水果和蔬菜

● **游戏效果**

可以增进孩子的理解能力和分析能力。
舒缓孩子容易紧张的情绪、促进亲子和谐互动。

● **游戏方法**

给孩子蒙好眼睛，妈妈拿出苹果，让孩子摸一摸，然后孩子形容描述自己摸到的感觉，妈妈告诉孩子对或者错，（比如，妈妈问小宝，你摸到是什么感觉呢？小宝说：是圆形的。妈妈回答：对，还有呢？小宝说：是光滑的，还有一个硬硬的枝丫。妈妈回答：对啦，那小宝这是什么呢？小宝回答：这是苹果。那游戏结束，如果答错了，妈妈可以给一定的提示，比如红色的，吃起来是酸酸甜甜的口感等。）游戏不仅限于食物，也可以是其他的物品，可灵活进行。

《游戏百宝囊》(49—54个月)

1.《龟兔赛跑》

训练准备： 棉被、小球

训练内容：

（1）孩子扮演小白兔，双手高举小球，跳跃前进，每前进五步需要停下来从一数到五才可以再次出发。

（2）妈妈扮演小乌龟，用棉被包裹，只能滚动前进。

看看小乌龟先到终点还是小白兔？第二轮可以互相交换身份继续游戏。

训练目的： 锻炼孩子身体的平衡能力，加强触觉感应。

2.《厨房小帮手》

训练内容： 晚上帮妈妈一起做饭吧，让孩子择菜，帮妈妈洗水果，饭菜做好了帮妈妈端上桌。

训练目的： 锻炼孩子手指的灵活性，培养良好的生活习惯。

3.《丢沙包》

训练准备： 小沙包一个

训练内容： 爸爸和妈妈分列两侧，相距三米左右，小朋友站在中间，爸爸妈妈互相投掷而小朋友需要躲避投掷而来的沙包，以防被击中，一起来比赛看看谁躲避得多吧。

训练目的： 躲避的过程中，孩子注意力得到有效的加强。同时，孩子的协调能力、四肢肌肉力量都会有显著的提高。

4.《一二三木头人》

训练内容： 相信这个游戏大家都熟悉，妈妈背身喊 1、2、3 木头人，这期间孩子往前跑，但是当妈妈喊完木头人回头时孩子不可以动，动了就算输，若是妈妈喊木头人期间孩子碰到妈妈身体，就算孩子胜利。

训练目的： 锻炼孩子的反应能力、注意力，以及在跑步过程中控制身体平衡的能力。

Spacebaby
55—60个月儿童

他是这样的：

孩子的想象力非常丰富，经常会把自己带入到故事之中。

这时期幼儿园开始教孩子写字、认识图形、字母等，并开始进行
十以内的加减法。孩子对合作的理解也开始变得更加深刻。

快5岁的孩子对任何事都充满好奇，他总是问个不停，希望把自己
不明白的事情统统问明白。

语言方面，孩子的词汇量应该至少达到2000个，对事物可以
清晰地用语言进行描述。

请您这样做：

这个时期孩子的语言能力快速发展，
家长要多与孩子语言交流，
培养孩子与陌生人交流的能力。
语言表达过程中，要注意改善孩子表达的准确性。

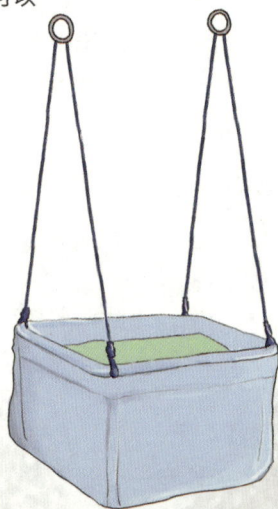

感觉统合小贴士：
能说出父母的名字和电话号码。
能接受改变日常习惯的要求。

55—60个月孩子能力自检表：	结果记录
1. 能够单脚站立8秒以上	
2. 单脚跳两下，换另一只脚跳两下，能够轻快地交替	
3. 能自己正确地盥洗	
4. 通过触摸，能知道物品是什么	
5. 遇到危险时，知道躲避和求救	

动作发展｜成熟期［55—60］个月

体温上升，心跳加速，就是最合适的运动量！

薇拉5+1等于几？带着小球跳过去。

我跳

等于6

2

5

7

3

6

4

1

家庭感统游戏方案（55—60个月）

1 数字跳跳跳

● **准备道具**

弹力球+数字卡片

● **游戏效果**

弹力球可以让孩子充分体验失衡感，有效促进孩子前庭平衡发展，而数字游戏可以提高孩子的思维能力与对数学的认知。

● **游戏方法**

首先让孩子坐到弹力球上，双手握住把手，利用球的弹性，原地上下跳动，同时计数，在适应弹性之后，家长可以给孩子设定目标，让孩子控制小球向目标处前进。

游戏过程中，家长可以配合游戏播放节奏愉快的音乐，使孩子放松情绪。

2 冲出包围

● **准备道具**

一根松紧带+一个小球

● **游戏效果**

有利于锻炼孩子的肌耐力和爆发力。增强孩子的身体协调能力，提升速度感。

● **游戏方法**

首先我们准备一根松紧带，围住孩子的腰腹部，爸爸在后边用力拉住松紧带，让孩子用最大的力气往前冲，去拿对面妈妈手中的小球，根据孩子的能力不同，小球可以适当地离孩子远一点或者近一点。

《游戏百宝囊》(55—60个月)

1.《超级投手》
训练准备： 小球、球筐

训练内容： 设置好球筐后，让孩子站在球筐外1.5米，孩子只能用单手进行投篮，投中一球算一分，家长通过计时，看看孩子们一分钟能得多少分吧！

训练目的： 锻炼上肢力量，手眼协调能力。

帮助给予： 家长注意多鼓励，前期孩子的命中率可能不会太高！熟练后可增加难度，把起点放在2米以外的地方。

2.《摸高》
训练准备： 小沙包与绳子、气球等

训练内容： 将小沙包悬挂在空中，孩子立于沙袋之下，原地垂直起跳触摸空中的小沙包。

训练目的： 可以有效训练孩子的跳跃能力与身体的控制力。

游戏延伸： 初始阶段家长可以拿一个气球，把手举高，让孩子跳起来去抢夺，增加孩子的参与度与趣味性。

帮助给予： 首先要注意安全，注意孩子的落脚点平整不要发生崴脚的情况，同时可以给予鼓励和奖励来促进孩子对于练习的兴趣。

3.《你来表演我来猜》
训练内容： 妈妈告诉孩子一个物品，孩子需要用自己的肢体以及一切方法表演出来给爸爸看，爸爸来猜究竟是什么。

训练目的： 提高孩子的发散思维能力与表演模仿能力。

难度设置： 开始的时候尽量选择小动物等比较容易的问题，熟悉游戏后可以增加生活用品、食物蔬菜等等。

帮助给予： 如果实在猜不出来可以跳过这一题，或者妈妈可以帮助孩子进行一些辅助的表演，主要让孩子参与其中，开动大脑让他知道解决问题是可以有多种方法的。

Part 15

The Awaken of the Sensory Organs

凡是儿童自己能够想的，应当让他自己想。

——**陈鹤琴（中国著名儿童教育家、儿童心理学家，中国现代幼儿教育的奠基人）**

第十五章
五子登科

"五子登科"是一句汉语成语中典型的吉祥话，比较多用于养儿育女的语境，它出自南宋王应麟所著的《三字经》："窦燕山，有义方，教五子，名俱扬。"我在这里借用一个"五"字，是为了劝诫家长朋友，欲使孩子有良性的发展，需要彻底甩掉生活中的五个如影相随、朝夕不离的负面因素。

第一节
发展提速靠减法

我们来看一下孩子在这之前的发育进程。大约在 4 岁的时候，我们会看到孩子在语言表达、人际互动、身体运作和环境融入能力，以及面对问题、处理问题的能力，都有了比较显著的提高，这主要是源自他进入幼儿园已经 1 年多了，借助集体环境和同龄人身上的积极因素，都可以给自己带来很大的推动。这就是孩子至迟到了 4 周岁一定要进入集体生活的一个理由。

此刻，假设我们的眼前有一个5周岁的孩子，那么我们有理由期待孩子将会迎来更大的发展。按照传统中式家庭的养育方式，此时就会把"为上学做哪些准备"以及"上学以后会怎样"作为重点讨论话题，甚至于已经把很焦虑的孩子由幼儿园的大班（毕业年级）转到知识训练为主的幼小衔接班，尽可能提前让孩子去做所谓入学准备了。殊不知，孩子越是到了一个发展提速的阶段，小学知识的训练和固有观念的灌输就越要慎之又慎。

我要奉劝各位爸爸妈妈，这个时期一定不要给孩子增加太多的学习内容，想要让发展真正提速，那就要做减法。

具体怎么做呢？生活中有一些与社会交往相关的比如牵涉七大姑、八大姨的常规应酬，对孩子的心智成长有害无益，5岁之后更要大幅度减少；孩子参加的才艺培训，在原来能够承受的基础上，也不要再盲目增加课程。孩子来到5周岁的阶段，自我认知在不断地提高，已经具备了与周围的环境特别是跟亲密监护人之间展开很自如的互动的底气和能力，所以我们应当重点挖掘并巩固孩子的优长项目。5岁是把孩子的长板加到很长，适度保护孩子短板的年龄，当然不要刻意地为了修正短板而文过饰非。

这个时候是应该释放孩子的优势力量、提高强项的加速阶段，因为孩子的发展态势是将要迎来人生中第一次综合能力的大爆发，并形成自己未来的主力发展倾向，也就是初步表现出他到底能具备什么样的人格修养和基本素质。虽然是加速期，也不要单纯地把知识的训练和积累作为助燃剂，不应该让孩子的自由心性和主要精力被上小学前的焦虑情绪所干扰，各种自以为是的教育规划和认知行为千万不要随意叠加。

第二节
良性认知的障碍：手机和电视

如果没有可预见的甚至必然产生的惨痛教训，我单纯提倡"无为而治"是要被焦虑型的家长质疑的。我必须强调：孩子的发展生机越是蓬勃旺盛，我们越要控制自己的"管控"和"跟风"的欲望，谨记"少做事"或者懂得"不做什么"，才是最有价值的。

上一节提到了做减法，对此我的建议是：认知能力不是靠训练的，而是靠保护的，家长胡乱作为会带来很糟糕的后果。

比方说这个时期，大部分家长都已经开始督促孩子提笔写字了，另外，也会有家长对孩子认知的方向提出了二元对立的要求，就是必须提前学点"语文"和"数学"，比如认多少字？背多少诗词儿歌？会数数吗？会算数吗？要不要背单词、学英语？外加握笔、运笔这些基本技能，合在一起，实际上孩子在进入小学阶段之前要面对四次因大家普遍观念不一而需要特别引起重视的考验。

第一个是会不会握笔？会不会正确地运笔？握笔和运笔，这需要用到肌肉和关节的配合，是手眼协调能力和肌体运动能力的联合运作；

第二个就是关于识字的，除了基本的口语表达以外，5 岁还要认识多少字？怎么学认字？

第三个就是数理逻辑方向的，孩子会不会算数？加减法怎么样？

前三个考验都是源自家长普遍追求的"抢跑"意识，大家都认为上学之前要做好最充分的准备，那么，孩子的学业还没有开始，我们应当做哪些准备呢？靠提前进入阵地来抢先拿下未来的学习内容，对孩子的伤害是非常大的，所以我强调：提前学，提前会，毫无必要；就算"抢跑"不算犯规，最多到 3 年级，每个孩子也会因其先天禀赋的不同而各自归其本位，幼小衔接的"保鲜"期最多 2 年。家长千万不要因追求小学知识的预先习得而忽略基础认知的"战略"和"战术"，这是第四个也是最致命的考验。

孩子年满 5 岁了，他获取知识的方式，主要靠什么手段？日常生活中的家庭规划和自我管理如何才算科学？这才是我们必须严肃对待的。

帮助孩子远离 5 大负面因素，首当其冲的就是"手机"和"电视"。

我经常说：如果你恨他，就不要限制他玩手机和看电视！

我认为"手机"和"电视"是当下中式家庭中阻碍孩子良性认知发展的致命毒素。

先说电视。现在有相当数量的幼儿园，孩子在园一天的时间中是有专门看电视的安排的，天气不好户外活动减少的时候，或者孩子在午睡前后，或者老师忙不过来的时候，以上三个时间段已经把孩子一天当中可以适当看电视的时间透支殆尽了。很多科学家都给出过这样的建议：14 周岁之前的孩子看电视的时间，24 小时内最好不超过 30—60 分钟。孩子放学后又会无限遵从大人的作息时间，中式家庭特别是多代同堂的，晚上的主流娱乐项目就是看电视，如果没有良好的行为习惯和作息安排，孩子就会跟大人一起看电视。孩子面临的第二关，就是周六、周日和逢年过节更加丰富的电视节目，还有第三关，就是家长忙不过来的时候，就用看电视来帮忙看孩子。

孩子会经常要求看动画片，实际上这是认知需求的表达，那么除了电视机，还有没有能给孩子提供适宜认知内容、满足求知欲望的一些介质和手段呢？实际上是有的，比方说画册、绘本、连环画、大银幕等等，或者说在有家长认真陪伴的情况下，并且能同时满足三个必要条件：护眼距离达标（孩子距离电视屏幕2米以上）、屏幕足够大、时间总量合理，孩子一天看上一集半集动画片或其他有益的节目，我是支持的。

家长陪孩子看，同时跟孩子进行意义化的交流，这不但可以排除毒素，还强化了良性认知，提高了亲子互动的质量，善莫大焉。当然家长有义务对内容进行过滤和梳理，一定要保证收听收看的内容都是健康的、良性的、适合儿童的。至于那些闹哄哄的综艺节目，以及铺天盖地的广告，充斥着低俗视觉感受的电视剧，是绝对不能让孩子接触的，这都是孩子早熟的催化剂。把电视机拿掉，就要想办法合理填充业余时间；不能拿掉，不如就陪伴孩子看，还要切记不能让孩子坐沙发看电视，那就会成为美式的"沙发土豆"，整体感官发育都要受损。

再说手机。首先，孩子已经认为手机是一旦到了年龄全世界每个人都应该有的东西。其次，爸爸妈妈基本上除了吃饭、睡觉、洗澡这三件事之外手机不离手，尤其是妈妈看孩子，爸爸和爷爷奶奶一定在看手机，因为妈妈把孩子控制住了，所以其他的家庭成员都可以自由地玩耍，不开电视的代价是手机登场，这更可怕。因为电视机是占用了孩子良性认知的时间，而手机是直接可以改变孩子进行正常认知的方式，是一种逆生长，是一种严重的反方向的认知。电视不让看，别的东西已经没有吸引力，什么能吸引他？只有手机。它可以闪烁五彩斑斓，输送动态节目，内容可以随意控制，屏幕虽小却可以不被别人打扰，还有一定的私密性。所以当全民已经都认识到不能让孩子看电视时间太长，孩子就会主动索取手机，你不给，他会撒泼打滚，不达目的不罢休。现在的孩子往往都会"要手机大法"，什么叫大法？不好好吃饭，不好好睡觉，故意黑口黑面给你来个情绪起伏，有些事还会曲意逢迎或装傻充愣，以达到获取手机的目的。爸妈不给，爷爷奶奶会给，有的家庭有孩子的备用手机，是为了不烦，更不要说那种有力度的孩子，不给就跟你闹。很多家长都是自己依赖手机，对孩子的把控也就心有余而力不足了。手机改变的是孩子对知识的认识方式，对孩子来讲有三大害：第一就是它足够小，影响孩子的视觉以及学习的视域和格局，这是我们感觉统合的反动，越玩手机感统越失调，感统是为了把孩子扩开，但手机是为了让孩子萎缩。第二是因为手机自身具备的这种综合性，导致孩子对所有的学习素材没有兴趣了，不愿意看绘本、学画画、玩玩具。第三大毒性是手机里的内容都是固定的，没有真正的互动性。

世界上最好的手机远远比不上妈妈在睡前跟孩子讲 30 分钟的睡前故事或聊 10 分钟的家常，那是价值千金的。而手机的内容都是你必须得去找，你去找你感兴趣的内容就是对大脑强加固化，是让孩子的大脑停止进步、开始退化的一条不归路。再加上大数据时代，孩子的喜好会得到自动推送，所以说人等于是被牵着鼻子走，还乐此不疲，这就是现在我们跟手机的关系。手机的研发确实很超前，内容也足够琳琅满目，但无论如何它并不是一个量身定做的内容，随便一个路边晒太阳的老爷爷都能因给予孩子鲜活的、良性的认知而创造远远高于手机的价值，保持互动、量身定做、平等对话和激活思考，才是社交活动为孩子赋能的题中应有之义。

<h2 style="text-align:center">第三节
身体健康的大敌：甜食和快餐</h2>

我在本书的第一章就把"吃"定义为"善恶之源"，接下来我要预警的这第三个和第四个的负面因素都跟"吃"有关。

5 岁是孩子身体大发展的时期，如果他没有各方面足够充分的准备，将很难自如地应对接下来的小学生活。国家已经把小学的入学年龄提前到了 6 周岁，5 岁距离上学还有 1 年，家长自然而然地会去推动孩子加强知识储备，实际上大错而特错。对于孩子上小学的命题，最应该储备的是身体能量、身体素质、适应能力和自理能力。你仔细想想，上小学最先考验的就是孩子的身体素质：能憋住尿下课再去上厕所，放了学千军万马往校门口跑，风里来雨里去不生病，感冒流行不被传染，吃小饭桌什么饭都吃得下去。

是不是身体健康外加适应能力才是真正的考验？

在这里我再一次劝诫家长朋友少让孩子接触甜食和快餐。甜食指的是一切含甜味的东西，仅有的例外是水果和天然有甜味的食品，比如玉米、牛奶之类的。除此之外，一切含甜味的食物孩子要尽量少吃。快餐首先指的是"快速食品"和"外卖食品"这些工业化加工的食品，当然要提到"洋快餐"，除了常见的炸鸡汉堡，还有国人学习洋快餐，也给中国孩子提供用工业原料、流水线加工的食品。孩子吃的食材，一定是新鲜的、当季的，没有进行深加工的，还要做到全熟。吃了太多的甜食和快餐的孩子，在小学生人群中是一目了然的。这些孩子吃东西快，喜油炸和重口味，给人感觉特别馋，主要是花样繁多的外卖食品把口味弄刁了，他们大多喜欢带零食到学校，或者有点零钱（这里还有零钱带来的"原罪"）就去买各种零食，大家知道的，有些零食根本不是人类能吃的东西。

第四节
玩具太多害人不浅

一般的三口之家，只要家庭条件还过得去，比方说能在四线以上城市维持生存的，5 岁孩子拥有的玩具，很多都无法用一个"多"字来形容，简直是太多了！

我问过很多 5 岁孩子的家长，这些玩具里边有多少是当下还有意义的、孩子经常玩的？答案大家也能猜到，因为家家莫不如是：有个别的因为有纪念意义或者比较昂贵，孩子舍不得扔，还经常拿出来秀一秀，总量将近 3/4 都被打入冷宫，也就是说每个正常家庭中，只有 1/4 的玩具是孩子常玩的、有意义的。这是一种让人很痛心的浪费。

我建议需要严防的第五个负面因素就是"玩具太多"。

首先是玩具本身很难做到无毒无公害，不含双酚 A 好像要求高了一点，不含铅、不含汞都很难做到，大部分发达国家都把孩子用品的绝对健康无毒奉为普世价值，设立严苛的商业道德和法律制裁双红线，为什么我们国家的很多厂商却能无视且心安呢？更让人无法理解的是，我们的很多家长，貌似对生活品质和环保标准有一定的追求，对孩子几乎每周都前往的教育机构中用到的玩、教具的加工质量却满不在乎，我恳请广大家长深究一下，看看有多少机构正在使用低劣、粗糙、不环保的玩、教具，特别是大家容易忽略的家具、奖品、赠品（这三者已成材质不过关的重灾区），我们的安之若素是鼓励犯罪，我们的甘之如饴是伤人害命。

其次，"玩具太多"会让孩子丢掉消费目标的选择性，养成喜新厌旧的坏习惯，而且总是不断索取新玩具，长此以往容易形成贪心不足、贪得无厌的人格特质。

再次，孩子整理自己的玩具，少而精才是王道，多了以后总是摊开一地，玩的时候很爽，收纳整理的时候可能就懒得去做了。

最后，孩子是否知晓并珍惜这些东西的来历？就算很多人不曾听闻《朱子家训》中"半丝半缕恒念物力维艰"的劝诫，诸葛亮在《诫子书》中为后世留下的"静以修身，俭以养德"这八个字，可算是家喻户晓吧？所谓"静以修身"，指出了"修"的法门是"静"，是希望我们的内心能够适当的放空。那么怎样才能"静"？就是不能过于沉湎物欲以致生活纷纷扰扰、杂乱无章。满屋子都是玩具，孩子怎么能静得下来？长大了以后怎么培养专注力？"俭以养德"是告诉家长，每件玩具都要让孩子知晓它的价值，理解爸妈挣钱不容易，这样既延长了那些玩具的寿命，确保了孩子去训练他的选择性（在购买之前），也培养了孩子勤俭的品德。所以过多的玩具，不管你花钱多少，或是有多么环保，始终都是有害无益的。我们应当在孩子不同的年龄阶段，给他提供最有必要的玩具，而且家长能够调动自己的智慧和耐心参与孩子的玩耍，事后鼓励孩子安安静静、整整齐齐予以收纳（包括清洁、消毒等保养动作），必将成为好习惯的开端，还可以充当童年记忆的一种留存和延伸。我们要主动给孩子灌输"敝帚自珍"这样的中式哲学思想，玩具得之太易且满坑满谷，"修身"和"养德"则无从谈起。

第五节
5—6 岁育儿指南

主要介绍 5—6 周岁儿童成长过程中遇到的情况以及解决方案，其中包含自测表、家庭感统游戏方案及指导建议等。

Spacebaby
61—66个月儿童

他是这样的：

能很好地控制身体，手眼协调，可以在一条直线上行走、
跳绳、单脚跳、传接球等复杂动作已经可以完成。
孩子可以自如地表达自己的思想情感，有强烈的
语言要求，喜欢谈论自己的所见所闻。
孩子对自己的情绪有了一定的控制力，对社会这个
概念有了初步的了解。

请您这样做：

6岁的孩子在我们印象中已经是个
大孩子了，他们开始懂事了，爸爸
妈妈在这个时间段，也要多多注意
孩子的情绪问题，这是很重要的。

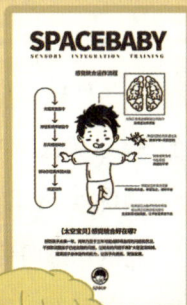

感觉统合小贴士：
能做到待在指定的区域内玩耍；
运用触觉辨认一般物体；
用安全剪刀剪出圆形。

动作发展｜成熟期〔61—66〕个月

让运动成为儿童成长
发展的催化剂。

61—66个月孩子能力自检表：	结果记录
1. 会投篮，并且在1—2米左右能把球扔进直径35厘米宽的盒子里	
2. 会自己吃饭并且会饭前摆放碗筷、饭后把碗筷拿到指定位置	
3. 可以看着简单的图形剪出来	
4. 认识一些简单的文字，如一、二、大、小等	
5. 能写出自己的名字	
6. 能与人流利地表达一件事情	
7. 会连续地拍皮球超过5次	

追上你啦~

家庭感统游戏方案（61—66个月）

① 大象追兔子

● 准备道具

绳子

● 游戏效果

促进前庭平衡，提升视觉、听觉及说话能力。
促进四肢协调和视觉整合及基础神经反射的整合。

● 游戏方法

首先在地上画两条宽约50厘米，长3—5米的平行线，然后家长朋友指导孩子们弯下身体，让其双脚各在平行的两条线上，将小屁屁抬高。
此时家长朋友们要注意的是，我们要不断地提醒孩子抬头看前方哦，孩子可以扮演兔子，妈妈扮演大象，妈妈用象爬，孩子则背着手跳，当然也可以互相转换角色进行游戏（与其他孩子一起玩更好哦）。

啊~呼~

Space baby

2 吹动彩虹风车

● **准备道具**
  准备多个小风车、泡沫底座

● **游戏效果**
  有利于增进孩子口腔肌肉的发展能力。
  有助于语言发展能力的提升以及对色彩的动态感知。

● **游戏方法**
  家长们需要准备多支彩虹风车，依次排成一排并固定到泡沫底座上，
  这时孩子们站在桌子的一头，用嘴巴对准风车，用力将风车吹动，看
  看最多能让第几个小风车摆动起来。后期也可以让孩子增加难度，比
  如退后10厘米吹气等。

《游戏百宝囊》(61—66个月)

1.《超级萝卜蹲》

训练准备： 六条颜色各异的丝巾

训练内容： 萝卜蹲大家一定都玩过，爸爸妈妈与孩子分别选择一个颜色的
萝卜进行游戏，念到自身颜色的时候需要蹲下去。

训练目的： 训练孩子的注意力、思维敏捷度以及身体的平衡能力。

难度设置： 我们加大一下难度，从六条各色的丝巾中每人各选两条系在手
腕，进行萝卜蹲游戏，这时候家长与小朋友被念到手中颜色时候，需要蹲
下去。同理当孩子适用后还可以每人选择三个颜色，或者三种蔬菜、水果
交叉进行。

帮助给予： 建议家长从简单的开始，循序渐进地做游戏，注意好自身安全，
不要小看孩子，不全力以赴是要输给他们的。

Spacebaby
67—72个月儿童

他是这样的：

孩子的想象力非常丰富，经常会把自己带入到故事之中。
这时期幼儿园开始教孩子写字、认识图形、字母等，并开始进行
十以内的加减法。孩子对合作的理解也开始变得更加了深刻。
快5岁的孩子对任何事都充满好奇，他总是问个不停，
希望把自己不明白的事情统统问明白。
语言方面，孩子的词汇量应该至少达到2000个，
对事物可以清晰地用语言进行描述。

请您这样做：

这个时期的孩子即将进入小学生活，他们将会迎
来崭新的生活，爸爸妈妈也可以适当地帮小孩子
们提前适应一下新生活。

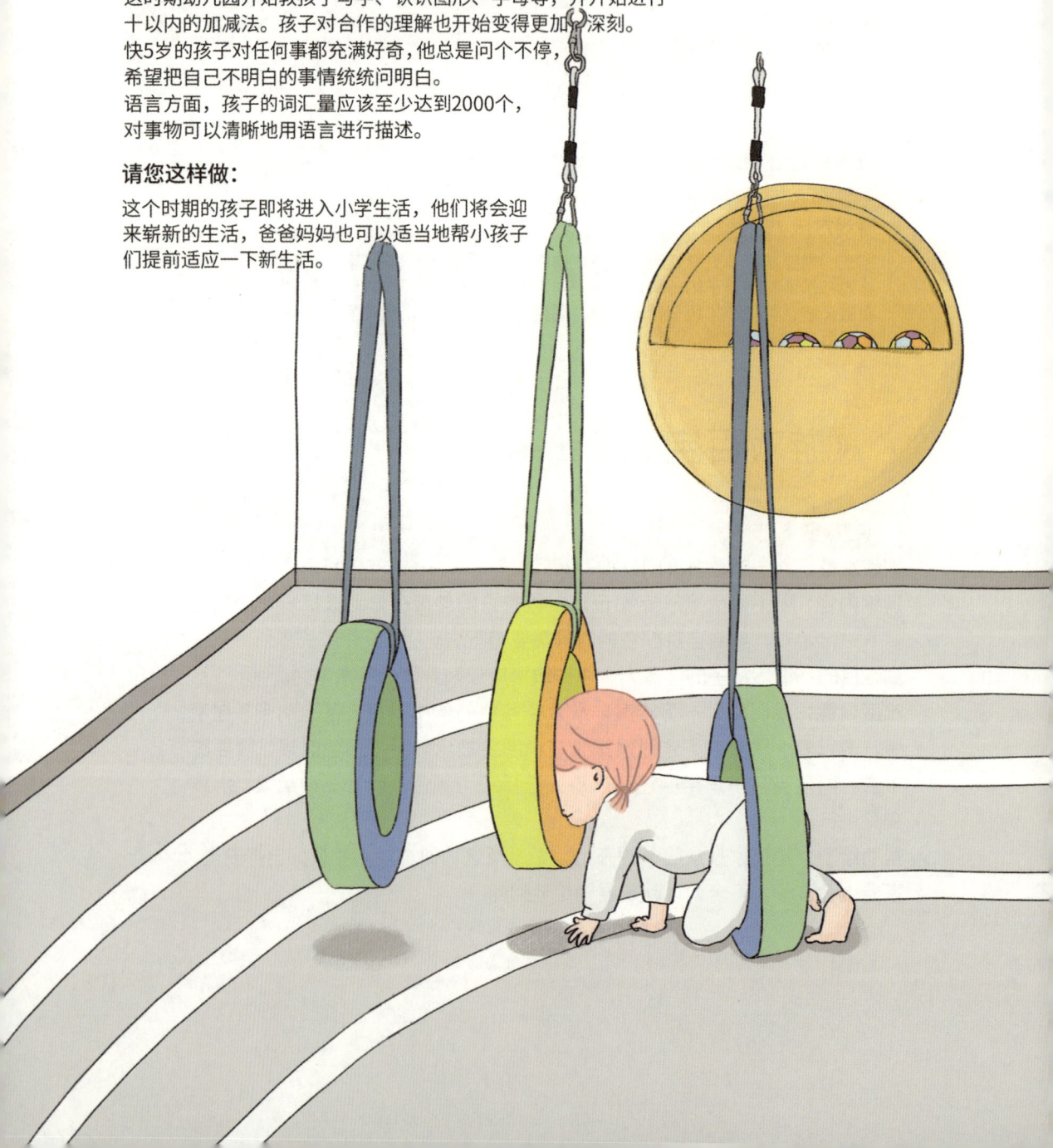

感觉统合小贴士：
练习声情并茂、比手画脚地描述一件事情。
学会正确的刷牙、使用牙线并养成习惯。

67—72个月孩子能力自检表：	结果记录
1. 面对别人时，可以指出对面人的左右手、左右脚	
2. 能说出自己住的城市、省会、国家	
3. 自己会安全搭乘交通工具	
4. 能说出自己熟悉的故事，并且能够描述出来，内容顺序都正确	
5. 可以听懂哪些是文明用语，哪些是脏话	

和爸爸妈妈一起劳动，
是孩子最喜欢做的事情。

扯一扯

给妈妈
做个馒头吃

揉一揉

家庭感统游戏方案（67—72个月）

① 做个大馒头

● **准备道具**

面粉

● **游戏效果**

增加触觉经验，有助于日后的情绪舒缓。
有助于耐心的培养，达到视觉、触觉、动作计划能力整合。

● **游戏方法**

首先要告诉孩子：这是食物，是要吃的，不能浪费，今天跟妈妈一起做馒头吃，接下来，
在妈妈帮助下把面和好，让孩子根据自己的想象力，揉捏制作造型。
最后把完成后的造型放入锅中，蒸熟后一起美餐一顿吧。

加油

太空滑板

② 我是小超人

● **准备道具**

太空舱盖或大滑板

家庭游戏请做好必要
的安全防护，感统教
室中请在专业教练指
导下进行。

● **游戏效果**

促进前庭平衡，提升对速度的掌握。
有助于空间感和注意力的提升，促进前庭发展，稳定情绪。

● **游戏方法**

我们先要让孩子趴在滑板上，双手进行划船的动作，保持抬头的动作。在熟悉了滑行的动作后，就可以加
快速度了。我们可以让孩子趴在滑板上，用双腿蹬墙面加大力度向前滑动。
如果能力强的孩子，可加大难度从斜坡上向下滑动，要注意的是，进行此项活动一定要在家长陪同下进行，
佩戴好安全头盔和护膝！

《游戏百宝囊》(67—72个月)

1.《飞舞的乒乓球》

训练准备： 表面光滑质地坚硬的纸板或塑料板与乒乓球

训练内容： 孩子手持硬纸板，将乒乓球放在纸板上，孩子需要控制纸板的平衡，防止乒乓球掉落。

训练目的： 提高孩子手指的控制能力和手指运动的精准性。

2.《帮妈妈打扫卫生》

训练内容： 每天吃完饭，全家要养成良好的收拾卫生习惯，比如妈妈收拾碗筷，爸爸拖地，让孩子擦桌子或者收拾好自己的床铺、玩具等。养成自己动手的好习惯。

训练目的： 培养良好的生活习惯以及身体的协调能力。

3.《大象鼻子》

训练准备： 各种玩具

训练内容： 将玩具散乱的放在地上，孩子们进行大象鼻子游戏，旋转 3—4圈后，让孩子根据家长的指令，捡起地上的指定玩具算作完成。

训练目的： 刺激前庭觉的发展，训练孩子的平衡感与思维能力。

训练提示： 游戏过程中注意孩子的安全，不要摔倒。

4.《小小摔跤手》

训练准备： 最好在柔软的地毯上进行

训练内容： 孩子与家长对立而站，脚不能动，双方只能手掌接触，看谁先把对方推出圈外算赢。

训练目的： 协调自身的本体运动觉，发展较完整的运动企划能力。

Part 16

The Awaken of the Sensory Organs

毫无疑问，从幼年开始的好习惯是最完美的。我们把这叫作教育，因为教育其实就是一种早年开始的习惯。

——弗朗西斯·培根（英国文艺复兴时期散文家、哲学家）

第十六章
六六大顺

汉语的最大魅力是音、形、义的三结合，以及由此派生出极为丰富、浩瀚的独特意涵，从孩子可以学发音、学说话的那一刻开始，基于汉语内容的口语训练，是对孩子大脑发展的最佳训练模式。比如我们提到"六"，人们会自然而然地在脑海当中联想到"六六大顺"这个成语（实际上也是惯用语）。中国孩子年满 6 岁就要上学了，我们都会由衷地希望他们能在新的发展阶段中一切顺利，所以此处特别适用这个成语。"六六"的本意是指农历六月初六，形成成语之后多用于祝福民众家庭幸福、工作顺利、事业有成、身体健康。"六"的出处是《左传》中的"君义，臣行，父慈，子孝，兄爱，弟敬，此数者累谓六顺也"。

"六六大顺"本来是一个常见成语，我在这里想要借用一个"六"字，对满"六"周岁的孩子的发展提出"六"项核心素养的呼吁和建议，我希望在孩子上学之前，家长应当对此心中有数，全面规划，认真实施，务使这些培养方向或目标推行得更彻底，挖掘得更深入，使之真正成为孩子即插即用，并且可以促进人格养成的能力和素养，否则他不足以应对 6 周岁之后扑面而来的甚至可称之为残酷的各种竞争局面。

所以，我们需要先来讨论一下 6 岁的孩子有多"难"。

第一节
6 岁的门槛太残酷

我是从 7 周岁上学那个年代过来的，不知道什么时候，特别是北方，齐刷刷地改成了 6 周岁上小学（《中华人民共和国义务教育法》1986 年 4 月 12 日由第六届全国人民代表大会第四次会议通过，1986 年 7 月 1 日起施行。该法规定学龄前儿童在年满 6 周岁时可以上小学，但直至今日，南方有些地区还保留着 7 周岁上小学的传统）。从中国孩子成长发育的角度来看，我认为 6 周岁上小学，特别是男孩子，稍微有点早了。

有的孩子在 5 岁多的时候，还是个奶娃子的样子；有的晚长，孩子体格还没有长开，身形瘦小，但因为大家都是 6 周岁上学，所以说就跟中国人喜欢起个大早一样，5 岁就要开始为上学做准备了。实际上 6 岁上学的门槛之所以残酷，是因为它的负面影响已经波及了 5 岁和 5 岁之前，家长一定会想到 4 岁多的孩子明年也要读学前班了云云，然后到了 5 岁就开始做学前的各种准备，焦虑型的家长至少要焦虑一整年。

学前班的准备实际上是不足以让所有进入小学一年级的孩子适应环境、赢得竞争的，所以当 6 周岁到来，孩子猛然进入到小学学习阶段，会有数不清的各式各样的突发状况在等着他。而这个时候孩子年龄也不过仅仅就是 6 岁，跟他的父辈相比，本身已经早了一年，现在的孩子虽然因为发育得比较快，身材已经大型化了，营养也足够，但是心理素质的提升并没有和身体发育成正比，甚至还有落后的迹象，比如说本书探讨的感觉统合失调的现象和占比，就是一个明证。也就是说孩子的发育和发展是有其不同的阶段的，如果把 6 周岁作为"一刀切"的上学年龄线，对大多数孩子来讲实在是早了一点。

越是好的学校，孩子起床越早，家长还要起来帮他准备早饭，有时候顶着蒙蒙亮的天光就要去学校，书包里装的东西越来越多，越来越沉重（可怜那稚嫩的脊椎和肩膀啊），进入到班级之后，大家带着不同的学前基础，一开课，水平高下立判，处于落后的家长就会加倍紧张焦虑，对孩子进行各种补差安排。孩子不得不在 6 周岁就投入到这样一个环境：有学习成绩的压力，有身体发育的快慢先后，有人际关系的考验，有生活作息的大变化，还要时不时背负着来自社会（环境）的评价。上学了也就开始排名次了（国家主推小学不排名次的理念不超过十年，而且相当一部分老师都阳奉阴违），逢年过节的时候，大人们问的就是这孩子学习怎么样。孩子就要面临三大比较，第一是同班同学的名次高低，第二是别人家的孩子如何，第三就是业余时间的分配。这三大竞争让我们孩子的童年自 6 岁起变得无比狰狞。

我对在北方主流城市 6 周岁就要上学的男孩子们表示深切的同情。

我唯有送上一个发自内心的祝愿：愿每个早早上学的男孩子都能找到属于自己的"北下关"。

第二节
6 周岁之必备素养：饮食有度、起居有常

既然 6 岁的门槛这么残酷，那么我作为一名教育工作者，自然就要给出一些建议，帮助他们更好地跨越门槛，能够自如地融入集体，能够迎接竞争，并且在竞争当中至少能够安身立命，不至于心灵变得更加脆弱，受到打击，甚至于被人贴上标签。基于六根不净的这个佛家名词借用，我给出了六个方向的建议，我将分三节来表达。

本节是我给 6 岁孩子家长最重要的建议，也就是我认为 6 周岁必备的能力。

第一就是饮食有度。我认为 6 岁的孩子到这个时候应该自己知道在什么点、吃什么饭，以及应该按照什么样的标准吃，不应该再由身边的监护人逐一加以提醒：吃东西不应该冷热不均、挑肥拣瘦、偏食挑食。对于 6 岁的孩子，我的观点是要重视饮食有度，先打好身体的基础。

至于起居有常，它包括三个方面。

一是孩子的作息时间不应该一到周末或假期就混乱，至少在 14 周岁之前，要保持一周 7 天、一年 365 天的规律作息。只有规律的作息，才能让人得到最淋漓尽致的发育和发展，在生理上和心理上才能趋于均衡。

二是养成了自己的生活起居的习惯和规律之后，还要善于打理自己，自己能够把生

活当中能力范围内的力所能及的事情都努力去做，做不好也要去做，能做好的就要把它做得井井有条、有条不紊。

三是要合理管控孩子的物质条件，包括买东西、使用电子产品、个人耗品这方面，要养成勤俭节约的习惯，不要表现出过多的欲望、过浓的兴趣。

这是我眼中的"起居有常"。

第二个必备的能力是整理内务。孩子到这个时候应该已经有了自己的卧室、床铺、书桌、衣橱、玩具区，还有其他的个人物品，那么孩子就已经有了自己在生活中的独立控制空间，而孩子这个时候的身体条件和基础认知也基本具备了，如果事事还依靠大人包办，就等于是放弃了他力所能及的训练机会。所以在家里学习整理内务，就是未来在集体环境中能更好地安置自己的一个预备役训练。6 岁孩子整理内务，可以由少到多、由偏到全，最后可以在适当的年龄，比如说在三年级到来之前，用一、二年级两年业余时间的代价，让孩子掌握了如何把自己的生活空间、学习环境打理得井井有条、干净整洁，这样的孩子长大了以后，他的竞争力和发展空间是不可限量的。

第三节
6 岁孩子的三大痛点

我的六条建议里边有三条放在这一节，我把他们集中称为中国孩子的三大痛点。所谓三大痛点就是对孩子来讲不愿意做，对家长来讲很难推动，但对孩子的发展来讲它又是必须解决的问题，相应的也是三种能力。

第一是不愿意背提重物

不愿背提重物的责任还是在于家长，家长把孩子背提重物的活都给抢了，导致孩子失去了锻炼的机会。大家实际上可以看到，在中国以外的很多发达国家，家长是不会心疼孩子提着或者背着一些相对重一点的东西的，反而认为这是一种很好的体能和责任训练。家长的代替导致背提重物能力的缺失，这又导致孩子在动手能力方面较弱，有一些精细动作也需要用力，还得用巧劲，有的活动则需要孩子全力以赴，如果孩子在进行这些手工劳作的时候显得比较落后，束手无策，四体不勤，长大以后，就会影响他独立做事的意识和能力。

第二是不愿意动脑

中国目前的教育体制还是偏重于知识的灌输和记忆，发散型的思维、开放式的教学组织和讨论式的教学模式比较少，后来知识训练之风逐渐向下渗透，导致学龄前的孩子在接受教育的时候也要学大量的知识，而且以多背和多练为美，以至于忽略了思维的过程，只追求学习的成果。时间长了，就导致中国的孩子解题能力很强但不善于动脑子，一遇到动脑子的事情就嫌累，长大了以后在职场当中，就不愿意去做有创造性的劳动。但有些事是一定要动脑子的，比如说统筹、写作、当众表达。完成别人给的题目（工作目标）。为了解决问题，孩子们长大了都选择"参考"和"借鉴"或者上网搜索套模板的策略，而很少有人追求原创和保持思考。以写作为例，在美式教育当中，很早就导入了论文式的写作训练，中国还是多采用类似于古代八股文一样的命题作文，代代学子苦练制式文章写作，何来的独立思考和潜能爆发？

第三是不愿意与人合作分享

这是独生子女在中国蔚然成风之后的必然现象，家家都是一个孩子，所谓的"独"。但是后来有了二胎，发现老大和老二也会争东西，亲兄弟姐妹之间也会寸土必争、各不相让，其主要原因就是社会发展从过去生活物品的供给不足，进步到现在极大丰富的阶段，孩子们自私自利的品性的进化速度高于我们生活水平正常提高的速度，所以孩子总是贪心不足，也就不愿意跟任何人分享自己拥有的东西，不管多与少，小朋友之间小组协作完成任务，就成了罕见的场面。

针对三大痛点我们来反向推导，一个愿意出点力、愿意付出点劳动的孩子，一个愿意开动脑筋的孩子，并且他还愿意与别人合作分享，那么他反而一定是那个能拿到最大发展资源、获得最大发展空间、最多发展机会、将来在社会竞争中能占有一席之地的孩子，这种"别人家"的孩子家长们都想要，但关起门来面对自家孩子的这三大痛点却选择了视而不见，不肯去正面硬刚孩子临时的情绪，去解决孩子身上的顽症或者痛点，这也是我们中式家长过于爱孩子所得到的一个负面结果。

第四节
责任心的起点：总结与反思

经常跟有些家长聊天，提到从男孩到男人，我们使劲压缩、过滤，感觉到对男孩或者男人最小颗粒化的期许，就是他要有责任心。但在当今教育界和每个家庭中，对孩子责任心的培养之道，又一直是众说纷纭、莫衷一是的局面。

在这里我想给家长们诚恳地提一个建议，不要一说责任就形而上，就宏大叙事。我在多年的教育实践当中，发现你把孩子的每天每件事的总结与反思变成习惯性的机制，让他坚持把这两件事做好，合并起来就会引发他较强的责任心。所以我把孩子主动总结的能力和反思的意识称之为责任心的起点。

我们每天要做很多事情，到晚上睡觉前进行梳理和总结，哪怕只是口述流水账，现在有很多现代化手段，但好像总是被人忽视。孩子童年的珍贵时光就这样一天一天地过去了，往往有些很闪光的瞬间，有些很有纪念意义的时刻，也就这样淡忘了。如果每天都有这样的总结时段，我觉得是可以把它很长久地保存下来的。反思是我们东方人的精华，欠缺反思的孩子长大了以后，他会为自己的各种行为偏差找借口，而如果从6岁上学前后就开始培养他的反思能力，这样的孩子很快就会向内思考，反躬自省，找到自己哪件事、哪句话、哪些地方还有待于提高，向内就找到了自身做得不足的地方，等走到人群当中，一个善于总结、勇于反思的人，他永远是最受欢迎的，他做事的这种成就以及上升的空间永远是最大的。

所以责任心很重要，如何培养责任心？我给出的建议就是从教会孩子善于总结、勇于反思开始，这就是责任心的起点。想让您的孩子在长大的过程当中逐渐具备较强的责任心，就要让他最晚在6周岁的时候学会对周围的人、事、物多进行总结和反思。

第五节
七岁看老

　　"七岁看老"与第七章提到的"三岁看大"组成了一个完整的谚语。当孩子已经年满7周岁，他此刻的状态大概有这么几种情况，一个就是因为生日比较小，所以刚刚上学，如果我们在6周岁给出的一些建议，家长能够遵照执行的话，虽然他也是刚上学，但跟那些6岁出头就上学的孩子相比，已经是从容不迫了，不会出现入学时候的慌乱。所以不管孩子什么时候上学，按照适宜年龄阶段，遵照既定方针，为孩子提供必要的感官方面的指导和训练，一定是对他提高适应能力和融合能力有帮助的。还有一种情况就是他在6周岁的上半年就到了入学的月份，所以7岁他已经是一名很熟练的小学生了，那么这个时候的孩子就会给人一种很成熟、很老练、很懂事的印象，这时候我们对他的要求很容易就此开始降低，只把引领孩子焦点放到学业上。实际上，这个时候学习以外的多项非智力因素的培养才显得越发重要，因为这是真正形成闭环，打好素养基础的一个最重要的时间节点。

　　正如"三岁看大"说的是小孩子3周岁时的状态能反映他青少年时期（在3岁到七八岁）的状态，而到了7周岁的孩子，通过他在各个领域表现出来的状态和素养，以我们老祖宗的经验，基本上就能看得出来孩子长大成人以后的样子。当然，这里的"老"也不是说一定全面概括长大成人后的基本样貌。基于多年的实践经验，我对"七岁看老"中"老"字的理解是，由7岁开始就表现出的一些行为方式、一些在生活当中如何安置自己、如何与环境进行有效互动等的一些倾向和习惯。如果要提炼成一个关键词的话，我觉得"七岁看老"考量的就是"习惯"二字，它抓的是孩子在此年龄阶段应当具备什么样的习惯，这里既有饮食起居的习惯，也有生活自理的习惯，还有读书、写字等认知方向的习惯，也有与人打交道、言行举止的习惯。

　　从3岁到7岁，随着语言能力和理解能力的提升，孩子开始与外界有了更多更广的接触，三观也开始悄然建构。这时，外部世界与他互动的方式给孩子带来的已不仅仅是感性体验，还有对理性规则的认识。

父母觉得什么是对的？什么是错的？我们要爱什么？恨什么？遇到某种问题应该如何处理？这些价值观与判断力都会在孩子与父母的相处或观察中潜移默化地形成。

一般来说，到了 7 岁时，孩子的内心已经形成了一套大致的三观，如果未来没有生活上的重大变化，这套三观将会被继续固化、细化，直至孩子长大成人。

所以，三岁看大，看的是人与世界的基本关系；七岁看老，看的是人的内外三观。

第六节
孩子就是要"无穷动"

刚上学的孩子因为突如其来的学业压力，每天要花大量的时间去适应学校的学习任务。所以他这个时候很大的一个愿望就是玩一会儿，再玩一会儿。在这个阶段孩子的玩，如果家长不加注意的话，很容易就走到坐在那里以手眼协调动手为主的方向上，以比较安静的、消耗时间的玩为主，管得严一点的可能玩个拼图、看点自己喜欢的书，管得松一点的可能就是平板电脑、电子产品、电视之类的。在这里我要特别提醒，这个时候孩子要继续保持以"动"为主的时间投入，孩子上学之后已经被极大压缩了身体活动，在可以自由支配的时间里边，我们一定要给他安排出适合他身体的一些活动，比方说陪同家长去上街购物、倒垃圾、力所能及地买个东西、上下楼、楼前楼后的跳绳和拍球等，参加一些体育活动，甚至于参加一些有利于培养兴趣爱好的运动项目。不要让孩子养成了因为学习很紧张就歇一会儿、静一静这样的习惯，孩子积极主动地、有内容、有内涵地活动，有利于他把自己多余的那部分精力消耗掉，提高身体动静结合的均衡度。因为他上学以后，在学校里边活动量比较随机，上体育课和做操有时候孩子可能会忙得满头大汗，但那是没有规律、没有节律的。所以到了7周岁年龄段的孩子，首先家长要树立一个"无穷动"的观念，不要人为地去限制他"动"。当然这就要提到一个令家长比较头疼的名词就是"多动"，就是有的孩子正好相反，你不让他动，他还要动个不停。在这里我们要观察这么几个要点。第一，孩子的动是不是他根本就不自知、不自觉的，他无法察觉自己在那里不停地"动"。第二，孩子的"动"是不是影响到了他正常的学习任务，或者说已经很难安静、认真地去完成一件事。第三，"动"是否伴随着一些攻击行为或者一些情绪起伏，或者已经持续了相当长的一段时间。

多发于6周岁以上儿童的多动症，一般来说要持续6个月以上，且有如下的一些行为表现，才有可能被诊断为"多动症"。只要不是生理上、病理上的多动症或者多动行为，孩子好动并不是缺点。

本节附录：注意力（多动症）诊断量表

注意力缺陷障碍（ADD）诊断量表

姓名 _____ 性别 _____ 年龄 _____ 出生日期 _____

请仔细阅读下列项目，在适合您孩子的选项（是、否）上画"√"。

（1）做事往往有始无终；	是	否
（2）经常看起来不在听讲；	是	否
（3）注意力容易分散；	是	否
（4）很难集中思想做功课或做其他需要持久注意的事情；	是	否
（5）难以坚持某一种游戏或玩耍；	是	否
（6）经常未经思考即行动；	是	否
（7）过多地从一种活动转变成另一种活动；	是	否
（8）难于组织活动（并非由于认知削弱）；	是	否
（9）需要过多监督；	是	否
（10）常在教室中叫喊；	是	否
（11）在游戏或有组织的活动中，不能等待轮换；	是	否
（12）到处奔跑或过分攀爬；	是	否
（13）不能静坐或过分地坐立不安；	是	否
（14）难于一直坐在自己的座位上；	是	否
（15）睡觉时在床上过多地翻动；	是	否
（16）终日忙碌不停，似乎被一个发动机驱动着一样。	是	否

测评说明：

1. 7 岁前出现问题；

2. 至少持续 6 个月；

3. 所有现象不是由于精神分裂症、情感失调或严重的精神发育迟滞所造成。

诊断标准：

1. 注意力涣散：1—5 题，至少有 3 条以上；

2. 冲动：6—11 题，至少有 3 条以上；

3. 多动：12—16 题，至少有 2 条以上。

第七节
情绪一定要稳定吗？

孩子从进入小学阶段学习以后，他与外界环境的接触面扩大了，人际关系的需求和质量跟以往相比产生了明显的变化，家长对孩子的要求也会发生变化，这个时候可能会带来孩子在情绪上的起伏。孩子有时喜怒无常，甚至会有点失控，有的家长为了让孩子有稳定的情绪表现，想了很多办法。在这里我要纠正一个有偏差的观念：一个7岁的孩子，他的情绪不一定是要稳定的。

孩子在刚入学的时候，天性比较跳脱，不愿意那么轻易地被人给压制或者控制，所以情绪稳定根本就是他现在的年龄做不到的。比如，高兴与不高兴，说话的音量都会突然变大，甚至会一惊一乍；有的比较情绪化的女孩子可能还会有歇斯底里的表现。如果他情绪表现得特别稳定，那一定是他受到了某种压制，或者身体出了问题。也就是说，所谓的情绪稳定，是一个伪命题。这个时期的活泼、激动、好动、一惊一乍、忽冷忽热等，都是7岁孩子应有的样子，走路依然可以蹦蹦跳跳，而不要过于端庄稳重；生活中也可以古灵精怪、异想天开，而不一定老成持重、循规蹈矩，让家长觉得孩子很乖。对一个不满10周岁的孩子，提出很乖的要求，家长就要为此做出很大的压制和很强的控制，自然也会付出不可预测的代价。孩子还是要有点造反精神的，有点孩子劲儿的，有点孩子样的。有时候我们批评成年人"跟个孩子似的"，对成年人来讲可能是贬义，但对孩子来讲，这就是他的特点。孩子应该什么样？孩子就应该做不到情绪稳定，一味地追求情绪稳定的话，那必然要自我抑制，泯灭天性，磨平个性，久而久之，孩子的生命中个性的光辉就会被掩盖，他向上攀登的气势和机遇会受到很大的打击。

第八节
人际关系的核心是"利他"

孩子在这个年龄有如下几组人际关系，一是跟父母；二是跟父母当中最亲密的一个，一般是妈妈；三是跟同学；四是跟同学当中的比较亲近的，比如说同桌、左邻右舍、玩伴等；五是跟老师；还有很重要的第六组人际关系，每个孩子上学之后，在班里他会有一个对立面，要么别人看不惯他，要么他看不惯别人。因为现在的孩子家长给他们赋予的生活条件都比较优越，所以他们有时候会在个性上对别人表示不接纳。这样的六组人际关系，对一个7岁的孩子来讲，如果想让他处得八面玲珑、面面俱到，难度是非常大的。因为有的人在他面前是具有很高的权威的，比方说父母、老师，同学当中也有学习尖子以及掌控权力的人，例如你的孩子的第六种人际关系，他的对立面恰好是一个在班里呼风唤雨、具有较高威望和信任度的人。面对这样的人，我们的孩子该采取什么样的姿态呢？我不主张他屈服于对方自带的权威意志，我也反对我们的孩子过于自我，把一些个人化的本性带到社交活动中。比如，有的孩子对他很宽容，爸爸妈妈之中有一个对他很宠溺，他的朋友、他的对立面比较弱势，这样他就会走到强势的一面。所以我主张既不要扮弱，违心地迎合别人，也不要过于自我，把自私自利的一面表现得淋漓尽致。

解决这些问题的一个建议就是在感觉统合训练的课堂上学到的"利他"。因为在感统课堂上，每一个孩子要完成的游戏是一样的，但教练给的要求是不一样的，孩子们可以按照自己的能力和进度来完成或者完不成教练交托的任务，教练会给出基于保护孩子跟教练之间良性互动的积极评价。所以，在这里我想把"利他"这两个字送给家长朋友。我们走出感统训练的课堂，孩子面对的人际环境不一定都是科学的、合理的、和谐的，所以我们要多把吃亏是福、不能损人利己这样的观念灌输到孩子的脑海当中。只要我们对自己的家庭教育观念和孩子的成长发展空间有自信，我们就不怕去吃亏，就不要吝惜去"利他"。因为所有人都向"内"找，都去"利他"的话，人际关系会空前和谐融洽。虽然有的家庭、家长或孩子可能对此不认同或做不到，但选择做一个利他主义者，与利己主义者相比，肯定是堂堂正正、心情愉快的。

第九节
6 岁及以上育儿指南

主要介绍 6 周岁及以上儿童成长过程中遇到的情况以及解决方案，其中包含自测表、家庭感统游戏方案及指导建议等。

一丝丝的羞怯，最终让位于成功的喜悦

Spacebaby
73—78个月儿童

他是这样的：

小孩子的身体各项能力发展基本趋于平稳，我们要做的
就是继续保持下去。

6—7岁这一年，是孩子学前准备阶段，
马上就要升入一年级了，孩子与家长都需要一个过渡期。
这时候很多幼儿园小朋友可能会选择进入幼小衔接进行
提前适应，当然也需要根据每个家庭的具体情况，
选择性参与。

请您这样做：

家长不要焦虑，孩子的发展是循序渐进的，
在做好知识教育的同时，也不要忽略体能的发展。

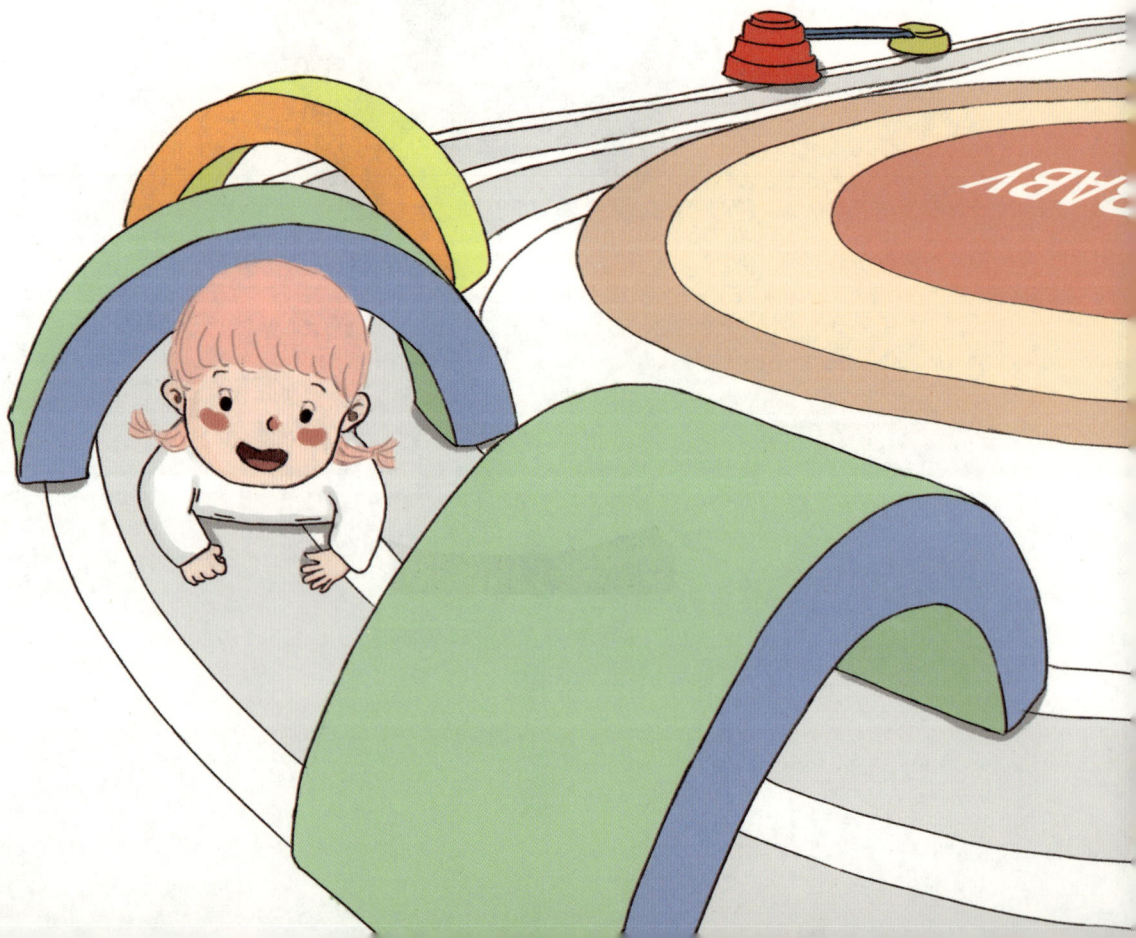

感觉统合小贴士：
学会用听的方法记住简单的指令，例如，传话、
记作业。玩困难的游戏时能主动预先了解规则。

思维与运动从来都是
相辅相成的关系！

家庭感统游戏方案（73—78个月）

1　跳房子

● **准备道具**
沙包或体能环

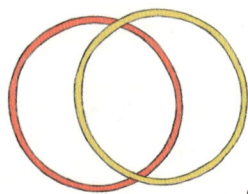

家中也可以
用体能环代替~

加油

我跳

● **游戏效果**
增加触觉经验，有助于日后的情绪舒缓。
有助于耐心的培养，达到视觉、触觉、
动作计划能力整合。

● **游戏方法**

基础玩法：
首先画好方格，单方格4个，双方格一对，半圆（天空）1个，第一步要站在起点前背对投沙包，
投入半圆中为第一关，紧接着跳格子，单方格单腿跳，双方格双腿跳，且不能踩线，跳至靠近半圆的
双方格前，翻转跳，背对半圆拿沙包且双脚不能离开地面，拿到沙包后原路返回即代表游戏胜利。

扩展玩法：
在第一轮游戏结束后，获胜者可以在起点背对所有单元格，向后丢沙包，丢入单元格内，即拥有该
房子的使用权，丢入半圆格要主动放弃一个使用权，最终房子拥有最多者获胜。

Space baby

接住

我来啦

你慢点

② 我是小超人

● **准备道具**

太空大龙球

● **游戏效果**

提高运动技能，提升对速度的掌握。
有助于锻炼协调性、技巧性、空间认知能力。

● **游戏方法**

本项游戏属于多人配合型游戏，我们可以找好朋友一起玩耍哦，在家的孩子也可以
和家长们配合完成，首先在游戏开始之前，规划出起点和终点的位置，一人一端分
开站好，在开始口令下达之后，只需滚着大龙球从起点至终点即可，在到达终点后
将大龙球交接给游戏伙伴就算游戏完成啦。
也可以变成推球，看谁能笔直地将球推送到对手的手中。

《游戏百宝囊》(73—78个月)

1.《我是跳跳虎》

训练内容：绑住孩子与家长的双腿，两人合作共同用手抱住一个大球，从
起点跳跃到终点，中间尽量不停顿。

训练目的：加强协作的能力，提升前庭及本体刺激，改善身体协调能力。

帮助给予：绑住双腿破坏了孩子习惯性的平衡，游戏初期请配合着孩子慢
一点。当孩子掌握游戏后，可以适当增加难度，或者加入一些新关卡。

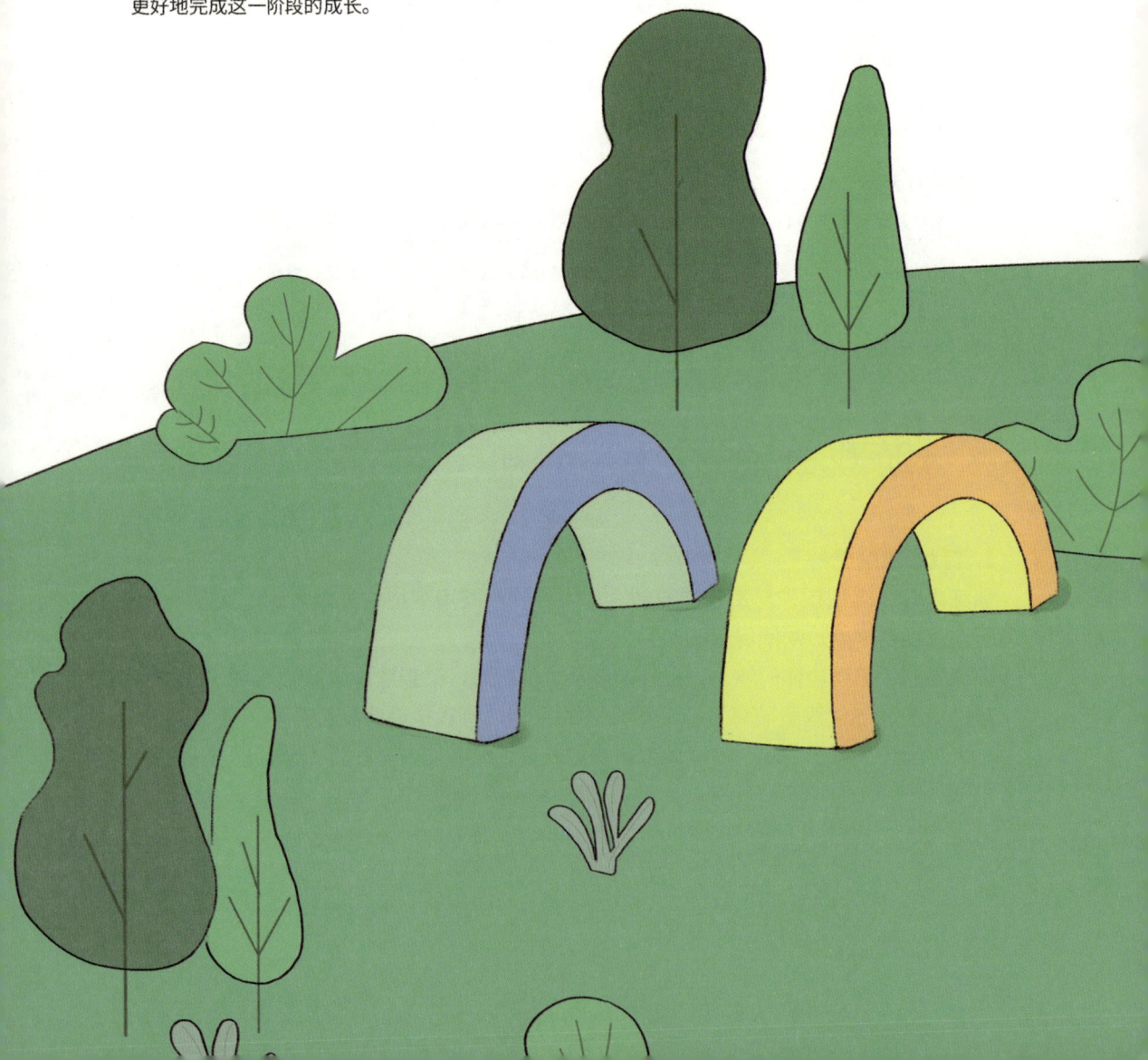

Spacebaby
79—84个月儿童

他是这样的：

大自然是最好的感觉统合教室，

奔跑、跳跃、攀爬、慢走等等，都可在大自然中实现，

温暖的阳光，和煦的微风，会让孩子与大人放松下来，

马上就要升入小学了，让孩子不要有太大的压力，

不妨走出家门，体会一下大自然的风光吧。

请您这样做：

与大自然的亲密接触，让孩子放松下来，

更好地完成这一阶段的成长。

感觉统合小贴士：
能够自觉地、自如地收拾自己的书桌、书包和文具。
能够辨认生活环境中绝大部分安全标志。

79—84个月孩子能力自检表：	结果记录
1. 可以持续地跑步，坚持一段时间	
2. 会用橡皮泥、拼插积木等做出一些有形象的手工制品	
3. 能够在大众面前讲故事或者表演	
4. 可以独立地做一些家务事，如扫地、擦桌子、整理物品等	
5. 可以知道怎么预防即将发生的危险	

动作发展｜适用期 [79—84] 个月

旋转、跳跃，让我们的
身体活动起来！

家庭感统游戏方案（79—84个月）

1 抱着小球做体操

● 准备道具

小球一个

我顶

平衡

以场地中心为圆心进行游戏，不但可以给孩子树立规则意识，还可以锻炼孩子的大脑活跃度。

嘿咻

● 游戏效果

球类运动可以锻炼各项肢体运动能力，提高柔软性和身体认知能力。

● 游戏方法

在本项游戏进行之前，我们尽可能选择一处空旷的室外进行活动哦，以场地中心为圆心，规划出一片圆形场地，将圆形场地平均分为四个点，告诉孩子用球做各式各样的体操，按照四种不同姿势，到一个区域变换一种姿势即可，孩子可以一边移动，一边跑圈，稳稳地抓住小皮球。

2 快乐感官拉伸带

我跳

- **准备道具**

  太空宝贝感官拉伸带

- **游戏效果**

  通过甩动拉伸带提升运动技能。

  有助于锻炼协调性和筋骨，提升对空间的认知能力。

- **游戏方法**

  在游戏开始之前，我们先准备两根拉伸带，注意若没有太空宝贝专属的拉伸带，也可以找一些长皮筋，我们需要让孩子双手各拿住拉伸带两端，把拉伸带看作车轮，用画圈的方式边甩动边向前跑动，可以奔跑跳跃，一会前进一会后退，像小火车一样自由地玩耍。

  在熟悉后我们可以设置变速口令加大游戏难度，比如，"火车跑快喽""火车走慢喽"或者"火车停下喽"，让孩子更好地体验游戏乐趣，此项运动也可以作为跳绳前期阶段玩耍哦。

  游戏进行中要注意的是，要是有多名孩子参加游戏，请注意不要甩到别的小伙伴身上。

《游戏百宝囊》(79—84个月)

1.《快乐算数》

训练准备： 找 10 张纸分别写上 0—9

训练内容： 将 10 张纸无序地放在地面上，家长说出一组题目，比如 7 加上 5 等于多少，孩子这时候需要单脚跳跃到数字 1 再跳跃到数字 2 上，方为回答正确，家长根据孩子的能力可以选择 20 以内的加、减计算来对孩子进行训练。

训练目的： 训练孩子的思维能力、算术能力以及单脚跳跃能力。

附录1

良好的健康和充沛旺盛的精力，这是朝气蓬勃感知世界、焕发乐观精神、产生战胜一切艰难险阻的意志的一个极重要的源泉。

——瓦·阿·苏霍姆林斯基（苏联著名教育理论家）

成为孩子 成就自己
——写给每一位感统教练

教练，必须有一颗勇敢而坚定的灵魂。

一个感统教练，是有别于其他所有教学岗位的，他要对服务的每一个孩子、每一个生命，都赋予最高级别的尊重，就像对待自己刚出生的孩子一样。

上好一堂感统课，首先需要了解这个孩子遇到的困难、障碍、恐惧和家长养护孩子的过程中诸多的"行不通"。"行不通"，是我们研究的重点，我们的职责就是让"行不通"变成"行得通"。

只有保持一往无前的勇气，相信自己的所作所为都是行得通的，才能在感统训练的现场，感受到孩子们心甘情愿或莫名其妙的顶礼膜拜，成长为一位无所不能的"顶流打怪王"。

这篇文字，是我在向每一位工作在感统训练一线教学岗位上的教练们致敬。

一、八字箴言定终身

我最想送给各位年轻人的就是这八个字：成为孩子，成就自己。

怎样"成为孩子"？

细致观察、深入了解、耐心引导、用心呵护每一个孩子。

孩子是最感性的，他们无条件接受那个不知什么原因出现在自己课堂上的指挥官和陪伴者，也可能是威权的拥有者、严苛的指导者和被动的评判者，但孩子们甚至连考察、试听的机会都没有，他们是被家长安排了、确定了、裹挟了、甩脱了，才来到这间教室、这个课堂的，你忍心不去无条件爱他们、奋不顾身帮他们、无怨无悔陪他们吗？

如果你不忍心，作为一名感统教练，你就成功了一半。

孩子们又是最理性的，他们不会把你当成亲爹亲妈，上课前你们素不相识，下课后你们各自安好。在孩子的世界里，你是可有可无的，甚至有的孩子很久了都不知道你的名字和代号，如果不在你的主场，他们都不会主动跟你打招呼；在孩子的心目中，你并没有那么高大威猛，因为你跟孩子的链接只有短短的课上课下几十分钟，如果你没有真正对他们的生命和灵魂负上最认真的责任，你将永远无法打动一个毛孩子、熊孩子以及小屁孩儿，你会很挫败，因为你跟孩子的互动是商业性的、临时性的。

如果你想负起责任，作为一名感统教练，你就成功了另一半。

如何成为孩子？就是让自己也做你面对的每一个孩子，他是小宝大明这果果那果果，你就得是大宝小明这瑞瑞那瑞瑞，你必须以他们的喜怒哀乐为行为准则，以他们的天真稚气为不二选择，每当闭上眼睛，每个孩子都能在你的脑海中活灵活现；睁开眼，你和他永远只会对着对方含笑、微笑、大笑、搞笑、可笑。从此，你最愿意做的一件事就是深入骨髓地去了解、参透、刻画、激活你认识的每一个孩子，你就成了孩子。

如何成就自己？

首先得忘掉自己，其次得放低自己，再次得换个自己，最后得舍得自己。

当你的脑海中已经没有了"自己"，你就成就了你自己。

原来，只做自己，才是真实的自己；不做自己，就能成就自己。

二、八句口诀打天下

八句口诀，就是基于课堂教学的八个建议。

1. 起要稳

上一堂课，为了小朋友包括教练尽早进入状态，上来以后就高门大嗓、声嘶力竭，急于进入那种很兴奋的状态，我的建议是不要着急。这非常重要。你面对的是孩子，你是有权威的，是居高临下的，你的掌控力度将会进一步被放大，所以教练上一堂课，我送给你的头号建议就是：起要稳，这三个字在关键时刻是会起到决定作用的。

2. 抓要准

每一堂课的开始，我们有时候是备好课的，但有的时候是现抓的：看这个宝宝今天的状态真好，小朋友们，你们要不要向这个宝宝学习呢？这就是抓现场的某一个点，自己拿来用。但是你抓的这个点，一定要快速的自己形成语言组织，感染到现场的人，孩子可能不会在意，但如果有家长听课，他们会频频颔首，你做到了让人不自主地去认同，这就说明你抓得很准。感统教练将来肯定是维持现在的发展趋势：彻底年轻化。30 岁以上年龄组，他们就要有另外实操的路数。抓要准的"抓"，是指现场捕捉可资借鉴的、可资利用的、可资放大的点，"准"是指能够引发别人对你的认同和共鸣，让小朋友的注意力也能向你传达、向你投射，你自己也觉得我有把握把这个点放大、拓展，可以形成有把握的语言组织。

3. 音要高

适时把音量调高两成，这就是讲课的声音技巧。声音逐渐地进入到一个高而不亢、可控制的状态。你对音量的控制应该比较细腻，该控制的地方要控制，该高的地方高，该低的地方低。自己感觉到有高低的分配吗？高低错落，抑扬顿挫。音量高是用来激发别人的注意力的，制造团队投射给你的向心力，让大家被你的声音所吸引。

4. 身（话 / 眼）要勤

你的身体动作和现场口语得跟得上，现场输出要密，孩子上课你不能很闷，一定要随时跟团队进行互动，同时眼睛要像探照灯一样，随时巡查现场。总之，想要提高自己的掌控力度，教练的肢体动作要勤快，你的话语和眼神也要勤快。

5. 声入耳

谁的声？入谁的耳？孩子的声音，每个人在说什么，如果你没有声声入耳，你就失去了很多可资回应的素材。孩子们在课堂上总是闲言碎语说个不停，有些无聊的重复的废话就算了，有一些话尽量要给予回应。教学经验丰富的老师就应该是活的传声筒和回音壁。

6. 形入心

形是什么？每个学员他的形体动作。体形是固定的，但动作你观察时间长了就会找到规律。对每一个孩子的动作必须掌握到很熟悉的程度。上文提到"抓要准"，这里又进一步让大家用心做到让孩子的外在特征和气质特点走进你的内心深处。每一个孩子的大名儿、小名儿、年龄、爸妈是谁、姥姥还是爷爷陪他来的，都要抓得很准。一个好老师的控场能力，很重要的一点就是你对每个人的特质都了如指掌、烂熟于心。

7. 压大个

就是对课堂上强势的学员给予打压，不要镇压，要控制他不要过于兴奋，这样会让别的孩子进一步受挫：一看他那么强大，别的孩子就会更加不敢尝试。

8. 扶小人

这个"小"是指能力发展暂时落后的意思。扶是扶老携幼的扶，不是心服口服的服，是扶助的意思。我历来主张，取其中游加以弘扬，带动下游积极向上，激发上游充当榜样，这是上好现场、带好团队的高级策略。

三、我心目中的感统训练课堂氛围

1. 嘻嘻哈哈。

2. 打打闹闹。

3. 慢中有快。

小朋友上课做动作没有你想象的那么赶趟，没有你设计的完成度那么高，所以你要有耐心，你要接受他慢吞吞、非常不熟练、非常不协调地完成动作。你没有在他最急、最尴尬、内心最彷徨的时候，出声加以打压就是对他最大的尊重，你要很耐心地让他去完成，"继续""你可以的""你是最棒的"，把这些积极语言送给所有孩子。坚持慢中有快，慢中有快是指以慢为主，该快的时候快，慢是大背景是主节奏。一堂课上的孩子可能存在显著的能力差异，但请注意，感统训练一个核心观念是让每一个孩子跟自己赛跑。每一次都要比上一次有进步。

4. 直抒胸臆。不要让孩子吞吞吐吐，有话大大方方地说出来或者喊出来。

有了这样的课堂氛围，你就能够捕捉孩子的真实感受，看到这样的场面：

1. 大大方方

这个词儿是一个非常高的境界。感觉统合训练还有一个核心的观念是：同内心对话。孩子扭扭捏捏、畏畏缩缩，就是因为他内心有一些声音在阻止他去探索、去挑战，我们要让孩子克服困难、释放自己，在下一堂课比以往变得大大方方。

2. 大胆尝试

常年坚持鼓励每个孩子：来，宝贝儿，试一试，你可以的。

3. 大放厥词

允许孩子在课堂上胡说八道，不要对孩子的"胡说八道"过于敏感。他说了一句很无聊不好笑也不好玩的话也就这样了，你只能说"太无聊了吧"；如果他说了一个不健康的词汇，甚至说了脏话，你就要明白地告诉他这样不对，但你不要瞪眼，不要大义凛然，还是要很随和地告诉他，这样说不好，我反对说这样不文明的语言。大放厥词可以接受，但你作为课程的执行人那一刻不能无所作为。

4. 大声呐喊

我心目中理想化的感觉统合训练教室，一定是有一条比较长的墙体长边，孩子可以在某一端作为起点，然后向纵深处发展，这样我们的游戏才能打开孩子们的心胸，让他们自然而然面向前方大声地呐喊。

教练全情投入，可以让孩子们呈现理想化的内在感受。

1. 被关注

如果你能做到，让你的每一名学员回家都跟爸妈说这样的话：在感统训练课堂上，我们老师是最欣赏我的，他说我是第一。

2. 受鼓舞

孩子由呆若木鸡，变成身体有所动作、表情有所舒缓、情绪有所激昂，就是受鼓舞所起的作用。你的感召力、影响力、煽动力、穿透力够不够？孩子们会给你答案。

3. 尽全力

在课堂上你可以看到，孩子们从内心发出一种想要竭尽全力的那种有声或无声的呐喊，那就是一个教练必须受到表扬的状态。

4. 很团结

主动的团结和被你的语言指挥控制的团结是不一样的。孩子们之间主动地互帮互助，相亲相爱，你是能看出来的。

四、感统训练课程设计与运行的基础要求

（一）感觉统合训练的总体目标

1. 提供给儿童感觉信息，帮助开发中枢神经系统；

2. 帮助儿童抑制和 / 或调节感觉信息；

3. 帮助儿童对感觉刺激作出比较有结构的反应。

最终目标是达到预设或平顺的训练效果，如建立切合甚至高出自身水准的组织能力、学习能力、专注能力。

（二）感觉统合参训学员的分层发展目标

1. 适应：能主动参与到集体课程的训练当中；

2. 协调：能在老师的引导、帮助下完成基本协调动作的训练；

3. 自信：能在集体中展示个性的自我；

4. 专注：能在课程的帮助下提高自身感觉系统的协同运作与集中注意能力；

5. 独创（自主）：能在遵守游戏规则的基础上自主学习，创编新的游戏规则，主导小组甚至整个团体的自主发展；

6. 对话：每组孩子中具备天然感召力的可能仅一两人甚至暂缺，而能跟所有人进行主动的、敏锐的、热情的、坦诚的、具有建设性的"对话"，则是感召力的前奏和基础。领袖气质的寻觅不是重点，领袖特质的渗透和培养要贯穿训练的始终。

（三）感觉统合训练指导教师的执教原则

1. 快乐分享原则：训练当中要让儿童感到快乐，而不是压力，教练只是参与者、引导者、评判者、分享者。

2. 儿童中心原则：训练中儿童是主角，要尊重儿童对感觉刺激的具体需要和选择，要有针对性地为本堂课设计示例的游戏活动。

3. 循序发展原则：通过控制环境给儿童以适当的感觉刺激，从而改善其感觉统合的能力。使儿童做出顺应性反应，不要教孩子如何做，让孩子按自己的方式去解决，循序渐进、由少到多、由轻到重、由简到繁、由易到难、由慢到快、由粗到细。

4. 即时反馈原则：训练过程中，即时适时地给孩子以积极的反馈，同孩子分享成功

的喜悦。

5. 培养自信原则：做好环境创设，加强情感融合，激发孩子的上进心和自信心，追求在原有的基础上进行提高。

（四）感觉统合训练课程操作规范

1. 所有活动设计的难度、强度必须适合绝大多数孩子的程度。

依据孩子不同的年龄段、不同的能力进行活动设计；注意：必须设计对孩子稍微有些难度的活动，这样，孩子完成游戏才会有成就感、自豪感。当然，"适应"阶段的孩子是例外，应以简单、快乐、利于尽快适应为主。

2. 活动必须是孩子感兴趣或觉得有意义的。

孩子完成游戏后会在身心上得到充分的满足，教练需要时刻调动孩子的情绪，让孩子对游戏感兴趣。

3. 训练中要以孩子的实际反应来调整活动的设计与运行。

教练需要深度挖掘教具的使用方式，可以在活动中根据孩子的能力随时调整游戏的难度，教练每堂课最好准备1—2个备用活动。

4. 每一组活动的设计都要有清晰的目标。

根据孩子不同的能力，训练目标也应不同。每一堂课、每一个环节、每一个教具，教练的每一个动作、语言都要有目的。

5. 在训练中要随时加强对环境的掌控。

说白了，就是控场，把握课堂的气氛，保持孩子们的秩序性。主、配课教练坚决执行"密集探照灯"原则，把目光放在每一个孩子的身上，主、配课教练之间默契配合，要有眼神交流。

6. 任何一组活动设计都有适当重复的必要。

感觉统合训练必须要有训练强度，这个强度指的不是游戏的难度，而是正常动作的重复进行，有的孩子就会中途说累，不想继续了，这个时候教练和家长可以稍微要求一下孩子，"我们再做一遍吧"等，根据孩子的呼吸、身体反应情况进行观察，通过大量的课时，教练才能判断孩子累不累。

7. 活动的时间长短、次数多少和难度要因人而异。

同年龄段孩子的能力是不一样的，针对不同能力的孩子，活动的时间、次数、难度是要有变化的。

8. 动态的游戏与静态的调整应当互相搭配，以动为主，以保持兴奋度为纲。

感统课并不是一直运动的，而是动静结合的，在让孩子运动高涨、全身和大脑神经细胞被激活后进行静态的训练，反而能有效地加强孩子的注意力、专注力、控制力。

9. 让孩子在活动的组织中养成并保持良好的习惯。

教练要全力以赴，引领孩子做到：积极主动、有始有终、专心致志、一试再试（强度）、不畏艰难、不怕挫折失败、勇于接受挑战、遵守秩序。

10. 在活动中注意从积极的方向上影响孩子的价值观与自我评价。

教练运用奖励和激励的方式，给予孩子充分的正能量、正确的价值观和端正的自我认知。

价值观：孩子对自己以外的事物的看法。自我认知：孩子对自己的看法。

五、训练注意事项

1. 观察孩子的情绪状态，及时调整语气、动作，做好良好的沟通、互动；

2. 提起孩子的兴奋点，随时调动、把握孩子的情绪；

3. 教练做游戏示范，演示动作要准确，让孩子更直观地了解游戏，之后根据孩子的能力个别对待（能力强者要求高、反之降低要求）；

4. 在孩子的游戏过程中，要遵守秩序和规则，避免拥挤、插队现象；

5. 教练眼中要有孩子，随时给到孩子眼神，给予每个孩子鼓励和要求；

6. 每组游戏都需要多次重复，达到一定强度，进而达到训练的目的，在此过程中需要教练对游戏或者孩子提出更高的要求；

7. 教练要时刻运用自己的语言、动作和表情来激发孩子；

8. 随时关注课上学员的如下动作：追、赶、跑、跳、碰，评估其可能出现的危险因素并提前做出防范；

9. 鼓励学员，给予每个孩子表现机会；

10. 每时每刻，坚决遵守"安全第一"原则。

六、感觉统合三大基础感官的训练注意事项

（一）触觉训练的注意事项

1. 由孩子可接受的范围开始。

2. 避免无预警、突如其来的碰触，尤其是头颈部。

3. 先给重压的触觉。

4. 可配合规律之晃动。

5. 重而慢或定点给予刺激。

6. 量与种类可适当增加。

7. 轻而快或多点给予刺激。

（二）前庭平衡觉的注意事项

1. 前庭觉以水平面旋转刺激最强。

2. 会引起眼球的水平震颤。

3. 尤其当头前俯 30 度时最强。

4. 不宜刺激过度。

5. 俯卧姿之直线加速，可增强身体肌肉张力。

6. 增加脑部成熟度。

7. 增强颈部与眼部肌肉之稳定度。

8. 对前庭刺激忍受度之个体差异很大。

9. 可利用抱着的摇晃或趴在治疗球上缓慢摇动作为暖身。

10. 快速不规律的前庭刺激→提高清醒程度。

11. 慢而规律的前庭刺激→镇静。

12. 有癫痫或脑性麻痹个案，须在有经验的职能治疗师监督评估下给予。

13. 过度给予兴奋性的前庭刺激会使个案失去自我控制能力：失去方向、过度兴奋、焦虑增加、情绪高涨、无法专心、无法静下来……

14. 若引发自主神经系统的症状：脸色发白或泛红、冒冷汗、呕吐、心跳、呼吸速率及血压反应异常，应立即停止。

（三）本体运动觉训练的注意事项：

1.关节处的重压具有本体运动觉刺激且具有提升稳定度的效果。

2.颈部的本体运动觉刺激对头部的控制及眼球的运动控制有帮助。

3.本体运动觉的刺激可提升身体形象的建立与动作协调的表现。

七、感统训练课程的七个阶段

（一）感官发育萌芽期（怀胎十月）

1.基础认知：本阶段以准妈妈自身的适当运动和营养摄入为主，为孩子宫内的感官发育打下优良的基础；

2.器械运用：（略）

3.训练要点：

（1）以腰部为轴心，适量开展以左右摇摆、缓慢坐起和上下楼梯的训练；

（2）训练时段主要集中于孕期 4—8 个月。

4.发展目标：

（1）不使身体机能因大量营养的摄入和体重的增加而丧失必要的协调能力；

（2）强化感官的环境互动性。

5.课程元素：（略）

（二）感官发育成长期（0—6 个月）

1.基础认知：本阶段的特征是孩子将借助生活环境和科学养护的帮助，使身体的各项功能度过萌芽期，进入成长期，走上发育的快车道，使感官的各项机能成为人生开端的成长催化剂。

2.器械运用：（略）

3.训练要点：

（1）保持身体的俯卧或仰卧姿势，主要依靠孩子身体的自然舒展；

（2）开始手指的精细动作训练。

4.发展目标：

（1）学会身体分别向两侧翻身并给出情绪反应；

（2）反复练习直至坐起的动作训练；

（3）适量训练俯卧抬头、四周巡视与注目动作。

5. 课程元素：（略）

（三）感官发育成熟期（7—18 个月）

1. 基础认知：本阶段是孩子的身体发育由"坐、爬"到"走、跑"的飞跃式发展阶段，孩子的骨骼、关节和肌肉以日新月异的姿态，给予全身各感官以充足的能量，挖掘并激发孩子的好奇心，初步建立起较为成熟的运动机能，掌握正确、稳定的行走与奔跑的动作技巧，帮助感官运作初步具备协调性、空间感、伸展性、平衡性和敏捷性。

2. 器械运用：（略）

3. 训练要点：

（1）平衡动作练习；

（2）精细动作练习；

（3）姿势动作学习；

（4）理解师生互动的具体要求并胜任游戏设置。

4. 发展目标：

（1）培养初步运动机能，并使之圆熟化；

（2）掌握从走到跑的平衡技巧与动作控制能力；

（3）帮助感官运作初步具备协调性、空间感、伸展性、平衡性和敏捷性。

5. 课程元素：（略）

（四）动作发展萌芽期（19—30 个月）

1. 基础认知：本阶段是孩子通过已经初步具备的认识身体和运作感官的能力来增强全身协调性和各部位肌肉力量的阶段，也是孩子的好奇心和探索性大发展的阶段，更是在训练中增强判断力、概念性和逻辑性的阶段。

2. 器械运用：（略）

3. 训练要点：

（1）全身与四肢平衡动作练习；

（2）姿势控制练习；

（3）精细动作练习＋视觉追踪练习；

（4）姿势动作的学习与运用；

（5）收听指令＋观察细节训练。

4. 发展目标：

（1）初步具备口语表达能力；

（2）初步具备群体社交概念；

（3）培养孩子将课堂训练所得延伸到日常生活中并熟练迁移的能力；

（4）空间概念的初步发展。

5. 课程元素：（略）

（五）动作发展成长期（31—48 个月）

1. 基础认知：本阶段孩子面对问题的独立性和初步的社交能力大大增强的阶段，随着动作发展的加速和感官运作的熟练，孩子的敏感度和自尊心明显加强，开始建立起较强的自主意识、自信心和秩序感，也开始学习更全面、更深入、更客观地了解自己。

2. 器械运用：（略）

3. 训练要点：

（1）全身与四肢协调的复杂动作练习；

（2）精细动作练习＋双手配合的精细化运作练习；

（3）姿势动作的熟练运用；

（4）训练并达到善于收听指令＋观察细节的水平。

4. 发展目标：

（1）具备较高水平的口语表达能力；

（2）具备熟练的群体社交能力；

（3）巩固基本运动机能的协调性和熟练度；

（4）注重在训练中合理强化孩子的肌肉张力和耐力；

（5）辅助孩子在课堂上找到紧张与放松交替运作的状态；

（6）支持孩子初步获得有效的力量、平衡、柔韧、灵活和协调的感受；

（7）空间概念的较高水平发展。

5. 课程元素：（略）

（六）动作发展成熟期（49—66 个月）

1. 基础认知：本阶段的孩子在各项运动的协调性、熟练度以及身体的柔韧性和肌肉张力与耐力等各方面均获得较为显著发展的基础上，在课程中表现出主观上更愿意面向积极地鼓励和引导，借此培养自己的自尊心和自信心，并开始初步具备团队合作的意识和接受挑战、抵抗挫折的能力。

2. 器械运用：（略）

3. 训练要点：

（1）全身与四肢协调的高级或难度动作练习；

（2）强化安全意识，自我保护训练；

（3）精细动作深化练习＋全身小肌肉组织的精细化运作练习；

（4）团队训练中姿势动作的交互式运作和全新游戏动作的精准回馈；

（5）高级收听指令＋细节掌控练习。

4. 发展目标：

（1）具备在社交活动中熟练运用口语表达能力的能力；

（2）在群体社交活动找到自我的定位和准确的角色；

（3）巩固较高水平的运动机能的协调性和熟练度；

（4）支持孩子获得较为清晰、稳定的力量、平衡、柔韧、灵活和协调的感受；

（5）具备较高水平的听从指令并快速反馈的能力。

5. 课程元素：（略）

（七）动作发展运用期（67—84 个月）

1. 基础认知：本阶段是孩子由幼儿向小学生角色过渡的重要阶段，此时动作的发展已达到熟练运用的最高阶段，孩子往往需要通过训练的强度和重复来建立更高级、更自觉的秩序性和纪律性，并由此生发并固化新的人生阶段所必需的专注力、理解力、表达力、组织力和感召力，稳定地具备较为高级的视听协调能力和手、眼、耳、脑、口并用的多感官联动能力。

2. 器械运用：（略）

3. 训练要点：

（1）高难度、高强度肢体协调动作练习；

（2）强化自我保护意识，适度融合伙伴间的相互配合与保护训练；

（3）个体带领团队协同解决问题的能力训练；

（4）高级手眼协调＋视觉深度运作＋听觉拓展练习。

4. 发展目标：

（1）完全掌握各项动作运用的基本要领；

（2）胜任团队游戏要求，展现组织力和领导力；

（3）表现出基于课程的表达力和思考力；

（4）奠基学习能力，做好幼小衔接。

5. 课程元素：（略）

作者注：本节内容是充分了解孩子所必备的知识点，务请认真研读掌握之。文中缩略处，是为了尽量规避商业元素，相信认识我的读者能理解我的这一点点小清高。

八、结束语

教练的成长，孩子的进步，要靠长期的累积和不断的重复。

感统教练永远会面对家长的质疑：

怎么排那么长时间的队？

什么时候轮到我们孩子？

为什么这几个游戏翻来覆去地做？

什么时候能见效果？

我在本文的最后，列举在人类历史上对儿童施行"感官教育"的开创者和集大成者，玛丽亚·蒙特梭利的一些真知灼见，她不断地重复这样一个观点：孩子的游戏和发展，需要"重复"。

1. 玛丽亚·蒙特梭利《科学的幼儿教育方法》：

对于儿童来说，学会一些知识仅仅是一个起点。当他理解了一种练习的含义，它就开始喜欢一次一次地重复，这种练习会重复无数次，直到获得最大的满足为止。儿童之所以喜欢经历这一过程，那是因为他在这一过程中发展着他自己的心理活动。

2. 玛丽亚·蒙特梭利《科学的幼儿教育方法》：

感官训练恰恰在各种练习的重复之中进行。重复练习的目的不在于让儿童认识各种颜色、各种形状和不同性质的物体，而在于通过注意、比较和判断的练习，使儿童自己的感觉更加敏锐，这些练习是真正的智力训练。通过各种方法的正确指导，这样的练习可以促使智力的形成，就像锻炼身体可以增强体质和促进身体发育一样。

3. 玛丽亚·蒙特梭利《童年的秘密》：

虽然这种使儿童处于忘却外部世界的专注状态的例子并不常见，但我注意到这种所有儿童都会有的行为特征，实际上构成了他们在所有活动中都遵循的原则。这是儿童工作的专属特征，我后来称为"重复练习"。一个练习的各种细节教得越是精确和详细，它似乎越能成为不间断的重复同样练习的一种刺激物。

4. 玛丽亚·蒙特梭利《童年的秘密》：

重复这种练习能使儿童在行为上得到训练，而这是无法通过说教来获得的，我们的儿童通过学习如何绕过各种物体而不碰撞它们，通过学习如何轻快地走路而不发出响声，因而变得敏捷和机灵。他们对自己能完美地完成这些动作而感到兴奋，他们很有兴趣地发现了自己和自己的接受能力，并在一个不断展现生命的神秘世界中使自己得到练习。

5. 玛丽亚·蒙特梭利《童年的秘密》：

儿童觉得需要重复这个练习。不是为了完善他的操作，而是为了建构他的内在生命。重复练习的次数随消耗的时间而定。精神胚胎所固有的隐藏法则，正是儿童的秘密之一。

附录 2

每个人每天至少应该听一首好歌、读一首好诗、看一幅精美的画，并且如有可能，说几句合情合理的话。

——约翰·沃尔夫冈·冯·歌德（德国著名思想家、作家、科学家）

诗意的生活 浪漫的成长
——写给每一位家长

一、巅峰育儿术：给孩子读诗

我的经验，最想告诉全世界的经验：真正有追求、有成效的育儿之道，从来都是细水长流、不慌不忙的，而且绝对没有直奔主题一说。

头疼医头、脚疼医脚，那也是急功近利的医学理论荼毒人体的明证之一。

我的建议是：给孩子读诗。

非如此，很难领略并实现全家诗意的生活、孩子浪漫的成长。

还有比人类的精华——诗人们的笔下的诗意更多的地方吗？

还有比浪漫的圣灵——诗人们更懂得浪漫的人群吗？

我们通常所理解的、营造的浪漫实际上都是很牵强、很尴尬的，人类的历史与现在所有的浪漫都被那些伟大的、孤独的、敏感的、细腻的诗人们写进自己的作品了，为了省下自己的泪水，我不准备在这里给大家举例子，只讲方法论好了。

早上可以用收听的方式；

中午可以用讨论的方式；

晚上可以背诵、朗诵以及用来支撑睡前阅读专场。

你看，马上就会有无数流派站出来反对我：

"只争朝夕"派说：浪费时间；

（请问：一天的时间完全被培训、作业和背诵占据就好吗？）

"急功近利"派说：偏离功用；

（请问：课外的阅读或阅读的滋养一定要跟特长、作业和考试密切相关吗？）

"睡前故事"派说：不吸引人。

（请问：把自己的低认知强加给孩子，并且天天重复俗套的故事就有意思吗？）

随便被别人的观点干扰，我还配得上被称为老师吗？

所以我坚持我的建议：

3岁之前：多读、多听朗朗上口的经典儿歌、童谣和古诗。

3—6岁：《诗经》《楚辞》《千家诗》《唐诗三百首》《宋词三百首》；家长范读、正音、浅释，孩子跟读、正音、感言。

6—10岁：

《诗经》（刘毓庆、李蹊，中华书局2011年版）、《楚辞》（林家骊，中华书局2010年版）、《乐府诗选》（曹道衡，人民文学出版社2000年版）、《汉魏六朝诗选》（余冠军，中华书局2012年版）；

《唐诗三百首全解》（孙洙、赵昌平，复旦大学出版社2008年版）、《宋词三百首笺注》（朱孝臧、唐圭璋，人民文学出版社2020年版）、《唐宋名家词选》（龙榆生）、《宋诗选注》（钱锺书）、《元曲三百首》（解玉峰，中华书局2009年版）或《白话元曲三百首》（任中敏、卢前选编，焦文彬注译，三秦出版社1991年版）；

根据上述书目，先从兴趣出发，家长和孩子共同选择自己喜欢的、流传较广的、名家名作的和基本成诵的篇目，搞明白每首、每句、每字的含义，反复诵读直至熟记；

重点是熟读成诵，"读"同时还是高级的视觉＋听觉训练，"诵"是真正背过、经久不忘。

10岁以上：除了日常读诗、背诵的操作之外，可以鼓励孩子尝试诗歌创作了。

坚信并坚守我的建议，你会赢的。

二、广征博引：证明读书有用

接下来我用很多文学大家的经典格言来印证一下我的观点。

一是为了证明我的观念正确；二是为了证明读书有用。

在西方教育的体系中，一直有两大亮点：一是重视阅读；二是重视诗歌阅读。而我们中国上下五千年流传下来的堪称人类共同精神财富的先秦散文和唐诗宋词就足以秒杀所有西方的文学和诗歌。我们更早在中华民族的基因和血脉里注入了文学元素和诗歌养分，西方的哲学体系很厉害，所以我只注意到了他们的一些言论很有力量，至于内容，我们老祖宗留下的这些东西就足够了。

1. 英国浪漫主义诗人、文艺批评家塞缪尔·泰勒·柯勒律治说过：

良知是诗才的躯体，幻想是它的衣衫，运动是它的生命，而想象则是它的灵魂，无所不在，贯穿一切，把一切塑造成为一个有风姿、有意外的整体。

2. 英国浪漫主义诗人、小说家、哲学家珀西·比希·雪莱说过：

一首伟大的诗篇像一座喷泉一样，不断地喷出智慧和欢愉的水花。

3. 法国 19 世纪积极浪漫主义文学代表作家维克多·雨果说过：

仅仅有诗句不是诗，诗存在于思想中，思想来自心灵。体现思想的诗句无非是健美的身体上的漂亮外衣。

4. 英国最伟大的作家与艺术家之一，唯美主义代表人物奥斯卡·王尔德说过：

诗是强烈感情的自然迸发，其源泉是静静回想的感动。

5. 1913 年凭借诗集《吉檀迦利》成为第一位获得诺贝尔文学奖的亚洲人的印度诗人、文学家、哲学家拉宾德拉纳特·泰戈尔在他的《流萤集》中这样写道：

儿童总是居住在

永恒的神秘里，

不受历史尘埃的蒙蔽。

三、为孩子们写的诗

我不是诗人，我只是一个热爱诗歌、喜欢读诗的人，我的职业是儿童早期教育研究者，所以我发现了育儿的至理，而且忙不迭地告诉全世界。

从识字那天起，我就读了数不清的古今中外诗歌作品，虽然最终没能成为一个专职诗人（这个东西也是有天分和机缘的限制的），但这并不妨碍我偶尔写两首，就当是锤炼自己的文字感觉吧，它们之中的大多数都是由于职业的原因，专门写给孩子的。借此机会，列举几首，请读者多多批评指正。

1
开场白

柔弱的你
紧紧地依偎在我的怀里
你可知道
我也特别需要孤单的你

幼小的你
轻轻把手放在我的手里
你可知道
你的信赖胜过千言万语

胆怯的你
终于初次驱动你的身体
你可知道
你的尝试能够创造奇迹

明朗的你
对答 呐喊 大笑 震动天地
你可知道
勇敢 自信 从此终生伴你

2
你

你悄悄地到来了　带着
浅浅的笑
清澈的眼　和
鲜花盛开一般的气息

你偷偷地跑远了　带着
狡猾的笑
嘲笑的眼　和
让我根本恨不起来的调皮

你总是很讨厌
因为你喜怒无常　特别自我
不肯合作

你总是很可爱
因为你冷暖不拘　贵贱不论
后知后觉

你悄悄地走进了我的生活
我的生活从此不能没有你的喧闹
不能没有说哭就哭　大喊大叫

你偷偷地填充了我的生命
我的生命的每个黑夜都如永昼
永远有花香伴我入眠

醒来就有你的天籁童声
好像一只快乐的小鸟
在梳理羽毛
在开心鸣叫

3
找童年

如果允许我用年轮来计算
那我们注定跑赢了孩子们
他们一直保持散漫和认真
青葱岁月随笑声踏雪无痕

每个曾经片刻列入电子相册
新年的挂历还是以月为单位
我们把关注像早餐一样直给
期待缓解疾速的光阴被浪费

我们的爱靠讲故事定制睡前
天天进步不是只有手机可看
孩子的好心情别错过一转眼
稚嫩表现不吝掌声响成一片

知道吗所有大人都曾是小孩
可惜了竟然只有少数人记得
别等了如果还爱我们的所爱
动起来请把童年玩伴找回来

4
365 个 "六一"

我准备了一份礼物
送给每个自信或者不自信的孩子
它是一面闪亮的小圆镜
映照你　内心的坚强和外表的美丽

我准备了第二份礼物
送给每个认真或者不认真的孩子
它是一只精巧的小闹钟
提醒你　守时的重要和时间的神奇

我准备了第三份礼物
送给每个听话或者不听话的孩子
它是一本厚重的小画书
教给你　天地的样貌和生活的道理

我还想讲个笑话扮个鬼脸变个魔术
送给每个开心或者不开心的孩子
其实我早已锁定了一个无休止的节日
送给全世界每个孩子　365 个 "六一"

致 谢

　　这本书是一个事件，它的完成，需要太多的人倾心相助。

　　我首先要感谢在写作过程中给予我最多帮助的同事们：

　　很多困难章节的第一位读者娜姐，向来蔑视权威的她，是这本书的出品人，她的敏锐度棒极了；

　　才气纵横、喜欢呛声的晌爷，是这本书的联合策划人，最重要的是他亲笔贡献了本书绝大部分的插图；

　　还有勇于担当的阳仔、铁面财神海东、冷面笑匠天歌、大隐于市的妮姐、知性女神珍妮、知心姐姐阿娇等所有的小伙伴，感恩有你们的陪伴。

　　向与这本书密切相关的我的"师傅"——山东东营蓝天幼儿园的园长李玲玲，致以崇高的敬意，她的专业判断力是我写这本书的灵感源泉。

　　向我所珍重的两路朋友致谢：

　　行业外的兄弟姐妹们，你们一直是我精神力量的源泉；

　　亲爱的同行们，你们的宽容和远见使我很荣幸地拥有了你们，拥有你们也就拥有了事业和进步。

　　能够勇敢地写下这些说教文字，来自太多人对我的悉心培育，除了我的祖父母、父母以及所有关心我的长辈亲人之外，必须鞠躬致谢的是我学生时代的每一位恩师，在此，向以高中班主任韩兴度和高中语文老师崔光东为代表的老师们致以崇高的敬意。学生时代能遇到人格伟大的好老师，是人生中最大的幸福和幸运。

后 记：怎样在养儿育女的过程中寻找幸福？

在本书的最后一篇文章中，我用这个题目来表达我对养儿育女这件事最形而上的看法。那就是，如果我们发自内心地去寻找正确的路径和方法，这件事儿是可以轻松愉快甚至感到幸福的。

生于华夏大地，既已为人父母，在这样一个国际化的浪潮中，我们偶尔忧心忡忡，是可以理解的。但不知道你有没有感受到，生你养你的这块儿土地，千百年来，它是能够给你智慧和力量的。从青春期憧憬无数到组建家庭当了爹妈，忙忙碌碌，林林总总，我们肯定会有一些闲暇独处的时刻，可以做一些深度的思考，那时你的祖先留下的智慧的闪光，会不会来到你的脑海中呢？在养儿育女的过程中，你是否能够想到向我们的先人去寻求一些智慧的提点和有益的帮助呢？

在占据自己生命大部分业余时间的阅读中，我逐渐地找到一些可以拿来就用的思想。流传几千年的各种典籍，我就不多说了，本书中大家多处看到的这样的字样：中式家庭、祖先、老祖宗、老人言等，均来自中国民俗谚语的一些闪光的观念，这反映了我的确是出生于中国这块土地，上下五千年的传统文化对我有很深刻的影响。谈及今天和明天，我信心满满、底气十足，因为面对历史上那些与我们相隔千百年的我们未曾参与的苦难和考验，我们的祖先总能从容不迫，一次又一次地昂首踏过艰难险阻走到今天。能置身于这个时代，以及此刻这件事之中，我感到由衷的幸福。

作为本书的读者，你已经拥有了一个或者几个儿女，当历经十个月的长途跋涉孩子呱呱坠地然后一天天长大；当孩子学会了说话和走路，咿咿呀呀、歪歪扭扭地扑向你的怀抱；当他们给你们带来各种各样的喜怒哀乐，夜深人静时，你是否能从自己的内心找到一丝丝的甜蜜？这种感受就是脱胎于养儿育女的过程中我们为人父母者应当享受到的一种幸福。

我始终认为：养儿育女是一件幸福的事情。

请注意题目中的"寻找"二字，这说明在找到或拥有幸福之前，过程会很美好。

美国著名的儿科医师、《斯波克育儿经》的作者本杰明·麦克林·斯波克说过：

父母要热爱并欣赏孩子天生的特质，要忘却那些他们不具备的优点。这个建议不是出于情感因素，而是包含着十分重要的实际意义。那些得到父母欣赏的孩子，即使相貌平平，手脚笨拙，反应迟钝，也还是会充满信心并快乐地成长。他们拥有一种精神力量，支持他们先天具备的能力可以得到充分发挥，也会让降临到他们身上的所有机会都得到充分利用。

他还说过：

教导孩子有礼貌应当成为教养孩子的重要内容。良好的行为习惯会让孩子获得正确的资讯。在我们的社会中，人们做事必须遵循某种能够令人接受的方式。对别人有礼貌，可以使每个人都更快乐，也更可爱。

以上算是我给这个题目找的另一种答案。

关于教育孩子的讨论和建议，需要补充的暂时就这些了，此刻，我们不谈"痛苦"，只聊"幸福"。

我想表达的是，如果你能听取这些至圣先哲的规劝，你就有机会感到幸福。

幸福是一种能量。

大人们的能量，需要努力完成累积，倾尽全力争取，需要积极认真地去做好每一件事，当你感到你能胜任某事，你能跟自己对话并和解，你就有机会活在自洽的状态中，找到怡然自得的自我，那一定是幸福的。

孩子们的能量，是本书探讨的核心内容，它们主要体现在孩子们的肌肉运作上，是的，你没看错，让他们的肌肉带动身体，去爆发、忍耐、张力、承重、改善、适应，他们就能在释放能量的同时积累更强大的能量，他们的样子一定是幸福的。

幸福是一种态度。在未来陪伴孩子的漫漫长路上，我希望各位读者采纳我的建议，我称之为"幸福的要素"的四种态度：有礼貌；讲正派；树诚信；会生活。

幸福是一种状态。比如，如果感到幸福你就拍拍手。你知道的，这句话来自日本歌舞喜剧影片《如果感到幸福你就拍拍手》（它的男主角就是《血疑》中大岛茂的扮演者宇津井健）的主题曲《幸福拍手歌》；你不知道的，《幸福拍手歌》是翻唱自一首脍炙人口的西班牙儿童歌曲。

没错，是儿童歌曲。

《未来简史》的作者、以色列著名历史学家尤瓦尔·诺亚·赫拉利认为，人类未来的第二大议题，可能就是找出幸福快乐的关键。这说明，寻找幸福的确不是一件容易的事情。由此我又想到，幸福的终极呈现，一定是有指向性的，一定是能让双方都得到体验和满足的，我能想到的合适的字眼只有"分享"，所以，我花了将近两年的时间写了这本书。

这本书的体裁不是故事或散文，与文学创作无关，更像是家长会上的说教，或是培训会上的解读，它的实用性要远远大于它的可读性，也正因如此，写作的过程实际上是很痛苦的，很多段落像挤牙膏，还有很多内容不可避免地出现重叠，大家就当那些说法的确很重要吧。

本书包含了大量格言警句的引用，是因为它们给了我很多力量。请允许我用卡尔·马克思的名言来结尾。1835 年 8 月，时年 17 岁的马克思，在德国特里尔中学写下的中学毕业论文《青年在选择职业时的考虑》中说道：

如果我们选择了最能为人类福利而劳动的职业，我们就不会被它的重负所压倒，因为这是为全人类所做的牺牲；那时我们感到的将不是一点点自私而可怜的欢乐，我们的幸福将属于千万人。我们的事业不会显赫一时，但将永远存在；在我死后，高尚的人们将在我的墓前洒下热泪。

李 彤

2022 年 11 月 17 日于青岛

永远怀着敬畏之心，以孩子为师，以孩子为友。

——李彤